全国测绘地理信息类职业教育"十四五"规划教材
教育部高等学校高职高专测绘类专业教学指导委员会规划教材

地籍测量

（第2版）

主　编　李海军　张小苏
副主编　张萍丽　李淑军
主　审　卢西魁　朱　聪

本书立体化资源

黄河水利出版社
·郑州·

内 容 提 要

本书为全国测绘地理信息类职业教育“十四五”规划教材。全书共分 13 个项目,项目一介绍地籍、地籍调查、地籍测量的基本知识,项目二至项目五阐述土地权属调查、土地利用现状调查、土地质量调查及房产调查的基本理论和方法,项目六至项目八阐述地籍控制测量、地籍细部测量、土地面积量算的基本原理和方法,项目九至项目十一阐述变更地籍调查与测量、地籍管理系统的建设及应用、地籍调查与测量项目实施,项目十二、项目十三论述土地勘测定界、现代测绘技术在现代地籍测量中的应用。

本书可作为高等职业院校工程测量技术专业的教材,也可作为地籍测绘与土地管理信息技术、地理信息系统与地图制图技术、摄影测量与遥感技术、国土资源调查及其他成人高校相应专业的教材,还可供参加各类地籍测量竞赛的相关专业师生、参加 1+X 证书考试人员及从事生产和管理人员使用。

图书在版编目(CIP)数据

地籍测量/李海军,张小苏主编.-2 版.—郑州:黄河水利出版社,2024.2

全国测绘地理信息类职业教育“十四五”规划教材

ISBN 978-7-5509-3821-2

Ⅰ.①地… Ⅱ.①李…②张… Ⅲ.①地籍测量-高等学校-教材 Ⅳ.①P271

中国国家版本馆 CIP 数据核字(2024)第 023808 号

策划编辑:陶金志 电话:0371-66025273 E-mail:838739632@qq.com

责任编辑 郑佩佩 责任校对 贾会珍

封面设计 黄瑞宁 责任监制 常红昕

出版发行 黄河水利出版社

地址:河南省郑州市顺河路 49 号 邮政编码:450003

网址:www.yrcp.com E-mail:hhslcbs@126.com

发行部电话:0371-66020550

承印单位 河南承创印务有限公司

开 本 787 mm×1 092 mm 1/16

印 张 20.75

字 数 480 千字

版次印次 2024 年 2 月第 2 版 2024 年 2 月第 1 次印刷

定 价 56.00 元

前 言

党的二十大报告中提出“我们要坚持教育优先发展、科技自立自强、人才引领驱动,加快建设教育强国、科技强国、人才强国”。教育部发布的《中国职业教育发展白皮书》指出“中国职业教育坚持立德树人,把育人和育才相统一,致力于培养高素质技术技能人才、能工巧匠、大国工匠”。根据高等职业院校的培养要求,以培养高端技能型人才为根本任务,以培养技术应用能力为主线,设计学生的知识、能力、素质结构和培养方案,根据地籍测量的发展现状,对本书的编写原则、选材的范围及其深度和广度、学时要求等问题进行了探讨,在广泛调研和征求各参编人员意见的基础上,本着科学性、实用性、先进性的编写指导思想,修编了《地籍测量》的编写大纲。

本书是在《地籍测量》的基础上修编完成的。本书在编写过程中突出了以下特点:首先,每个项目都设置了思政导入,通过思政导入不仅让学生了解当前地籍测量的相关国家政策、正在完成及已完成的项目,更可以对学生进行思政教育,向学生传递热爱祖国、忠诚事业、艰苦奋斗、无私奉献的测绘精神。其次,内容全面,涵盖了当前地籍管理和房产管理中所涉及的测绘工作;以国家最新颁布的国家标准和行业标准、技术规程为依据,以目前广泛应用的技术手段为基础,体现教材的实用性,理论知识以“必需、够用”为尺度,突出实践性。再次,本书结合地籍测量员岗位工作要求,紧扣1+X证书考核标准,融入与地籍测量相关的各类技能竞赛要点,强化了地籍测量员技能培养。最后,本书加入了地籍测量相关新设备、新工艺、新技术,紧跟测绘的前沿科技,与时俱进。

本书根据编者多年的教学、实践经验,收集、参阅了大量有关土地管理、房产管理、地籍测量和房产测量等最新的文献资料编写而成。为方便教学,本书以传统纸质教材为承载,配套数字化资源。

本书编写人员及编写分工如下:项目一、项目九由河南地矿职业学院聂久添编写,项目二至项目四由河南测绘职业学院张萍丽编写,项目五由河南地矿职业学院杜卿编写,项目六至项目八由河南地矿职业学院张小苏编写,项目十、项目十一由河南省第七地质大队有限公司李淑军编写,项目十二、项目十三由河南地矿职业学院李海军编写,书中用到的软件由郑州南方测绘信息科技有限公司王小刚负责整理提供。本书由李海军、张小苏统稿,李海军、张小苏担任主编,张萍丽、李淑军担任副主编,聂久添、王小刚、杜卿参与编写,河南地矿职业学院卢西魁及中国电建集团西北勘测设计研究院有限公司朱聪担任主审。

在本书的编写过程中,得到了河南地矿职业学院、河南测绘职业学院、河南省第七地质大队有限公司、郑州南方测绘信息科技有限公司及黄河水利出版社的大力支持与帮助。本书参考了大量文献资料,借鉴和吸纳了国内外众多专家、学者的研究成果,再次对他们的辛勤付出深表敬意和衷心感谢！在本书的编写过程中参考了大量的国家标准、行业标准,以及其他文献与书籍,引用了国内部分同行所著的相关文章、论文、著作与教材中的部分素材,在此向有关作者深表感谢！因无法联系到作者本人,如有不妥之处,请通过出版社与主编沟通处理,邮箱:838739632@qq. com。

由于土地科学的不断发展,测绘新技术、手段的不断涌现,同时由于编者理论水平与实践经验有限,书中难免存在不妥和错误之处,恳请专家、学者和同行批评指正。

编　者

2023年11月

目 录

项目一　绪　论

【项目概述】

本项目主要介绍了地籍及其特点、地籍的种类、地籍的作用,简单介绍了地籍调查、地籍测量、现代测绘技术在地籍测量中的应用。

【学习目标】

理解地籍测量的基本概念;掌握地籍调查、地籍测量工作的任务、内容;了解现代测绘技术在地籍测量中的应用。

【思政导入】

根据党的二十大精神,要全面推进乡村振兴,全面建设社会主义现代化国家,最艰巨最繁重的任务仍然在农村。坚持农业农村优先发展,坚持城乡融合发展,畅通城乡要素流动。加快建设农业强国,扎实推动乡村产业、人才、文化、生态、组织振兴。全方位夯实粮食安全根基,全面落实粮食安全党政同责,牢牢守住十八亿亩❶耕地红线,逐步把永久基本农田全部建成高标准农田。

地籍测量是为获取和表达地籍信息所进行的测绘工作,主要是测定每块土地的位置、面积大小,查清其类型、利用状况,记录其价值和权属,据此建立土地档案或地籍信息系统,供实施土地管理工作和合理使用土地时参考。传统的地籍测量手段已经难以满足实际工作的需要,现代测绘技术和方法在地籍测量中正发挥着巨大的作用。

【正文】

任务一　地籍概述

一、地籍及其特点

地籍一词在我国从古代已沿用至今,是中国历代王朝(或政府)登记田亩地产权属,作为征收赋税的根据。地是指土地,籍有簿册、清册、登记之说。简单地讲,地籍是为认定土地权属、征收土地税而建立的土地档案。随着社会、经济和科学技术的发展,测绘、地籍管理、城市管理等各学科之间相互渗透、相互配合,使得单一的地籍产生了飞跃,发展成为多用途地籍,也可称为现代地籍。多用途地籍或现代地籍(简称地籍)是指由国家监管的,以土地权属为核心、以地块为基础的土地及其附着物的权属、位置、数量、质量和利用现状等,并用数据、表册、文字和图等各种形式表示出来的土地信息系统。其特点如下:

(1)地籍是由国家建立和管理的。我国地籍自出现至今,由最初的以权属认定和课税为目的,发展到现阶段以保护土地、合理利用土地,以及保护土地所有者和土地使用者的合

❶　1 亩 = 666.67 m^2。

法权益为目的的现代地籍。

(2)地籍的核心是土地权属。地籍是以土地权属为核心对土地诸要素隶属关系的综合表述,这种表述毫无遗漏地针对国家的每一块土地及其附着物,都是以土地权属为核心进行记载并建立地籍档案的。

(3)地籍是以地块为基础建立的。一个区域的土地根据被占有、使用等原因而被分割成具有边界的、空间连续的许多块土地,每一块土地即称为地块。地籍的内涵之一就是以土地的空间位置为依托,对每一地块所具有的自然属性和社会经济属性进行准确的描述和记录,由此所得到的信息称为地籍信息。

(4)地籍在记载地块的状况时,还要记载地块内附着物(建筑物、构筑物等)的状况。地面上的附着物是人类赖以生存的物质基础之一。因此,土地和附着物是不可分离的,它们各自的权利和价值相互作用、相互影响。历史上最早的地籍只对土地进行描述和记载,并未涉及地面上的建筑物、构筑物,但随着社会和经济的发展,尤其产生了房地产交易市场后,由于房、地所具有的内在联系,地籍必须同时对土地及附着在土地上的建筑物、构筑物进行描述和记载。图1-1表达了土地、地块、附着物与地籍的关系。

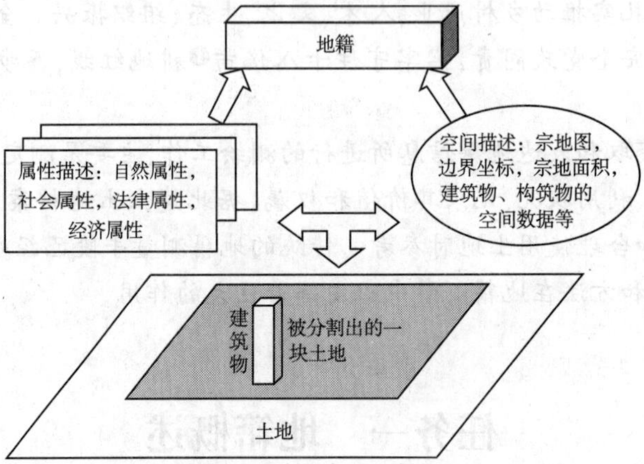

图1-1　土地、地块、附着物与地籍的关系

(5)地籍是土地基本信息的集合。土地基本信息的集合,简称地籍信息,包含地籍图集、地籍数据集、地籍簿册,它们之间通过特殊的标识符(关键字)连接成一个整体,这个标识符就是通常所说的地块号(宗地号或地号)。

地籍图集:主要是用图的形式来表达地籍信息,即用图的形式直观地描述土地和附着物之间的相互位置关系,它包括地籍图、专题地籍图、宗地图等。

地籍数据集:主要是用数字的形式描述土地及其附着物的位置、数量、质量、利用现状等要素,如面积册、界址点坐标册、房地产评价数据等。

地籍簿册:主要是用表册的形式对土地及其附着物的位置、法律状态、利用现状等基本状况进行文字描述,如地籍调查表、各种相关文件等。

多用途地籍为我国现代化经济建设提供了大量的信息和基础资料,具体内容体现在文字型地籍资料(控制测量成果、地籍簿册、登记卡、地名集等)、图形地籍资料(地籍图、规划图、影像图等)、人文资料(人口状况、教育状况、文化与公共设施等)、自然资源资料(能源、环境、水系、植被)和经济资料(工矿、市场、金融、商业)等。多用途地籍综合运用了信息工程、电子技术、光电技术、航空航天技术和计算机等高新技术和方法,并建立了网络数据库,为逐步实现地籍管理工作的现代化开辟了道路。

二、地籍的种类

按地籍工作的目的和发展阶段可分为税收地籍、产权地籍和多用途地籍。

(1)税收地籍——主要是丈量地块的边界、估算土地的面积,并对土地等级进行评价,据此按土地等级收税。

(2)产权地籍——主要是保护土地的产权,为进行土地的转让和交易服务。因此,比税收地籍要求更高,需要精确测定宗地(确定地产产权的单元)界址点的位置,较准确地计算其面积。

(3)多用途地籍——不仅为土地所有权、税收、交易服务,而且还为城乡规划、市政管理等服务,是建立土地信息系统的一个重要组成部分。因此,要求测量的内容更广泛,测量的精度要求也更高。

按地籍的特点和任务划分,地籍可分为初始地籍和日常地籍。

(1)初始地籍——在某一时期内,对其行政辖区内全部土地进行全面调查后,最初建立的地籍图簿册,而不是指历史上的第一本地籍簿册。

(2)日常地籍——针对土地数量、质量、权属及其分布和利用、使用情况的变化,并以初始地籍为基础进行修正、补充和更新的地籍。

初始地籍和日常地籍是不可分割的完整体系。初始地籍是基础,日常地籍是对初始地籍的补充、修正和更新。如果只有初始地籍而没有日常地籍,地籍将逐步陈旧,缺乏现实性,失去其实用价值。相反,如果没有初始地籍,日常地籍就没有依据和基础。

按城乡土地的不同特点划分,地籍可分为城镇地籍和农村地籍。

(1)城镇地籍的对象是城镇的建成区的土地,以及独立于城镇以外的工矿企业、铁路、交通等用地。

(2)农村地籍的对象是城镇郊区集体所有土地、农村集体所有土地、农村居民点用地和国营农场等用地。

三、地籍的作用

建立地籍的目的,一般应由国家根据生产和建设的发展需要,以及科技发展的水平来确定。目前,我国的地籍已由以课税为目的的地籍,扩大为以产权登记和土地利用规划服务的多用途地籍。它还为政府部门制定土地开发利用计划、经济发展目标、土地管理政策、环境保护政策、土地使用制度等宏观决策提供基础资料和科学依据。归纳起来,地籍有以下几个方面的功能与作用。

(1)为制定土地政策提供科学依据。

土地政策包括土地制度改革政策,与土地有关的经济制度、环境保护、人类生存、个人投资或企业投资等方面的政策。这些政策的制定与准确掌握土地资源的数量、质量、用途状况是分不开的。地籍所提供的多要素、多层次、多事态的土地资源的数量、自然和社会经济状况,为国家制定土地政策,编制国民经济发展计划,制定各项规划提供了基本依据,是组织工农业生产和进行各项建设的基础。

(2)为土地管理提供基础资料。

地籍所提供的有关土地类型、数量、质量和权属等基本资料是调整土地关系,合理组织土地利用的基本依据。土地利用状况及界址、界线资料是合理配置土地资源和征拨土地工作的重要依据。土地的数量、质量及其类型分布规律是编制土地利用总体规划、村镇规划、城市规划的基础。

(3)为维护产权权益提供基础资料。

地籍调查和管理是按国家法律要求依法进行土地管理的行政行为,所形成的地籍信息具有空间性、精确性、现势性和法律性。因此,在调解土地纠纷,恢复界址,确定地权及附着土地之上的不动产权,认定房地产权,进行房地产转让、买卖、租赁等土地管理工作中,地籍提供法律性的证明材料,从而保护了土地所有者、使用者的合法权益,避免土地纠纷的发生。

(4)为土地的经济活动提供参考资料。

土地税费的征收,是地籍产生的最初原因。现代地籍提供的土地及其附着物的位置、面积、用途、等级和使用权、所有权状况,结合国家和地方的有关法律法规,为以土地及其附着物的经济活动(如土地的有偿转让、出让,土地和房地产税费的征收,防止房地产市场投机等)提供可靠、准确的基本资料,从而促进以土地为目标的经济活动正常进行。

由于应用现代测量技术,在统一的坐标系内,地籍所包含的地籍图集和相关的几何数据不但精确地表达了某一块地(包括附着物)的空间位置,而且精确而完整地表达了所有地块之间在空间上的相互关系。地籍所具有的能够提供地块空间关系的功能是实现地籍多用途的重要原因之一。

四、我国地籍的发展概况

土地是人类最宝贵、最基本的自然资源,是其他任何资料所不能代替的主要生产资料。在社会的发展过程中,人们为了高效、科学、有序地利用土地,充分发挥土地的应有潜力,必须依法对土地进行科学规划和有效的管理。为此,首先要充分了解土地,以一定方式对土地的基本要素(如土地的权利、位置、数量、质量、利用现状等要素)进行描述并记载下来,管理并充分运用它,为土地的合理利用打好基础。这些以土地为对象进行基本描述和记载的内容,称为地籍,也是地籍最原始的含义。

我国是一个文明古国,地籍和地籍管理工作在我国有着悠久的历史。中华人民共和国成立后,我国地籍管理制度的形成与发展,可以概括为三个阶段。

(一)土地改革与农业合作化时期(1949—1957年)

中华人民共和国成立以后,颁布的《中华人民共和国土地改革法》的规定,全国范围内实行土地改革。为此,各地广泛开展了土地清丈、划界、定桩等地籍工作,并由县级人民政府向农民发放土地所有证或房地产所有证;同时,为征收农业税、平衡负担,全国还开展了清查土地数量、评定土地等级、编制土地清册等工作。

城市开展了土地登记工作,部分城市公布了房地产或土地登记的暂行办法。这一阶段主要解决土地制度与土地权属问题,但未办理土地权属变更登记手续。

(二)人民公社化时期(1958—1978年)

1958年前后,全国掀起了一场土地规划的热潮,当时在全国范围内开展了土壤普查、荒地调查及局部地区的土地适宜性评价等地籍工作。为合理征收农业税,财政部门建立了农业税面积台账,统计部门进行了不够准确的耕地统计,城镇结合房地产调查开展房地产登记。就全国而言,其地籍工作是不统一、不完整和部分中断的状态。

(三)社会主义现代化建设时期(1979 年后)

改革开放后,在社会主义市场经济环境下,为保护农业,保护农用地,并有效、高效地利用和发挥土地资源的作用,土地管理逐渐提到国家重要的议事日程上来,地籍工作受到了高度重视。20 世纪 80 年代初,国家制定了"土地使用税",为配合"土地使用税"的出台,在全国范围内,以县为单位开展了土地资源调查工作,同时还开展了土地登记与统计工作,使我国地籍开始从以地权登记为主的地籍转向多用途的地籍。1985 年以后,我国还在城镇进行了地籍试点,并相继制定了《地籍测量规范》(CH 3-202—1987)与《城镇地籍调查规程》(TD 1001—1990),全国地籍工作已有计划地陆续展开。农村宅基地登记已完成了大量任务,城镇土地分等定级也已经开始,1988 年已开始正式执行国家统计报表。国家在 1986 年 6 月颁布了《中华人民共和国土地管理法》,于同年 9 月正式成立了国家土地管理局,以及地方各级土地管理部门,先后制定和完善了《土地利用现状调查技术规程》《土地登记规则》《城镇土地分等定级规程》《农用地分等规程》《房产测量规范 第 1 单元:房产测量规定》等,为使地籍工作逐步走向科学管理轨道奠定了基础。

20 世纪 80 年代以来建立的地籍的主要目的是保护土地使用者的合法权益、加强土地管理、建立健全地籍管理制度。地籍的基本单元是宗地,划分宗地时以土地权属为依据。这种地籍虽有多用途的特性,但离真正的多用途地籍还有一定的差距,面对社会主义市场经济和信息社会建设,地籍还应作为各种信息系统空间定位的基础。因此,我国的地籍正不断地向多用途地籍系统发展,即现代地籍。

世界地籍发展各阶段的内容及应用情况见图 1-2。

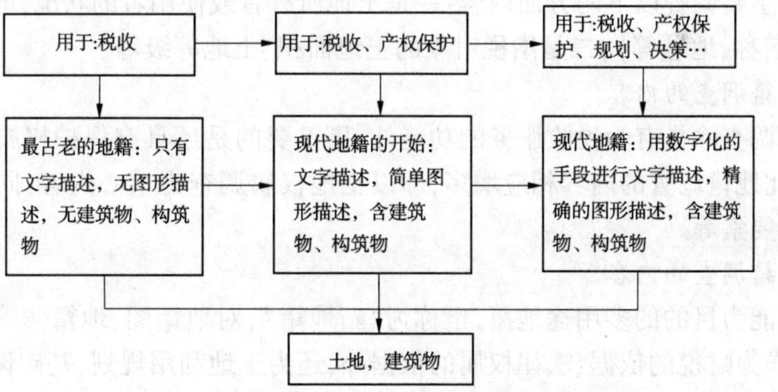

图 1-2　世界地籍发展各阶段的内容及应用情况

任务二　地籍调查

地籍调查是遵照国家的法律规定,采取行政、法律手段,采用科学方法,对土地及其附着物的位置、权属、数量、质量和利用现状等基本情况进行的调查,是获取和表达地籍信息的技术性工作。

一、地籍调查的目的、种类和内容

(一)地籍调查的目的

地籍调查的目的在于弄清土地的基本状况,并把它们反映到地籍调查表中和地籍图上,首先服务于土地登记、土地统计、土地利用规划等土地管理工作,进而满足土地的税收、城市规划、房产管理及其他国民经济各部门的需要。随着地籍信息化的逐步完善,还要满足社会公众对地籍资料的需求。

(二)地籍调查的种类

1.按调查的内容和时间划分

地籍调查按调查的内容和时间划分,可分为初始地籍调查和变更地籍调查。初始地籍调查是指对调查区范围内全部土地在初始土地登记之前进行的地籍调查;变更地籍调查是指为了保持地籍的现势性和及时掌握地籍信息的动态变化而进行的经常性的地籍调查,是在初始地籍调查的基础上进行的,是地籍管理的经常性工作。

2.按调查区域划分

地籍调查按调查区域划分,可分为城镇地籍调查和农村地籍调查。目前,我国开展的城镇地籍调查是在城市、建制镇、独立工矿区进行的,同时包括集镇和村庄。农村地籍调查是在土地利用现状调查中,结合进行土地权属界线调查完成的。

(三)地籍调查的内容

地籍调查的主要内容包括权属调查和地籍测量两个方面。由于建立地籍的目的、地籍制度的不同,地籍调查的内容又有所不同。

1.税收地籍调查的内容

税收地籍主要调查以下两方面内容:一是土地所有者或使用者的状况,即纳税人的情况(姓名或单位名称、地址等);二是纳税对象的土地面积、土地等级等。

2.产权地籍调查的内容

产权地籍调查除具有为税收服务的功能外,更重要的是还具有保护权属单位的合法权益的功能,因此地籍调查的内容相应增多,即以土地权属调查为核心内容,同时调查土地利用状况和其他要素等。

3.现代地籍调查的内容

以多种功能为目的的多用途地籍,也称为"新地籍",对地籍图、地籍簿等资料的要求是多方面的,除作为财税的依据、法律权属的依据外,还为土地利用规划、基础设施建设规划及其他各种经济建设活动服务。因此,地籍调查的内容也相应地增多,不仅需要调查土地权属状况,还需要调查土地等级和利用状况、房产情况等要素。同时,对作为地籍调查成果的图件精度要求也较高,并附有高程、地形等图示资料。其中,土地及其附着物的权属是核心。

二、地籍调查的技术

初始地籍调查有比较系统的技术体系,相对而言是静态的,日常地籍调查的主要技术方法与初始地籍调查的技术方法是一致的,但比较零散,主要来自于日常地籍工作及国土管理的日常业务,如产权变更登记、地政、征地、土地监察等,是动态的。

不管是初始的还是日常的,地籍调查可以分为土地权属调查、地籍测量、土地等级调查和评价、土地利用现状调查、房产调查等。

(1)土地权属调查:获取土地的权属信息。

(2)地籍测量,内容包括地籍控制测量、地籍细部测量(界址点测量、地籍图测绘、宗地图测绘、房产图测绘等)、面积量算等。主要是获取土地位置和数量信息。

(3)土地等级调查和评价(包括土地分等定级、房地产价格评估):获取土地及其附着物的质量信息。

(4)土地利用现状调查:获取土地的利用现状信息,包括土地的数量、分布、结构等。

(5)房产调查:获取建筑物、构筑物的权属、数量、位置、类型和质量等信息。

三、地籍调查的实施程序

地籍调查是一项综合性的系统工程,政策性、法律性和技术性都很强,工作量大,难度高,必须充分准备、周密计划、精心组织。地籍调查分为初始地籍调查和变更地籍调查,两种调查虽有各自的特点,但工作程序和方法基本是相同的,一般可分为准备工作,地籍要素的外业调查、勘测,内业工作,调查成果的检查与验收等阶段性工作,具体见项目十二的内容。

任务三 地籍测量

一、地籍测量的任务

地籍测量是为获取和表达地籍信息所进行的测绘工作,主要是测定每宗土地的位置、面积,查清其类型、利用状况,记录其价值和权属,绘制地籍图,据此建立土地档案或地籍信息系统,供实施土地管理工作和合理使用土地时参考。地籍测量又称不动产测量。

地籍测量是在权属调查的基础上进行的,像其他测量工作一样,地籍测量也遵循一般的测量原则,即先控制后碎部、从高级到低级、由整体到局部的原则。

二、地籍测量的内容

地籍测量有以下5个方面内容:

(1)进行地籍控制测量,测设地籍基本控制点和地籍图根控制点。

(2)测定行政区划界线、土地权属界线及其界址点坐标。

(3)测绘地籍图,测算地块和宗地的面积。

(4)进行土地信息的动态监测,进行地籍变更测量,包括地籍图的修测、重测和地籍簿册的修编,以保证地籍成果资料的现势性与正确性。

(5)根据土地调整整治、开发与规划的要求,进行有关地籍测量工作。

三、地籍测量的特点

地籍测量不同于普通测量。普通测量一般只注重技术手段和测量精度,而地籍测量则是测量技术与土地法学的综合应用,即涉及土地及其附着物权利的测量。具体表现如下:

(1)地籍测量是一项基础性的、具有政府行为的测绘工作,是政府行使土地行政管理职能时的依法行政行为。

(2)地籍测量为土地管理提供了精确、可靠的地理空间位置参考系统。

(3)地籍测量是在地籍调查的基础上进行的。

(4)地籍测量具有勘验取证的法律特征,为土地权利的法律认定提供准确、可靠的物权(不动产)证明材料。

(5)地籍测量的技术标准必须符合土地法律的要求。

(6)地籍测量工作有非常强的现势性。

(7)地籍测量技术和方法是对当今测绘技术和方法的集成应用。

(8)从事地籍测量的技术人员,不但要具备丰富的测绘知识,还应具有不动产法律知识和地籍管理方面的知识。

四、地籍测量的发展

地籍、地籍测量和地籍管理工作在我国有悠久的历史。商、周时代,建立了一种“九一而助”的井田制土地管理制度,并相应地进行了简单的土地测绘工作,这可视作我国地籍测量的雏形。

1914年,国民政府中央设立经界局,其下成立经界委员会,并设测量队,制定了《经界法规草案》。1922年,国民政府为开展土地测量,聘请德国土地测量专家单维康为顾问。1927年,上海开始进行土地测量,这是我国用现代技术方法进行的最早的地籍测量。1928年,国民政府在南京设立内政部,下设土地司,主管全国土地测量。1929年,南京政府决定将陆军测量总局改为参谋部陆地测量总局,兼有土地测量任务;同年,内政部公布《修正土地测量应用尺度章程》。1931年,陆地测量总局会同各有关部门召开了全国经纬度测量及全国统一测量会议,制订了10年完成全国军用图、地籍图的计划。1932年,陆地测量总局航测队应江西省要求,首次在江西省施测了地籍图,以后还做过无锡及苏北几个县的土地测量。1942年,各省地政局下设地籍测量队,还设立了测量仪器制造厂。1944年,地政署公布了《地籍测量规则》,这是我国第一部完整的国家地籍测量法规,也标志着我国地籍测量发展进入了一个新的阶段。

中华人民共和国成立初,虽有土地管理工作,局部地区虽开展了一些地籍测量,但大都属于房产产籍的范畴,远远不能满足土地管理的需要。

改革开放后,随着社会主义市场经济的发展,我国的地籍迅速发展起来。国家测绘局于1983年和德国签订了地籍测量技术合作协议,从此,我国的地籍测量开始恢复并迅速发展起来。尤其是1986年颁布了《中华人民共和国土地管理法》以后,地籍测量成为了我国测绘工作的一个重要组成部分。2019年我国颁布了《第三次全国国土调查技术规程》(TD/T 1055—2019),标准规定了第三次全国国土调查(简称“三调”)的总则与要求、土地权属调查、农村土地利用现状调查、城镇村庄内部土地利用现状调查、专项调查、数据库建设、统计汇总、成果核查及数据库质量检查、统一时点更新及成果等。“三调”在第二次全国土地调查成果的基础上,全面细化和完善全国土地利用基础数据,掌握翔实准确的全国国土利用现状和国土资源变化情况,进一步完善国土调查、监测和统计制度,实现成果信息化管理与共享,满足生态文明建设、空间规划编制、供给侧结构性改革、宏观调控、自然资源管理体制改革和统一确权登记、国土空间用途管制、国土空间生态修复、空间治理能力现代化和国土空间规划体系建设等各项工作的需要。现在,有的地方已朝着自动化地籍的方向发展。

任务四 现代测绘技术在地籍测量中的应用

一、遥感技术在地籍调查与测量中的应用

遥感(RS)技术是20世纪60年代蓬勃发展起来的对地观测、探测、监测的综合性技术。这一技术在土地利用监测、土地权属变化监测中发挥着越来越重要的作用。

利用遥感资料可以轻松掌握测区的气候条件、水文条件、山地分布与走向、地形地貌等,为后续的工作提供有效参考。同时,利用动态遥感监测可以使国家及时掌握土地资源的利用现状,保持土地利用数据的现势性。不仅如此,利用遥感技术还可以提高测量结果的准确性,同时便于对地块按土地利用类型进行面积分类统计。

二、航测技术在地籍测量中的应用

航空测绘技术是一种以大气层内的飞行器为测量载体的对地测绘手段,其测绘对象是地面物体的位置关系,目的是通过航空拍摄获得的数据来绘制大地坐标,其通常采用的方法是航空摄影测量。航空摄影测量是在飞机上利用航摄仪器对地面进行连续拍摄,绘制地形图的过程。

在地籍测量中,利用大比例尺航空遥感图像,采用航测成图方法获得的地籍图具有质量高、速度快、精度均匀、经济效益高等优点,并可用数字航空摄影测量方法提供精确的数字化地籍数据,实现自动化成图。

航测技术在地籍测量中的应用主要表现在以下3个方面。

(1)利用航空摄影图像,采用解析空中三角测量方法,加密控制点坐标和宗地界址点坐标。

(2)利用航空摄影图像,使用解析测图仪(或数字航空摄影测量系统)绘制地籍图或数字化地籍图。

(3)利用航空摄影图像或高分辨率的卫星图像,通过摄影纠正或正射投影纠正,获取影像地籍图。

三、三维激光扫描技术在地籍测量中的应用

三维激光扫描技术是一种由计算机、激光发射器、接收器、光路调节装置及激光自适应聚焦控制单位等组成的全自动的先进立体扫描技术,其工作原理如下:首先通过激光扫描、接收得到测绘对象表面点的三维坐标,然后以此为基础进行地表信息的提取,并进一步进行三维场景的构建。较常规测量技术而言,该技术具有非接触性测量、数据采样率高及不受测区环境影响等特点,加上其本身所具有的点定位精度高、采样点速率高、软件功能全面、测量距离远及兼容性好等优势。在地籍测量工作中,三维激光扫描技术的应用,在很大程度上提高了地籍测绘的效率和测绘精度。因此,相关测绘人员需要积极研究三维激光扫描技术的应用范围,提高测绘水平,进而能够帮助国家更好地进行国土资源管理。

【项目小结】

本部分简单介绍了地籍的概念及其特点、地籍的种类、地籍的作用、地籍调查、地籍测量、现代测绘技术在地籍测量中的应用。我们将在后续项目逐一介绍相关内容。

思考与练习

1-1　名词解释:地籍、地籍测量、地籍调查。

1-2　地籍和地籍测量的特点各是什么?

1-3　地籍调查的内容是什么?

1-4　地籍按照不同的分类方法可以分为哪几类?

1-5　请结合实际说明地籍测量包括哪些内容。

【延伸阅读】

地　契

地契是指买卖、典押土地时双方制定的法律文书凭据。其中,载明土地数量、坐落地点、四至边界、价钱及典卖条件等,由当事人双方和见证人签字盖章,是在转让土地过程中证明所有权的书面文件。作为见证我国土地权属变更的重要古籍,地契真实地反映了我国不同历史时期的土地所有权制度、土地权属变更及对土地的管理制度,甚至能反映出当时的社会、经济、政治、文化的发展状况。从这个意义上说,这页轻盈单薄的纸张,却承载了厚重的历史。从中也可以看出历代地籍管理和土地丈量测绘技术的进步与发展。中国是历史上最早发明和使用土地丈量技术的国家之一,积累了大量的土地丈量测量经验,建立了严格的地籍管理制度。司马迁在《史记》中对大禹治水也有这样的描述:“陆行乘车,水行乘船,泥行乘橇,山行乘撵,左准绳,右规矩,载四时,以开九州,通九道,陂九泽,度九山。”文中所记录的是当时治水过程中进行土地勘测的情景。

项目二　土地权属调查

【项目概述】

土地权属调查是地籍调查工作的核心,是地籍测绘工作的第一环节。本项目工作需完成三个任务:第一个任务是土地权属确认,使大家明确如何确认土地权属;第二个任务是地籍调查单元划分与编号,学会如何在调查底图上进行地籍调查单元划分及编号;第三个任务是土地权属调查与地籍调查表的填写,要求熟悉调查的程序、方法及地籍调查表的具体填写。

【学习目标】

熟悉土地权属确认;理解并掌握地籍单元的划分与编号;掌握土地权属调查的内容、技术路线与方法及调查程序;掌握地籍调查表的填写方法。

【思政导入】

《中共中央 国务院关于加快发展现代农业 进一步增强农村发展活力的若干意见》(中发〔2013〕1号)提到建立归属清晰、权能完整、流转顺畅、保护严格的农村集体产权制度,是激发农业农村发展活力的内在要求。必须健全农村集体经济组织资金资产资源管理制度,依法保障农民的土地承包经营权、宅基地使用权、集体收益分配权。

【正文】

任务一　土地权属确认

土地权属是指按照《中华人民共和国土地管理法》规定的土地所有权和使用权的归属。城市市区的土地属于全民所有,农村和城市郊区的土地,除法律规定属于国家所有的外,属于集体所有;宅基地和自留地、自留山,属于集体所有。国有土地和集体所有土地可以依法确定给全民所有制单位、集体所有制单位或个人使用。

一、土地所有权

(一)土地所有权的概念

土地所有权是土地所有制的法律表现,是土地所有权人在法律规定的范围内占有、使用、收益和处分土地的权利。土地所有权的性质和内容是由土地所有制决定的。

(1)土地占有权,指对土地的实际占领、控制的权利。

(2)土地使用权,指土地使用者根据法律、文件、合同的规定,对国家或集体所有的土地依法享有的占有、使用、收益及部分处分的权利。

(3)土地收益权,指从土地上获得经济利益的权利。

(4)土地处分权,指在法律允许范围内对土地进行处置的权利。它决定土地的归属,是土地所有权的核心。

以上四种权能是土地所有权的基本结构,它们可以互相结合,也可以互相分离,例如土地出租就是一种分离的形式。土地所有人将占有、使用两项权能转让承租人,自己仅保留一部分收益权和处分权。这种分离现象并不意味着土地所有人丧失土地所有权,而是土地所有人行使所有权的一种表现。

土地所有权是法律赋予的,法律可以根据社会、政治、经济的具体情况,对所有权的行使权限做出某种限制。《中华人民共和国土地管理法》第二条规定:"任何单位和个人不得侵占、买卖或者以其他形式非法转让土地。"该条款规定土地不得买卖和非法转让,实际上是对处分权的一种限制。所以,土地所有人必须在法律规定的范围内行使所有权。

(二)我国国有土地所有权的主体、客体和内容

我国国有土地所有权的唯一主体是国家,由国务院代表国家行使。国家以外的任何组织、单位和个人,都不能成为国有土地所有权的主体。

我国国有土地所有权的客体,根据法律规定,是一切属于国家所有的土地,具体包括:

(1)城市市区的土地。

(2)农村和城市郊区中已经依法没收、征收、征购为国有的土地。

(3)国家依法征用的土地。

(4)依法不属于集体所有的林地、草地、荒地、滩涂及其他土地。

(5)农村集体经济组织全部成员转为城镇居民的,原属于其成员集体所有的土地。

(6)由于国家组织移民、自然灾害等,农民成建制地集体迁移后不再使用的原属于迁移农民集体所有的土地。

国有土地所有权的内容指国家在行使土地所有权的过程中形成的权利和义务,这些权利和义务都要由法律规定。如《中华人民共和国土地管理法》第十三条规定:"国家所有依法用于农业的土地可以由单位或者个人承包经营,从事种植业、林业、畜牧业、渔业生产。"

(三)我国农村集体土地所有权的主体、客体和内容

我国农村集体土地所有权的主体是农民集体。《中华人民共和国土地管理法》第十一条规定:"农民集体所有的土地依法属于村民集体所有的,由村集体经济组织或者村民委员会经营、管理;已经分别属于村内两个以上农村集体经济组织的农民集体所有的,由村内各该农村集体经济组织或者村民小组经营、管理;已经属于乡(镇)农民集体所有的,由乡(镇)农村集体经济组织经营、管理。"

上述农民集体形成一种共同所有的关系,对共同所有的土地的处分权或其他权利的行使,应得到共同所有人的同意。集体土地所有权的客体,是指属于上述农民集体所有的一切土地,主要有农村和城市郊区的土地,除由法律规定属于国家所有的外,属于农民集体所有,宅基地和自留山,属于农民集体所有。

集体土地所有权的内容指农民集体在行使土地所有权的过程中形成的权利和义务,这些权利和义务均由法律规定。如《中华人民共和国土地管理法》第二条规定:"国家为了公共利益的需要,可以依法对土地实行征收或者征用并给予补偿。"第十三条规定:"农民集体所有和国家所有依法由农民集体使用的耕地、林地、草地,以及其他依法用于农业的土地,采取农村集体经济组织内部的家庭承包方式承包,不宜采取家庭承包方式的荒山、荒沟、荒丘、荒滩等,可以采取招标、拍卖、公开协商等方式承包,从事种植业、林业、畜牧业、渔业生产。家庭承包的耕地的承包期为三十年,草地的承包期为三十年至五十年,林地的承包期为三十年至七十年;耕地承包期届满后再延长三十年,草地、林地承包期届满后依法相应延长。"

二、土地使用权

(一)土地使用权的概念

土地使用权指土地使用者根据法律、文件、合同的规定,对国家或集体所有的土地享有的占用、使用、收益及部分处分的权利。

土地使用权与使用土地是两个不同的概念。使用土地指对土地的实际利用,而土地使用权则是根据法律、文件或合同规定而产生的使用土地的权利。土地使用权可以由土地所有人行使,也可以依法从土地所有权中分离出来,成为一项相对独立的权能。土地使用人可以依法享有对土地的占有权、使用权、收益权和部分处分权,但这些权利的行使必须符合法律规定和土地所有人的利益,受法律和土地所有权的制约。

(二)我国国有土地使用权的主体、客体和内容

我国国有土地使用权的主体是依法直接从国家取得国有土地使用权的单位或个人。

我国国有土地使用权的客体是依法直接从国家划拨或有偿方式给单位或个人使用的土地。国有土地使用权的内容指国有土地使用权主体在行使土地使用权的过程中形成的权利和义务,并通过法律形式加以固定。如《中华人民共和国土地管理法》第十条规定:“使用土地的单位和个人,有保护、管理和合理利用土地的义务。”第十三条规定:“国家所有依法用于农业的土地可以由单位或者个人承包经营,从事种植业、林业、畜牧业、渔业生产。……发包方和承包方应订立承包合同,约定双方的权利和义务。”第五十六条规定:“建设单位使用国有土地的,应当按照土地使用权出让等有偿使用合同的约定或者土地使用权划拨批准文件的规定使用土地;确需改变该块土地建设用途的,应当经有关人民政府自然资源主管部门同意,报原批准用地的人民政府批准。其中,在城市规划区改变土地用途的,在报批前,应当先经有关城市规划行政主管部门同意。”

《中华人民共和国土地管理法实施条例》第十二条规定:“依法登记的土地所有权和使用权受法律保护,任何单位和个人不得侵犯。”

(三)我国农村集体土地使用权的主体、客体和内容

我国农村集体土地使用权的主体包括:承包土地使用权的主体是本集体经济组织的成员以及依法取得承包经营权的本集体经济组织以外的单位或个人;自留山、自留地土地使用权的主体是本集体经济组织的成员;农村宅基地使用权的主体是户口在农村,年满18周岁,具有行为能力的本集体经济组织依法获得宅基地使用权的公民;乡(镇)、村企事业等非农建设用地使用权的主体是依法获得非农建设用地使用权的乡(镇)、村企事业单位或个人。

我国农村集体土地使用权的客体是分别为上述使用权主体依法取得的承包地、自留地、自留山、农村宅基地、集体非农建设用地等。我国农村集体土地使用权内容指集体土地使用权主体在行使土地使用权的过程中所形成的权利和义务,并通过法律或合同形式规定出来。如《中华人民共和国土地管理法》第十条规定:“农民集体所有的土地,可以依法确定给单位或个人使用,使用土地的单位或个人,有保护、管理和合理利用土地的义务。”第十三条规定:“发包方和承包方应当依法订立承包合同,约定双方的权利和义务。承包经营土地的单位和个人,有保护和按照承包合同约定的用途合理利用土地的义务。”第六十三条规定:“通过出让等方式取得的集体经营性建设用地使用权可以转让、互换、出资、赠与或者抵押,但法律、行政法规另有规定或者土地所有权人、土地使用权人签订的书面合同另有约定的除外。”第三十七条规定:“禁止占用耕地建窑、建坟或者擅自在耕地上建房、挖砂、采石、采矿、

取土等。禁止占用永久基本农田发展林果业和挖塘养鱼。”

三、他项权利

在已经确定了土地所有权和使用权的土地上保留其他利用土地方面的权利称为他项权利。他项权利的设定既依附于土地的所有权和使用权,同时是对土地所有权和使用权的一种限制。目前,我国土地他项权利包括抵押权、租赁权、空中权、地下权、排水权、承包权等。他项权利的发生,有的是通过协议确定的,如租赁权;有的是法律明文规定,如通行权。

四、土地权属的确认

土地权属调查的主要工作是对土地权属的确认。所谓土地权属的确认(简称确权),是指依照法律,由当地政府授权,在土地管理部门的主持下,由权属主(或授权指界人)、相邻土地权属主(或授权指界人)、地籍调查员和其他必要人员共同对土地权属的认定,包括土地所有权和土地使用权的性质、类别、权属主及其身份、土地位置等的确认。土地权属的确认涉及用地的历史、现状、权源、取得时间、界址及相邻权属主的有关状况等,是地籍调查中一件细致而复杂的工作,必须根据有关文件和实际情况妥善处理。具体的确认方式如下:

(1)文件确认。它是根据权属主所出示并被现行法律所认可的各种文件来确定土地使用权或所有权的归属,这是一种较规范的土地权属认定手段,城镇土地使用权的确认大多用此方法。

(2)惯用确认。这是基于中华人民共和国成立后长期未进行地籍调查,而根据若干年以来没有争议的惯用土地边界而进行认定的一种方法,是一种非规范化的认定手段,主要适用于农村和城市郊区。在使用这种认定方法时,为防止错误发生,要注意以下三点:一是尊重历史,实事求是;二是注意四邻认可,指界签字;三是不违背现行法规政策。

(3)协商确认。当确权所需文件不详,或认识不一致时,本着团结、互谅的精神,在政府土地管理部门的主持下,采用涉及土地各方协商的原则进行认定。

(4)仲裁确认。在有争议而达不成协议,且双方都能出示有关文件而又互不相让的情况下,由主管部门约定时间、地点,地籍管理部门依照有关规定,充分听取土地权属各方的申述,实事求是地、合理地进行裁决。不服从裁决者,可以向法院申诉,通过法律程序解决。

五、土地权属确认

(一)农村地区(含城市郊区)土地权属的确认

农村土地所有权和使用权的确认涉及村与村、乡与乡、乡村与城市、村与独立厂矿及事业单位的边界等。它不但形式复杂,而且往往用地手续不甚齐全。因此,应将依据文件确认、惯用确认、协商确认或仲裁确认几种方式结合起来确认农村土地所有权和使用权。对完成了土地利用现状调查的地区,其调查成果的表册和图件是很有说服力的确权文件,应予承认。

铁路、公路、军队、风景名胜区和水利设施等用地,其所有权属国家,使用权归各管理部门。由于这些用地分布广泛,并且比较零乱,其权属边界比较复杂。在进行土地权属调查时,按照土地使用原则和征地或拨地文件确认土地的使用权和所有权。

(二)城市土地使用权的确认

城市土地所有权是国家所有,因此城市各权属主只有土地使用权,而无土地所有权(除郊区集体土地外)。城市土地使用权主要按下述文件确认:

(1)单位用地红线图。红线图是经过建设立项、上级机关批准、用地所在市县审批、城市规划部门审核选址、地籍管理部门和建设用地部门审定和办理征(拨)地手续,再由城市勘测部门划定红线等一系列法定手续的最后结果。它一般标绘在大比例尺的地形图上,其上除绘有用地红线外,还标有用地单位名称、用地批文的文件名和批文时间、用地面积、征地时间、经办人和经办单位盖章等。它是审核土地权属的权威性文件。在进行地籍调查时,可根据该红线图来判定土地权属,并到实地勘定用地范围的边界。

(2)房地产使用证。中华人民共和国成立后的几十年中,有的城市曾经核发过地产使用证。改革开放(1978 年)以后,在土地管理法公布(1986 年)以前,城市房地产管理部门组织过地籍测量,绘制过房产图,并发放过房地产使用权证或房产所有权证。这些文件可作为确权依据。

(3)土地使用合同书、协议书、换地书等。中华人民共和国成立后一直到土地管理法出台的几十年中,随着社会经济的发展,各用地单位变化也很大。有各系统之间的调整、变更,有各企业单位之间的合并、分割、兼并、转产等情况,它们所签订的合理合法的各种形式的土地使用合同书和协议书,本着尊重历史、注重现实的原则,可作为确权文件。

(4)征(拨)地批准书和合同书。在中华人民共和国成立后直至国有土地有偿使用制度出台前,企事业单位建设用地采取征(拨)地制度。权属主所出示的征(拨)地批准书和合同书,可作为确权文件。

(5)有偿使用合同书(协议书)和国有土地使用权证书。自改革开放以来,特别是土地管理法颁布实施之后,进一步明确了土地所有权与使用权分离的制度,改无偿使用土地为有偿使用。政府土地管理部门为国有土地管理人,以一定的使用期限和审批手续,对土地使用权进行出让、转让或拍卖。成交后,签订的有偿使用合同书(或协议书),规定权利和义务,交清款项,发放国有土地使用权证。因此,有偿使用合同书(或协议书)和国有土地使用权证书是土地使用权确认的文件。

(6)城市住宅用地确权的文件。现阶段我国的城市住宅有三种所有制,即全民所有制住宅、集体所有制住宅和个人所有制住宅。一般情况下,住宅的权属主同时是该住宅所坐落的土地的权属主。单位住宅用地根据其征(拨)地红线图和有关文件确权;个人住宅用地(含购商品房住宅)根据房产证、契约等文件确权;奖励、赠予的房屋用地应根据奖励证书、赠予证书和有关文件(如房产证)确认土地使用权。

任务二　地籍调查单元划分与编号

一、地籍调查单元的划分

为了便于调查工作的实施,也为了便于划分调查单元,利于调查成果资料的管理,需将整个调查区划分成一些地籍街坊。在此基础上划分调查单元,便于形成一个有序的调查控制体系,形成调查单元的编号系统。调查区一般按街道—街坊—宗地三级划分。

二、地块、宗地与宗地划分

(一)土地的划分

要达到科学管理土地的要求,地籍工作中必须建立起土地管理范围划分与编号系统,实行统一的编号规则。这不仅有利于土地规划、计划、统计与管理,而且便于收集整理资料以及利用计算机管理地籍的图形、数据和表册,达到便于检索、修改、储存与保管的目的。

土地划分是指为满足土地管理工作的需要所确定的宗地所属地域上的空间层次。根据我国国情,考虑到便于管理,划分的空间层次应与行政管理系统相一致。

目前,我国地籍调查实际工作中按各级行政区划的管理范围进行划分,具体划分为××省××市××区××街道××街坊××宗地。

地籍区和地籍子区是根据地籍工作的需要而设立的。在我国,地籍管理的基层单位为县、区级土地管理部门。在实际工作中,地籍区相当于街道或乡(镇),地籍子区相当于街坊或行政村。

(二)宗地与宗地的划分

权属调查的基本单元是宗地。宗地是指由权属界线封闭的独立权属地块,它具有固定的位置和明确的权利边界,并可同时辨认出确定的利用类别、质量和时态等土地基本要素。一般情况下,由一个土地使用者所使用的地块,称为独立宗;一地块由几个权属单位使用,又难以划清权属界线者,称为共用宗。如一栋楼房一层为某一单位使用,二层、三层为其他单位使用,难以划分土地的权属界线,故为一宗地,这就是共用宗。

宗地的划分根据权属性质,可分为土地所有权宗地和土地使用权宗地。

在实际工作中,依照我国有关的法律法规,一般只调查集体土地所有权宗地、集体土地使用权宗地和国有土地使用权宗地。

1. 基本原则

无论是集体土地所有权宗地,还是集体土地使用权宗地和国有土地使用权宗地,划分时都必须遵循以下基本原则:

(1)由一个权属主所有或使用的相连成片的用地范围划分为一宗地。

(2)同一个权属主所有或使用的不相连的两块或两块以上的土地,则划分为两个或两个以上的宗地。

(3)如果一个地块由若干个权属主共同所有或使用,实地又难以划分清楚各权属主的用地范围的,划为一宗地,称组合宗。

2. 宗地的再划分

在城镇,对一个权属主拥有的相连成片的用地范围,遇到下列情况之一的可划分成多个宗地:

(1)原宗地范围过大的。

(2)土地使用权的来源不同,且能在实地划清界线的。

(3)依土地用途不同自然分成若干宗地的。

(4)以规划红线划出部分给其他单位或个人使用的。

(5)宗地中部分房地产转让给其他单位或个人使用的,且能在实地划清界线的。

(6)楼层数相差太大,且能在实地划清界线的。

(7)建成区与未建成区(如住宅小区)之间能在实地划清界线的。

(8)用地价款不同,且能在实地划清界线的。

(9)使用年期不同,且能在实地划清界线的。

(10)认为有必要分割成多宗地的其他情况。

(三)农村和城市郊区的宗地划分

在农村和城市郊区,依据宗地划分的基本原则,农村居民地内村民建房用地(宅基地)

和其他建设用地,亦可按集体土地的使用权单位的用地范围划分为宗地,要注意这里是指集体非农建设用地使用权宗地,一般反映在农村居民地地籍图(岛图)上。

(四)集体土地所有权宗地的划分

依照《中华人民共和国土地管理法》,农村可根据集体土地所有权单位[如村民委员会、农业集体经济组织、村民小组、乡(镇)农民集体经济组织等]的土地范围划分土地所有权宗地。

一个地块由几个集体土地所有者共同所有,其间难以划清权属界线的,为共有宗。共有宗不存在国家和集体共同所有的情况。

如有需要,可在村民委员会或农业集体经济组织或乡(镇)农民集体经济组织等所管辖的土地范围内,按《土地利用现状分类》(GB/T 21010—2017)的二级类别直接划分宗地。

(五)城镇以外的国有土地使用权宗地的划分

城镇以外,铁路、公路、工矿企业、军队等用地,都是国有土地,这些国有土地使用权界线大多与集体土地的所有权界线重合,其宗地的划分方法与前述相同。

(六)争议地、间隙地、飞地的宗地划分

争议地是指有争议的地块,即两个或两个以上的权属主都不能提供有效的确权文件,却同时提出拥有所有权或使用权的地块。间隙地是指无土地使用权权属主的空置土地。飞地是指镶嵌在另一个土地所有权地块之中的土块所有权地块。这些地块均实行单独分宗。

三、土地权属边界与边界系统

(一)边界类型

边界,也称界线,土地的自然特性和人类对土地占有或作用的结果决定着边界在地籍中有着特殊的地位。根据土地划分的方法,形成了四种边界,即行政边界、地籍区(如街道)或地籍子区(如街坊)边界、宗地边界和地块边界。

1. 行政边界

行政边界包括省界、县界、市界、区界、乡(镇)界等。这些边界一般由各级政府部门(如民政部门等)划定。它们大都由路、沟渠、河流、田埂、山脊或山谷、人造边界要素等构成,边界多半有一定的宽度,并由行政辖区双方共有。在农村,一般这些边界都与土地所有权界线重合。

2. 地籍区或地籍子区边界

地籍区或地籍子区边界纯粹是为地籍管理的方便由土地管理部门在进行权属调查前划定的。一般情况下,地籍区对应街道或乡(镇),地籍子区对应街坊或行政村,也有任意划定的。

3. 宗地边界

宗地边界是指根据宗地划分方法而划分出的地块边界。

4. 地块边界

地块边界是指在土地管理工作中,根据地块的含义划分的地块的边界。

(二)边界系统

边界系统,就是人们或政府管理机构通常以某种方式所承认的界线存在形式,一般由普通边界和法律边界组成。

普通边界,是指主要依靠自然的或人造的边界要素,依据各地的普通规则,但没有精确的边界数据,或有边界数据又没有法律手续固定下来的边界。这种边界在英国的土地登记系统中有较为详细的描述,在我国农村地区普遍存在。至今,我国的行政边界也大都属于此类,我国土地利用现状调查中的地块边界也属此类。

法律边界,是指对人造的或自然的边界要素进行精确的测量,获取测量数据,通过法律程序给予承认,并在实地以法律的形式固定下来的边界。

自然边界要素主要指一些固定的、明显的地物点(如围墙、道路中心线、房角等)和固定的、明显的线状地物或地形结构线(如山脊线、山谷线、行树、河流的边线或中心线等)。人造边界要素主要指人工制作的界标,如《地籍调查规程》(GB/T 42547—2023)中设计的 5 种界标(见图 2-1~图 2-5)。在这里,最重要的是精确测量这些要素,其数据通过法律程序予以确认即可。

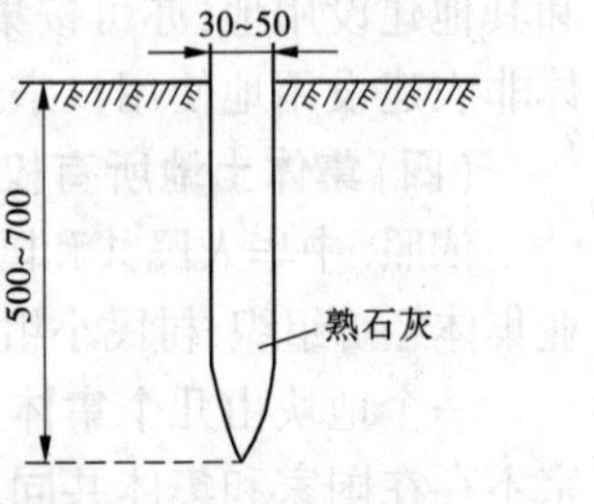

图 2-1　石灰界址标桩　(单位:mm)

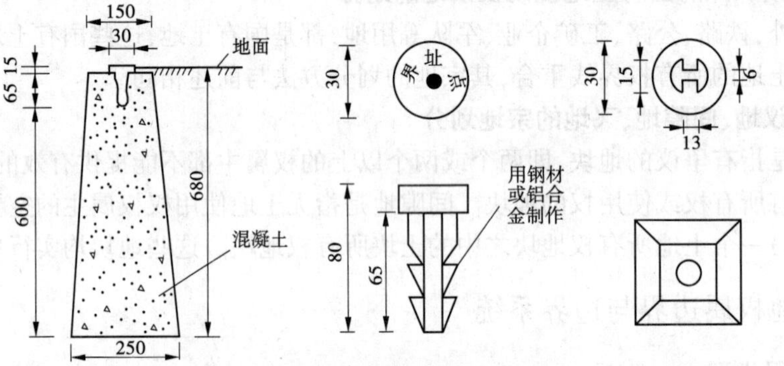

图 2-2　混凝土界址标桩　(单位:mm)

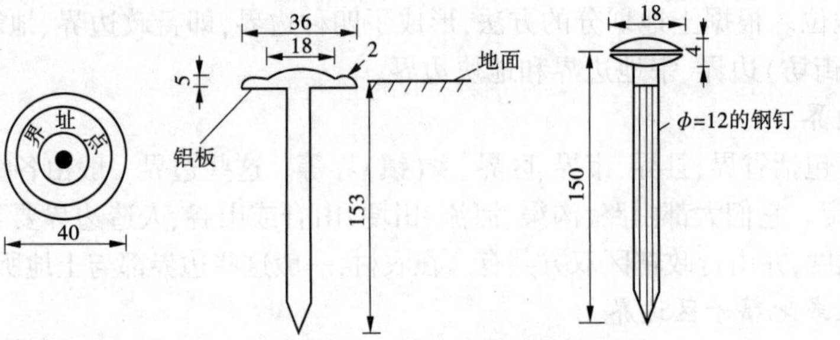

图 2-3　带铝帽的钢针界址标桩　(单位:mm)

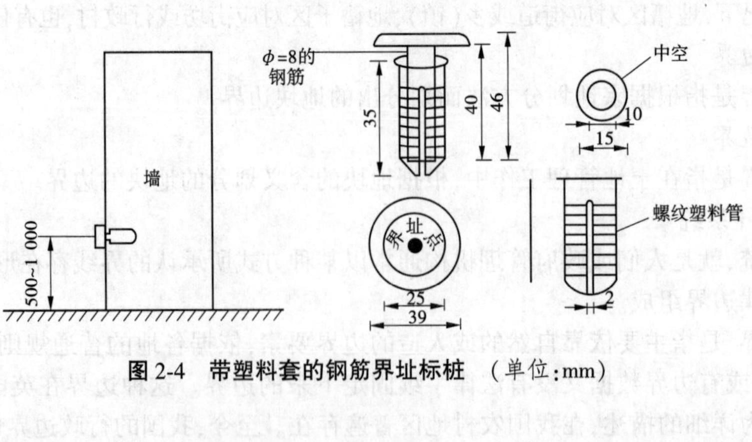

图 2-4　带塑料套的钢筋界址标桩　(单位:mm)

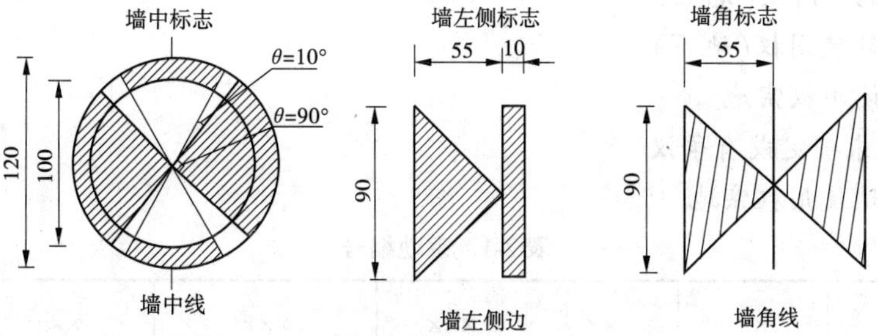

图 2-5　喷漆界址标志　（单位：mm）

四、地籍的编号

(一)地籍区编号

通常以县级行政区划的街道办事处、乡镇界线为基础结合明显地物划定地籍子区。一般情况下，地籍编号统一自西向东、从北到南从“00001”开始顺序编号。如003005GB00012，表示××省××市××区第3街道，第5街坊，G国有土地使用权，B建设用地使用权（地表），第12宗地。地籍图上采用不同的字体和不同大小加以区分；而宗地号在图上宗地内以分数形式表示，分子为宗地编号，分母为地类号。通常省、市、区、街道、街坊的编号在调查前已经编好，调查时只编宗地号，并及时填写在相应的表册中。

(二)地籍子区编号

地籍子区是在地籍区内以行政村、居委会或街坊界线为基础，结合明显地物划定的土地调查区域。地籍子区的编号方法同地籍区，也用3位数表示。

地籍区和地籍子区划定后，其数量和界线应保持稳定，原则上不随所依附界线和线状地物的变化而调整。

(三)宗地的编号

根据宗地的划分情况，宗地是在地籍了区内“从左到右，从上到下”的反“S”形编号。完整的宗地编号由省、市、区（县）、地籍区、地籍子区、土地权属类型、宗地号组成。其中，省、市、县（区）各2位数，地籍区、地籍子区各3位数，土地权属类型2位数，宗地号5位数，共长19位，如表2-1编号第1~12位为该宗地所属行政区划的代码。其中，前6位即省、地市、县（区）的代码可直接采用身份证的前6位编号方案；如610324代表陕西省宝鸡市扶风县；第7位、8位、9位为街道、镇、乡代码；第10位、11位、12位为街坊/行政村代码；它们是在所属上一级行政区划范围内统一的编号；第13位、14位为土地权属类型码，第13位为土地所有权代码，第14位为宗地特征码；宗地号5位。其中，土地权属类型的表示方法如下：

第13位

G：国有土地所有权

J：集体土地所有权

Z：土地所有权争议

第14位

A：集体土地所有权宗地

B：建设用地使用权（地表）

S:建设用地使用权(地上)

X:建设用地使用权(地下)

C:宅基地使用权宗地

W:使用权未确定或有争议

Y:其他土地使用权宗地

表 2-1　宗地编号

宗地编号	××	××	××	×××	×××	××	×××××
在编号中的位置	第 1 位、2 位	第 3 位、4 位	第 5 位、6 位	第 7 位、8 位、9 位	第 10 位、11 位、12 位	第 13 位、14 位	第 15 位、16 位、17 位、18 位、19 位
代码数字范围	00~99	00~99	00~99	000~999	000~999	第 13 位用 G、J、Z 表示;第 14 位用 A、B、S、X、C、W、Y 表示	00001~99999
代码意义	省级代码	市级代码	县、县级市、区级代码	街道、镇、乡级代码	街坊、行政村级代码	第 13 位土地所有权代码,第 14 位宗地特征码	宗地序号

注:城镇中在划分街坊时一般以马路、巷道、河沟等线状地物为界来划分、街坊划分不宜过大,以宗地不超过 99 999 个为宜,给变更编号留有较大的余地。

五、土地权属界址与界址点编号

(一)土地权属界址

土地权属界址包括界址线、界址点和界标。所谓土地权属界址线(简称界址线),是指相邻宗地之间的分界线,或称宗地的边界线。有的界址线与明显地物重合,如围墙、墙壁、道路、沟渠等,但要注意实际界线可能是它们的中线、内线或外边线。

界址点是指界址线或边界线的空间或属性的转折点。

界标是指在界址点上设置的标志。界标不仅能确定土地权属界址或地块边界在实地的地理位置,为今后可能产生的土地权属纠纷提供直接依据和睦邻里关系,同时是测定界址点坐标值的位置依据。为了适应各种情况,《地籍调查规程》(GB/T 42547—2023)设计了 5 种界标(图中单位为 mm),可根据实地情况酌情选用。

(1)石灰界址标桩(用于地面填设),见图 2-1。

(2)混凝土界址标桩(地面埋设用),见图 2-2。

(3)带铝帽的钢钉界址标桩(在坚硬的地面上打入埋设),见图 2-3。

(4)带塑料套的钢筋界址标桩(在房、墙角浇筑),见图 2-4。

(5)喷漆界址标志(在墙上喷漆),见图 2-5。

(二)界址点和界标设置

1. 界址点设置

(1)界址点的设置应能准确表达界址线的走向。

(2)相邻宗地的界址线交叉处应设置界址点。

(3)土地权属界线依附于沟、渠、路、河流、田坎等线状地物的交叉点应设置界址点。

(4)在一条界址线上存在多种界址线类别时,变化处应设置界址点。

2. 界标设置

(1)在界址点上应按规定设置界标,界标类型由界址线双方的土地权利人确定。设置界标有困难时(如界址点在水中),应在地籍调查表或土地权属界线协议书中,采用标注界址点位和说明权属界线走向等方式描述界址点具体位置。

(2)损坏的界标,可根据已有解析界址点坐标和界址点间距、宗地草图、土地权属界线协议书等资料,采用现场放样、勘丈等方法恢复界址点。

(三)界址点的编号

(1)在地籍子区的范围内,应对界址点统一编号,并保证界址点号唯一。

(2)在地籍调查表和宗地草图中,可采用地籍子区范围内统一编制的界址点号;也可以宗地为单位,从左上角按顺时针方向,从“1”开始编制界址点号。

(3)解析界址点编号可采用 J1、J2…表示,图解界址点编号可采用 T1、T2…表示。

界址点变更后,新增界址点号在地籍子区内最大界址点号后续编,废弃的界址点号不再使用。

任务三　土地权属调查与地籍调查表的填写

一、土地权属调查的内容

土地权属调查是以宗地为单位,对土地的权属状况、位置、界线、利用状况等信息的确认和调查(土地登记前的具有法律意义的初步确认)。土地权属调查可分为土地所有权调查和土地使用权调查。一般土地所有权调查与土地利用现状调查同时进行。在城镇,土地权属调查着重调查与确认国有和集体土地使用权的属性信息。

土地权属调查的主要内容如下:

(1)以宗地为单位,查清其权属状况,包括权属性质、权属来源、土地所有者和使用者名称及权属时间和期限等。

(2)查清每一宗土地的位置、界线、四邻关系及相关的行政界线、地理名称等。

(3)查清土地利用状况和土地级别。

(4)在土地管理人员主持下仲裁有关权属纠纷。

(5)整理好土地权属调查资料,作为永久资料归档保存。

二、土地权属调查的步骤

土地权属调查的主要过程是:按土地权属主的申请,根据权源资料对土地位置、权属界线进行实地核定、调查、勘丈、记录并经权属主(法人、自然人)代表或本人认定。

调查具体过程如下。

(一)拟订调查计划

明确调查任务、范围、方法、时间、步骤,人员组织及经费预算。组织专业队伍,进行技术培训与试点。

(二)物资方面准备

印刷统一制定的调查表格和簿册,准备仪器与绘图的各种工具、生活交通工具和劳保用品等。

(三)调查底图的选择

根据需要和已有的图件,选择调查底图,一般要求使用近期测绘的大比例尺地形图。城镇区可使用1∶500或1∶1 000比例尺的地形图;村庄或独立的工矿区可使用1∶1 000或1∶2 000的地形图。

(四)划分街道、街坊

对于城市,街道以街道办事处范围划界;若街道范围过大,可划分为若干个街坊(以道路、河流、沟渠等固定线状地物为界)作为调查小区。

街坊不宜过大,不应超过999个宗地。街坊在街道内统一编号。

(五)发放通知

实地调查前,要向土地所有者或使用者发出通知书,同时对其四邻发出指界通知。按照工作计划,分区分片通知,并要求土地所有者或使用者(法人或法人委托的指界人)及其四邻的合法指界人,按时到达现场。

(六)接受申请文件

专人负责登记、整理、审核权源资料。

(七)预编宗地号

对于能完全确权的宗地,在调查的底图上标绘出各宗地的范围线,并预编宗地号,及时建立地籍档案。否则按街道或街坊将宗地资料分类。

对于不能根据资料确权的宗地,按街道或街坊将宗地资料分类,预编宗地号,在工作图上大致圈定其位置,以备实地调查。

(八)发出指界通知

实地调查前,要向土地所有者或使用者发出通知书,同时对其四至发出指界通知。按照工作,分区分片通知,并要求所有者或使用者(法人或法人委托的指界人)及其四至的合法指界人,按时到达现场。

(九)实地调查

根据资料收集、分析和处理的情况,逐宗地进行实地调查,现场确定界址位置,填写地籍调查表,绘制宗地草图。

(十)资料整理

在资料收集、分析、处理和实地调查的基础上,编制宗地号,建立宗地档案,准备地籍测量所需的资料。

三、土地权属状况调查

土地利用状况调查包括宗地的批准用途和实际用途的调查,按《土地利用现状分类》(GB/T 21010—2017)(见表2-2)标准调查至二级分类。

表 2-2　城镇土地利用分类及含义

一级类		二级类		含义
编号	名称	编号	名称	
10	商业、金融业用地			指商业服务业、旅游业、金融保险业等用地
		11	商业服务业	指各种商店、公司、修理服务部、生产资料供应站、饭店、旅社、对外经营的食堂、文印撰写社、报刊门市部、蔬菜购销转运站等用地
		12	旅游业	指主要为旅游业服务的宾馆、饭店、大厦、乐园、俱乐部、旅行社、旅游商店、友谊商店等用地
		13	金融保险业	指银行、储蓄所、信用社、信托公司、证券交易所、保险公司等用地
20	工业、仓储用地			指工业、仓储用地
		21	工业	指独立设置的工厂、车间、手工作坊、建筑安装的生产场地、排渣(灰)场地等用地
		22	仓储	指国家、省(自治区、直辖市)及地方的储备、中转、外贸、供应等各种仓库、油库、材料堆场及其附属设备等用地
30	市政用地			指市政公用设施、绿化用地
		31	市政公用设施	指自来水厂、泵站、污水处理厂、变电所、煤气站、供热中心、环卫所、公共厕所、火葬场、消防队、邮电局(所)及各种管线工程专用地段等用地
		32	绿化	指公园、动植物园、陵园、风景名胜、防护林、水源保护林以及其他公共绿地等用地
40	公共建筑用地			指文化、体育、娱乐,机关、宣传,科研、设计,教育,医卫等用地
		41	文、体、娱	指文化馆、博物馆、图书馆、展览馆、纪念馆、体育场馆、俱乐部、影剧院、游乐场、文艺体育团体等用地
		42	机关、宣传	指行政及事业机关,党、政、工、青、妇、群众组织驻地,广播电台、电视台、出版社、报社、杂志社等用地
		43	科研、设计	指科研、设计机构,如研究院(所)、设计院及其实验室、试验场等用地
		44	教育	指大专院校、中等专业学校、职业学校、干校、党校,中、小学校,幼儿园、托儿所,业余、进修院校,工读学校等用地
		45	医卫	指医院、门诊部、保健院(站、所)、疗养院(所)、救护、血站、卫生院、防治所、检疫站、防疫站、医学化验、药品检验等用地
50	住宅用地			指供居住的各类房屋用地

续表 2-2

一级类		二级类		含义
编号	名称	编号	名称	
60	交通用地			指铁路、民用机场、港口码头及其他交通用地
		61	铁路	指铁路线路及场站、地铁出入口等用地
		62	民用机场	指民用机场及其附属设施用地
		63	港口码头	指专供客、货运船舶停靠的场所用地
		64	其他交通	指车场站,广场,公路,街、巷、小区内的道路等用地
70	特殊用地			指军事设施、涉外、宗教、监狱等用地
		71	军事设施	指军事设施用地,包括部队机关、营房、军用工厂、仓库和其他军事设施等
		72	涉外	指外国使馆、领事馆、驻华办事处等用地
		73	宗教	指专门从事宗教活动的庙宇、教堂等宗教自用地
		74	监狱	指监狱用地,包括监狱、看守所、劳改场(所)等用地
80	水域用地			指河流、湖泊、水库、坑塘、沟渠、防洪堤防等用地
90	农用地			指水田、菜地、旱地、园地等用地
		91	水田	指筑有田埂(坎)可以经常蓄水,用于种植水稻等水生作物的耕地
		92	菜地	指以种植蔬菜为主的耕地,包括温室、塑料大棚等
		93	旱地	指水田、菜地以外的耕地,包括水浇地和一般旱地
		94	园地	指种植以采集果、叶、根、茎等为主的集约经营的多年生木本和草本作物,覆盖度大于50%,包括树苗圃等用地
100	其他用地			指各种未利用土地、空闲地等其他用地

四、土地权属界址调查

土地权属的界线称为界址线,界址线的转折点称为土地权属界址点(简称界址点)。界址调查是对土地权属界址点、界址线实地位置的现场指界及设置界标等野外工作。

界址调查的指界是指确认被调查宗地的界址范围及其界址线的具体位置。

土地权属界线包括乡(镇)集体土地、行政村集体土地、村民小组集体土地的权属界线和国营农场、林场、苗圃等土地的权属界线,公路、铁路、水利、风景区、军队和独立的工矿企事业单位等用地的国有土地的权属界线。

土地权属界线调查时，必要时应与权属单位协商向土地权属单位发放指界通知书，明确土地权属单位代表到场指界时间、地点和需带的证明与权源材料。

（一）权属界址明确的调查指界

现场指界必须由本宗地及相邻宗地指界人亲自到场共同指界。当由单位法人代表指界时，则出示法人代表证明。当法人代表不能亲自指界时，应由委托的代理人指界，并出示委托书和身份证明。由多个土地所有者或使用者共同使用的宗地，应共同委托代表指界，并出示委托书和身份证明。个人使用的土地，须由户主指界，并出示身份证明和户口簿。由多个土地使用者共同使用的宗地，应共同委托代表指界，并出示委托书和身份证明。

对于违约缺席指界的，根据不同情况按下述办法处理：

（1）如一方违约缺席，其界址线以另一方指定的界址线为准确定。

（2）如双方违约缺席，其界址线由调查员依据有关图件和文件，结合实地现状确定。

（3）确定界址线（简称确界）后的结果以书面形式送达违约缺席的业主，并在用地现场公告，如有异议的，必须在结果送达之日起 15 日内提出重新确界申请，并负责重新确界的费用。逾期不申请，确界自动生效。

（二）权属主不明确的土地界线调查

（1）征地后未确定使用者的剩余土地和法律、法规规定为国有而未明确使用者的土地，在国有土地使用权、乡（镇）集体土地所有权和村集体土地所有权界线调查的基础上，根据实际情况划定土地界线。

（2）暂不确定使用者的国有公路、水域的界线，一般按公路、水域的实际使用范围确界。

（3）不明确或暂不确定使用者的国有土地和相邻权属单位的界线，暂时由相邻权属单位单方指界，并签订《权属界线确认书》，待明确土地使用者并提供权源材料后，再对界线予以正式确认或调整。

（三）乡（镇）行政境界调查

调查队会同各相邻乡（镇）土地管理所依据既是村界又是乡（镇）界的界线，结合民政部门有关境界划定的规定，分段绘制相邻乡（镇）行政境界接边草图，将该图附于《乡（镇）行政界线核定书》，并由调查队将所确定的乡（镇）行政界线标注在航片或地形图上，提供内业编辑。

五、土地权属界址的审核与调查处理

（一）土地权属界线的审核

外业调查后，要对其结果进行审核和调查处理。使用国有土地的单位，要将实地标绘的界线与权源证明文件上记载的界线相对照。若两者一致，则可认为调查结束；否则，需查明原因，视具体情况作进一步处理。对集体所有土地，若其四邻对界线无异议并签字盖章，则调查结束。

（二）土地权属界线争议的调查处理

有争议的权属界线，调查人员应先进行协调解决，协调解决不了的，及时报土地行政管理部门，土地行政管理部门应在 10 天内进行协调解决。短期内确实难以解决的，调查人员填写《土地争议原由书》一式 5 份，权属双方各执 1 份，市、县（区）、乡（镇）各 1 份。

在城镇只存在土地使用权争议，在农村存在土地所有权和使用权的争议。在地籍调查时,争议双方同意调查人员依照法律程序达成协议的,则当场确定权属界线,并记录争议情况和调解方法;否则,如实记载争议情况,填写《土地争议原由书》,交由所在地政府出面调解,由当事人协商解决,协商不成,调解无效时,由当地人民政府处理。争议未解决之前,任何一方不得改变土地现状,不得破坏土地上的附着物。

六、宗地草图的绘制

宗地草图是描述宗地位置、界址点、界址线和相邻宗地关系的实地草编记录。宗地草图是在进行权属调查时,调查员填写并核实所需要调查的各项内容,实地确定了界址点位置并对其埋设了标志后,现场草编绘制的。

(一)宗地草图记录的内容

(1)本宗地号和门牌号,权属主名称和相邻宗地的宗地号、门牌号、权属主名称。

(2)本宗地界址点、界址点序号及界址线,宗地内地物及宗地外紧靠界址点线的地物等。

(3)界址边长、界址点与邻近地物的相关距离和条件距离。

(4)确定宗地界址点位置、界址边长及方位所必需的建筑物或构筑物。

(5)概略指北针和比例尺、丈量者、丈量日期。

(二)宗地草图的特征

(1)宗地草图是对宗地的原始描述。

(2)图上数据是实地丈量的,精度高。

(3)所绘宗地草图是近似的,相邻宗地草图不能拼接。

(三)宗地草图的作用

(1)宗地草图是地籍资料中的原始资料。

(2)配合地籍调查表,为测定界址点坐标和制作宗地图提供初始信息。

(3)可为界址点的维护、恢复和解决权属纠纷提供依据。

(四)绘制宗地草图的基本要求

绘制宗地草图时,图纸质量要好,能长期保存,其规格为32开、16开或8开,过大宗地可分幅绘制。草图按概略比例尺,使用2H~4H铅笔绘制,线条均匀,字迹清楚,数字注记字头向北向西书写,过密的部位可移位放大绘出。应在实地绘制,不得涂改注记数字,长度丈量用钢尺量,并精确至0.01 m。宗地草图(样图)如图2-6所示。

七、地籍调查表的填写

每一宗地单独填写一份地籍调查表,宗地草图是调查表的附图。填表时应随调查随填表,做到图表与实地一致,项目齐全,准确无误,其样式见表2-3。若相邻宗地指界人无争议,则由双方指界人在地籍调查表上签字盖章,即为有效。

表中主要内容包括:本宗地籍号及所在图幅号;土地坐落、权属性质、宗地四至;土地使用者名称;单位所有制性质及主管部门;法人代表或户主姓名、身份证明号码、电话号码;委托代理人姓名、身份证号码、电话号码;批准用途、实际用途及使用期限;界址调查记录;宗地草图;权属调查记事及调查员意见;地籍勘丈记事;地籍调查结果审核意见。

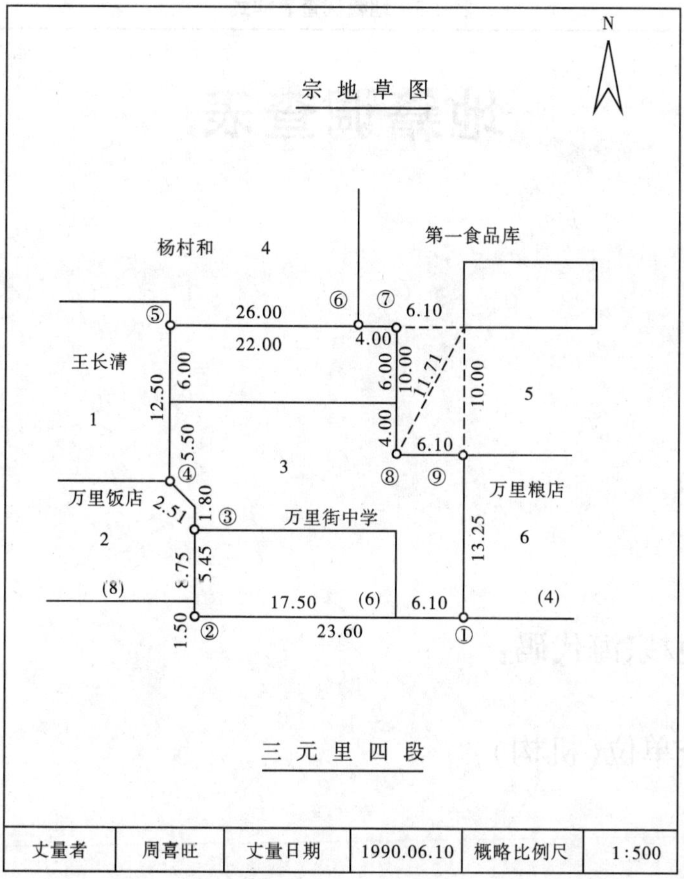

注：1. 图中(4)、(6)、(8)为门牌号。

2. ①、②…为界址点编号。

3. 边长单位为 m。

图 2-6　宗地草图(样图)

(一)地籍调查表样式

地籍调查表样式见表 2-3。

(二)填写要求

(1)必须做到图表与实地一致，各项目填写齐全，准确无误，字迹清晰整洁。

(2)填写各项目均不得涂改，同一项内容划改不得超过两次，全表不得超过两处，划改处应加盖划改人员印章。

(3)每宗地填写一份，项目内容多的，可加附页。

(4)地籍调查结果与土地登记申请书填写不一致时，应按实际情况填写，并在说明栏中注明原因。

(三)填表说明

(1)说明：变更地籍调查时，将原使用人、土地坐落、地籍号及变更的主要原因在此栏内注明。

表 2-3　地籍调查表样式

编　号：

地籍调查表

宗地/宗海代码：

调查单位(机构)：

调查时间：　　　年　　月　　日

续表 2-3

<table>
<tr><td colspan="8">宗地基本信息表</td></tr>
<tr><td>所有权</td><td>权利人</td><td colspan="6"></td></tr>
<tr><td rowspan="4">使用权</td><td rowspan="4">权利人
实际使用人</td><td rowspan="4"></td><td colspan="3">权利人或实际使用人类型</td><td colspan="2"></td></tr>
<tr><td colspan="3">证件种类</td><td colspan="2"></td></tr>
<tr><td colspan="3">证件号</td><td colspan="2"></td></tr>
<tr><td colspan="3">通信地址及联系电话</td><td colspan="2"></td></tr>
<tr><td colspan="2">权利类型</td><td></td><td>权利性质</td><td></td><td>土地权属来源证明材料</td><td colspan="2"></td></tr>
<tr><td colspan="2">坐落</td><td colspan="6"></td></tr>
<tr><td colspan="2" rowspan="2">法定代表人
或负责人姓名</td><td rowspan="2"></td><td>证件种类</td><td></td><td rowspan="2">电话</td><td colspan="2" rowspan="2"></td></tr>
<tr><td>证件号</td><td></td></tr>
<tr><td colspan="2" rowspan="2">代理人姓名</td><td rowspan="2"></td><td>证件种类</td><td></td><td rowspan="2">电话</td><td colspan="2" rowspan="2"></td></tr>
<tr><td>证件号</td><td></td></tr>
<tr><td colspan="2">权利设定方式</td><td colspan="6"></td></tr>
<tr><td colspan="2">国民经济行业分类代码</td><td colspan="6"></td></tr>
<tr><td colspan="2">预编宗地代码</td><td colspan="2"></td><td>宗地代码</td><td colspan="3"></td></tr>
<tr><td colspan="2">不动产单元代码</td><td colspan="6"></td></tr>
<tr><td colspan="2" rowspan="2">所在图幅号</td><td>比例尺</td><td colspan="5"></td></tr>
<tr><td>图幅号</td><td colspan="5"></td></tr>
<tr><td colspan="2" rowspan="4">宗地四至</td><td colspan="6">北：</td></tr>
<tr><td colspan="6">东：</td></tr>
<tr><td colspan="6">南：</td></tr>
<tr><td colspan="6">西：</td></tr>
<tr><td colspan="2">等级</td><td colspan="2"></td><td colspan="2">价格/元</td><td colspan="2"></td></tr>
<tr><td colspan="2">批准用途</td><td colspan="2"></td><td rowspan="2">实际用途</td><td colspan="3"></td></tr>
<tr><td colspan="2"></td><td>地类编码</td><td></td><td>地类编码</td><td colspan="2"></td></tr>
<tr><td colspan="2" rowspan="2">批准面积/m^2</td><td rowspan="2"></td><td rowspan="2">宗地面积/m^2</td><td rowspan="2"></td><td>总建筑占地面积/m^2</td><td colspan="2"></td></tr>
<tr><td>总建筑面积/m^2</td><td colspan="2"></td></tr>
<tr><td colspan="2">土地使用期限</td><td colspan="6"></td></tr>
<tr><td colspan="2">共有情况</td><td colspan="6"></td></tr>
<tr><td colspan="2">说明</td><td colspan="6"></td></tr>
</table>

填表人：　　　　　　　　　　填表时间：　　　年　　月　　日

续表 2-3

界址点号	界标类型：钢钉	界标类型：混凝土桩	界标类型：喷涂	界标类型	界标类型	界址边长/m	界址线类别：道路	界址线类别：沟渠	界址线类别：围墙	界址线类别：墙壁	界址线类别：栅栏	界址线类别：田埂	界址线类别：滴水线	界址线类别	界址线位置：内	界址线位置：中	界址线位置：外	说明

填表人：　　　　　　　　　　填表时间：　　　年　　月　　日

续表 2-3

界址签章表						
界址线			邻宗地		本宗地	日期
起点号	中间点号	终点号	相邻宗地权利人（宗地号）	指界人姓名（签章）	指界人姓名（签章）	

填表人：　　　　　　　　　　填表时间：　　　年　　月　　日

续表 2-3

<table>
<tr><td colspan="6">宗地草图

北</td></tr>
<tr><td>丈量者</td><td></td><td>丈量日期</td><td></td><td rowspan="2">概略比例尺</td><td rowspan="2"></td></tr>
<tr><td>检查者</td><td></td><td>检查日期</td><td></td></tr>
</table>

续表 2-3

界址说明表	
界址点位说明	
界址线走向说明	

填表人：　　　　　　　　　　　　　　　　填表时间：　　年　　月　　日

续表 2-3

调查审核表	
权属调查记事	调查员签名：　　日期：　　年　月　日
不动产测绘记事	测量员签名：　　日期：　　年　月　日
审核意见	审核人签名：　　审核日期：　　年　月　日

地籍调查表填表说明

1. 地籍调查表封面的填写要求

(a)宗地/宗海代码:填写按照《不动产单元设定与代码编制规则》(GB/T 37346—2019)规定编制的代码;

(b)调查单位(机构):填写负责承担地籍调查任务的单位(机构)全称;

(c)调查时间:按照"××××年××月××日"的形式填写调查的日期。

2. 宗地调查表填写要求

(a)宗地调查表由宗地基本信息表、界址标示表、界址签章表、宗地草图、界址说明表、调查审核表等组成;

(b)宗地调查表以宗地为单位填写,每宗地填写一份;

(c)宗地调查表的内容与实地一致,表达准确无误,字迹清晰整洁;

(d)对面积较大、界线复杂的集体土地所有权宗地和国有建设用地使用权宗地,宜签订土地权属界线协议书并签字盖章;界址线有争议的土地,填写《土地权属争议原由书》并签字盖章。

3. 宗地基本信息表的填写方法

1)权利人或实际使用人状况

按照下列规定填写权利人或实际使用人的状况。

(a)当无权属来源材料时,画"√"选择实际使用人,否则选择权利人。

(b)所有权、权利人:属于国家所有的,权利人填写全民;属于集体所有的,权利人填写××农民集体;如属两个以上农民集体所有,则将共有的全部农民集体名称填入表中。

(c)使用权、权利人或实际使用人:填写权利人或实际使用人身份证件上的姓名或名称。对于共有宗地,填写全部权利人或实际使用人身份证件上的姓名或名称,如因权利人或实际使用人过多填写不下,则填写"×××等",并附加页填写全部权利人或实际使用人身份证件上的姓名或名称:

①权利人或实际使用人类型:填写个人、企业、事业单位、国家机关等。

②证件种类:填写权利人或实际使用人身份证件的种类;境内自然人,填写居民身份证,无居民身份证的,填写户口簿、军官证等;法人或其他组织,填写营业执照、法人证书等;港澳同胞,填写港澳居民来往内地通行证、港澳同胞回乡证、居民身份证;台湾同胞,填写台湾居民来往大陆通行证、其他有效旅行证件、在台湾地区居住的有效身份证件、经确认的身份证件;外籍人士,填写护照或中国政府主管机关签发的居留证件。

③证件号:填写权利人或实际使用人身份证件上的编号。

④通信地址及联系电话:填写权利人或实际使用人的通信地址、邮政编码及联系电话。

(d)法定代表人或负责人姓名:法人单位的,填写法定代表人姓名、身份证号码和联系电话;非法人单位的,填写负责人相关信息;个人的,填充"/"符号:

①证件种类:填写法定代表人或负责人身份证件的种类;境内自然人,填写居民身份证,无居民身份证的,填写户口簿、军官证等;港澳同胞,填写港澳居民来往内地通行证、港澳同胞回乡证、居民身份证;台湾同胞,填写台湾居民来往大陆通行证、其他有效旅行证件、在台湾地区居住的有效身份证件、经确认的身份证件;外籍人士,填写护照或中国政府主管机关签发的居留证件。

②证件号:填写法定代表人或负责人身份证件上的编号。

(e)代理人姓名:填写代理人姓名、身份证号码和联系电话。无代理的,填充“/”符号。

证件种类:填写代理人身份证件的种类;境内自然人,填写居民身份证,无居民身份证的,填写户口簿、军官证等;港澳同胞,填写港澳居民来往内地通行证、港澳同胞回乡证、居民身份证;台湾同胞,填写台湾居民来往大陆通行证、其他有效旅行证件、在台湾地区居住的有效身份证件、经确认的身份证件;外籍人士,填写护照或中国政府主管机关签发的居留证件。

证件号:填写代理人身份证件上的编号。

2) 权属状况

按照下列规定填写权属状况:

(a)权利类型:填写具体的权利类型,包括集体土地所有权、国家土地所有权、国有建设用地使用权、宅基地使用权、集体建设用地使用权、土地承包经营权、土地经营权、农用地的其他使用权、林地承包经营权、林地经营权、林地使用权等;其中,土地承包经营权、土地经营权包括耕地、园地、林地、草地、水域、滩涂等土地承包经营权或土地经营权。

(b)权利性质:国有土地的,填写划拨、出让、作价出资(入股)、国有土地租赁、授权经营、出租(转包)、转让、家庭承包、其他方式承包等;集体土地的,填写家庭承包、出租(转包)、转让、其他方式承包、批准拨用、入股、联营等;土地所有权,填充“/”符号。

(c)权利设定方式:填写地上、地表、地下。

(d)土地权属来源证明材料:填写土地权属来源证明材料的名称和编号。

(e)批准用途和地类编码:填写土地权属来源材料中的地类名称和编码。

(f)实际用途和地类编码:填写按照《土地利用现状分类》(GB/T 21010—2017)及相关规定的地类名称和地类编码;当涉及多种地类时,填写主要地类名称和地类编码,其他地类名称和地类编码在说明栏中进行填写;对集体土地所有权宗地,不填写批准用途和实际用途,在说明栏填写“本宗地的实际用途见集体土地所有权宗地分类面积表”。

(g)国民经济行业分类代码:根据《国民经济行业分类》(GB/T 4754—2017)的大类,填写类别名称及编码;没有的,填充“/”符号。

(h)土地使用期限:填写土地权属来源材料中的使用期限,例如:××××年××月××日起××××年××月××日止;有起始时间而无终止时间的,填写××××年××月××日起;无起始时间而有终止时间的,填写××××年××月××日止;宗地内有多种使用期限的,则分别填写;集体土地所有权宗地填充“/”符号;土地权属来源材料或无土地权属来源材料中没有使用期限的,填充“/”符号。

(i)共有情况:填写按份共有或共同共有,以及共有权利人的名称、权利人类型、证件种类、证件号、份额等;无共有情况的,填充“/”符号;如因权利人过多填写不下,可附页。

(j)等级:填写根据土地分等定级的成果确定的土地等别或级别。

(k)价格:填写公开交易的实际成交价格;没有实际成交价格的填写基准地价或标定地价。

3) 宗地位置与代码

按照下列规定填写宗地位置与代码。

(a)坐落:如果权属来源材料中有2个以上的坐落,则填写最新权属来源材料中标示的坐落,其余坐落填写在说明栏目中;对于无权属来源材料或权属来源材料中坐落标示不清的，则根据相关政策法规、技术标准中有关地名地址编制的规定，统筹考虑土地权利类型的不同和宗地所处的地理区位，经实地核实后编制填写坐落。

(b)预编宗地代码：填写根据工作底图预编的宗地代码。

(c)宗地代码：填写根据《不动产单元设定与代码编制规则》(GB/T 37346—2019)的规定编制的宗地代码。

(d)不动产单元代码：填写根据《不动产单元设定与代码编制规则》(GB/T 37346—2019)的规定编制的不动产单元代码；若宗地上有定着物，填充“/”符号。

(e)所在图幅号：

①比例尺：填写1∶500、1∶1 000、1∶2 000、1∶5 000、1∶10 000、1∶50 000等。

②图幅号：填写宗地所在对应比例尺地籍图的图幅号；当宗地被多幅图分割时，则宗地各部分地块所在地籍图的图幅号都要填写。

(f)宗地四至：有相邻宗地的，填写相邻宗地权利人或实际使用人的名称；与道路、河流等线型地物相邻的，填写线型地物名称；与空地、荒山、荒滩、地类等未确定使用权的土地相邻，填写相应地物、地貌、地类的名称，不应空项。

4)面积情况

按照下列规定填写面积情况：

(a)批准面积：填写土地权属来源材料中的宗地面积，如包含有代征地、代管地面积的，应在说明栏内说明清楚。

(b)宗地面积：填写经地籍调查得到的实际占有/占用的宗地面积。

(c)总建筑占地面积：填写宗地内总建筑占地面积。

(d)总建筑面积：填写宗地内总建筑面积；宗地内若有地下建筑物，则地上建筑物与地下建筑物应分别填写总建筑面积，用“/”作为分隔符，如“1000.00/300.00”，其中，“1000.00”表示宗地地上总建筑面积，“300.00”表示地下总建筑面积。

5)说明

按照下列规定填写说明栏。日常地籍调查时，下列内容可在地籍调查报告的权属调查部分进行说明：

(a)土地权属来源证明材料的情况；无权属来源材料的，按照时间节点详细说明实际使用人及其历史沿革，如填写不下，可附页，实际使用人应在附页上手工签字并加盖印章或按手印。

(b)原土地权利人、土地坐落、宗地代码的变更原因。

(c)集体土地所有权宗地内涉及国有土地或其他农民集体土地的情况。

(d)宗地内存在多种土地用途的情况。

(e)其他需说明的内容。

4.界址标示表的填写方法

按照下列规定填写界址标示表：

(a)界址点号：从宗地某界址点开始按顺时针编列，例如：J1、J2、…、J23、J1。

(b)界标类型：根据实际埋设的界标类型在相应位置画“√”；表中没有明示的界标类型，补充在“界标类型”栏空白格中，如“石灰桩”等。

(c)界址边长：界址边长小于或等于2个尺段的，填写实地丈量的界址边长；界址边长大于2个尺段并采用解析法测量界址点坐标的,可填写坐标法反算界址边长,并在说明栏标注“反算”二字;图解界址边长不填写。

(d)界址线类别:根据界线实际依附的地物和地貌在相应位置画“√”;表中没有明示的界址线类别,补充在“界址线类别”栏空白格中,如“山脊线”“山谷线”等。

(e)界址线位置:界标物自有、共有、借用的,分别在“外”处画“√”、“内”处画“√”、“中”处画“√”;分别自有的在“外”处画“√”,并在“说明”栏中注明,例如“各自有墙”或“双墙”。

5.界址签章表的填写方法

按照下列规定填写界址签章表:

(a)界址线起点号、中间点号、终点号。示例:某条界址线的界址点包括J1、J2、J3、J4、J5、J24、J25、J6,则起点号填J1,终点号填J6,中间点号填J2、J3、J4、J5、J24、J25;

(b)相邻宗地权利人(宗地号):填写相邻宗地权利人名称(或姓名)或相邻宗地的宗地号;与道路、河流等线型地物,或空地、荒山、荒滩等未确定使用权的土地相邻的,参考“宗地四至”填写。

(c)指界人姓名(签章):指界人签字、盖章或按手印;集体土地所有权调查时,应加盖集体土地所有权人或代理人(如村委会)印章;与未确定使用权的土地相邻时,邻宗地“指界人姓名(签章)”栏可不填写。

(d)日期:填写外业调查指界日期。

6.界址说明表的填写方法

如果界址标示表无法说明清楚全部或部分界址点、界址线的情况,则需要填写此表,填写要求如下:

(a)界址点位说明:工作底图和宗地草图,主要说明所依附地物的类型、位置(内、中、外)及其与周围明显地物地貌的关系;如J2界址号点位于两沟渠中心线的交点上,J5号界址点位于××山顶最高处,J3号界址点位于××工厂围墙西北角处,J8号界址点位于农村道路与××公路交叉点中心,J10号界址点位于××承包田西南角等。

(b)界址线走向说明:以两个相邻界址点为一节,叙述界址线所依附的地物地貌名称及其与周围宗地和地物地貌的关系;例如J1-J2,由J1沿××公路中央走向至J2,是直线;J4-J5,由J4沿山脊线至J5,是曲线:J9-J10,由J9沿××学校东侧围墙至J10,是直线;J6-J7-J8,由J6沿围墙的外侧至J8,是弧线;等等。

7.调查审核表的填写方法

地籍总调查时,按照下列规定填写调查审核表。日常地籍调查可不填写调查审核表,直接编制地籍调查报告。

(a)权属调查记事栏的填写方法:

①实地核实申请书有关栏目填写是否正确,不正确的作更正说明;

②界线有纠纷时,要记录纠纷原因(含双方各自认定的界址),并尽可能提出处理意见;

③指界手续履行等情况;

④界址设置、边长丈量等技术方法、手段;

⑤说明确实无法丈量界址边长、界址点与邻近地物的相关距离和条件距离的原因。

(b)不动产测绘记事栏的填写方法:

①测量前界标检查情况；

②根据需要，记录测量界址点以及其他要素的技术方法、仪器；

③测算的宗地面积大于或小于权源材料中面积的说明，宅基地超占面积的说明，权源材料中无面积的说明；

④界址点坐标或边长与权源材料中坐标比较，超出限差的说明；

⑤遇到的问题及处理的方法；

⑥提出遗留问题的处理意见。

(c)审核意见栏的填写方法：调查单位(机构)的质量负责人对宗地调查结果进行全面审核，并给出审核意见，签字后加盖单位印章，签署日期。

(2)宗地草图：对较大的宗地，本表幅面不够时，可加附页绘制，附在宗地草图栏内。

(3)权属调查记事及调查员意见：记录在权属调查中遇到的政策、技术上的问题和解决方法；如存在遗留问题，将问题记录下来，并尽可能提出解决意见等。

(4)地籍勘丈记事：记录勘丈采用的技术方法和使用的仪器、勘丈中遇到的问题和解决办法、遗留问题，并提出解决意见等。

(5)地籍调查结果审核意见：对地籍调查结果是否合格进行评定。

(6)表内其他栏目可参照土地登记申请书中的填写说明填写。

【项目小结】

通过对本项目的学习，能够熟悉土地权属确认，理解并掌握地籍单元的划分与编号；掌握土地权属调查的内容、技术路线与方法及调查程序；能够进行土地权属调查，会进行地籍调查表的填写。

思考与练习

2-1　土地权属的含义是什么？请说明土地所有权和使用权的区别。

2-2　简述土地权属界址调查的内容。

2-3　完整的宗地编号一般是19位，分别写出这19位数代表的含义。

2-4　简述土地所有权和使用权调查的内容。

2-5　简述土地权属的确认方式。

【延伸阅读】

六尺巷传说

六尺巷是一则发生在清代康熙年间，桐城境内的一桩脍炙人口的民间故事。大学士张英的府第与吴姓相邻。吴姓盖房欲占张家隙地，双方发生纠纷，告到县衙。因两家都是高官望族，县官欲偏袒相府，但又难以定夺，连称凭相爷作主。相府家人遂驰书京都，张英阅罢，立即批诗寄回，诗曰："千里家书只为墙，让他三尺又何妨。长城万里今犹在，不见当年秦始皇。"家人得诗，旋即拆让三尺，吴姓深为感动，也连让出三尺。于是，便形成了一条六尺宽的巷道。此巷在桐城市区西南隅，东起西后街，西抵百子堂，巷南为旧时宰相府，巷北为吴姓住宅，长约100 m，现为桐城市重点文物保护单位。六尺巷的故事，已载入《中国名胜词典》，至今传为美谈。六尺巷的故事，对桐城的社会道德风尚产生了重大而深远的影响。张英的谦虚礼让,给后人树立了一座道德典范的丰碑,人们纷纷仿效。一时之间,桐城境内路不拾遗,秩序井然,邻里和睦。继承传统文化精髓,弘扬谦和礼让美德,对当今构建社会主义和谐社会具有非凡的现实意义和重大作用。

项目三　土地利用现状调查

【项目概述】

土地利用现状调查是摸清各类土地信息数据的重要技术手段,主要包括土地利用现状分类、土地利用现状调查的认定,土地利用现状调查的目的、内容、程序。

【学习目标】

熟悉土地利用现状分类,理解并掌握土地利用调查地类的认定;熟悉土地利用现状调查的内容、技术路线与方法及调查程序。

【思政导入】

土地调查是我国法定的一项重要制度,是全面查实、查清土地资源的重要手段。第三次全国国土调查作为一项重大的国情国力调查,目的是在第二次全国土地调查成果的基础上,全面细化和完善全国国土基础数据,掌握翔实准确的全国国土资源现状和变化情况,进一步完善国土调查、监测和统计制度,实现成果信息化管理与共享,满足生态文明建设、空间规划编制、供给侧结构性改革、宏观调控、自然资源管理体制改革和统一确权登记、国土空间用途管制等各项工作的需要。开展第三次全国国土调查,对贯彻落实最严格的耕地保护制度和最严格的节约用地制度,提升国土资源管理精准化水平,支撑和促进经济社会可持续发展等均具有重要意义。

【正文】

任务一　土地利用现状分类

一、土地分类概述

土地分类是指在研究、分析各类土地的特点及它们之间的相同性和差异性的基础上划分土地类别。土地分类成果可直接用于生产和土地科学的研究。土地分类的目的是如实反映土地的利用现状,分析在土地利用方面存在的问题,为科学管理提供依据。

土地不仅具有自然特性,还具有社会经济特性。根据土地的特性及人们对土地利用的目的和要求不同,形成了不同的分类系统。我国应用较多的土地分类体系,归纳起来大致有以下三种。

(一)土地自然分类体系

土地自然分类体系又称土地类型分类体系。它主要依据土地自然特性的差异性分类,可以依据土地的某一自然特性分类,也可以依据土地的自然综合特性分类。例如:按土地的地貌特征分类,可将土地分为平原、丘陵、山地、高山地。此外,还可按土壤、植被等进行土地分类。例如:全国1:1 000 000土地资源图上的分类就属于土地的自然综合特征分类。

(二)土地评价分类体系

土地评价分类体系又称土地生产潜力分类体系。它主要依据土地的经济特性分类,如依据土地的生产力水平、土地质量、土地生产潜力等进行分类。土地评价分类体系是划分土地评价等级的基础,是确定基准地价的重要依据,主要用于生产管理方面。

(三)土地利用分类体系

土地利用分类体系主要依据土地的综合特性(包括土地的自然特性及社会经济特性)进行分类。土地综合特性的差异,导致了人类在长期利用、改造土地的过程中所形成的土地利用方式、土地利用结构、土地用途和生产利用方面的差异。土地利用现状分类就是属于其中的一种分类形式。土地利用分类系统具有生产的实用性,利用它可以分析土地利用现状,预测土地利用方向。

二、土地利用现状分类原则及分类

(一)土地利用现状分类的原则

为使土地利用现状分类科学、合理、易于掌握,并有利于土地的合理利用和科学管理,在进行土地利用现状分类时,必须遵循下列原则。

1.统一性

《土地利用现状分类》(GB/T 21010—2017)对土地利用现状分类及含义作了明确规定,全国统一定为二级分类,其中一级类12个,二级类73个。分类和编码均不得随意更改、增删、合并。允许各地根据实际需要,在不打乱全国统一的编码顺序及所代表的一级、二级地类的前提下,再续分三级、四级地类,但是要上报全国土地资源调查办公室。只有这样,才能保证全国土地的统一管理和调查成果的汇总统计及应用。

2.科学性

全国土地利用现状分类体系,主要以调查时的实际用途为分类标志,归纳共同性,区分差异性,采用从大到小、从综合到单一的逐级细分法。

(1)按照土地利用的综合性差异划分大类,然后按单一性差异逐级细分。如按土地用途分为耕地、园地、林地、草地、商服用地、工矿仓储用地、住宅用地、公共管理与公共服务用地、特殊用地、交通运输用地、水域及水利设施用地、其他土地12个一级类,再根据利用方式、经营特点及覆盖特征等细分二级类。

(2)同一级的类型要坚持统一的分类标准。

(3)分类层次要鲜明,从属关系要明确。

(4)同一种地类,只能在一个大类中出现,不能同时在两个大类中并存。

3.实用性

为便于实际运用,节省人力、财力与时间,土地分类应简单明了,标准易于掌握,含义力求准确,层次尽量减少,命名讲究科学并照顾习惯称谓。为此,全国土地利用现状分类中,一级分类主要依据土地的实际用途,而二级分类则侧重土地的利用方式、经营特点及覆盖特征等。同时,尽可能与计划、统计及有关生产部门使用的分类名称及含义协调一致,以利于为多部门服务。

4.继承性

借鉴和吸取国内外土地分类经验,对目前无争议或异议的分类直接继承和应用。

(二)土地利用现状分类

依据《土地利用现状分类》(GB/T 21010—2017),全国土地利用现状分类采用一级、二级二个层次的分类体系，共分12个一级类、73个二级类，适用于土地调查、规划、审批、供应、整治、执法、评价、统计、登记及信息化管理等工作。具体分类的编码、名称及含义见表3-1。

表3-1　土地利用现状分类的编码、名称及含义

一级类		二级类		含义
编码	名称	编码	名称	
01	耕地			指种植农作物的土地，包括熟地，新开发、复垦、整理地，休闲地（含轮歇地、休耕地）；以种植农作物（含蔬菜）为主，间有零星果树、桑树或其他树木的土地；平均每年能保证收获一季的已垦滩地和海涂。耕地中包括南方宽度<1.0 m，北方宽度<2.0 m固定的沟、渠、路和地坎（埂）；临时种植药材、草皮、花卉、苗木等的耕地，临时种植果树、茶树和林木且耕作层未破坏的耕地，以及其他临时改变用途的耕地
		0101	水田	指用于种植水稻、莲藕等水生农作物的耕地。包括实行水生、旱生农作物轮种的耕地
		0102	水浇地	指有水源保证和灌溉设施，在一般年景能正常灌溉、种植旱生农作物（含蔬菜）的耕地。包括种植蔬菜的非工厂化的大棚用地
		0103	旱地	指无灌溉设施，主要靠天然降水种植旱生农作物的耕地。包括没有灌溉设施，仅靠引洪灌溉的耕地
02	园地			指种植以采集果、叶、根、茎、汁等为主的集约经营的多年生木本和草本作物，覆盖度大于50%或每亩株数大于合理株数70%的土地。包括用于育苗的土地
		0201	果园	指种植果树的园地
		0202	茶园	指种植茶树的园地
		0203	橡胶园	指种植橡胶树的园地
		0204	其他园地	指种植桑树、可可、咖啡、油棕、胡椒、药材等其他多年生作物的园地

续表 3-1

一级类		二级类		含义
编码	名称	编码	名称	
03	林地			指生长乔木、竹类、灌木的土地,以及沿海生长红树林的土地。包括迹地,不包括城镇、村庄范围内的绿化林木用地,铁路、公路征地范围内的林木,以及河流、沟渠的护堤林
		0301	乔木林地	指乔木郁闭度≥0.2 的林地,不包括森林沼泽
		0302	竹林地	指生长竹类植物,郁闭度≥0.2 的林地
		0303	红树林地	指沿海生长红树植物的林地
		0304	森林沼泽	以乔木森林植物为优势群落的淡水沼泽
		0305	灌木林地	指灌木覆盖度≥40%的林地,不包括灌丛沼泽
		0306	灌丛沼泽	以灌丛植物为优势群落的淡水沼泽
		0307	其他林地	包括疏林地(0.1≤树木郁闭度<0.2 的林地)、未成林地、迹地、苗圃等林地
04	草地			指生长草本植物为主的土地
		0401	天然牧草地	指以天然草本植物为主,用于放牧或割草的草地,包括实施禁牧措施的草地,不包括沼泽草地
		0402	沼泽草地	指以天然草本植物为主的沼泽化的低地草甸、高寒草甸
		0403	人工牧草地	指人工种植牧草的草地
		0404	其他草地	指树木郁闭度<0.1、表层为土质、不用于放牧的草地
05	商服用地			指主要用于商业、服务业的土地
		0501	零售商业用地	以零售功能为主的商铺、商场、超市、市场和加油、加气、充换电站等的用地
		0502	批发市场用地	以批发功能为主的市场用地
		0503	餐饮用地	饭店、餐厅、酒吧等用地
		0504	旅馆用地	宾馆、旅馆、招待所、服务型公寓、度假村等用地
		0505	商务金融用地	指商务服务用地,以及经营性的办公场所用地。包括写字楼、商业性商服办公场所、金融活动场所和企业厂区外独立的办公场所;信息网络服务、信息技术服务、电子商务服务、广告传媒等用地
		0506	娱乐用地	指剧院、音乐厅、电影院、歌舞厅、网吧、影视城、仿古城及绿地率大于 65%的大型游乐等设施用地
		0507	其他商服用地	指零售商业、批发市场、餐饮、旅馆、商务金融、娱乐用地以外的其他商业、服务业用地。包括洗车场、洗染店、照相馆、理发美容店、洗浴场所、赛马场、高尔夫球场、废旧物资回收站、机动车、电子产品和日用产品修理网点、物流营业网点,以及居住小区及小区级以下的配套的服务设施等用地

续表 3-1

一级类		二级类		含义
编码	名称	编码	名称	
06	工矿仓储用地			指主要用于工业生产、物资存放场所的土地
		0601	工业用地	将工业生产、产品加工制造、机械和设备修理及直接为工业生产等服务的附属设施用地
		0602	采矿用地	指采矿、采石、采砂(沙)场,砖瓦窑等地面生产用地,排土(石)及尾矿堆放地
		0603	盐田	指用于生产盐的土地。包括晒盐场所、盐池及附属设施用地
		0604	仓储用地	指用于物资储备、中转的场所用地。包括物流仓储设施、配送中心、转运中心等
07	住宅用地			指主要用于人们生活居住的房基地及其附属设施的土地
		0701	城镇住宅用地	指城镇用于生活居住的各类房屋用地及其附属设施用地,不含配套的商业服务设施等用地
		0702	农村宅基地	指农村用于生活居住的宅基地
08	公共管理与公共服务用地			指用于机关团体、新闻出版、科教文卫、公用设施等土地
		0801	机关团体用地	指用于党政机关、社会团体、群众自治组织等用地
		0802	新闻出版用地	指用于广播电台、电视台、电影厂、报社、杂志社、通讯社、出版社等用地
		0803	教育用地	指用于各类教育用地。包括高等院校、中等专业学校、中学、小学、幼儿园及其附属设施用地,聋、哑、育人学校及工读学校用地,以及为学校配建的独立地段的学生生活用地
		0804	科研用地	指独立的科研、期察、研发、设计、检验检测、技术推广、环境评估与监测、科普等科研事业单位及其附属设施用地
		0805	医疗卫生用地	指医疗、保健、卫生、防疫、康复和急救设施等用地。包括综合医院、专科医院、社区卫生服务中心等用地;卫生防疫站、专科防治所、检验中心和动物检疫站等用地;对环境有特殊要求的传染病、精神病等专科医院用地;急救中心、血库等用地
		0806	社会福利用地	指为社会提供福利和慈善服务的设施及其附属设施用地。包括福利院、养老院、孤儿院等用地
		0807	文化设施用地	指图书、阅览等公共文化活动设施用地。包括公共图书馆、博物馆、档案馆、科技馆、纪念馆、美术馆和展览馆等设施用地;综合文化活动中心、文化馆、青少年宫、儿童活动中心、老年活动中心等设施用地

续表 3-1

一级类		二级类		含义
编码	名称	编码	名称	
08	公共管理与公共服务用地	0808	体育用地	指体育场馆和体育训练基地等用地。包括室内外体育地,如体育场馆、游泳场馆、各类球场及其附属的业余体校等用地,溜冰场、跳伞场、摩托车场、射击场及水上运动的陆域部分等用地,以及为体育运动专设的训练基地用地,不包括学校等机构专用的体育设施用地
		0809	公用设施用地	指用于城乡基础设施的用地。包括供水、排水、污水处理、供电、供热、供气、邮政、电信、消防、环卫、公用设施维修等用地
		0810	公园与绿地	指城镇、村庄范围内的公园、动物园、植物园、街心花园、广场和用于休憩、美化环境及防护的绿化用地
09	特殊用地			指用于军事设施、涉外、宗教、监教、殡葬、风景名胜等用地
		0901	军事设施用地	指直接用于军事目的的设施用地
		0902	使领馆用地	指用于外国政府及国际组织驻华使领馆、办事处等用地
		0903	监教场所用地	指用于监狱、看守所、劳改场、戒毒所等建筑用地
		0904	宗教用地	指专门用于宗教活动的庙宇、寺院、道观、教堂等宗教自用地
		0905	殡葬用地	指陵园、墓地、殡葬场所用地
		0906	风景名胜设施用地	指风景名胜景点(包括名胜古迹、旅游景点、革命遗址、自然保护区、森林公园、地质公园、湿地公园等)的管理机构,以及旅游服务设施的建筑用地。景区内的其他用地按现状归入相应地类
10	交通运输用地			指用于运输通行的地面线路、场站等的土地。包括民用机场、汽车客货运场站、港口、码头、地面运输管道和各种道路及轨道交通用地
		1001	铁路用地	指用于铁道线路及场站的用地。包括征地范围内的路堤、路堑、道沟、桥梁、林木等用地
		1002	轨道交通用地	指用于轻轨、现代有轨电车、单轨等轨道交通用地,以及场站的用地
		1003	公路用地	指用于国道、省道、县道和乡道的用地。包括征地范围内的路堤、路堑、道沟、桥梁、汽车停靠站、林木及直接为其服务的附属用地
		1004	城镇村道路用地	指城镇、村庄范围内公用道路及行道树用地。包括快速路、主干路、次干路、支路、专用人行道和非机动车道及其交叉口等用地
		1005	交通服务场站用地	指城镇、村庄范围内交通服务设施用地。包括公交枢纽及其附属设施用地、公路长途客运站、公共交通场站、公共停车场(含设有充电桩的停车场)、停车楼、教练场等用地,不包括交通指挥中心、交通队用地

续表 3-1

一级类		二级类		含义
编码	名称	编码	名称	
10	交通运输用地	1006	农村道路	在农村范围内,1.0 m≤南方宽度≤8 m,20 m≤北方宽度≤8 m,用于村间、田间交通运输,并在国家公路网络体系之外,以服务于农村农业生产为主要用途的道路(含机耕道)
		1007	机场用地	指用于民用机场、军民合用机场的用地
		1008	港口码头用地	指用于人工修建的客运、货运、捕捞及工程、工作船舶停靠的场所及其附属建筑物的用地,不包括常水位以下部分
		1009	管道运输用地	指用于运输煤炭、矿石、石油、天然气等管道及其相应附属设施的地上部分用地
11	水域及水利设施用地			指陆地水域,滩涂、沟渠、沼泽、水工建筑物等用地。不包括滞洪区和已垦滩涂中的耕地、园地、林地、城镇、村庄、道路等用地
		1101	河流水面	指天然形成或人工开挖河流常水位岸线之间的水面。不包括被堤坝拦截后形成的水库区段水面
		1102	湖泊水面	指天然形成的积水区常水位岸线所围成的水面
		1103	水库水面	指人工拦截汇集而成的总设计库容≥10 万 m^3 的水库正常蓄水位岸线所围成的水面
		1104	坑塘水面	指人工开挖或天然形成的蓄水量<10 万 m^3 的坑塘常水位岸线所围成的水面
		1105	沿海滩涂	指沿海大潮高潮位与低潮位之间的潮浸地带。包括海岛的沿海滩涂,不包括已利用的滩涂
		1106	内陆滩涂	指河流、湖泊常水位至洪水位间的滩地;时令湖、河洪水位以下的滩地;水库、坑塘的正常蓄水位与洪水位间的滩地。包括海岛的内陆滩地,不包括已利用的滩地
		1107	沟渠	指人工修建,南方宽度≥1.0 m、北方宽度≥2.0 m 用于引、排、灌的渠道。包括渠槽、渠堤、护堤林及小型泵站
		1108	沼泽地	指经常积水或渍水,一般生长湿生植物的土地。包括草本沼泽、苔藓沼泽、内陆盐沼等,不包括森林沼泽、灌丛沼泽和沼泽草地
		1109	水工建筑用地	指人工修建的闸、坝、堤、路、林、水电厂房、扬水站等常水位岸线以上的建(构)筑物用地
		1110	冰川及永久积雪	指表层被冰雪常年覆盖的土地

续表 3-1

一级类		二级类		含义
编码	名称	编码	名称	
12	其他土地			指上述地类以外的其他类型的土地
		1201	空闲地	指城镇、村庄、工矿范围内尚未使用的土地。包括尚未确定用途的土地
		1202	设施农用地	指直接用于经营性畜禽养殖生产设施及附属设施用地;直接用于作物栽培或水产养殖等农产品生产的设施及附属设施用地;直接用于设施农业项目辅助生产的设施用地;晾晒场、粮食果品烘干设施、粮食和农资临时存放场所、大型农机具临时存放场所等规模化粮食生产所必需的配套设施用地
		1203	田坎	指梯田及梯状坡地耕地中,主要用于拦蓄水和护坡,南方宽度≥1.0 m、北方宽度≥2.0 m 的地坎
		1204	盐碱地	指表层盐碱聚集、生长天然耐盐植物的土地
		1205	沙地	指表层为沙覆盖、基本无植被的土地。不包括滩涂中的沙地
		1206	裸土地	指表层为土质,本无植被覆盖的土地
		1207	裸岩石砾地	指表层为岩石或石砾,其覆盖面积≥70%的土地

农村土地调查中,由于调查比例尺所限,城镇等建设用地内部调查将无法全面使用《土地利用现状分类》(GB/T 21010—2017)标准。为了适应农村土地调查需要,将《土地利用现状分类》(GB/T 21010—2017)标准中的有关建设用地(铁路、公路等建设用地以外的建设用地)归并为“城镇村及工矿用地”,并在其下划分城市、建制镇、村庄、采矿用地、风景名胜及特殊用地 5 个二级类。具体分类的编码、名称及含义见表 3-2。

表 3-2　城镇村及工矿用地

一级类		二级类		含义
编码	名称	编码	名称	
20	城镇村及工矿用地			指城乡居民点、独立居民点以及居民点以外的工矿、国防、名胜古迹等企事业单位用地,包括其内部交通、绿化用地
		201	城市	指城市居民点,以及与城市连片的区政府、县级市政府所在地镇级辖区内的商服、住宅、工业、仓储、机关、学校等单位用地
		202	建制镇	指建制镇居民点,以及辖区内的商服、住宅、工业、仓储、学校等企事业单位用地
		203	村庄	指农村居民点,以及所属的商服、住宅、工矿、工业、仓储、学校等用地
		204	采矿用地	指采矿、采石、采砂(沙)场,盐田,砖瓦窑等地面生产用地及尾矿堆放地
		205	风景名胜及特殊用地	指城镇村用地以外用于军事设施、涉外、宗教、监教、殡葬等的土地,以及风景名胜(包括名胜古迹、旅游景点、革命遗址等)景点及管理机构的建筑用地

注:开展农村土地调查时,对《土地利用现状分类》(GB/T 21010—2017)中 05、06、07、08、09 一级类和 103、121 二级类按表 3-2 进行归并。

三、我国土地利用调查分类历程及地类转换与衔接

(一)我国土地利用调查分类历程

我国的土地分类体系有一个不断发展、完善的过程。1984 年发布的《土地利用现状调查技术规程》规定了土地利用现状分类及含义,土地利用现状调查和集体土地所有权调查应用的是土地利用现状调查的土地分类体系。此规程规定我国土地采用两级分类,其中一级类分耕地、园地、林地、牧草地、居民点及工矿用地、交通用地、水域及未利用土地 8 类,二级类分 46 类。土地详查和土地变更调查就是采用土地利用现状分类的。从 1984 年颁布开始,一直沿用到 2001 年 12 月。

1993 年 6 月发布的《城镇地籍调查规程》(TD 1001—1990)规定了城镇土地利用分类及含义。城镇土地分类主要根据土地用途的差异,将城镇土地分为商业金融业用地,工业、仓储用地,市政用地,公共建筑用地,住宅用地,交通用地,特殊用地,水域用地,农用地及其他用地,共 10 个一级类、24 个二级类。城镇土地分类用于城镇地籍调查和城镇地籍变更调查。从 1993 年发布开始,一直沿用到 2012 年 8 月。

十多年的调查实践和成果应用证明,原有的土地分类具有较强的科学性和实用性,基本上满足了土地管理及社会经济发展的需要。随着社会主义市场经济的发展和新修订的《中华人民共和国土地管理法》的颁布实施,为适应经济发展和法律的要求及科学实施全国土地及城乡地政统一管理的需要,应进一步明确农用地、建设用地和未利用地的范围,对原有土地分类体系进行适当调整和衔接。为此,在研究、分析两个现行土地分类的基础上,原国土资源部于 2001 年 8 月 21 日下发了“关于印发试行《土地分类》的通知”,制定了城乡统一的全国土地分类体系,并于 2002 年 1 月 1 日起在全国试行。自 2002 年以来,有效地应用于土地变更调查及国土资源管理工作中。

“全国土地分类”包括《全国土地分类(试行)》和《全国土地分类(过渡期适用)》。《全国土地分类(试行)》是城乡一体化的土地分类,适用于城镇和村庄大比例尺地籍调查。针对全国城镇与村庄地籍调查尚未全面完成的现实情况,原国土资源部在《全国土地分类(试行)》基础上,制定了《全国土地分类(过渡期适用)》,适用于土地变更调查和更新调查。《全国土地分类(试行)》采用三级分类。其中,一级分为农用地、建设用地和未利用地 3 类,也就是《中华人民共和国土地管理法》的三大类。二级分为耕地、园地、林地、牧草地、其他农用地、商服用地、工矿仓储用地、公用设施用地、公共建筑用地、住宅用地、交通运输用地、水利设施用地、特殊用地、未利用土地和其他土地 15 类。三级分为 71 类。《全国土地分类(过渡期适用)》的整体框架与《全国土地分类(试行)》相同,采用三级分类。其中,农用地和未利用地部分与《全国土地分类(试行)》完全相同,建设用地部分进行了适当归并。将商服用地、工矿仓储用地、公用设施用地、公共建筑用地、住宅用地、特殊用地 6 个二级类和交通运输用地中的三级类衔接,合并为居民点及工矿用地,作为二级类,在其下划分城市、建制镇、农村居民点、独立工矿、盐田和特殊用地 6 个三级类。

依据《土地利用现状分类》(GB/T 21010—2017),全国土地利用现状分类采用一级、二级二个层次的分类体系,共分 12 个一级类、73 个二级类,适用于土地调查、规划、审批、供应、整治、执法、评价、统计、登记及信息化管理等工作。

(二)地类转换与衔接

地类转换和衔接的方法,当原有地类与《土地利用现状分类》(GB/T 21010—2017)中地类含义完全一致时,可直接转换为对应的新地类。当原有多个地类对应《土地利用现状分类》(GB/T 21010—2017)中一个地类时,可将几个地类合并,再转换为对应的新地类。当原有地类对应《土地利用现状分类》(GB/T 21010—2017)中多个地类时,须进行补充调查,再转换到对应的新地类。

任务二　土地利用现状调查

一、土地利用现状调查概述

土地利用现状调查是指以一定行政区域或自然区域(或流域)为单位,查清区内各种土地利用类型面积、分布和利用状况,并自下而上、逐级汇总为省级、全国的土地总面积及土地利用分类面积而进行的调查。土地利用现状调查是土地资源调查中最为基础的调查,是全面查清当前全国土地利用状况,掌握真实准确的土地基础数据,健全土地调查、监测和统计制度,强化土地资源信息社会化服务,满足经济社会发展和国土资源管理工作需要。

(一)土地利用现状调查的目的

1. 为制定国民经济计划和有关政策服务

国民经济各部门的发展都离不开土地。土地利用现状调查获得的准确的土地信息资源可为编制国民经济和社会发展长远规划、中期计划和年度计划提供切实可靠的科学依据,同时还可为国家制定各项政策方针及对重大问题的决策提供服务。

2. 为农业生产提供科学依据

农业是最大的用地大户,且是国民经济的基础,土地是农业的基本生产资料。因此,土地利用现状调查可为编制农业区划、土地利用总体规划和农业生产规划提供土地基础数据,并为制订农业生产计划和农田基本建设等服务。

3. 为建立土地登记、土地统计制度服务

通过土地利用现状调查,查清各类土地的权属、界线、面积等。为土地登记、土地统计打下基础,为建立土地登记、土地统计制度服务。

4. 为全面管理土地服务

为地籍管理、土地利用管理、土地权属管理、建设用地管理和土地监察等提供基础的土地数据及其他信息。

(二)土地利用现状调查的内容

土地利用现状调查包括农村土地利用现状调查和城市、建制镇、村庄(简称城镇村庄)内部土地利用现状调查。

(1)农村土地利用现状调查。以县(市、区)为基本单位,以国家统一提供的调查底图为基础,实地调查每块图斑的地类、位置、范围、面积等利用状况,查清全国耕地、园地、林地、草地等农用地的数量、分布及质量状况,查清城市、建制镇、村庄、独立工矿、水域及水利设施用地等各类土地的分布和利用状况。

(2)城镇村庄内部土地利用现状调查见图 3-1。充分利用地籍调查和不动产登记成果,对城市、建制镇、村庄内的土地利用现状开展细化调查，查清城镇村庄内部商服、工业、仓储、住宅、公共管理与公共服务和特殊用地等地类的土地利用状况。

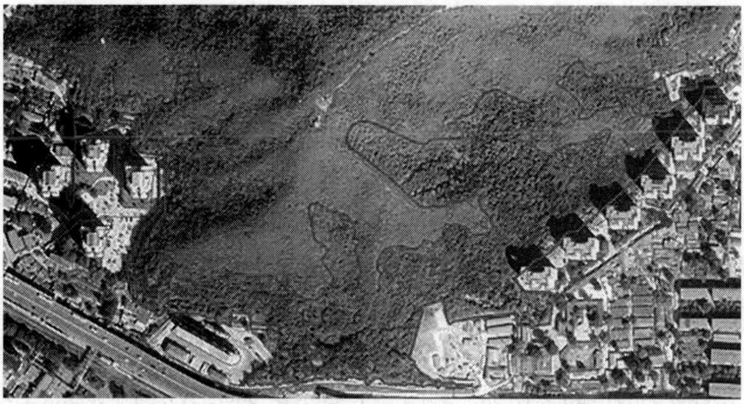

图 3-1　城镇村庄内部土地利用现状调查

图 3-1　彩图

图斑是指单一地类地块，以及被行政界线、土地权属界线或线状地物分割的单一地类地块。

飞地是一种特殊的人文地理现象，指隶属于某一行政区管辖但不与本区毗连的土地。

土地利用现状调查以图斑为基本单元开展调查（包括道路、沟渠、河流等线状地物）。单一地类地块，以及被行政区、城镇村庄等调查界线或土地所有权界线分割的单一地类地块为图斑。城镇村庄内部同一地类的相邻宗地合并为一个图斑。道路被权属界线分割的，按不同图斑上图。

对飞入地、飞出地的调查，一般按照“飞出地调查、飞入地汇总”的原则开展，各地也可根据实际情况协商调查，保证调查成果不重不漏。

土地利用现状调查工作以县（市）为单位进行，由县人民政府统一领导。农区以村（大队）、农林牧渔场以分场（队），林区和牧区以乡统计各类土地面积。土地利用现状调查的基本单位，农区到村（行政村），林区和牧区到乡（镇），并按全国统一的土地分类标准进行分类。

（三）土地利用现状调查的原则

1. 实事求是的原则

为查清土地资源家底，国家要投入巨大的人力、物力和财力。因此，在调查过程中，一定要坚持实事求是的原则，防止来自任何方面的干扰。

2. 全面调查的原则

土地利用现状调查必须严格按相关规程的规定和精度要求进行，并实施严格的检查、验收制度。

事实证明，仅对一种类型或几种类型的土地作调查，其结果不能代替完全的土地资源调查。耕地等土地是农用生产中最宝贵的土地类型，调查清楚耕地情况固然重要，但是土地资源利用的巨大潜力不仅蕴藏于耕地，同样大量潜存于草地、林地以及其他类型的土地（包括未利用地）之中。各种类型土地都有相对的资源价值，全面调查有益于人们放开视野，把所有的土地资源都视为人们努力开发利用的对象，都列为土地管理的对象。我们的目标就是要挖掘那些尚未利用的土地，不断扩大利用的范围，缩小未利用的范围。从调查工作的组织来看,全面统一的调查是经济、科学的方法。

3. 一查多用的原则

所谓一查多用,就是要充分发挥土地利用现状调查成果的作用,不仅能为土地管理部门所利用,而且为其他部门——农业、林业、水利、城市建设、统计、计划、交通运输、民政、工业、能源、财政、税务、环境保护等服务,成为多用途地籍信息系统中的重要内容。

4. 运用科学的方法

在经济力量能承受的前提下,调查中要尽量采用最新的科学技术和手段。土地利用现状调查必须以测绘图件为量测的基础,这是因为大范围的实地丈量不仅精度无法保证,也难以实现。测绘图件的形式依靠了严密的数学基础和规范化的测绘技术,因而测绘图件能精确地以缩小的图形表达广大范围土地资源的实际情况。测绘图件还能充分表达土地权属和行政管辖界线,能表达土地的类型、数量,更能有效地反映土地分布的位置。运用测绘图件进行调查的另一优越性,在于可以使土地面积的量测工作统一到同一个地球参考面上,使不同地点土地面积的测量有统一的基准,可以相互比较,而且图上量测可以将大量野外工作转化为室内工作,减少了工作量和工作难度。因此,土地利用现状调查,均应以测绘图件为量测的基准。

土地利用现状调查中选用何种技术手段,应当贯彻在保证精度的前提下,兼顾技术先进性和经济合理性的原则。为了保证和提高精度,应逐步把现代化技术手段,如彩红外影像、多光谱影像、正射影像及微型电子计算机等运用到土地利用现状调查中去。

5. 以改进土地利用,加强土地管理为基本宗旨

土地利用现状调查最根本的目的是管理好土地,利用好土地,因而管好、用好土地是考虑一切问题的基本点。土地利用现状调查中对土地的分类应当与土地的利用方式有密切的联系,应当适合土地管理的需要。由于土地利用现状包括了土地利用的分配(土地权属)和土地的生产利用,因而这些方面的资料都是管理好土地和利用好土地的必要基础资料。

土地管理是一项长期的、不间断的工作,其基本的工作环节在基层,尤其是县和县以下各级。因而,土地利用现状调查宜以县为基本单位开展,由县政府统一领导调查工作和土地管理工作。通过土地利用现状调查,培养和选拔土地管理的业务人员;通过调查,准备土地管理的基础资料。

6. 以“地块”为单位进行调查

土地利用现状调查中,在所有权宗地内,以《土地利用现状分类》(GB/T 21010—2017)标准的二级类为依据划分出的一块地,称为分类地块,俗称图斑。

(1)县、乡两级图幅理论面积与控制面积结合表。

(2)土地权属单位及村、乡、县总面积和分类面积汇总表。

(3)分幅土地利用现状图、分幅土地权属界线图和县、乡两级土地利用现状图。

(4)县土地利用现状调查报告和乡土地利用调查说明书。

(5)野外调查记录手簿、地籍调查表、境界和权属界线协议书等。

二、土地利用现状调查程序

土地利用现状调查工作是一项庞杂的系统工程,为确保成果资料符合技术规程的要求,必须遵照相关技术规程,按照土地利用现状调查工作的特点和规律,有条不紊地开展工作,才能达到预期的目的。土地利用现状调查是以县为单位开展的,按照县级土地利用现状调

查的特点，将其工作分为以下4个阶段：准备工作、外业工作、内业工作、成果检查验收归档，其工作流程如图3-2所示。

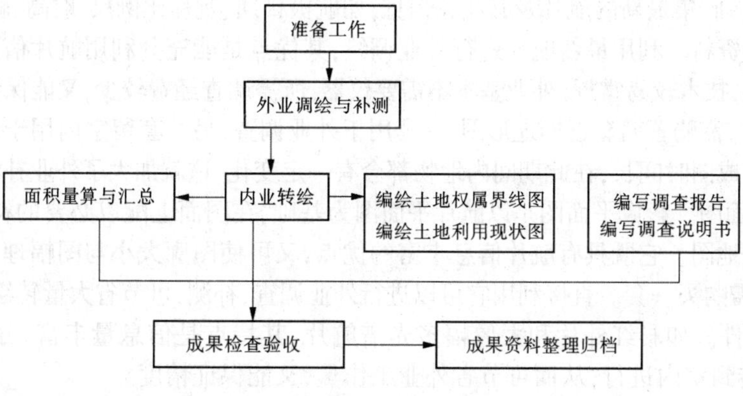

图3-2　土地利用现状调查工作流程

(一)准备工作

根据各地开展调查的经验，土地利用现状调查的准备工作包括调查申请、组织准备、资料准备、仪器和设备准备等内容。

1. 调查申请

具备了调查条件的县(市)，由县级土地管理部门编写"土地利用现状调查任务申请书"或"土地利用现状调查和登记、统计任务申请书"。其主要内容包括辖区基本情况、需用哪些图件资料、组织机构及技术力量情况、调查计划及经费预算等。"土地利用现状调查任务申请书"要经县级人民政府同意，然后报上级土地管理部门审批。经批准后立即着手组织准备、图件资料准备和仪器设备准备等工作。

2. 组织准备

组织准备包括建立领导机构、组织专业队伍、建立工作责任制等。土地利用现状调查由当地政府组织实施，成立专门的领导机构，负责组织专业技术队伍、筹集经费、审定工作计划、协调部门关系、裁定土地权属等重大问题。同时，为确保土地利用现状的质量及进度，还应组建一支以土地管理技术人员为主，由水利、农业、计委、城建、统计、民政、林业、交通等部门抽调的技术干部组成专业队伍。专业队设队长、技术负责人、技术指导组、若干作业组、面积量算统计组、图件编绘员等。为增强调查人员的责任感，还应建立各种责任制，如技术承包责任制、阶段检查验收制、资料保管责任制等。

3. 资料准备

资料准备包括收集、整理、分析各种图件资料、权属证明文件以及社会经济统计资料。权属证明文件的收集包括征用土地文件、清理违法占地的处理文件、用地单位的权属证明等。

为了便于分析土地利用现状及划分土地类型，应向各有关业务部门收集各种专业调查资料，如行政区划图、地貌、地质、土壤、水资源、森林资源、气象、交通等，以及人口、劳力、耕地、产量、产值、收益、分配等社会经济方面的统计资料和土地利用经验与教训等。

土地利用现状调查，从准备工作到外业调绘、内业转绘，都是为了获得真实反映土地利用现状的工作底图。工作底图都是由基础图形成的。

调查前，先收集近期相应的航摄像片、地形图、影像平面图等其他一些相关资料。原则上,农村土地利用现状调查采用优于1 m分辨率遥感影像资料;城镇内部土地利用现状调查采用优于0.2 m分辨率的航空遥感影像资料。常见的基础图件有以下几种类型:

(1)航片。应收集最新的航片及其相关信息,如航摄日期、航片比例尺、航高、航摄倾角、航摄仪焦距等数据资料。利用最新航片进行外业调绘,其优点是能充分利用航片信息量丰富且现势性强的特点,技术较易掌握,外业基本不需要仪器,所需调查经费较少,又能保证精度。

(2)地形图。需购置两套近期地形图,一套用于外业调查,另一套留室内用于编制工作底图。如果地形图成图时间长,在此期间内地物都会有一定变化,这就加大了外业补测工作量。

(3)影像平面图。影像平面图是以航片平面图为基础,在图面上配以必要的符号、线划和注记的一种新型地图。它既具有航片信息丰富的优点,又可使图廓大小与图幅理论值基本保持一致,因此只需购买一套。直接利用它可以进行外业调查、补测,可节省大量转绘工作。

(4)其他图件。如彩红外片和大像幅多光谱航片,其特点是信息量丰富、分辨率高,大量室外判读可转到室内进行,从而可节省外业工作量,又能保证精度。

4. 仪器和设备准备

调查前要准备好调查必需的仪器、工具和设备。包括配备必要的测绘仪器、转绘仪器、面积量算仪器、绘图工具、计算工具、聚酯薄膜等;印制各种调查手簿、表格;准备必要的生活、交通和劳动用品等。

(二)外业工作

土地利用现状调查外业的主要工作是外业调绘,包括境界和土地权属界的调查、地类和线状地物调绘等。通过外业调绘和补测,将地类界线、权属界线、行政界线、地物界线以及线状地物等调绘到航片上。再经清绘、整饰,检查验收合格后,可进行内业工作。外业调绘时所用的图件多为航片和地形图。航片调绘是指在研究航片影像与地物、地貌内在联系的基础上进行的判读、调查和绘注等工作。外业工作的准确程度对调查的成果质量起着决定作用,对今后的土地管理工作也有着深远影响。因此,外业调绘应尽量采用先进的科学技术和高质量的测绘基础图件,严格执行相关的规范和规程。

外业工作的程序包括准备工作、室内预判、外业调绘、外业补测、航片的整饰与接边等内容。调绘前的准备工作和室内预判是为了减少野外工作量,为野外调绘和补测作准备。调绘、补测是外业工作的核心,是对权属界线及各种地物要素进行绘注和修补测等工作。航片的整饰和接边是对外业调绘和补测的航片进行清绘整饰工作。

1. 准备工作

外业调绘的准备工作包括同名地物点的选刺、调绘面积的划分和预求航片平均比例尺等。所谓同名地物点,是指在相邻两张航片的重叠部分上的相同地物点。调绘面积(也称作业面积)是指单张航片的作业面积,一般是在与相邻航片的重叠部分内划定。划定的调绘面积线不应切割居民地和其他重要地物,避免与道路、沟渠、管线等线状地物重合。在平坦地区常利用地形图求航片比例尺;在丘陵、山区,因单张航片各部位比例尺变化较大,需分带求出局部的平均比例尺。

为减少外业调绘工作量,应先邀请熟悉当地情况的人一起进行室内预判。在山区、丘陵地区,一般对照地形图,在立体镜下进行预判。在预判的基础上,制定外业调绘路线。一般结合村土地权属界线调查,外圈走“花瓣”形路线,其他各地类界线的调绘取“S”形路线。

2. 境界和土地权属的调查

境界,是指国界及各行政区界。根据收集到的一些相关基础资料数据,将农村集体土地确权登记数据库中确定的权属界线转绘到土地调查底图上。城镇以外的独立国有土地使用权界线，依据集体土地所有权调查成果转绘到土地调查底图上。城镇内部的国有土地使用权界线不作调查。

权属调查原则上以各行政村为基本单位，对集体土地确权登记到村民小组的，也可按照村民小组的权属界线转绘到土地调查底图上。

在权属界线上图过程中，因成图精度等客观因素，部分权属界线与遥感影像产生位移的，可根据协议书记载转绘至遥感影像相关位置，避免产生细小图斑。

对权属界线发生变化的，按照集体土地所有权和不动产调查相关规定，重新开展权属界线补充调查。

进行权属界线补充调查时，要事先约定相邻土地单位的法人代表和群众代表到现场指界。双方指同一界，为无争议界线；双方指不同界，则两界之间的土地为争议土地，各方自认的界线同时标注在外业调绘图件上。在外业调绘图件上还要标清权属界线的拐点，若实地拐点为固定地物，可直接用半径为 1 mm 的圆圈在外业调绘图的固定地物上做标记，若实地拐点无固定标志，应先埋设界标，再借助明显地物点标绘到外业调绘图上，并赋以文字说明。当以线状地物为权属界线时，必须标明其归属。外业调绘图上无法标清的权属界线，可绘制草图并加文字说明。

对双方无争议的土地权属界线，应按规定格式填写土地权属界线协议书一式三份（见表 3-3），权属单位双方及国土管理部门各执一份。其内容包括标清各权属界线拐点及界线位置的附图、拐点及权属界线真实位置的文字说明、权属双方指界人调查签字盖章及上级主管机关签章等。

对双方有争议的权属界线，要填写土地权属界线争议原由书一式三份（见表 3-4），权属单位双方及国土管理部门各执一份。其内容包括标清各权属界线拐点及界线位置的附图，说明拐点及权属界线真实位置、争议理由及提供凭证的文字说明，双方代表及调查人的签字盖章等。

对于有争议土地的界线，可由上级主管部门暂做技术处理，其权属界线仅供量算面积时用，待确权后再调整面积。

附图的表示形式有三种（见图 3-3～图 3-5）。

3. 地类调绘

地类调绘按《土地利用现状分类》（GB/T 21010—2017）中的土地利用现状分类及含义，在土地所有权宗地内，实地对照航片或正射影响图逐一判读、调绘，并填写外业手簿。地类调绘时应注意：认真掌握分类含义，注意区分相接近的地类，要结合实地询问确定，如改良草地与人工草地、水浇地与菜地等难以区分的地类。地类界应封闭，并以实线表示，对小于图上 1.5 mm 的弯曲界线可简化合并，地类按规定的图式符号注记在基础测绘图件上。土地利用现状图上最小图斑面积的规定：建设用地和设施农用地实地面积超过 200 m^2 的需调查上图；农用地（不含设施农用地）实地面积超过 400 m^2 的需调查上图；其他地类实地面积超过 600 m^2 的需调查上图，荒漠地区可适当降低精度，但不得低于 1 500 m^2。对于有更高管理需求的地区，建设用地最小调查面积可定为 100 m^2。对小于最小图斑面积的分类地块做零星地类处理，实地丈量其面积记入零星地物记载表，待面积量算时再从大图斑中扣除，当地类界与线状地物或土地权属界、行政界重合时，可省略不绘，调绘的地类图斑以地块为单位统一编号。下面就地类调绘基本要求与方法做简要的说明。

表 3-3　土地权属界线协议书

编号：

土地权属界线
协议书

______ 与 ______

______ 县(市、区) ______ 乡(镇)

续表 3-3

________与________的边界于　　年　　月　　日经双方指界人实地踏勘、核实,确认无误。 权属界线所涉及正射影像图(图幅号):   本协议书一式三份,界线双方和县(市、区)不动产登记机构各存一份。 单位(公章):　　　　单位(公章): 法人代表(签字):　　　　法人代表(签字): 指界人(签字):　　　　指界人(签字): 调查人员(签字): 年　　月　　日

续表 3-3

权属界线示意图

注:①权属界线示意图、权属界线调查表应与实地一致,示意图应表示出确定界线位置的参照物。

②签字盖章必须齐全,填写内容不得涂改;如有涂改,加盖作业人员名章。

③以宗地为单位填写,被线状地物(国有土地或其他农民集体土地)分割的同一农民集体土地可填写一份"土地权属界线协议书",项目栏不够填写的可另加附页。

④首页的编号,暂时不编,待资料归档时统一编号。

⑤"调查人员"填写,要求国土部门人员和作业队伍人员双方签字。

表 3-4　土地权属界线争议原由书

编号：

土地权属界线争议
原 由 书

争议单位名称：＿＿＿＿＿＿＿＿与＿＿＿＿＿＿＿＿

年　　月　　日

续表 3-4

<table>
<tr><td>

________与________的边界于　　年　　月　　日经双方指界人实地踏勘确认存在界线争议，现经双方商定：暂确定双方临时界线作为工作界线，此界线仅供面积量算，不作为确定权属界线的依据。

权属界线所涉及正射影像图(图幅号)：

本协议书一式三份，界线双方和县(市、区)不动产登记机构各存一份。

单位(公章)：　　　　　　　　单位(公章)：
法人代表(签字)：　　　　　　法人代表(签字)：
指界人(签字)：　　　　　　　指界人(签字)：

调查人员(签字)：

年　　月　　日

</td></tr>
</table>

续表 3-4

争议界线示意图

续表 3-4

争议范围的实地位置和争议界线走向说明	(本权属单位盖章)　　　　(相邻权属单位盖章)
本权属单位认可权属界线实地位置、走向说明及理由	(本权属单位盖章)
相邻权属单位认可的权属界线实地位置、走向说明及理由	(相邻权属单位盖章)
其他说明	

注:①争议界线示意图应表示出争议范围、双方各自认可界线的位置、走向以及确定界线位置的参照物,示意图应与实地一致,争议双方应在示意图上盖章。

②签字盖章必须齐全,填写内容不得划改;如有划改,加盖作业员印章或按手印。

③按争议地或定着物单元填写《土地权属界线争议原由书》,项目栏不够填写的可另加。

④首页的编号,暂时不编,待资料归档时统一编号。

⑤调查人员:参与调查的不动产登记机构人员和作业人员签字盖章.

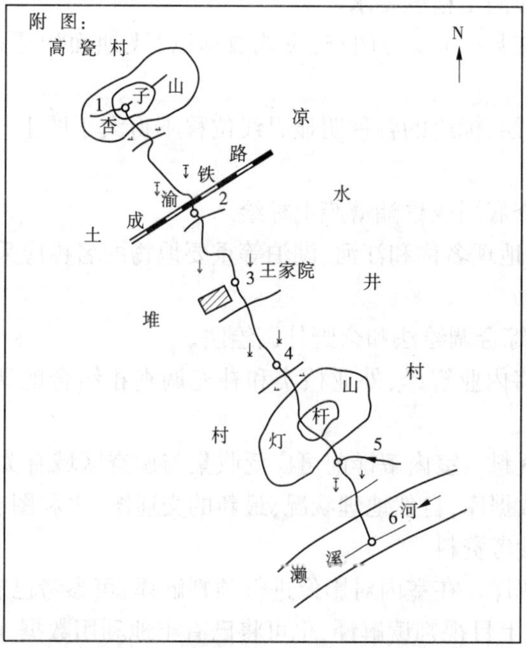

图 3-3　手工绘制土地权属界线

图 3-4　现状图上标绘土地权属界线

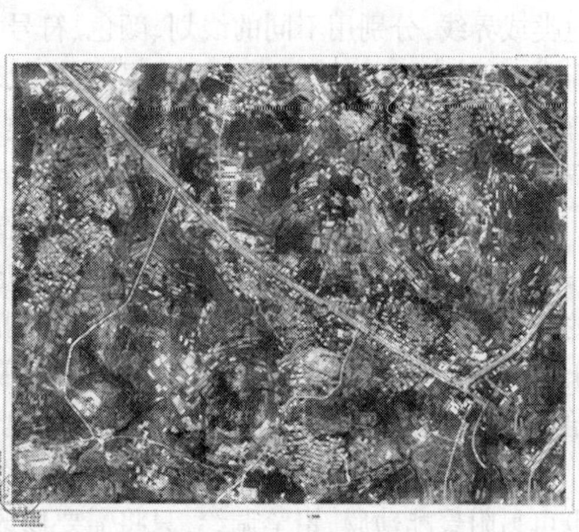

图 3-5　影像图上标绘权属界线

1）地类调绘的基本要求

（1）参考或应用可利用的土地调查成果（如更新调查成果等），以提高外业调查效率；对有设计图、竣工图等相关资料的新增地物，可依据资料将新增地物的地类界直接转绘在调查底图上，但必须实地核实范围是否正确。

（2）条件具备时，尽量采用综合调绘法进行调查，以提高效率和质量。

（3）点（零星地类）、线（线状地物、界限等）、面（图斑）的调查应做到位置、长度、宽度准确，各种注记正确无误，清晰易读，线划符号规范。

（4）必须实地调查、核实，做到走到、看清、问明、记全、绘准。

(5)新增地物补测应满足精度要求。

(6)飞地由飞地所在县(市、区)调查,飞地数据以"飞地面积通知单"的形式通知飞地所属县(市、区)。

(7)与影像对比,调绘、标绘的各种明显界线位移不得大于图上0.3 mm,不明显界线位移不得大于图上1 mm。

(8)外业调查在调查底图或聚酯薄膜上标绘。

(9)行政区划名称、地理名称和江河、湖泊等重要地物的名称应采用标准名称。

2)地类调绘的方法

常用的调绘方法有综合调绘法和全野外调绘法。

(1)综合调绘法是将内业解译、外业核实和补充调查相结合的调绘方法。综合调绘法的步骤如下。

第一步:收集相关资料。室内解译前可广泛收集与调查区域有关的资料,如以往土地调查图件资料、土地利用数据库,自然地理状况,最新的交通图、水利图、河流湖泊分布图、地名图等,作为室内判读的参考资料。

第二步:室内预判解译。在室内对影像进行预判解译,可参考已有土地利用数据库成果(图)直接在计算机屏幕上目视判读解译,也可将已有土地利用数据库与调查底图(DOM)在计算机屏幕上套合解译。在计算机中,将DOM放大2~3倍,依据影像将预判解译的界线、图斑、地类等标绘在调查底图上。通过室内解译,将能够确认的地类或界线、不能够确认的地类或界线,分别用不同的线划、颜色、符号、注记等形式标绘在调查底图上。对影像不够清晰或室内无法判读解译的地类或界线,以及现状地物宽度,应由野外补充调查确定。一般只解译主要的、骨干性的能够准确确认的地类和界线,不能够准确确认的地类或界线留待野外调查。

第三步:外业实地核实、调查。外业调查必须到实地对内业标绘的地类、界线等内容逐一进行核实、修正或补充调查;对内业不确定或无法解译的影像做重点调查;对影像上没有的、新增加的地物进行补测,并将核实、补测的内容及属性标绘在调查底图上或记录在农村土地调查记录手簿(图斑)(见表3-5)中。最终获得能够反映调查区域内土地利用现状的原始调查图件和资料,以此作为内业数据库建设的依据。

外业调查可直接标绘在有影像的解译图上,形成有完整调绘内容、整幅面的调绘原图。也可另附聚酯薄膜,铅笔调绘,只将需要修改、完善的内容标绘在聚酯薄膜上,调绘原图包括有影像的解译图和部分调绘内容的聚酯薄膜调绘图两部分。调绘原图是外业调查的成果图,是内业建库的依据和参考,是国家检查的必查内容。

(2)全野外调绘法是传统的调绘方法,携带调查底图直接到实地调绘,将影像所反映的地类信息与实地状况一一对照,进行判读识别,将各种地类图斑实际位置、界线,依据影像用规定线划、符号在调查底图标绘出来,将地物属性标注在调查底图或填写在农村土地调查记录手簿上,最终获得能够反映调查区域内的土地利用状况的原始调查图件和资料,作为内业数据库建设的依据。

外业调查可直接标绘在有影像的解译图上,形成有完整调绘内容、整幅面的调绘原图。也可另附聚酯薄膜,铅笔调绘,将完整的调查内容标绘在聚酯薄膜上,调绘原图是一张有完整调绘内容的清绘影像图或聚酯薄膜调绘图。

表 3-5　农村土地调查记录手簿(图斑)

＿＿＿＿＿＿村　　　　　　　　　　　　　　　　　　　　　　图幅号:＿＿＿＿＿＿

序号	图幅号	图斑预编号	图斑编号	地类编号	权属单位	权属性质	耕地类型	备注
草图								
调查员:		调查日期:			检查人:		检查日期:	

填表说明:

第一栏“序号”填写顺序号。

第二栏“图幅号”填写图斑所在图幅编号。

第三栏“图斑预编号”填写外业调查时图斑的临时编号。

第四栏“图斑编号”填写数据库建成后图斑编号,可能与图斑预编号不全都一致。编号统一以行政村为单位,对地类图斑按从左到右、自上而下由“1”依次编号,补测地物的编号在依次号前加“B”。

第五栏“地类编号”填写图斑地类编码。

第六栏“权属单位”填写图斑所属的权属单位名称。

第七栏“权属性质”填写 G(国有)或 J(集体),一般集体可不填。

第八栏“耕地类型”仅填写梯田耕地,用 T 表示;耕地为坡地的不用填写。

第九栏“备注”,填写需要备注的内容,补测地物须在备注栏说明。

两种调绘方法有不同的使用条件和范围,也可采用内外业一体化作业方法,携带装有影像、数据库等电子数据的计算机在野外现场调绘,现场矢量化。

3)地类调查程序

(1)设计调绘路线。

在外业实地调查前,首先要在室内设计好外业调绘路线。调绘路线以既要少走路又不至于漏调绘地物为原则,做到"走到、看到、问到、画到"(简称"四到")。

(2)确定站立点。

确定站立点在图上的位置(按站立点实地地形、地物、地类与影像上同一地形、地物、地类的相似性,反复对比确定)。为了提高调绘的质量和效率,要选好的站立点(明显地物点,地势高,视野好,如道路交叉口、小山顶、居民点、明显地铁处等),并按计划路线调绘,同时要向两侧铺开,尽量扩大调绘范围。

(3)核实、调查。

实地核实、调查应采取"远看近判"的方法,将地类的界线、范围、属性等调查内容准确调绘在调查底图上。通过外业,将内业解译或无法解译的内容依据实地现状进行核实或调绘。对室内解译正确的予以确认;有错误的进行修正;对未解译的部分,根据实地情况调绘或补测在调查底图准确位置上。同时,将调查的内容、属性标注在调查底图上或填写在农村土地调查记录手簿中。

(4)边走边调绘。

根据调查设计的路线,在到达下一站立点途中,可依据影像边走、边看、边判、边记、边画,对室内预判的内容逐一核实、记载,在到达下一站立点后,再进行调绘。

(5)询问。

在调查过程中应多向当地群众或向导询问,及时了解当地土地利用的各种情况,主要用地类型、地名、工矿企业单位和权属等情况,保证调查的准确性。

4)特殊类型图斑调绘

(1)梯田、坡地图斑调绘。

梯田是指在山区、丘陵地区沿等高线由人工修筑的比较规整的台阶式农田。梯田分为石坎梯田和土坎梯田。梯田可拦蓄雨水,防止水土流失,对农田的高产、稳产有很大作用。坡地指山地、丘陵地区自然坡面上形成的农田,坡地上基本没有或有少量田坎,地块与地块之间由荒草或杂树分开。坡耕地易水土流失,耕地质量一般较差。

调查时要对耕地中的梯田、坡地单独划分图斑,并注明耕地类型为梯田或坡地,小于等于2°的耕地为平地。对耕地中梯田、坡地混在一起的,当两者都大于最小上图标准时,须分别调绘,划分图斑;当其中之一小于最小上图标准时,可综合到另一类型中。平地、梯田、坡地是对耕地的细分,是为了确定田坎系数测算和应用的类型。

(2)破碎耕地调查。

在喀斯特地貌地区有一种类型的土地,没有明显的田坎,耕地很破碎并与裸岩、石砾混在一起散列式分布着,有些地方耕地多于非耕地,有些地方非耕地多于耕地,但都小于最小图斑标准,无法单独划分图斑。

对于这种类型的土地,若需要调查,必须到野外实地调查。调查方法:实地目估,当散列式分布的耕地比例大于60%时,将混在一起的耕地和裸岩石砾作为一个图斑调绘,地类确认为耕地,裸岩石砾用系数计算。实地估测非耕地面积占耕地图斑面积的比例(%),称为散列式非耕地系数。用此系数在调绘的图斑面积中扣除非耕地面积,扣除地类为裸地。实地目估,当散列式分布的裸岩石砾比例大于 60%时,将混在一起的耕地和裸岩石砾作为一个图斑调绘,地类确认为裸地,耕地用系数计算。实地估测耕地面积占图斑面积的比例(%),称为散列式耕地系数。用此系数在调绘的图斑面积中扣除耕地面积,扣除地类按耕地末级地类统计。

(3)狭长地类调查。

在实际调查中,经常会遇到宽度小于图上 2 mm 类似于线状地物的狭长地类,如狭长的耕地、园地、草地等。当狭长地类面积小于最小上图标准面积时,可综合到相邻地类中,不进行单独调查。综合时尽可能不要综合到耕地地类中。当狭长地类面积大于最小上图面积时,可按线状地物调绘,如狭长的耕地、园地、草地、林地(线状地物不仅仅是河流、道路等),实地丈量其宽度并记录,内业面积量算时扣除。

5)图斑界线的表示

(1)图斑以地类界线表示,当地类界线与线状地物、行政界线或土地权属界线重合时,省略不绘。

(2)当各种界线重合时,依行政区域界线、土地权属界线、线状地物、地类界线的高低顺序,只表示高一级界线。

(3)行政区域界线、土地权属界线作为符号使用时不视为图斑界线,作为非符号使用时视为图斑界线。

(4)当以单线线状地物为图斑界,线状地物与行政区域界线或土地权属界线重合时,线状地物表示在准确位置作为图斑界,行政区域界线或土地权属界线作为符号使用,在线状地物一侧或两侧跳绘表示。

4. 线状地物调查

线状地物包括河流、铁路、公路及固定的沟、渠、路等。

(1)铁路、公路、农村道路、河流和沟渠等线状地物以图斑方式调查,线状地物图斑被调查界线、权属界线分割的,按不同图斑调查上图。

(2)对农村范围内,南方宽度为 1~8 m,北方宽度为 2~8 m(上下均含)的道路,按农村道路或公路用地调查;大于 8 m 的道路或纳入乡(镇)级及以上级别道路网规划的道路,一律按公路调查。

(3)道路、河流被权属界线分割的,按不同图斑上图。用地范围不确定的在建道路,暂不调查。

(4)对城镇村庄内部道路用地,调查城镇村庄内部主干路、次干路及支路,其他道路可与相邻图斑合并。

(5)对于线状地物交叉的,上部的线状地物连续表示,下压的线状地物断在交叉处。当线状地物穿过隧道时,线状地物断在隧道两端。

通常规定北方≤2 m、南方≤1 m 的线状地物,要进行调绘并实地丈量宽度,丈量精确到 0.1 m。对宽度变化较大的线状地物,应分段丈量。实量沟、渠、路、堤等并列的或附近的线状地物宽度时,同时要查明线状地物的归属。调绘的线状地物应编号,实量宽度及归属填写在农村土地调查记录手簿中,见表 3-6。

表3-6 农村土地调查记录手簿(线状地物)

______村 图幅号:______

序号	图幅号	预编号	编号	地类编码	权属单位	权属性质	宽度/m	比例	备注
草图									
调查员:		调查日期:			检查人:		检查日期:		

填表说明:

第一栏"序号"填写线状地物顺序号。

第二栏"图幅号"填写线状地物所在图幅编号。

第三栏"预编号"填写外业调查时线状地物的临时编号。

第四栏"编号"填写数据库建成后线状地物编号,可能与线状地物预编号不全都一致。编号统一以行政村为单位,对地类线状地物按从左到右、自上而下由"1"依次编号,补测地物的编号在依次号前加"B"。

第五栏"地类编码"填写线状地物地类编码。

第六栏"权属单位"填写线状地物所属的权属单位名称。

第七栏"权属性质"填写G(国有)或J(集体),一般集体可不填。

第八栏"宽度"填写线状地物实地量测的完整宽度。

第九栏"比例"当线状地物与权属界线重合时,填写在本权属单位内的线状地物宽度占完整宽度的比例。

第十栏"备注"填写需要备注的内容、补测线状地物须在备注栏说明。

5. 补测

为了保持图件的现势性而进行的野外测量,称为补测。当地物、地貌变化不大时,采用补测;当其变化范围超过1/3时,则进行重测或重摄。通常,补测在基础测绘图件(工作底图)上进行,外业补测与外业调绘结合进行。补测主要采用仪器补测法和简易补测法,为了提高调查的效率和成果精度,有条件的地区采用卫星定位仪器补测法,无条件的地区可采用简易补测法。补测平面位置精度要求,补测地物点相对邻近明显地物点距离的中误差:平地、丘陵地不得大于2.5 m,山地不得大于3.75 m,最大误差不超过2倍中误差。

6. 工作底图的清绘整饰

经外业调绘和外业补测的航片或影像图应及时清绘整饰，经检查验收合格后，才能转入内业工作阶段。

（三）内业工作

土地利用现状调查的内业工作，包括航片转绘、面积量算、成果整理等。航片转绘和面积量算是内业工作的中心内容。成果整理包括面积的汇总统计、土地利用现状图、权属图的编制及土地利用现状调查报告或说明书的编写等。

航片转绘是将航片外业调绘与补测的内容转绘到内业底图上的室内工作，其成果是编制土地利用现状图和土地权属界线图的原始工作底图。如外业调绘用的是单张中心投影的未纠正航片，它存在倾斜误差、投影误差和比例尺变化，因此不能把调绘成果直接描绘到内业底图上，需要通过转绘来消除倾斜误差和限制投影误差，变中心投影为正射投影，并将航片比例尺归化到某一固定比例尺，以获得所需的工作底图。如所用航片为正射像片，或用常规航测方法或数字摄影测量方法制作土地利用现状图和土地权属界线图时，此项工作可以不做。

航片转绘可以用航片平面图或影像地图为底图，也可以用地形图为底图。目前，大多数地区的土地利用现状调查工作是以地形图为底图进行转绘的。

航片转绘的方法很多，根据转绘手段的不同，大致可归纳为图解转绘法和仪器转绘法两大类。图解转绘法是根据航片和地形图上已知同名地物点，利用直尺、圆规等作图工具，通过图解来进行转绘的方法。仪器转绘法是将航片外业调绘、补测的内容，通过仪器转绘到内业底图上。两种方法各有优缺点：图解转绘法的优点是费用少、方法简单、易于操作及普及，缺点是精度不高，较费工；仪器转绘法则具有速度快、精度高的特点，但费用大，不易普及。在土地利用现状调查中，常用的图解转绘法和仪器转绘法如图 3-6 所示。

- 转绘方法
  - 图解转绘法
    - 图解格网法
      - 任意格网法
      - 极点格网法
      - 相似性格网法
      - 中心线格网法
      - 辐射格网法
      - 自然格网法
    - 交会法
      - 共线图解交会法
      - 距离交会法
      - 辐射交会法
    - 其他方法
      - 平行尺转绘法
      - 单辐射分带转绘法
      - 全能转绘法
      - 单辐射计算转绘法
  - 仪器转绘法
    - 单投影仪分带转绘法
    - 多倍仪立体转绘法
    - 微型数字化仪和绘图仪结合的解析转绘法
    - GCZ-02 型简易仪器转绘法

图 3-6　常用不的转绘方法

各地可根据图件资料和仪器设备情况、技术条件和土地利用调查的精度要求及地表条件等,选择各自适宜的转绘方法。

(四)土地利用现状调查报告的编写

土地利用现状调查报告是现状调查的真实文字记录,是极其重要的成果资料之一,要求对整个调查工作进行系统的工作总结和技术性的总结探讨。编写的报告不仅对全面、系统、科学地管理土地具有重要意义,而且对编制国民经济计划、充实和发展土地科学、培养土地科学人才都有重要影响。

1. 编写要求

乡级要编写土地利用现状调查说明书,县级要编写调查报告。县级调查报告应着重归纳土地利用现状调查成果,分析土地利用的特点,并从宏观上提出开发、利用、整治、保护土地的意见。调查报告的内容应充实,文句要通顺,尽量做到文、表、图并用。

2. 乡级土地利用现状调查说明书的内容

乡级土地利用现状调查说明书主要叙述全乡概况、各类土地面积及分布状况、利用特征及问题、土地权属问题等。文后附调查人员名单及在调查中承担的任务。

3. 县级土地利用现状调查报告的内容

(1)自然与社会经济概况。包括调查区的地理位置及行政区划,本县行政区域形成的历史沿革及行政区划变化情况。进行外业调绘时,还包括本县所辖区、乡(镇)、场、村自然条件与社会经济条件等。

(2)调查工作情况。包括调查工作的组织领导、调查队伍的组建与培训、工作计划与方法、执行规程的情况、技术资料的收集与应用、经费的筹集与使用、调查工作经验与存在问题等。

(3)调查成果及质量分析。主要包括各项调查成果名称并简介其内容;对土地利用调查及土地权属调查结果的分析,如各类土地的比重与分布、地界的调绘与补测等;对各项调查成果质量的评价,即精度分析;存在的问题及产生的原因等。

(4)土地合理开发利用、整治保护的途径及建议。包括土地利用结构、利用程度、利用水平,土地利用中存在的问题,合理开发、利用、整治、保护土地的途径及建议。

(五)土地利用现状调查成果检查验收

1. 检查验收制度

土地利用现状调查成果实行省、县、作业组三级检查和省、县二级验收制度。首先作业组自检和互检,然后县对作业组成果检查验收,最后省检查验收县的成果。各组检查验收人员还要评价被检查验收成果的质量。

2. 检查验收标准与步骤

土地利用现状调查成果的检查验收必须以《土地利用现状分类》(GB/T 21010—2017)及其补充规定的各项规定为准。凡按规程进行调查,作业项目达到规定要求的成果即为合格成果。对各道工序的作业成果自检无误后,进行互检;互检之后,由县检查验收,认定合格后方可转入下道工序。互检和县级检查验收均应作检查验收记录,对检查发现和提出的各种问题,作业人员应认真处理。在全部工序完成后,县应进行全面的检查,并整理好调查的全部成果资料及各阶段的检查验收记录,写出成果检查验收说明,连同应上交的调查成果,一并报省土地管理部门。省土地管理部门在初步审核认定可以进行验收后,即组织检查验收人员赴县,对调查成果进行检查验收。

自然资源部和全国国土调查领导小组办公室可组织全国土地利用现状调查技术指导组成员对各省检查验收的成果进行抽查。

3. 检查验收内容与方法

由于各地使用图件资料和作业方法的差异，检查验收的内容和方法也不尽相同。一般可分为外业调绘与补测、航片转绘、面积量算、统计汇总、图件绘制、调查报告和档案材料整理等项目进行检查验收。

4. 成果质量评价方法

成果质量评价采取计算质量合格率的方法进行，凡合格率在80%以上者为合格，低于80%者为不合格。

5. 验收标准

在检查合格的外业成果中还包含不合格部分，其中有的问题还较严重，如重大问题的漏调、错调、漏补、补错权属界线、地物等。这些问题不经处理改正不能验收。对于超出限差甚微或对成果影响不大的，可不改正。

6. 编写检查验收报告

县级调查成果经省级土地管理部门检查合格验收后，由省级土地管理部门写出检查验收报告，对成果质量给予全面鉴定，并由省土地管理部门向县颁发质量合格证书。检查验收报告主要内容如下：

(1)参加检查验收人员、检查时间和检查方法。

(2)单项、总评合格率及综合评价等级。

(3)不合格部分主要问题的类型、性质、数量及处理结果。

(4)对成果的利用意见及建议。

三、耕地坡度等级与田坎系数测算

(一)耕地坡度等级确定

1. 耕地坡度分级

在地类调查的同时，一般在地形图上对面状地类界范围实施坡度调查，坡度是指成片的土地的坡度，其中小块土地的异常坡度并不改变成片土地的坡度。农村土地调查将耕地坡度划分为五个级别(见表3-7)。坡度≤2°的视为平地，其他坡度中又分为梯田和坡地两类。

表3-7　耕地坡度分级

坡度分级(上含下不含)	≤2°	2°~6°	6°~15°	15°~25°	>25°
坡度等级代码	Ⅰ	Ⅱ	Ⅲ	Ⅳ	Ⅴ

2. 耕地坡度量算方法

耕地坡度可通过1∶10 000地形图上等高线和坡度尺直接从图上量取，也可采用数字高程模型(digital elevation model，DEM)制作坡度图量取。

1)坡度图法

将土地利用图与地形图套合，室内根据地形图上等高线，利用坡度尺，测算各耕地图斑所在的坡度或坡度级，由此形成耕地坡度图。

2) DEM 生成法

利用 DEM 生成坡度图,将坡度图与土地利用数据库叠加,计算耕地图斑的概率坡度、平均坡度、最大坡度、最小坡度或优势坡度。

采用 1∶50 000 或更大比例尺 DEM 生成坡度图,套合土地利用现状图,以自动量算的方法确定梯田、坡地的耕地坡度分级。

3. 利用 DEM 量算耕地坡度等级

1) DEM 选择

DEM 比例尺的选择取决于调查区域的地形地貌和土地利用类型特征。我国第二次全国土地调查采用 1∶50 000 DEM。对于喀斯特地区,优先选用 1∶10 000、5 m 格网 DEM 数据。其他地区山区优先选用 1∶10 000、25 m 格网 DEM 数据,丘陵、平原区应选用 1∶50 000、25 m 格网 DEM 数据。

2) 质量评价

质量评价包括对 DEM 精度的检查、现势性检查、数据完整性检查及数据文件检查。

3) DEM 数据预处理

DEM 数据预处理包括坐标转换、中央经线变换、镶嵌和重采样等。

4) 坡度计算

利用主要坡度计算模型进行计算。

坡度计算模型为

$$\tan p = \sqrt{\left(\frac{\partial z}{\partial x}\right)^2 + \left(\frac{\partial z}{\partial y}\right)^2}$$

式中 p——坡角,(°)。

5) 坡度量算单元确定

耕地坡度量算以一个完整图斑为一个单元计算。

6) 坡度等级计算

将坡度图与土地调查数据库中的地类图斑层叠加,计算耕地图斑内的主要坡度级,确定该图斑所属的坡度级。当某一个坡度级面积比例大于 50%时,该坡度级为该耕地图斑的坡度级。当某一耕地图斑中,有两个(或两个以上)坡度级且面积比例相当、之间的界线明显时,可将该耕地图斑划分为两个(或两个以上)不同坡度级的耕地图斑,但划分不宜过细。同时,还应确定图斑平均高程。

(二) 田坎系数测算及样方

1. 田坎系数测算

1) 田坎系数

耕地中北方宽度大于等于 2 m、南方宽度大于等于 1 m 的地坎称为田坎(小于 1 m 的地坎计入耕地)。田坎系数指田坎面积占扣除其他线状地物后耕地图斑面积的比例(%),即

田坎系数=(田坎+未上图的非耕地面积)/(耕地图斑面积-已上图的非耕地面积)

耕地图斑地类面积=(耕地图斑面积-已上图的非耕地面积)×田坎系数

田坎系数的大小随着耕地所处位置(丘陵、山区)、耕地类型(梯田、坡耕地)和利用方式(水田、旱地)等的差异而不同。一般规律是:耕地所在的地面坡度越大,田坎系数越大;旱地比水田的田坎系数大;坡地比梯田的田坎系数大;山区比丘陵的田坎系数大。

2)田坎系数测算要求

《第三次全国国土调查技术规程》(TD/T 1055—2019)规定,耕地坡度大于2°时,可测算耕地田坎系数,用系数的方法扣除田坎面积;对坡度小于等于2°的耕地中的田坎,不允许采用系数的方法扣除,必须外业实地量测,逐条调绘在调查底图上,内业面积量算时逐条扣除。田坎系数由省(区、市)统一组织测算,由省级土地调查办公室制定本省田坎系数测算方案,报全国土地调查办公室批复后,统一组织测算,测算结果是检查验收内容之一。测算时应按耕地分布、地形地貌相似性等特征,对完整省(区、市)辖区分区。区内按不同坡度等级和梯田、坡地类型分组,选择样方测算系数。

2. 样方分组及样方

样方按形成和影响耕地使用、利用、分布的主要因素(地形地貌、坡度级、耕地类型)分组。依据地形地貌划分地貌类型区,地貌类型区一般不破乡(镇)。每个地貌类型区再分为若干坡度等级,每个坡度等级再分为水田和旱地两种耕地类型。在每个组内,均匀布设样方,样方个数按组的总面积确定。样方在调查底图上选定,样方一般应为完整图斑。

1)分区

样方按地貌类型划分为丘陵、山区、高山区不同的地貌类型区域。分区时尽可能不打破完整乡辖区。特殊地区可进一步细分地貌类型区域。

2)分组

在每个区内,再根据不同的坡度等级和耕地类型组合进行分组(见表3-8)。

表3-8　样方分组

地貌坡地		>2°且≤6°		>6°且≤15°		>15°且≤25°		>25°	
		梯田	坡地	梯田	坡地	梯田	坡地	梯田	坡地
地面类型	丘陵	1组	2组	3组	4组	5组	6组	7组	8组
	山区	9组	10组	11组	12组	13组	14组	15组	16组
	高山区	17组	18组	19组	20组	21组	22组	23组	24组

3)确定样方

每组布设不少于30个均匀分布的样方(样方个数按组的总面积确定),单个样方面积不小于0.4 hm^2(1 hm^2 = 10 000 m^2),须在调查底图上标注,同一组的样方从影像上看地貌及耕地纹理应基本一致。

4)田坎测量

在确定的样方内,实地丈量南方≥1.0 m每一条田坎的长度和宽度(田坎宽度不均匀时应分段测量),每一块(条)已上图和不能上图的非耕地的长度和宽度(或面积),长度和宽度的测量精确到0.1 m。按长度乘以宽度计算每一条田坎面积。若影像清晰,田坎长度也可在调查底图上量取。全部测量数据应准确填写在样方田坎系数测算表(见表3-9)中,并绘制样方图。样方总面积可用全站仪测量,也可以根据土地利用现状图量算。样方测量也可采用全站仪测量全部田坎和非耕地的面积。

表3-9 样方田坎系数测算表

区: 组: 样方编号: 县: 乡: 村: 图幅号:

耕地类型: 坡度级: 单位:m^2(0.0),m(0.0)

田坎				其他线状地物			
编号	长	宽	面积	编号	长	宽	面积
1	2	3	4	5	6	7	8
合计				合计			
样方面积:			田坎系数:				
草图:				备注:			

量测人: 日期: 检查人: 日期: 第 页 共 页

填表说明:

①本表以样方为单位填写。

②样方田坎系数计算公式:样方田坎系数=田坎面积合计/(样方面积-其他线状地物面积合计)×100%。

③草图栏,实地绘制样方及样方内的田坎和其他线状地物位置、编号等。

④备注栏,填写需要备注的有关内容。

5)田坎系数计算

实测样方中的田坎面积,计算样方田坎系数,即田坎面积占扣除其他线状地物后样方面

积的比例(%)。样方面积一般采用样方耕地图斑面积,即

$$样方田坎系数=\frac{样方中田坎面积合计}{样方耕地图斑面积-其他线状地物面积合计}\times 100\%$$

6)平均田坎系数计算

对田坎系数的测量值和田坎系数成果进行数理统计与分析。为了保证同一组样方田坎系数的准确性和代表性,同一组样方各田坎系数应在一定区间范围内。当同组样方田坎系数相对集中、最大值不超过最小值的30%时,取其算术平均数作为该组耕地的田坎系数。对本组内不符合要求的田坎系数,应剔除,查找原因或重新选择样方。田坎系数如表3-10所示。

表3-10　田坎系数

省:　　　　　　　区:

坡度级	样方类型	样方田坎系数总和	样方数	田坎系数	坡度级	样方类型	样方田坎系数总和	样方数	田坎系数
>2°且≤6°					>6°且≤15°				
>15°且≤25°					>25°				
备注:									

计算人:　　　　　　　日期:　　　　　　　检查人:　　　　　　　日期:

7)田坎面积扣除

根据每一组平均田坎系数所代表的区域类型和耕地图斑所处的地貌区域、坡度及耕地类型选择相应的田坎系数,用于田坎面积扣除。扣除时应分坡度、分耕地类型计算每一块耕地图斑的田坎面积,并在该图斑面积中扣除。田坎面积必须按图斑扣除,不允许以村、乡、县等区域整体扣除。将扣除的田坎面积填写在相应表格中。

8)检查验收

全国国土调查领导小组办公室负责对各地测定的田坎系数进行检查验收,检查验收的主要内容包括成果是否齐全、样方的地貌类型和耕地坡度等级划分是否正确、样方是否有代表性、样方数量和每一个样方面积是否符合要求、实地抽查田坎丈量是否正确、平均田坎系数计算是否正确、田坎系数样图制作是否符合要求、田坎面积扣除方法是否正确等。

【项目小结】

通过本项目的学习,熟悉土地利用现状分类,理解并掌握土地利用调查地类的设定;熟悉土地利用现状调查的内容,能够开展土地利用现状调查相关工作。

思考与练习

3-1　土地利用现状分类的原则及方法是什么?

3-2　简述我国土地利用现状分类的历程。

3-3　地类确认的方法和原则是什么?

3-4　土地利用现状调查的目的、内容和原则是什么?

3-5　土地利用现状调查工作程序是什么?

3-6　简述土地利用现状调查的主要成果。

3-7　耕地坡度分级和量算的方法是什么?

3-8　田坎系数测算技术路线是什么?

【延伸阅读】

第三次全国土地调查总体方案

2018年1月,《第三次全国土地调查总体方案》经国务院批准发布,方案里详细介绍了第三次全国土地调查的目的和意义、调查的主要任务、调查的技术路线和方法、调查的主要成果及组织实施,为第三次全国土地调查的顺利进行提供了技术保障。具体请阅读《第三次全国土地调查总体方案》内容。

项目四　土地质量调查

【项目概述】

土地质量调查主要是获取调查土地的质量信息。本项目工作须完成三个任务:第一个任务对土地质量调查的整体概述,了解土地质量调查、土地性状调查及土地分等定级;第二个任务主要介绍土地性状调查,学会如何进行土地自然属性及土地利用的社会经济属性的调查;第三个任务土地分等定级,熟悉城镇、农村土地分等定级的原则、内容、技术方法、上交成果资料等。

【学习目标】

了解土地性状调查的内容;熟悉城镇、农村土地分等定级的原则、内容、技术方法及需要上交成果资料。

【思政导入】

国务院于2022年2月16日发布了《国务院关于开展第三次全国土壤普查的通知》(国发〔2022〕4号),要求全面查清我国土壤类型及分布规律、土壤资源现状及变化趋势,真实准确地掌握土壤质量、性状和利用状况等基础数据,提升土壤资源保护和利用水平,为守住耕地红线、优化农业生产布局、确保国家粮食安全奠定坚实基础,为加快农业农村现代化、全面推进乡村振兴、促进生态文明建设提供有力支撑。

【正文】

任务一　概　述

一、土地质量与性状

土地能作为资源被人类加以利用,主要是因为土地有一定的质量表现。不同质量水平的土地被人们利用的程度是不一样的。因此,认识土地的质量,客观上是人们利用土地资源的基础。

随着科学的发展和广泛的实践,人们对土地质量的认识也越来越深入。土地质量是土地相对于特定用途表现(或可能表现)出效果的优良程度,总是与土地用途相关联的,其适宜的用途受土地本身的性状和环境条件的影响。土地性状是指土地在自然、社会和经济等方面的性质与状态,是判断土地质量水平的依据。土地评价,如土地开发和利用的评价、土地生产潜力的评价、土地等级的评价,都必须以土地性状为基础。

土地性状指标通常是指土地的一些可度量或可测定的属性。总的来看,土地有两种类型的属性,即土地自然属性及土地利用的社会经济属性,或称土地的自然属性和社会属性。自然属性包括土壤、地形、地貌、水文、植被、气候等因素,社会属性包括土地利用的现状、地理位置、交通条件、单位面积产量、城市设施、环境优劣度等因素。

二、土地等级评价

土地等级是反映土地质量与价值的主要标志。土地用途不同,衡量等级的指标亦不同,所以土地等级的评价与划分是一项极其复杂、涉及学科较多的综合性工作。随着土地资源的数量、权属、分布等调查统计工作的开展,土地等级调查也显得越来越重要。土地等级的评价是土地管理工作中一项十分重要的工作,它不仅需要以土地利用现状调查为基础,更需以土地质量调查为基础。土地等级是地籍内容的重要组成部分,在地籍调查中要把土地等级调查清楚,在地籍调查表中进行记载。

土地等级评价,又叫土地分等定级,是指在特定的目的下,对土地的自然属性和经济属性进行综合鉴定并使鉴定结果等级化的工作。

土地分等定级是地籍管理工作的一个重要组成部分。在掌握和管理土地数量、质量和权属的各项地籍工作中,土地分等定级是以土地质量状况为具体工作对象的。因此,它是衡量土地质量好坏的必要手段,也是土地管理的一项基础性工作。

土地分等定级在我国有着悠久的历史。早在我国上古时代就有按土壤色泽、性质或水分状况来识别土壤肥力,进行土地生产力的评估和分类的记载。在《尚书 · 禹贡》和《管子 · 地员》中就有当时黄河流域及长江中下游土壤分类评级的实际记载。据《尚书 · 禹贡》记载,夏禹治水后,将九州土地的自然肥力估计为上、中、下三等,每等又分上、中、下三级,共九级,并按土地等级规定田赋标准。距今 2 630 余年的战国时的《管子 · 地员》中,将土地分为三等 18 类,每类又分为 5 种,共 90 种。这是世界上最早的土地分类和土地评级的著作。

古代土地分等定级主要用以制定田赋等级标准和作为确定地租的依据。在现代,土地分等定级成果有了更多的用途,除了为土地估价提供控制区域,为确定土地税额、土地征用补偿等提供依据,还为土地利用规划和合理组织城乡土地利用提供基础资料。

按城乡土地的特点不同,土地分等定级可以分为城镇土地分等定级和农用土地分等定级两种类型。

城镇土地分等定级是对城镇土地利用的适宜性的评定,也是对城镇土地资产价值进行科学评估的一项工作。其等级是揭示城镇不同区位条件下,土地价值差异规律的表现形式。

农用土地分等定级则是对农用土地质量,或是对其生产力大小的评定,也是通过对农业生产条件的综合分析,对农用土地生产潜力及其差异程度的评估工作。农用土地分等定级成果直接为指导农用土地利用和农业生产服务。

三、土地质量调查的目的

土地质量调查的目的是反映土地的质量水平,因而并不是每次必须对土地的自然属性、社会属性的每个内容进行全面的调查。不同地区、不同用途下同一方面的调查内容所需要调查的具体指标也会不一样,因此只能根据不同地区的自然、经济条件选择调查的内容。

四、土地质量调查的内容

土地质量调查主要是根据土地评价的需要查清土地质量性状指标。所谓土地质量性状指标,是指土地的一些可度量或可测定的属性,即常说的自然属性和社会属性。

土地是一种自然历史综合体,由于构成土地的自然要素包括许多方面的内容,如地形、土壤、气候、水文、植被等,不同的社会经济条件下,人们对土地资源开发、利用的深度和土地的生产力水平是不一样的,相同质量水平的土地在同一用途情况下,由于社会属性的差异而明显地表现出来,土地资源社会属性包括地理交通条件、农业经济条件、农业生产技术条件等。

土地资源质量调查内容涉及面很广,每个方面都有专门的研究学科在进行研究,也常开展专项调查。

任务二　土地性状调查

土地性状调查是指对土地性状指标的调查,包括对土地自然属性及土地社会经济属性的调查。

一、土地自然属性调查

在土地自然属性方面,包括面非常广,每个方面都包含着许多具体的项目指标,每个方面也都有专门的调查知识和方法,有专门的论著可以借鉴。本书仅就地形地貌、土壤、农业气候、植被的调查内容作简要介绍。

(一)地形地貌调查

地形地貌调查主要应当查清地貌类型、坡度、坡向、绝对高度、高差等。

1. 地貌类型

从大的方面,地貌划分为山地、丘陵、平原。它们在土地性状方面表现出极大的差异。有时为了较细地考察土地性状,从地形特征的角度还可再细分,如平原、山地丘陵、河谷等。

2. 坡度

坡度大小对土地性状影响很大,它与土壤厚度、质地、土壤水分及肥力都直接相关,制约着土壤中水分、养分、盐分的运动规律,是各类农业生产用地适宜性的重要指标。坡度的测定方法很多,主要是确定两点间高差与水平距离的比值。各地在农业利用上划分坡度等级的标准很不一致,特别是南北方之间,目前除考虑到适用于规划耕地利用的需要外,划分土地坡度等级的重要指标还在于考虑对水土流失的防治,尤其是土地垦殖的临界坡度。

3. 坡向

坡地的朝向(坡向)是坡地接受太阳辐射的基本条件。坡向对地面气温和土温、土壤水分状况都有直接的影响,对某些农业生产(果树病害、作物适种性)尤为重要,对居民住房建设也有很大的影响。坡向可从地形图上或实地判断。

4. 绝对高度(海拔、高程)

地面高度通常是农业生产利用,尤其是一些农作物适宜种植的临界指标,对农林牧分布也极为重要。现行我国的海拔高度起始面为黄海平均海水面,称为1985国家高程基准。根据地形图上的高程点注记及等高线,可直接从地形图上查算出任意位置的绝对高度。

5. 高差

高差指地面上两点间高程的差值。由于地面各点的绝对高度可从地形图上查取,所以高差同样可以从地形图上推算而知。高差为区分地形特征、考虑灌排条件以及为农业技术的运用提供依据。

(二)土壤调查

土壤性状是土地性状的主要构成部分,特别是对于农业土地利用来讲,土地的生产性能主要取决于土壤肥力,即土壤供给和调节作物所需水分、养料、空气和热量的能力,因而土壤调查的中心应当是反映土地的肥力水平。农作物产量是反映土地质量水平的主要标志,但单纯从农作物产量来考察土壤质量性状,有较大的局限性,而且需一系列附加条件。实际上需要在土壤供肥过程发生之前就能判断土壤供肥能力。

土壤调查的项目很多,其中一些项目针对不同地点和不同用途,调查的价值相差极大,在调查前需认真选择。调查的项目主要是土壤质地、土层厚度及土层构造、土壤养分、土壤酸碱度和土壤侵蚀等。

(三)农业气候调查

农业气候调查的主要内容为光照、热量、水分等要素。

光的强度只在个别地区才会有过大或过小的情况。光照的显著差异,通常是小气候的特征之一,在考察小气候条件时有必要调查这方面的资料。热量对农作物发育有着十分重要的影响。热量以温度表示,常用指标有农业界限温度的通过日期、持续日数、活动积温(大多数作物均以大于10 ℃的活动积温为指标)、霜冻特征等。

水分条件对作物生长尤其是作物的生产率影响甚大。过多或过少的水分都会抑制作物的生命活动。主要调查内容为年降水量、干燥指数等,尤其是农作物生长需水季节的降水量。有条件时最好统计降水量高于或低于某作物需水值的累计总频率,即降水保证率。对于空气中的水分,可通过测定空气相对湿度、测算湿润指数(或干燥指数)或者计算干燥度来调查。

(四)植被调查

植被调查主要查清植被群落、盖度、草层高度、产草量、草质以及利用程度等。

群落通常以优势植物命名。盖度则以植被的垂直投影面积与占地面积的百分比来表示。它们共同反映了当地对植物生长的适宜程度及适宜种类,是土地质量多种因素的综合反映指标。

草地调查在荒地及草原等地区尤为重要。草层高度是其首要指标,主要是指草种的生长高度。其营养枝的高度称为叶层高度。它们是草层生产能力的重要指标。按植株的生长高度、健壮程度等可将草被的生活力按强、中、弱分别调查。草被更为有效的反映指标是草被质量和产草量。对于草被质量,主要是调查可被食用的草的数量和营养价值,以及其中有毒、有害植物的种类及分布。

二、土地社会经济属性调查

土地利用从来不是一项只受自然规律制约的人类活动。土地利用方向和效果在更大程度上受社会经济因素的制约。这方面的有关项目指标非常多,有许多是社会经济与农业经济调查的内容,这里仅就主要调查指标加以介绍。

(一)地理位置与交通条件

从地理分布来讲,重要的在于反映土地与城市、集镇的相对位置,与行政、经济中心的相关位置,与河流、主要交通道路的相对关系。可以通过对地图的分析和调查查清上述要素的分布、相互距离、各自规模、利用(效益)程度等。对于城市用地,位置优势往往是衡量土地质量的主要因素。对于农业利用来说,虽然位置的作用在具体表现上与城市不完全一样,但它依然十分重要,是决定土地利用方向、集约利用程度和土地生产力的重要因素。交通条件方面除有必要对道路分布、等级、宽度、路面质量及车站、码头等调查外,对当地货流关系的调查有时很有必要,因为它对开发产品、疏通流通环节、充分发挥土地资源优势都是十分重要的。在交通条件调查中,有时也需对运输手段、运输量作出调查。

(二)人口和劳动力

人口和劳动力是提高土地利用集约化水平的重要因素。应当查清人口、劳动力数量及其构成情况。尤应调查统计人均土地、劳均耕地等直接关系到土地利用集约程度的指标。此外,人口增长率、人口流动趋势也可作为调查的指标。

(三)农业生产及农业生产环境条件

农、林、牧、渔生产结构与布局,反映了当地土地利用的方向,应当加以查明。作物品种、布局、轮作制度、复种指数、农产品成本、用工量、投肥量、单产、总产、产值、纯收入、林木积蓄量、草地、载畜量、出栏率、牲畜品种、鱼种类等,根据研究土地资料的目的,可有选择地加以调查。农业生产条件方面,水利(灌溉、排水)条件,包括水源、渠系、水利工程、机电设备,这些往往是对土地质量水平有关键作用的因素,应加以调查。此外,与农业结构有关的机械设备、机械作业经济效益等指标在机械化作业地区也是很重要的。

(四)土地利用水平

上述不少指标与土地利用水平有关。除已叙述的指标外,主要有土地开发利用和土地组织利用方面的项目。土地开发利用方面,可以对反映当地土地质量水平的指标作调查,如土地垦殖率、土地农业利用率、森林覆盖率、田土比、稳产高产农田比重、水面养殖利用率等;土地组织利用方面主要有农、林、牧、渔用地结构和地段形态特征的调查。

(五)地段形态特征

地段形态特征在机械化作业的情况下是很重要的调查项目,是指一定范围土地的外形及内部利用上的破碎情况,是影响土地高效利用的因素。调查具体项目指标按需要选取,小到每一个地块的耕作长度、外部形状,人到一定范围内土地的破碎情况,甚至一个土地使用单位的相连成片的规整程度。土地范围规整程度可用规整系数、紧凑系数或伸长系数来衡量。

任务三 土地分等定级概述

土地分等定级是在特定的目的下,对土地的经济和自然两个方面的属性及其在社会活动中的地位、作用进行综合鉴定,并使鉴定结果等级化的过程。

土地分等定级包括“分等”和“定级”两个层次。“分等”通常在全国范围内进行;“定级”通常以市、县为单位进行。

一、城镇土地分等定级

(一)城镇土地分等定级的任务和目的

1.城镇土地分等定级的任务

城镇土地分等定级是通过对影响城镇土地质量的经济、社会、自然等各项因素的综合分析，揭示城镇之间土地质量的地域差异，运用定量和定性相结合的方法对城镇进行分类排队，评定城镇土地等。城镇土地分等反映了城镇之间土地质量的地域差异。

2. 城镇土地分等定级的目的

城镇土地分等定级的目的是为全面掌握城镇土地质量及利用现状，科学管理和合理利用城镇土地，提高土地利用率，为国家和各级政府制定各项土地政策和调控措施，为土地评估、土地税收征收和城镇土地利用规划、计划的制定提供科学依据。

(二)城镇土地分等定级的原则

城镇土地分等定级应当坚持以下原则。

1. 综合分析原则

城镇土地分等定级应对影响城镇土地质量的各种经济、社会、自然等各项因素的综合分析，按照综合差异划分土地的等和级。

2. 主导因素原则

城镇土地分等定级应重点分析对土地等和级具有重要作用的因素，突出主导因素的影响。

3. 地域分异原则

城镇土地分等结果要符合城镇本身的经济特征，充分考虑城镇的宏观地理位置，与区域经济发展水平保持相对一致。城镇土地定级应掌握土地区位条件和土地特性的分布与组合规律，分析由于区位条件不同形成的土地质量差异，将类似地域划归为同一土地级。

4. 土地收益差异原则

城镇土地等、级的划分应符合区域和城镇内部的土地收益分布规律。

5. 定量与定性分析结合原则

城镇土地分等定级应尽量把定性的、经验性的分析进行量化。在确定土地等、级的初步方案时以定量分析为主，但城镇土地等、级的调整和最终定案宜依靠定性分析。

(三)城镇土地分等的工作内容

城镇土地分等的工作内容如下：

(1)城镇土地分等准备工作及外业调查。

(2)城镇土地分等因素选择，资料整理与定量化。

(3)城镇分值计算及土地等级初步划分。

(4)验证、调整分等的初步结果，评定城镇土地等。

(5)编制城镇土地分等成果。

(6)城镇土地分等成果验收。

(7)城镇土地分等成果应用与更新。

(四)城镇土地分等的技术程序

城镇土地分等的技术程序如下：

(1)建立影响城镇间土地等级的因素因子体系。

(2)确定各因素因子的相应权重。

(3)分析因素因子的影响方式，建立评价标准。

(4)对各城镇因素因子的评价指标值进行标准化处理，加权计算各城镇总分值，并初步划分城镇土地等级。

(5)验证分等初步结果,制订分等基本方案,开展意见征求,对城镇土地分等进行调整并定案。

(6)编制城镇土地分等成果图件、报告和基础资料。

(五)城镇土地分等的因素指标体系

城镇土地分等的因素指标体系见表4-1。

表4-1　城镇土地分等的因素指标体系

因素	选择要求	因子	评价指标	选择要求	指标解释
城镇区位	必选	交通区位	城镇交通条件指数	必选	反映城镇对外交通便捷程度
		城镇对外辐射能力	城镇对外辐射能力指数	备选	用城镇所在区域的货运总量和客运总量来反映
城镇聚集规模	必选	城镇人口规模	城镇人口规模	必选	城镇驻地的常住人口/(万人)
		城镇人口密度	城镇人口密度	备选	城镇人口除以城镇建成区面积/(人/m^2)
		城镇非农产业规模	城镇二、三产业人口增加值	备选	反映城镇非农产业规模状况/(万元)
		城镇工业经济规模	城镇工业销售收入	备选	反映城镇工业的经济规模/(万元)
城镇基础设施	必选	道路状况	城镇人均铺装道路面积	必选	城镇驻地年末铺装道路面积除以人口数/(万 m^2/人)
		供水状况	城镇人均生活用水量	备选	反映城镇基础设施中的供水状况/(t/人)
		供气状况	城镇气化率	备选	指使用燃气的城市非农人口与城市非农人口总数之比
		排水状况	城镇排水管道密度	备选	城镇驻地排水管道总长度/城镇建成区面积
城镇用地投入产出水平	备选	城镇非农业产出效果	城镇单位用地二、三产业增加值	备选	城镇二、三产业增加值/城镇建成区面积/(万元/m^2)
		城镇商业活动强度	城镇单位用地批发零售贸易商品销售总额	备选	城镇批发零售贸易商品销售总额除以城镇建成区面积/(万元/m^2)
		城镇建设固定资产投资强度	城镇单位用地建设固定资产投资	备选	基本建设投资与更新改造投资之和
		城镇劳动力投入强度	城镇单位用地从业人员数	备选	城镇当年从业人员总数/城镇建成区面积/(人/m^2)

续表 4-1

因素	选择要求	因子	评价指标	选择要求	指标解释
区域经济发展水平	必选	国内生产总值	国内生产总值综合指数	必选	所有常住单位在一定时期内所生产和提供最终使用的产品和劳务的价值/(万元)
		财政状况	地方财政收入综合指数	必选	通过城镇所在区域的全年地方财政收入、人均地方财政收入、3~5 年内地方财政收入年均增长率三项指标来计算
		固定资产投资状况	全社会固定资产投资综合指数	必选	通过全年全社会固定资产投资、人均全社会固定资产投资两项指标来计算
		商业活动	社会消费品零售总额综合指数	必选	通过城镇所在区域的全年社会消费品零售总额、人均社会消费品零售总额、3~5 年内社会消费品零售总额年均增长率三项指标来计算
		外贸活动	外贸出口额综合指数	备选	通过全年外贸出口额、人均外贸出口额两项指标来计算
区域综合服务能力	必选	金融状况	人均年末银行储蓄存款余额	必选	城镇所在区域居民年末储蓄存款余额/城镇所在区域人口数/(元/人)
		邮电服务能力	人均邮电业务量	备选	城镇所在区域年邮电业务总量/城镇所在区域人口数/(元/人)
		科技水平	专业技术人员比	备选	城镇所在区域专业技术人员数/城镇所在区域人口数
区域土地供应潜力	备选	区域农业人口人均耕地	区域农业人口人均耕地	备选	城镇所在区域范围内年末耕地面积/城镇所在区域人口数/(亩/人)
		区域人口密度	区域人口密度	备选	城镇所在区域人口除以城镇面积/(人/km^2)

(六)城镇土地等别的技术方法

1. 城镇土地等别因素因子权重的确定

权重反映等别因素因子对城镇土地质量的影响程度。权重确定的原则为:权重值与因素对土地质量影响的大小成正比,数值在 0~1,各选定因素的权重值之和为 1;因素所涉及的因子权重值在 0~1,每个因素对应的选定因子的权重值之和为 1;权重值可单独选用特尔菲测定法(Delphi 方法)、因素成对比较法和层次分析法(analytic hierarchy process,AHP)等方法中的一种确定,也可用特尔菲测定法结合其他两种方法来确定。

1）特尔菲测定法

特尔菲测定法是一种客观地综合多数专家的经验与主观判断，以确定参评因素及其权重的方法。通常所选的专家应当总体权威程度较高、代表面广，并由严格的专家推荐和审定程序推选。专家的人数以 10~40 人为宜。专家在指定时间内将其填写完毕的因素选择和权重评估表反馈给组织者，由组织者进行统计分析，当统计误差在设计阈值内时，便以专家所选因素及其平均权重值作为参评因素和权重值。当统计误差超过设计阈值时，将信息反馈给专家重新填写，直到统计误差在设计阈值内。打分轮次一般为 2~3 轮。

2）因素成对比较法

因素成对比较法主要通过因素间的成对比较，对比较结果进行赋值、排序，最终确定各因素的权重值。为避免某一因素的指标值为 0，通常设计一个虚拟因素，使参评的所有因素的权重值均大于该虚拟因素权重值。采用因素成对比较法有两个重要前提：一是因素间必须具有可成对比较性，对因素所赋值应在 0~1 范围内，同时两因素之和为 1；二是因素具有比较的可转移性。设有 A、B、C 三个因素，如果 A 较 B 重要，B 较 C 重要，则必定 A 较 C 重要。因素在比较时，A 较 B 明显重要，A 的权重值可设为 1，B 为 0，如果 A 较 B 相当重要，可将 A 值设为 0.5~1 的某一数值，B 的权重值为 1 减去 A 的权重值。某一因素最终的权重值为该因素与其他参评因素相比较所得指标值之和与所有参评因素指标值之和的比值。

3）层次分析法

层次分析法，也称多层次权重分析法。该方法的基本原理就是把所要研究的复杂问题看作一个大系统，根据系统所涉及因素和所要达到的目标，通过对系统内的因素及相互关系的分析，划分出各因素间相联系的有序的层次结构体系；在对体系中的每一层次按某种给定准则，请有关专家对每一层次中的各因素进行客观的逐项比较和判断后，相应给出各因素的相对重要性的定量表示；进而建立判断矩阵，计算出每一层次全部因素的相对重要性的权重值，并加以排序；最后根据排序结果即可确定参评因素及其权重值。

2. 城镇土地等别因素因子分值计算

1）城镇土地等别因素因子分值计算

$$F_{ik} = \sum_{j=1}^{n} (W_{kj} \times Y_{ij})$$

式中　F_{ik}——第 i 个分等对象第 k 个因素分值；

W_{kj}——第 j 项因子对应上层第 k 个因素的权重值；

Y_{ij}——第 i 个分等对象第 j 项因子的分值；

n——第 k 个因素包含的因子个数。

2）城镇土地分等对象的综合分值计算

$$S_i = \sum_{k=1}^{n} (W_k \times F_{ik})$$

式中　S_i——第 i 个分等对象的综合分值；

W_k——第 k 个因素的权重值；

F_{ik}——第 i 个分等对象第 k 个因素分值；

n——因素个数。

3. 城镇土地等别的初步划分

城镇土地等别按照综合分值分布状况划分，不同土地等对应不同的综合分值区间，按从优到劣的顺序对应于 1,2,3,…,n 个等别值。土地等的数值,依据不同区域的行政级别所包含的城镇数量、差异复杂程度而定,一般确定:省(自治区)3~8 等,直辖市 3~5 等,省级以下区域 2~5 等,全国和跨省级区域依实际情况而定,任何一个综合分等只能对应一个土地等。

城镇土地等别的初步划分方法有数轴法、总分频率曲线法等。

1)数轴法

将综合分值点标绘在数轴上,按土地利用效果的实际状况,选择点稀少处作为等间分界。

2)总分频率曲线法

对综合分值进行频率统计,绘制频率直方图,按土地利用效果的实际状况,选择频率波谷作为等间分界。

4.城镇土地分等别的成果验证和确定

城镇土地等别的成果验证主要有两种方法:一是利用市场资料验证城镇土地等别;二是利用聚类方法验证城镇土地等别。

1)利用市场资料验证城镇土地等

市场资料验证可采用城镇基准地价分等、土地交易资料分等、商品住宅交易资料分等、标准资料分等中的一种方法或多种方法。利用城镇基准地价验证时,宜以最高级别商业或用地的基准地价为主要分等依据;利用城镇商品住宅交易资料验证时,宜以商品住宅的总平均价格为主要分等别依据;利用标准宗地资料验证时,宜以标准宗地的总平均价格为分依据。

利用土地资料验证土地等别时,应保证参与验证的城镇数量占参加分等的城镇总数的 50%以上。

2)利用聚类方法验证城镇土地等别

利用聚类方法验证城镇土地等别时,首先要对分等对象的因子分值进行相应的标准化处理,并确定有关因子的总排序权重;然后根据聚类分析法的要求计算任意两个分等对象的加权欧氏距离;最后对分等对象进行聚类,并勾画出聚类分析谱系图。

加权欧氏距离的计算公式为

$$D_{ij} = \{ \sum [W_k \times (F_{ik} - F_{jk})] \}^{1/2}$$

式中　D_{ij}——第 i 个分等对象到第 j 个分等对象的欧氏距离;

W_k——第 k 项因子的总排序权重值;

F_{ik}——第 i 个分等对象第 k 项因子的评分值;

F_{jk}——第 j 个分等对象第 k 项因子的评分值。

根据多因素综合评价综合划分城镇土地等,并结合市场资料分析和聚类分析等方法对城镇土地初步分等结果进行验证,形成基本方案,并进行专家咨询和向下级土地行政主管部门征求意见,确定最终方案。

(七)城镇土地分等成果资料

城镇土地分等的主要成果如下。

1.城镇土地分等报告

城镇土地分等报告包括工作报告和技术报告。工作报告的主要内容为总结城镇土地分等工作情况,包括人员组成、进度安排、经费、资料收集和整理、技术运用、工作经验与存在的问题等。技术报告的主要内容包括:城镇土地等别对象及所在区域的自然、经济和社会概况;城镇土地等别方法,如等别因素因子体系及其权重确定、因素因子评价指标量化及标准化处理方法、土地等初步划分及验证方法、土地等别确定原则与方法、技术处理过程中需要特殊说明的事项等;城镇土地等别成果;城镇土地等的分析;从土地管理角度说明城镇土地等别与土地市场培养、城镇地价之间的衔接。

2. 城镇土地等别图

城镇土地等别图反映城镇位置、等别等内容。一般可根据需要编绘彩色城镇土地等别图,色彩以暖色为主,相邻等的色差不宜过大。

3. 中间成果

中间成果包括:分等对象所在区域的自然、社会和经济条件资料;分等对象的因素因子评价原始数据和经标准化处理的数据;分等对象的市场资料数据;城镇土地分等工作底图;各因素分值图;各因子分值图等。

二、农用地分等定级概述

农用地是指直接用于农业生产的土地,包括耕地、园地、林地、牧草地、农田水利用地和养殖水面等。农用地分等定级是指根据农用地的自然属性和社会经济属性,对农用地的质量优劣进行综合评定,并划分等别、级别。

(一)农用地分等定级的目的

农用地分等定级的目的是:

(1)贯彻落实《中华人民共和国土地管理法》,对农用地进行科学、合理、统一、严格的管理,为提高农用地管理水平提供依据。

(2)为科学量化农用地数量、质量和分布,实施区域耕地占补平衡制定和基本农田保护制定提供依据。

(3)为理顺土地价格体系,培育完善土地市场,促进土地资产的合理配置,开展土地整理、土地征用(收)补偿、农村集体土地使用权流转等工作提供依据。

(二)农用地分等定级的对象

农用地分等定级工作的对象是行政区内现有的农用地和宜农未利用地,不包括自然保护区和土地利用总体规划中的永久性林地、永久性牧草地和永久性水域。

(三)农用地分等定级的体系

农用地分等定级采用“等”和“级”两个层次的工作体系。

1. 农用地等别

农用地等别是依据构成土地质量稳定的自然条件和经济条件,在全国范围内进行的农用地质量综合评定。农用地等别划分侧重于反映因农用地潜在的(或理论的)区域自然质量、平均利用水平和平均效益水平不同而造成的农用地生产力水平差异。农用地分等成果在全国范围内具有可比性。

2. 农用地级别

农用地级别是依据构成土地质量的自然因素和社会经济因素,根据地方土地管理工作的需要,在行政区(省或县)内进行的农用地质量综合评定。农用地级别划分侧重于反映因农用地现实的(或实际可能的)区域自然质量、利用水平和效益水平不同而造成的农用地生产力水平差异。

在没有开展农用地分等的地方,农用地级别划分可以考虑光温生产潜力指数的影响,直接依据定级对象所处的自然条件、利用条件和经济条件,采取因素法或样地法确定;在已开展了农用地分等的地方,则应以农用地级别划分为背景,直接引用农用地分等的中间成果(自然质量分),根据定级对象所处的利用条件、经济条件,对分等参数(土地利用系数、土地经济系数)进行调整,再综合其他定级因数,主要是区位因素和耕作便利因素的影响,对农用地质量级别进行综合鉴定。农用地定级成果在县级行政区内具有可比性。

(四)农用地分等定级原则

1. 综合分析原则

农用地质量是各种自然因素、经济因素综合作用的结果,农用地分等定级应以对造成等级判别的各种因素进行综合分析为基础。

2. 分层控制原则

农用地分等定级以建立不同行政区内的统一等级序列为目的。在实际操作中,农用地分等是在国家、省、县三个层次上展开的,而农用地定级主要是在县级进行的。不同层次的评价成果必须兼顾区域内总体可比性和局部差异性两个方面的要求。在标准条件下,建立分等定级评价体系,进行综合分析,将具有类似特征的土地划入同一土地等或土地级。

3. 主导因素原则

农用地分等定级应根据影响因素因子的种类及作用的差异,重点分析对土地质量及土地生产力水平具有主要作用的主导因素的影响,突出主导因素对土地分等定级结果的作用。

4. 土地收益差异的原则

农用地分等定级既要反映出土地自然质量条件、土地利用水平和社会经济水平的差异及其对不同地区土地生产力水平的影响,也要反映出投入水平对不同地域土地生产力水平和收益水平的影响。

5. 定量分析和定性分析相结合原则

农用地分等定级应尽量把定性的、经验的分析进行量化,以定量计算为主,对现阶段难以定量的自然因素、社会经济因素采用必要的定性分析,将定性分析的结果运用于农用地分等定级成果的调整和确定阶段工作中,提高农用地分等定级成果的精度。

(五)农用地分等定级的内容

1. 农用地分等内容

农用地分等内容如下:

(1)工作准备,编写农用地分等任务书;

(2)收集资料;

(3)根据标准耕作制度,确定基准作物、指定作物;

(4)确定分等方法;

(5)划分分等指标区或样地适用区;

(6)确定分等因素或分等特征属性;

(7)编制"指定作物-分等因素-质量分"关系表或分等特性属性质量分加(减)规则表;

(8)资料整理;

(9)外业补充调查;

(10)编制分等因素分值图或分等特性属性质量分加(减)规则表;
(11)划分分等单元,编制分等单元图;
(12)计算分等单元各指定作物的土地质量分;
(13)查光、温生产潜力指数,产量比系数;
(14)计算各指定作物的土地利用系数和土地经济系数;
(15)计算分等指数;
(16)初步分等;
(17)校订确认分等;
(18)设立永久性标志;
(19)图件编制,面积量算,成果报告编写;
(20)成果验收;
(21)成果归档与更新应用。

2. 农用地定级内容

农用地定级内容如下:
(1)工作准备,编写农用地定级任务书;
(2)收集资料;
(3)确定农用地定级方法;
(4)确定定级因素或定级特征属性;
(5)编制定级特性属性质量分加(减)规则表;
(6)资料整理;
(7)外业补充调查;
(8)编制定级因素因子分值图或定级特性属性质量分加(减)规则表;
(9)划分定级单元,编制定级单元图;
(10)计算定级指数;
(11)初步定级;
(12)校订确认定级;
(13)设立永久性标志;
(14)图件编制,面积量算,成果报告编写;
(15)成果验收;
(16)成果归档与更新应用。

(六)农用地分等定级的技术要求

1. 农用地分等的技术要求

(1)全国统一建立农用地分等标准体系,包括光、温生产潜力指数计算,标准耕作制度,分等因素因子体系分区,标准样地体系设置等。

(2)开展农用地分等工作的省级土地行政主管部门,负责确认本行政区内农用地分等标准体系;在全国的统一指导下,与相邻省(市、区)就因素因子分区、主导因素选择等事宜进行协调。

(3)开展农用地分等工作的县级土地行政主管部门,负责本行政区内的农用地分等工作。

(4)开展农用地分等工作的省(市、区),在行政区内各县农用地分等及其验收、校订工作全部完成后,负责省级农用地分等成果的汇总和上报。

(5)各省(市、区)农用地分等及其验收、校订工作全部结束后,由国务院土地行政主管部门组织国家级的农用地分等成果汇总。

2. 农用地定级的技术要求

(1)农用地定级标准体系根据当地需要和实际情况而定。

(2)与分等相比,对农用地定级有以下原则要求:一是突出现实生产力水平的原则,定级因素要比分等因素更具体,反映现实农用地生产力水平的差异;二是突出经济因素影响的原则;三是受分等成果制约的原则,在分等工作开展之后进行定级的,应考虑并利用分等结果;四是县域内可比的原则,定级不要求县际间的可比性;五是满足委托方要求的原则,定级要与定级目的相联系,即与委托方的要求相一致。

(七)农用地分等定级的技术方法

1. 农用地分等的技术方法

1)计算分等指数

农用地分等体系建立在全国统一的标准之上,开展农用地分等工作的地方需使用统一的国家级参数,计算出行政区内各地方、各分等单元的以基准作物理论产量指数表示的分等指数,以分等指数作为分等的依据。

2)测算农用地分等参数

农用地分等的国家级参数包括光、温生产潜力指数,标准耕作制度,产量比系数,指定作物最大产量,指定作物最大“产量-成本”指数等,采用统一的计算方法,由自然资源部组织计算,公布成果。农用地分等所采用的分等参数包括农用地质量分、土地利用系数、土地经济系数等,由开展分等定级的地方测算。

3)确定基准作物和指定作物

标准耕作制度中涉及的作物分为基准作物和指定作物。基准作物有开展分等工作的地方,从标准耕作制度中的全国性粮食作物中选择一种;指定作物由国家统一指定。极个别地方,在报请国务院土地行政主管部门同意后,可根据当地大宗作物的种植比例确定1~2种指定作物。

4)确定农用地分等因素

农用地分等因素分为推荐因素和自选因素两类。推荐因素由国家统一确定,分区、分地貌类型给出;自选因素由开展农用地分等定级工作的省级土地行政管理部门确定,用于分等的自选因素不超过3个。所有分等因素都需要采用特尔菲测定法、因素成对比较法、主成分分析法、层次分析法等方法中的一种或几种进行检验和确定,在开展农用地分等工作的省(县)签订的分等定级任务书中予以明确。

5)计算农用地质量分

农用地质量分用无量纲百分数表示,计算方法包括因素法和样地法。应用因素法计算农用地质量分的地方需要编制“指定作物-分等因素-质量分”关系表。应用样地法计算农用地质量分的地方需要确定样地,编制农用地质量加(减)分规则表。

6)确定分等因素权重,计算综合农用地质量分

农用地质量分的综合方法,因素法中可采用几何平均法或加权平均法;样地法中可采用

代数和法。开展农用地分等定级的地方需要采用适当的方法，例如：特尔菲测定法、层次分析法、因素成对比较法、回归分析法中的一种或几种，确定地方因素权重。

7）计算土地利用系数、土地经济系数

土地利用系数、土地经济系数在县域内分等值区计算。在等值区内，以行政村为单位，按产量差异随机、分层设置一定数量的样点进行采样，分别计算样点的系数值，行政村的土地利用系数、土地经济系数取各采样点的平均数。

8）划分分等单元

分等单元划分采用叠置法、地块法、网格法或多边形法。最小评价单元不小于最小上图面积（6 mm^2）。

9）计算分等指数

分等指数的计算采用乘积法，用千分制表示。

10）划分农用地等别

农用地的划分采用等间距法，一般每间隔 50 分划分一个农用地质量等别。

2. 农用地定级的技术方法

1）因素法

农用地定级应根据县域内的生态条件、经济条件、区位条件、耕作条件划分不同的定级指标区。当采用因素法进行农用地定级时，需要编制“定级因素-质量分”关系表。

2）样地法

当采用样地法进行农用地定级时，需要事先确定样地，编制农用地质量加（减）分规则表。

3）修正法

可以直接引用农用地分等工作的中间成果，如农用地质量分、土地利用系数、土地经济系数。考虑到分等因素与定级因素可能不同，在引用农用地分等中间成果时要事先进行论证和分析。

当采用修正法进行农用地定级时，还需要补充计算土地位区系数和耕作便利系数。土地区位系数根据县城内城镇、交通等因子情况，采用计算影响度的办法，确定其对农用地质量的作用。耕作便利系数主要反映村级水平的耕作距离、耕地装备及田间道路状况等因子的差异，采用计算影响度的办法，确定其对农用地质量的作用。

（八）农用地分等定级的工作底图比例尺

农用地分等工作底图（分等单元图）采用 1∶1万～1∶10 万比例尺的土地利用现状图，原则上与土地详查的精度相一致。

（九）农用地分等定级成果

农用地分等定级成果包括文字报告、图件、标准剖面标志、标准样地景观照片、标准样地剖面照片、样地标志、基础资料汇编。

当采用计算机进行技术处理时，可采用农用地分等定级管理信息数据库的方式来替代。

【项目小结】

通过对本项目的学习了解土地性状调查的内容，熟悉城镇、农村土地分等定级的原则、内容、技术方法、需要上交成果资料。

思考与练习

4-1　土地的质量和性状指标是什么？

4-2　我国现行的土地分等定级体系是什么？

4-3　土地质量调查的目的和内容是什么？

4-4　土地的自然属性和社会经济属性包括哪些？

4-5　农用地、城镇用地分等定级的内容和技术方法是什么？

【延伸阅读】

国务院关于开展第三次全国土壤普查的通知

根据《国务院关于开展第三次全国土壤普查的通知》(国发〔2022〕4 号,简称《通知》)的要求,为保障第三次全国土壤普查(简称"土壤三普")工作科学有序开展,由国务院第三次全国土壤普查领导小组办公室编制了第三次全国土壤普查工作方案,详细介绍了土壤普查的目的和意义、普查的思路与目标及普查技术路线与方法等,对开展土壤普查有重要的指导意义。

项目五　房产调查

【项目概述】

房产调查是房产测量的先行性工作，主要包括房屋调查和房屋用地调查两个部分内容，是房产测量的主要任务之一。

【学习目标】

了解房产调查的目的；了解房屋调查及房屋用地调查的规范与流程；理解房产调查中的各类专有名词；了解房产面积计算方法，并使用软件进行房产面积的计算。

【思政导入】

党的二十大报告提出，“江山就是人民，人民就是江山。”“必须坚持在发展中保障和改善民生，鼓励共同奋斗创造美好生活，不断实现人民对美好生活的向往。”“安居才能乐业，‘居’是民生的重要组成部分，也是老百姓幸福生活的基本保障。”在党的二十大报告第九项“增进民生福祉，提高人民生活品质”中，提纲挈领地提出“坚持房子是用来住的、不是用来炒的定位，加快建立多主体供给、多渠道保障、租购并举的住房制度”，这为未来5年住房制度改革指明了方向。在选房过程中，大家经常接触到各类房产面积的数据，如宅基地面积，商品房的建筑面积、公摊面积等。有的同学就会产生疑问，这些面积是怎么得来的呢？宅基地门前的空地算不算房屋的面积呢？商品房的过道在不在房屋的建筑面积之内呢？通过本项目的学习，同学们就会对房产调查中的各类名词、房产面积如何计算有一个简单的认识。

【正文】

任务一　概　述

房产调查作为房屋和房屋用地有关信息采集的重要手段，是房产测量的主要任务之一。房产调查是根据房产测量的目的和任务，结合房产行政管理和权属管理的需要，对房屋和房屋用地的位置、权属、权界、数量、质量及利用状况等基本情况及地理名称和行政境界进行调查。

房产调查是房产测量的先行性工作，其他工作在房产调查的基础上展开。

一、房产调查的目的和内容

房产调查的目的是获取房产各要素资料，通过确权审查、实物定质定量，认定房地产权界及其归属，最终充实完善房产测绘的各种资料，为房产管理提供可靠并能直接服务的基础资料，为房产测量做好准备。因此，房产调查的内容包括：

(1)房产坐落调查。

(2)房屋用地权界即丘界的调查。

(3)房产权属状况调查。

(4)房产权界状况调查。

(5)房屋状况调查。

(6)地理名称和行政境界调查。

二、房产调查在房产测量各阶段中的作用

房产调查是房产测绘的重要环节,它贯穿于整个房产测绘过程。在分幅平面图测绘阶段,通过房产调查获得各用地单元的范围、坐落及相互关系,并按房产管理要求对各用地单元编立“丘号”。在分丘图测绘阶段,房产调查是为了确定各用地单元的权属、权界线,对界址点进行等级划分和编号,了解丘内房屋的情况并编立“幢号”。在房屋分幢测绘过程中,房产调查着重于幢的划分、房屋产权来源、产别、结构、层数、建成年份等房屋基本情况,并确定房屋中各部分功能及结构,为合理测算房屋面积做好准备。在多元产权房屋分户测丈阶段,通过房产调查,确定各分户专有面积范围、公用面积范围,并收集共有面积的分摊协议或文件。有些房屋在房产开发建设过程中,通过产权置换,开发商已与回迁户签订了回迁合同,要通过向房产开发商调查,了解备案,确定自留、回迁房屋的数量、范围和权界等。同时,要调查清楚小区中不能被分摊的公用建筑面积部位和权属界线等,并特别加以说明和注记。

三、房产调查的方法

房产调查是一项极其细致而又严肃的工作。房产调查资料是房产测绘成果的重要内容,而房产测绘成果经过确权、登记、发证后便具有法律效力。调查人员应熟练掌握房产法规、政策、办法以及了解调查的程序,在房产调查工作中广泛收集包括测绘、土地划拨、房屋批建、房产等级评估、标准地名及房产产权产籍等有关资料。

调查分初始测量的调查和变更测量的调查两种。

初始测量的调查资料来源有两个:一是房产开发商提供的各种房产基本资料和变更资料,以及各幢楼的备案、自留、回迁部位及其数量等资料;二是请房产登记主管部门协助调查楼盘的图号、街路号、丘号等房产测量号信息。

变更测量的调查采用“先阅后查”的办法进行。

所谓“先阅”,即在实施房产调查前就对房产权属单元的有关权属文件,结合产籍档案资料对照审阅,明确其权属是否合法属实。如资料不全,应及时通知权利人补充有关权属证明文件。否则,如果在毫无准备的情况下,贸然直赴现场调查,往往会因过多权属纠纷或无从下手而影响调查工作的顺利开展和造成大量后续工作,同时可能因权属调查时的偏听而给调查成果质量留下难以预料的隐患。

所谓“后查”,即房产调查在广泛审阅产权产籍资料后在现场进行调查。现场调查的基本原则:一是不允许将产权产籍资料原件带至现场,以防散失;二是调查者通常必须携带工作用图、房屋产权产籍资料复印件、房屋及房屋用地调查表、审阅记录、其他房产调查用具等到现场;三是调查者应会同房产各方权利人代表共同到现场指界认定,如果其中一方因故不能到场,必要时应按法律程序完善委托代理手续;四是必须现场如实记录各权属单元房产调查情况,并经各方代表签字画押,一经签字即具法律效力。

四、房产测量号及其作用

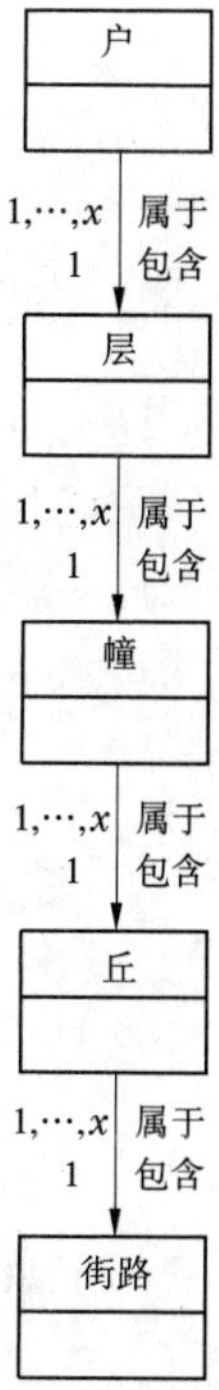

图 5-1　房屋测量号间的关系

房屋用地调查与测绘以丘为单元进行。房屋的调查与测绘以幢为单元分户进行。

房屋是一幢幢实实在在的空间实体。为了对房屋这一实体的空间信息和属性信息进行全面描述与有效管理，在房产管理中引入了街路号（房产区和房产分区）、丘、幢、层、户定义和管理并以此来查询。这五者之间存在着包含关系，如图 5-1 所示。

房产区是以市行政建制区的街道办事处或乡（镇）的行政辖区，或房产管理部门划分的区域为基础，根据实际情况和需要，可以街坊或主要街道围成的方块为基础将房产区再划分为若干房产分区。房产区码和房产分区码由当地人民政府和房产管理部门统一编号。

街路号是房产区和房产分区的简称，房产区和房产分区均以两位自然数字从 01 到 99 依序编列；当未划分房产分区时，相应的房产分区编号用 01 表示。街路号由房产区和房产分区 4 位数组成。丘的编号以房产分区为编号区，采用四位自然数字从 0001 到 9999 编列。

丘相当于土地管理中“宗”的概念。丘作为空间实体，在房产图中表现为一封闭的多边形。每一丘对应着一幅分丘图。丘号是丘的关键标识信息，在同一房产管理的区域内，丘号应具有唯一性。同时，丘还具有用地面积、用地坐落、用地等级、使用人、用地单位所有权性质、权源、四至等属性信息。

幢作为空间实体，在房产图中表现为一封闭的多边形。幢号是幢的关键标识信息，在同一丘内，幢号的编制应具有唯一性。除幢号外，幢还具有地上总层数、地下总层数、总建筑面积、房屋坐落、房屋结构等属性信息。

层的名称是层的主要属性，在同一幢内，层号应具有唯一性。每一层都对应着一个分层分户图形信息。一个丘内至少要包括一个以上的幢，一幢至少包含一层，一层中至少包含了一户。

户是房产管理的最小产权单位，是房产管理最基本的“原子”，产权关系是以户来体现的。在房产管理的幢、层、户三者中，户的信息最重要，也最丰富。户作为一空间实体，在房产图中表现为一封闭的多边形。

地号、房号、所在层次、房屋用途、产权性质、建筑面积、套内建筑面积是户的主要属性，其中地号是房地产权证的唯一标识号，它由街路号+丘号+幢号+层号+户号共同构成。街路、丘、幢、层、户是房产现实空间的空间实体，在地图空间中它们对应着相应的房产图形数据。街路号的信息通过房产分幅平面图来表示，丘和幢的信息通过房产分丘平面图来表示，层和户的信息通过房产分层平面图和房产分户平面图来表示，这四类图件是房产管理中最基本的图形数据。它们的关系如图 5-2 所示。

房产测量号是产权产籍管理中非常重要的属性要素，它包括了街路号、丘号、幢号、层号、户号、地号等。它是登记发证、产籍档案管理和房产地理信息系统中非常重要的数据，是实现房产查询的重要依据。通过街路号、丘号、幢号、层号、户号可以直接定位到某一户，查

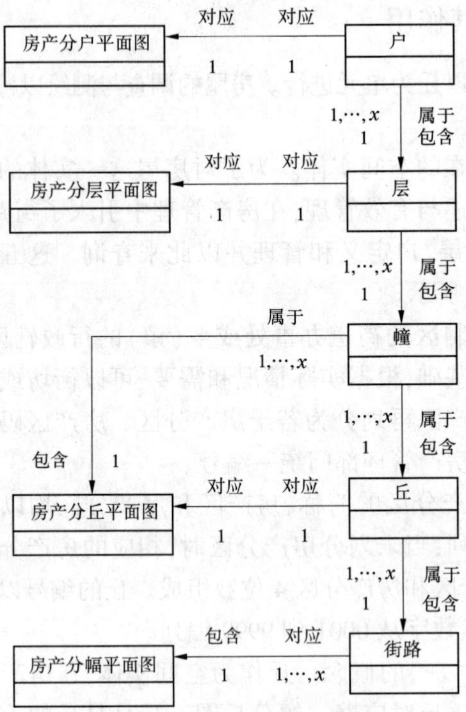

图 5-2　房产图形要素对象关系

询其各种信息,包括产权人信息和产权证信息。

房产测量号具有下列特征:

(1)系统性。房产测量号的编立从宏观到微观循序渐进。丘的编号以房产分区为编号区,幢号的编立以丘号为基础,层号的编立以幢号为基础,户号的编立以层号为基础,环环相扣。

(2)整体性。缺一不可。

(3)唯一性。绝对不能出现重复现象。若出现重复现象,必然存在错误。

(4)相对不变性。权利主体发生变化,测量号不变。房屋现状发生变化,房产测量号不变。房屋灭失,办理注销登记后,原房产测量号仍然保留。

任务二　房屋用地调查

房屋用地调查可以与房屋调查同时进行,也可分别进行。调查前,要做好充分的准备,收集相关的测绘资料、土地定级资料和一些图件。房屋用地调查以丘为单位进行,调查内容包括用地坐落、用地人、用地单位所有权性质、土地性质、用地等级、权源、用地分类、用地面积、界标和用地纠纷等基本情况。房屋用地调查簿应采用专门的房屋用地调查表(见表 5-1),并绘制用地范围略图。

表 5-1　房屋用地调查表

市区名称或代码______　房产区号______　房产分区号______　丘号______　序号______

<table>
<tr><td colspan="2">坐落</td><td colspan="7">区(县)　街道(镇)　胡同(街巷)　号</td><td>电话</td><td></td><td>邮政编码</td><td></td></tr>
<tr><td colspan="2">产权性质</td><td></td><td>产权主</td><td colspan="2"></td><td>土地等级</td><td colspan="2"></td><td>税费</td><td></td><td rowspan="7">附加说明</td><td rowspan="7"></td></tr>
<tr><td colspan="2">使用人</td><td></td><td>住址</td><td colspan="5"></td><td>所有制性质</td><td></td></tr>
<tr><td colspan="2">用地来源</td><td colspan="7"></td><td>用地用途</td><td></td></tr>
<tr><td rowspan="4">用地状况</td><td rowspan="2">四邻</td><td>东</td><td>南</td><td>西</td><td>北</td><td rowspan="2">界标</td><td>东</td><td>南</td><td>西</td><td>北</td></tr>
<tr><td></td><td></td><td></td><td></td><td></td><td></td><td></td><td></td></tr>
<tr><td rowspan="2">面积/m^2</td><td colspan="2">合计用地面积</td><td colspan="2">房屋占地面积</td><td colspan="2">院地面积</td><td colspan="3">分摊面积</td></tr>
<tr><td colspan="2"></td><td colspan="2"></td><td colspan="2"></td><td colspan="3"></td></tr>
<tr><td colspan="2">用地略图</td><td colspan="11"></td></tr>
</table>

调查者：　　　　　　　　　　　　　　　　　　　　　年　月　日

一、房屋用地单元的划分与编号

(一)丘的定义与划分

丘是指地表上一块有界空间的地块。一个地块只属于一个产权单元时称独立丘,一个地块属于几个产权单元时称组合丘。权属界限的表示,要绘制分丘图。

有固定界标的按固定界标划分,没有固定界标的按自然界线划分。一般以一个单位、一个门牌号或一处坐落划分为独立丘,当用地单元混杂或用地单元面积过小时划分为组合丘。

(二)丘号的编立方法

丘号是按照分丘原则划分房屋用地单元地块的编号,它是房产测量与产权产籍管理中的重要编码,也是房产档案管理中的重要索引。建立科学的编号方法,实行统一编号,为资料收集、整理,房产管理信息系统建立做必要的准备。

每一丘均应编号,且组合丘除编丘号外,各房屋用地单元还应分别编立丘支号。

1. 已进行房产区划分的丘编号

丘的编号按市、市辖区(县)、房产区、房产分区、丘五级进行丘号的编立。

丘号编立格式如下:

市代码+市辖区(县)代码+房产区代码+房产分区代码+丘号

　(2 位)　(2 位)　(2 位)　(2 位)　(4 位)

市码、市辖区(县)代码采用《中华人民共和国行政区划代码》(GB/T 2260—2007)规定的代码。

房产区和房产分区均以两位自然数字从 01 至 99 依序编列;当未划分房产分区时,相应的房产分区编号用“01”表示。

丘号编立顺序,以房产分区为单位,从北到南、从西向东呈倒 S 形编立。在变更测量或修补测量中,新增的丘号接原编号顺序连续编立。

2. 没有进行房产区划分的丘编号

没有进行房产分区的区域,丘号以图为单位,从左至右、从上到下,用自然数字 0001,0002,…顺序按倒 S 形编号。当丘跨越图幅时,按主门牌号所在的图幅编立丘号,其相邻图幅不另编丘号,以主门牌所在的图幅编号加括号表示。无房产分幅图的区域,丘号可暂不编立,以权属单元名称和坐落代替。待分幅图补测完成后,再统一编号。

(三) 丘支号的编立

在组合丘内几个丘支号的编立按面向主丘大门从左到右、从外到内呈倒 S 形顺序编立。丘支号的表示方法为:丘号在前,支号字级小一号,前加短线,如“48-6”。丘号、丘支号必须同房产分区及以上的编码或分幅图图号一起使用。否则,丘号、丘支号是没有意义的。

在任何情况下,丘的编号在编号单元中皆应具有唯一性;丘的编号一经确定,就不得更改。只有当丘范围发生变更时,才能对变化丘的丘号进行调整。

二、房屋用地坐落的调查

房屋用地坐落是由地名办公室统一命名的行政区划名称、自然街道名称和门牌号组成的。

调查中,当房屋用地实地位于较小里弄、胡同、小巷时,坐落前要加注主要自然街道名称;房屋用地面毗邻两个以上的街道或有两个以上的门牌号时,均应分别注明,并按其主次顺序注明;当房屋用地暂缺街道门牌号时,可以与毗邻或邻近房屋用地坐落的相对位置加以说明,也可以房屋用地中主要标志性建筑物名称代替;组合丘内,应根据各权属单元实际用地的位置加以说明,实际地名改变时,应在老名称前加注一“老”字,新名称前加注一“新”字。

三、房屋用地情况的调查

(一) 产权性质

《中华人民共和国土地管理法》规定,城市市区的土地属国家所有。农村和城市郊区的土地,除由法律规定属于国家所有外,属于集体所有。土地的所有制性质不受土地使用权人性质和土地上附着物产权性质的限制,即土地的所有制性质只有国家所有(简注“国有”)和集体所有(简注“集体”)两种情况。

(二) 产权主

产权主是指房屋用地的产权主的姓名或单位名称。

(三) 使用人

使用人是指房屋用地使用权人的名称或姓名。

(四) 土地等级

城镇土地等级是根据市政建设情况、经济繁荣程度、商业发展程度、公共交通事业状况、城市发展规划、工程地质条件及自然生态环境等条件综合评估而划分的等级,是制定城市土地使用费标准的参考依据。

（五）税费

税费是用地人每年向土地管理部门或税务部门缴纳的费用。其标准可以根据国家的规定或当地有关部门规定的标准缴纳，以年度缴纳金额为准。

（六）权源

权源即房屋用地使用权的来源。权源调查主要是调查房屋用地使用权的单位和个人取得其使用权的时间、方式及数量。时间以获得土地使用权正式文件的日期为准。取得土地使用权的方式有征用、划拨、出让和转让等。数量以文件中规定范围内的面积为准。

（七）用地的分类调查

城镇房屋用地的地类按表 2-2 划分。一块用地内的房屋类别不完全相同时，以其主要的或多数的类别为准。一般来说，一块用地应分为一类，特殊情况下，可按用地内各幢房屋用地的实际情况分别划分类别。

（八）用地面积调查

调查房屋用地面积时，应根据用地单位合法取得土地使用权的文件或已进行过房屋用地登记的产权产籍档案资料进行调查。

四、房屋用地权属界线的调查

（一）房屋用地界址线的调查

房屋用地界址线是指用地单位合法使用土地范围的边界线，它是一条闭合的曲线。房产调查中对房屋用地界址线调查时，如已进行确权登记，以相关产权产籍资料为准，如未进行确权登记，调查人员必须根据档案资料结合实地情况，会同用地权利人和所涉及相邻关系的权利人现场共同指界确定，这也是确认用地使用权属的工作程序。对于档案资料和双方皆无法确定或存在争议的界址线，调查人员应如实详细做好记录，报请相关主管部门进一步落实解决。

（二）界标

界标指房屋用地范围权属界址线界址标志。界标有“硬界”和“软界”之分。硬界，是有明显和固定的线状地物作界线，包括房屋的墙檐、围墙、栅栏、铁丝网及固定的坎、坡等。软界，是没有明显的地物作界线。

线性地物也有一定的面积（如围墙），调查界址线时，一定要确定界址线与硬界界标的位置关系，围墙有自有墙、共有墙、借墙三种，如图 5-3 所示。

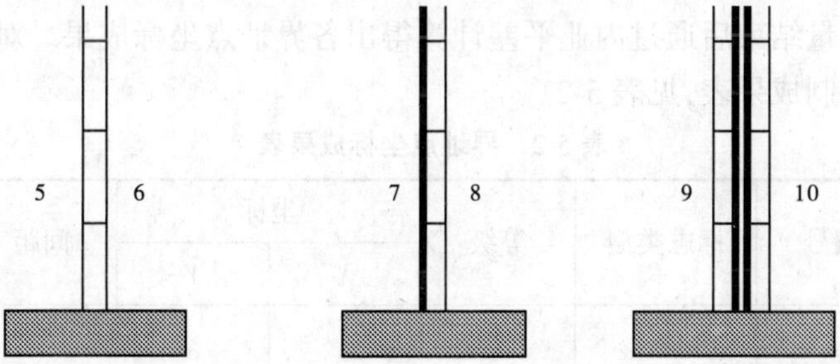

(a)5丘、6丘共有墙　(b)7丘借墙、8丘自有墙　(c)9丘、10丘各为自有墙

图 5-3　围墙

(三)用地的四至关系

房屋用地四邻地块情况为房屋用地的四至。房屋用地的四至一般按东、南、西、北概略方位分别调查,与之相邻的是房屋用地时,调查其权利人名称及其主要情况,与之相邻的是自然街道、沟、渠等一类线性地物或者空地植被时,则应填记自然街道、植被名称。

五、界址点的标定

(一)界址点的定义及作用

界址点是权属界址线上的特征点,由此可知,房屋及其用地的范围、位置是由界址点来确定的。同时,通过界址点坐标,可以获得房产数量,通过界址点的等级,可以了解房产的质量。因此,界址点及其成果是房产测量信息中一个重要的组成部分。

(二)界址点等级的划分及选用

《房产测量规范 第 1 单元:房产测量规定》(GB/T 17986.1—2000)中规定,界址点分为三级:

一级界址点相对于邻近基本控制点的点位中误差不超过±0.02 m。

二级界址点相对于邻近基本控制点的点位中误差不超过±0.05 m。

三级界址点相对于邻近基本控制点的点位中误差不超过±0.10 m。

此外,采用比三级界址点精度更低的界址点,可视为等外界址点,等外界址点不能作为实测房产面积的资料。在进行城市房产基础测绘时,界址点等级的选用应根据房屋用地的等级在测绘技术设计书中作出明确的规定。在项目测绘中,也可由房产主管部门或用户根据实际需要协商决定。

通常情况下,对城镇地区的繁华地段,选用一级界址点或二级界址点,其他一般性地区选用三级界址点。

一个房屋用地地块内的界址点原则上应选用一个等级,但由于测量的野外条件有时从技术上限制了界址上点的施测,因此允许存在一个地块内选用两个等级的界址点。

(三)界址点的编号

界址点的编号以丘号为编立单元进行统一编号。在同一编号单元内,则按从北到南、从西到东逐丘顺序编号,同一丘内的界址点则按顺时针顺序编号,各界址点编号前冠字母“J”注记。当以图幅为单元编号时,对于跨图幅丘的界址点的编号,仍按主要界址点所在的图幅编号。

(四)界址点成果表

界址点外业测量结束后通过内业平差计算得出各界址点坐标成果。对界址点一般应以编号单元为单位编制成果表,见表 5-2。

表 5-2 界址点坐标成果表

丘号	界址点编号	标志类型	等级	坐标		间距	点位说明
				X	*Y*		

测绘单位: 填表者: 检查者: 填表日期: 年 月

表中“标志类型”据实填写“混凝土、石灰、钢筋、钢混、喷涂”等,间距为同一权界线上相邻界址点之间的距离。“点位说明”主要是对界标进行说明，有时也可说明界址点与相对地物的相对关系。

在计算房屋用地面积时，界址点成果表也可按丘进行统计。

任务三　房屋调查与勘丈

一、与房屋有关的名词

(1)裙楼、塔楼指建筑群中，低楼层部分的建筑结构至高楼层部分发生转换，且结构转换的相邻楼层水平投影面积的差值超过低楼层部分水平投影面积的1/3时，低楼层部分为裙楼，高楼层部分为塔楼。

(2)多功能综合楼指一幢楼内，综合了多种使用功能，其共有建筑面积的功能和服务对象不同。只有商业和住宅两部分的综合楼称为商住楼。

(3)架空房屋指底层架空，以支撑物作为承重的房屋。其架空部位一般为通道、水域或斜坡，如廊房、骑楼、过街楼、吊脚楼、挑楼、水榭等。

(4)窑洞指在坡壁上挖成洞供人使用的住所。

(5)假层指房屋的最上一层，四周外墙的高度一般低于正式层外墙的高度，内部房间利用部分屋架空间构成的非正式层，其高度大于2.20 m的部分面积不足底层1/2的叫作假层。

(6)气屋。利用房屋的人字屋架下面的空间建成并设有老虎窗的叫作气屋。

(7)夹层和暗楼。建筑设计时，安插在上下两层之间的房屋叫作夹层。房屋建成后，利用室内上部空间添加建成的房间叫作暗楼。

(8)过街楼和吊楼。横跨里巷两边房屋建造的悬空房屋叫作过街楼。一边依附于相邻房屋，另一边有支柱建筑的悬空房屋叫作吊楼。

(9)天井和天棚。房屋内部无盖见天的小块空间叫作天井。天井上有透明顶棚覆盖的叫作天棚。

(10)复式住宅指套内跨跃两层楼以上(含两层楼)、居室内厅高为两层或两层以上的住宅。

(11)跃层住宅指房屋套内间跨跃两个自然层及以上的住宅。

(12)错层住宅指套内部分地面与其余部分形成高差，但该套内空间水平投影仍为一层，无重叠面积的房屋。

(13)住宅开间指即住宅的宽度。在建筑规范中，对住宅的开间在设计上有严格的规定。砖混结构住宅的开间常采用2.1 m、2.4 m、2.7 m、3.0 m、3.3 m、3.6 m、3.9 m、4.2 m等参数。

(14)住宅进深指住宅的实际长度。在建筑规范中，明确规定了砖混结构住宅建筑的进深常采用3.0 m、3.3 m、3.6 m、3.9 m、4.2 m、4.5 m、4.8 m、5.1 m、5.4 m、5.7 m、6.0 m等参数。为了保证住宅具有良好的自然采光和通风条件，进深不宜过长。

(15)房屋总层数指房屋的地下层数和地上层数之和。假层、夹层、插层、阁楼、装饰性塔楼及突出屋面的楼梯间、水箱间不计房屋层数。

(16)地上层数指房屋±0.00 以上的自然层数,采光窗在室外地坪以上的地下室,计入自然层数。地上层数用整数表示。

(17)地下层数指房屋±0.00 以下,其室内层高在 2.20 m 以上的地下室层数。地下层数用负数表示。

(18)房屋层高指房屋的上下两层楼面,或地面至楼面,或楼面至屋面的垂直距离。

(19)入户花园指至少有一个不封闭的入户过渡空间。

(20)屋顶花园指建在建筑物顶部,不与大地土壤连接的花园。

(21)会所指就是以所在物业业主为主要服务对象的综合性高级康体娱乐服务用房。

(22)地下室指房间地面低于室外地平面的高度超过该房间净高 1/2 的建筑物。

(23)半地下室指房间地面低于室外地平面的高度超过净高的 1/3 但是不超过 1/2,采光窗在地坪以上的建筑物。

(24)消防避难层简称避难层,指作为消防避难用的楼层。

(25)柱廊指有顶盖和支柱、供人通行的建筑物。

(26)檐廊指房屋檐下有顶盖,无支柱,和建筑物相连的作为通道的伸出部位。

(27)架空通廊指两幢房屋间上层贯通的架空建筑。

(28)底层阳台指突出外墙面或凹进在墙内的平面,挑出的称挑阳台,凹进的称凹阳台,还有半凹半挑阳台。底层阳台均为凸阳台。封闭的底层阳台按房屋表示,不封闭的底层阳台用虚线表示。

(29)露台指与建筑物衔接,提供人们活动的无顶盖室外平台;在二层或二层以上建筑,利用下层的屋顶作为上层的户外活动的无顶盖平台也视为露台。

(30)凸窗指为房间采光和美化造型而设置的突出外墙面,有围护的封闭窗户。

(31)门廊指建筑物门前突出有顶盖、有廊台的通道,如门斗、雨罩等。

(32)门顶指大门的顶盖。

(33)门、门墩指机关单位和大的居民点院落的各种门及墩柱。

(34)楼梯指设置于房屋室内或室外连接房屋各层之间阶梯式的垂直通道,是楼房的交通设施。

(35)室外楼梯指建筑物内上、下层间的交通疏散设施。

(36)梯间指用以容纳楼(电)梯,并由墙面或竖向定位平面限制的空间。

(37)前室指设于楼、电梯间与走廊之间用于分配、缓冲人流的过渡性建筑空间。

(38)屋顶梯间指突出房屋天面,有顶盖,有围护结构,供房屋维修、消防安全出口用的梯间。

(39)台阶指联系室内外地面的一段踏步。

(40)雨篷指设置在建筑物进出口上部的用于挡雨、遮阳的板或篷。

(41)门厅指建筑中位于入口处用于接待和分配人流、物流及联系各主要使用空间、辅助使用空间和其他空间的交通枢纽空间。

(42)大堂指具有休息、会客、接待、登记、商务等功能的较大的门厅。

(43)幕墙指突出于建筑主体结构以外,用玻璃、金属板等材料形成的围护结构。

(44)围护性幕墙指直接作为建筑物外墙起围护作用的幕墙。

(45)装饰性幕墙指设置在建筑物外起装饰作用的幕墙。

(46)管道井指建筑物中用于布置竖向设备管线的竖向井道。

(47)核心筒指建筑物中解决垂直交通、设备电气垂直管线、联系其他建筑空间的结构体系。就是在建筑的中央部分,由电梯井道、楼梯、通风井、电缆井、公共卫生间、部分设备间围护形成中央核心筒,与外围框架形成一个外框架内筒结构,以钢筋混凝土浇筑。这种结构十分有利于结构受力,并具有极优的抗震性。这种结构的优越性还在于可争取尽量宽敞的使用空间,使主功能空间占据最佳的采光位置,并达到视线良好、内部交通便捷的效果。

(48)中庭指建筑物中设置的用于休闲、人流汇聚的超过一个层高的有盖建筑空间。

(49)屋顶水箱间指房屋天面上设置水箱的房间。

二、房屋调查单元的划分与编号

房屋的调查与测绘以幢为单元分户进行。

(一)幢

1. 幢的定义

幢是指一座独立的,包括不同结构和不同层次的房屋。

2. 幢的编号

幢号以丘为单位,自进大门起,从左到右,从前到后,用数字 1, 2…顺序按倒 S 形编号。幢号注在房屋轮廓线的左下角,并加括号表示。

3. 幢的划分

房屋建筑面积的分摊计算以幢为单位进行,本着产权明晰、使用方便的原则,在分摊计算时,对幢做如下的界定:

原则上,幢以规划部门批准的幢数为依据进行划分(规划许可证及规划总平面图)。规划部门没有明确规定的,按以下方式进行划分:

(1)独立建筑的房屋为一幢。

(2)以通廊相连的房屋,各为一幢。

(3)一幢由多座塔楼和裙楼组成的建筑,当各座塔楼及其相应裙楼之间有两边不相通的伸缩缝或隔墙作为明显界线,且各部分之间无共用的设备间、配电室、值班室、大堂、过道等共有建筑面积时,在计算中,可以把不相通的各座塔楼及其相应裙楼作为独立的一“幢”,共有面积分摊在该“幢”范围内独立进行。

(4)本身为独立的楼房,为了利用楼房间的间隙地,底层(或多层)以不相通裙楼的形式连成一片的房屋,其独立的楼房和裙楼分别分幢。

(5)地面有多座独立的建筑,仅由一个地下室相连通(共用一个大地下室),地面上按独立的楼房各分为一幢,地下室以独立使用的房屋单独计为一幢。

(6)地面以上有裙楼相连通的建筑视为一幢。同一幢建筑中的不同建筑塔楼各自视为一功能区。

(7)突出地面的计容积率的半地下室相连通的建筑亦视为一幢。

(二)层

房屋的总层数指房屋的自然层数和地下层数的总和,房屋的假层、附层(夹层)、插层、阁楼、装饰性塔楼,以及突出层的楼梯间、水箱间、电梯机房等不计层数。

(1)房屋的自然层数按室内地坪±0.00 以上计算,每一自然层各划分为一层,其编号从室内地平线开始向上按 1, 2, 3…编号。

(2)房屋室内地坪±0.00 以下的为地下室,其编号从室内地坪±0.00 开始向下按-1,-2,-3…编号。

(3)采光窗在地坪±0.00 上,地板在地坪±0.00 以下的半地下室,按自然层的第一层编号计算。

(4)层高在 2.20 m 及以上的架空层计入房屋自然层。

(5)跃层住宅是套内空间跨跃两楼层及以上的住宅。顶层为跃层住宅时,最上跃层部分不计层数,其他计自然层。

(三)户

1. 户的概念

户指房屋各权属单元的权界线所围成的范围。

(1)成套住宅,一般以一套分为一户。复式结构或跃层结构房屋视为一户。

(2)独立使用和出售的商业用房,库房按其权界线分户。

(3)独立使用的地下室按其权界线分户。

(4)不被分摊的公共部分应视为一户。

(5)权利人房屋产权范围为某一区域(如一个单元、一个楼层等),可按一个区域分为一户。

(6)无分隔墙体的商铺、车位等,当有明确的界址线,且界址点埋设有界桩、施工图纸上界线清楚时,可按其界址线分户。

2. 分户房屋权界线的确定

(1)分户房屋权界线应以产权来源为依据。有合法协议约定的,以协议为准确定。

(2)成套房屋的分户权界线取其分户隔墙和外墙的中线。

(3)商业铺位、车位等分户权界线取分隔墙中线,无分隔墙时取界址点点间连线,门面临街部位取其分隔物的中线。

(4)整层为一户时,分户权界线为该层外墙中线。

(5)整单元为一户时,分户权界线为单元间共用墙的中线和外墙中线。

3. 分户编号

(1)成套住宅按单元号、层次、户号编号。

单元号编号时,面向门洞方向将各门洞从左至右依次编为一单元,二单元…N单元。层次编号按层的划分编号。户号编号时,在各单元各层内,按从左至右方向依次编号,如二单元(301)、(302)、(401)、(402)等。

(2)车位、商业铺位按层次、户号编号。

层次编号同上。车位、商业铺位编号时,应面向依街道门牌号方向呈倒 S 形分块,再对分户顺序编号。

(3)区域分户的户号按幢编号,编号时,从下层至上层对各户顺序编号,当一户用房跨层时,本户各层房屋编号为同一户号。

三、房屋调查的内容

房屋调查的主要内容包括房屋坐落、产权人、使用人、产权性质、产别、层数、所在层次、建筑结构、建成年份、用途、建筑面积、占地面积、分摊面积、墙体归属、权源、产权纠纷及他项权利等,并绘出权属界线示意图。在进行房屋调查时,应按照表 5-3 所列内容进行逐项调查。

表 5-3　房屋调查表

市区名称或代码________　房产区号________　房产分区号________　丘号________　序号________

<table>
<tr><td>坐落</td><td colspan="4">区(县)</td><td colspan="4">街道(镇)</td><td colspan="3">胡同(街巷)号</td><td colspan="2">邮政编码</td><td></td></tr>
<tr><td>产权主</td><td colspan="6"></td><td colspan="8">住址</td></tr>
<tr><td>用途</td><td colspan="9"></td><td colspan="2">产别</td><td>电话</td><td colspan="2"></td></tr>
<tr><td rowspan="7">房屋状况</td><td rowspan="2">幢号</td><td rowspan="2">权号</td><td rowspan="2">户号</td><td rowspan="2">总层数</td><td rowspan="2">所在层次</td><td rowspan="2">建筑结构</td><td rowspan="2">建成年份</td><td rowspan="2">占地面积/m²</td><td rowspan="2">使用面积/m²</td><td rowspan="2">建筑面积/m²</td><td colspan="4">墙体归属</td><td rowspan="2">产权来源</td></tr>
<tr><td>东</td><td>南</td><td>西</td><td>北</td></tr>
<tr><td></td><td></td><td></td><td></td><td></td><td></td><td></td><td></td><td></td><td></td><td></td><td></td><td></td><td></td><td></td></tr>
<tr><td></td><td></td><td></td><td></td><td></td><td></td><td></td><td></td><td></td><td></td><td></td><td></td><td></td><td></td><td></td></tr>
<tr><td></td><td></td><td></td><td></td><td></td><td></td><td></td><td></td><td></td><td></td><td></td><td></td><td></td><td></td><td></td></tr>
<tr><td></td><td></td><td></td><td></td><td></td><td></td><td></td><td></td><td></td><td></td><td></td><td></td><td></td><td></td><td></td></tr>
<tr><td></td><td></td><td></td><td></td><td></td><td></td><td></td><td></td><td></td><td></td><td></td><td></td><td></td><td></td><td></td></tr>
<tr><td rowspan="2">房屋权属界线示意图</td><td colspan="13" rowspan="2"></td><td>附加说明</td><td></td></tr>
<tr><td>调查意见</td><td></td></tr>
</table>

调查者:　　　　　　　　　　　　　　　　　　　　　　　年　　月　　日

(一)房屋位置的调查

按地名办公室编制的地名、门牌号调查:同一处房屋坐落有新旧门牌号的,应全部注明;同一幢房屋有两个以上街道门牌号的,应全部注明;房屋坐落没有门牌号的,借用毗邻房屋门牌号并加注东、西、南、北方位,也可用小区名称(或地名)第几幢来表示。

对于多元产权房屋中的各权属单元,还应分别按其实际占有的建筑部位,调查单元号、层次、户号。

(二)房屋权属的调查

房屋的权属包括房屋产权人、产权性质、产权来源、产别、墙体归属、房屋权属界线示意图、房屋权属登记情况。

1. *房屋产权人*

房屋产权人是指依法享有房屋所有权和该房屋占用范围内的土地使用权、房产他项权利的法人、其他组织和自然人。

调查房屋产权人,一般应与有关房产产籍资料所记载的依法建设或取得房屋所有权的法人、其他组织或自然人名称或姓名保持一致,法人和其他组织名称按其法定名称完整注记,不得简化注记,自然人用身份证件上的姓名注记。

私人所有房屋,有产权证的按产权证上产权人姓名记录。产权人已死亡的,应注明代理人的姓名;产权是共有的,应注明全体共有人姓名;房屋是典当的,应注明典当人姓名及典当情况;产权人已死亡又无代理人,产权归属不清或无主房产,以“已亡”“不清”“无主”注记。没有产权证的私有房屋,其产权人应为依法建房或取得房屋的户主的户籍姓名,并应调查未办理产权的原因。

单位所有的房屋,应注明具有法人资格的所有权单位的全称,不具备法人资格的单位不能作为房屋的所有权人。主管部门作为所有权人,但房产为其下属单位实际使用,除注记主管部门全称外,还应注明实际使用房产的单位全称。

两个及以上单位共有的房屋,所有权人应注明全体共有单位名称。

房产管理部门直接管理的房屋,包括公产、代管产、托管产和拨用产,产权人均应注明市(县)政府房产受理机关的全称。其中,代管产还应注明代管人及原产权人姓名;托管产还应注明托管人及委托人的姓名或单位名称;拨用产还应注明拨借单位名称。

2. 产权性质

土地的产权性质有国有、集体两种,房屋的产权性质有国有、集体和个人三种。

3. 产权来源

产权来源,指房屋产权人取得房屋所有权的时间和方式。房屋有两种以上产权来源并存时应分别注明,并分别注明其各产权来源形式的房产配额。房屋所有权取得的方式,国家标准《房产测量规范 第 1 单元:房产测量规定》(GB/T 17986. 1—2000)规定有买受、受赠、交换、继承、自建、翻建、收购、征用、调拨、价拨、拨用及房改售房等。时间为房屋所有权人取得该幢房屋所有权的有关文件上规定的日期。

4. 产别

房屋产别是根据产权占有和管理不同而划分的类别。按两级分类,一级分 8 类,二级分 4 类,具体分类标准及编号见表 5-4。

表 5-4　房屋产别分类标准及编号

一级分类		二级分类		含义
编号	名称	编号	名称	
10	国有房产			指归国家所有的房产。包括由政府接管,国家经租、收购、新建以及国有单位用自筹资金建设或购买的房产
		11	直管产	指由政府接管,国家经租、收购、新建、扩建的房产(房屋所有权已正式划拨给单位的除外),大多数由政府房产管理部门直接管理、出租、维修,部分免租拨借给单位使用
		12	自管产	指国家划拨给全民所有制单位所有以及全民所有制单位自筹资金购建的房产
		13	军产	指中国人民解放军部队所有的房产,包括由国家划拨的房产、利用军费开支或军队自筹资金购建的房产
20	集体所有房产			指城市集体所有制单位所有的房产,即集体所有制单位投资建设、购买的房产

续表 5-4

一级分类		二级分类		含义
编号	名称	编号	名称	
30	私有房产			指私人所有的房产，包括中国大陆公民、港澳台胞、海外华侨、在华外国华侨、外国人所投资建造、购买的房产，以及中国公民投资的私营企业（私营独资企业、私营合伙企业和私营有限公司）所投资建造、购买的房产
		31	部分产权	指按照房改政策，职工个人以标准价购买的住房，拥有部分产权
40	联营企业房产			指不同所有制性质的单位之间共同组成新的法人型经济实体所投资建造、购买的房产
50	股份制企业房产			指股份制企业所投资建造或购买的房产
60	港、澳、台投资房产			指港、澳、台地区投资者以合资、合作或独资在祖国大陆举办的企业所投资建造或购买的房产
70	涉外房产			指中外合资经营企业、中外合作经营企业和外资企业及外国政府、社会团体、国际性机构投资建造、购买的房产
80	其他房产			凡不属于以上各类别的房屋，都归在这一类，包括因所有权人不明，由政府房产管理部门、全民所有制单位、军队代为管理的房屋以及宗教、寺庙等房屋

5. 墙体归属

房屋墙体归属是指四面墙体所有权的归属，一般分三类：自有墙、共有墙、借墙。在房屋调查时应根据实际的墙体归属分别注明。

6. 房屋权属界线示意图

房屋权属界线示意图是以房屋权属单元为单位绘制的略图，表示房屋的相关位置。其内容有房屋权属界线、共有共用房屋权属界线及与邻户相连墙体的归属、房屋的边长，对有争议的房屋权属界线应标注争议部位，并作相应的记录。

7. 房屋权属登记情况

若房屋原已办理过房屋所有权登记，在调查表中注明房屋所有权证证号。

（三）房屋质量的调查

房屋的质量包括房屋层数、建筑结构、建成年份。

1. 房屋层数

房屋层数是指房屋自然层次的总层数。计算房屋层数，一般从房屋室外地坪以上的楼层起算，对于按自然地形起伏变化竖向设计建造的房屋，从首层室外地坪以上起算，如图 5-4 所示。

调查房屋层数时应注意以下几个问题：

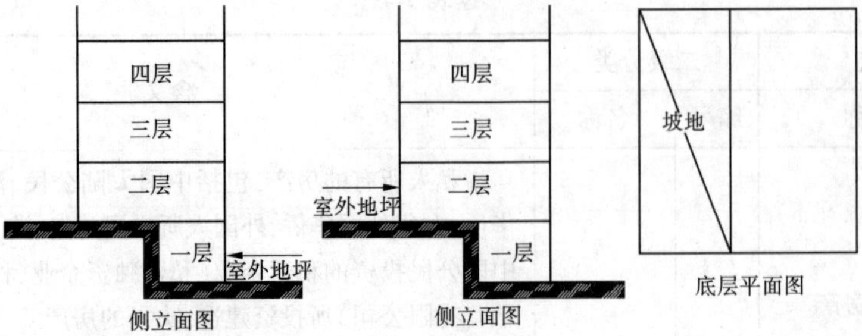

图 5-4　房屋层数

(1)采光墙在室外地坪以上的半地下室,其室内高度在 2.20 m(含 2.20 m,下同)以上的应计自然层数。

(2)地下室、假层、附层(夹层)、不足 2.20 m 高的技术层、阁楼(暗楼)、装饰性塔楼,以及突出屋面的楼梯间、水箱间等均不计层,如图 5-5(a)所示。

(3)跃层房屋按自然层计算,与底层房屋一并计入底层层次,不单独计层,如图 5-5(b)所示。

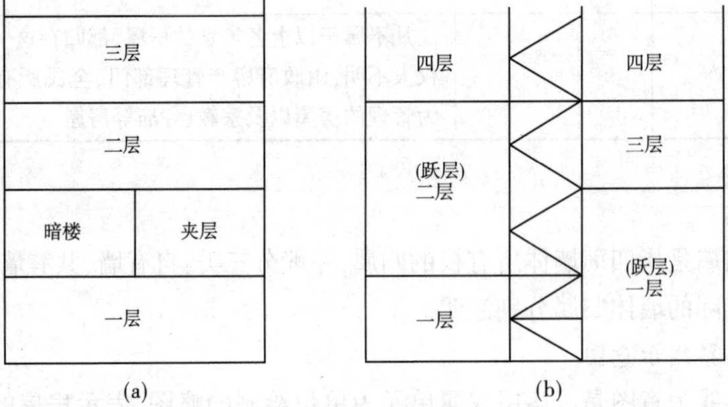

图 5-5　层数计算

(4)利用屋面搭盖的与正屋不同结构的房屋不计层。

(5)房屋建筑无论是现实的还是历史的,各地建筑风格不同,形式多样且差异甚大,因此调查房屋层数,不应在室外凭直观获得调查结果,而应进行房屋内部勘查。在房屋调查统计汇总时,根据房屋的总层数,对房屋层数分类如表 5-5 所示。

表 5-5　房屋按层分类

房屋	低层	多层	中高层	高层	超高层
层数	1~3 层	4~6 层	7~9 层	10 层及以上,100 m 及以下	总高度在 100 m 以上

层次是本权属单元的房屋在该幢楼房中的第几层。地下层次以负数表示。层次与层数是两个不同的概念,层次是一个序号,层数是描述房屋层次多少的一个量。多元产权房屋中,层次与户号一起组成该房产权属单元的具体坐落。

2. 建筑结构

房屋的建筑结构是指根据房屋的梁、柱、墙等主要承重构件的建筑材料划分的类别。确定房屋的建筑结构及其分类,基本目的是区别和反映房屋建筑的质量等级,按照其承重体系所采用的建筑材料而划分建筑结构的类别。房屋建筑结构分类标准如表 5-6 所示。

表 5-6　房屋建筑结构分类标准

类型		内容
编号	名称	
1	钢结构	承重的主要结构是用钢材料建造的,包括悬索结构
2	钢、钢筋混凝土结构	承重的主要结构是用钢、钢筋混凝土建造的。如一幢房屋一部分梁柱采用钢筋混凝土构架建造
3	钢筋混凝土结构	承重的主要结构是用钢筋混凝土建造的,包括薄壳结构、大模板现浇结构及使用滑模、开板等先进施工方法施工的钢筋混凝土结构的建筑物
4	混合结构	承重的主要结构是用钢筋混凝土和砖木建造的。如一幢房屋的梁用钢筋混凝土制成,以砖墙为承重墙,或者梁用木材制造,柱用钢筋混凝土建造
5	砖木结构	承重的主要结构是用砖、木材建造的。如一幢房屋是木制房架、砖墙、木柱建造
6	其他结构	凡不属于上述结构的房屋都归此类。如竹结构、砖拱结构、窑洞等

随着建材的更新换代和建筑科学的发展,大量采用新材料、新工艺设计建造的高层建筑、大型综合楼不断涌现,房屋的结构也从单一趋向多元化。

房屋建筑结构调查中,因房屋的粉刷和装饰掩盖了房屋的结构,使其很难直观分辨,因此要仔细勘查确认,必要时还应参考结构设计资料,切忌凭直觉判定。一幢房屋有两种以上建筑结构的,应分别注明。

3. 建成年份

房屋建成年份是指实际竣工年份。拆除翻建的,应以翻建竣工年份为准。调查房屋建成年份,不应用建成年代或时期取代。只有当较古老的房屋建筑调查其具体年份确有困难时,方可按建成年代或建成时期或地方上的习惯方法调查填表,但这种情况应是少数。

建成年份仅用数字填表即可。此外,拆除原房后在原基础上翻修重建的房屋,以翻修竣工的年份为准,一幢房屋有两个以上的建成年份,应分别注明。

(四)房屋用途的调查

房屋的用途是指房屋目前的实际用途,也就是房屋现在的使用状况。房屋的用途按两级分类,一级分 8 类,二级分 28 类,具体分类标准见表 5-7。一幢房屋有两种以上用途的,应分别调查注明。

表 5-7　房屋用途分类标准

一级分类		二级分类		内容
编号	名称	编号	名称	
10	住宅	11	成套住宅	指由若干卧室、起居室、厨房、卫生间、室内走道或客厅等组成的供一户使用的房屋
		12	非成套住宅	指人们生活起居的但不成套的房屋
		13	集体宿舍	指机关、学校、企事业单位的单身职工、学生居住的房屋，是住宅的一部分
20	工业交通仓储	21	工业	指独立设置的各类工厂、车间、手工作坊、发电厂等从事生产活动的房屋
		22	公用设施	指自来水、泵站、污水处理、变电、燃气、供热、垃圾处理、环卫、公厕、殡葬、消防等市政公用设施的房屋
		23	铁路	指铁路系统从事铁路运输的房屋
		24	民航	指民航系统从事民航运输的房屋
		25	航运	指航运系统从事水路运输的房屋
		26	公交运输	指公路运输公共交通系统从事客货运输、装卸、搬运的房屋
		27	仓储	指用于储备、中转、外贸、供应等各种仓库、油库用房
30	商业金融信息	31	商业服务	指各类商店、门市部、饮食店、粮油店、菜场、理发店、照相馆、浴室、旅社、招待所等从事商业和为居民生活服务的房屋
		32	经营	指各种开发、装饰、中介公司从事经营业务活动所用的场所
		33	旅游	指宾馆饭店、乐园、俱乐部、旅行社等主要从事旅游服务所用的房屋
		34	金融保险	指银行、储蓄所、信用社、信托公司、证券公司、保险公司等从事金融服务所用的房屋
		35	电信信息	指各种电信部门、信息产业部门从事电信与信息工作所用的房屋
40	教育医疗卫生科研	41	教育	指大专院校、中等专业学校、中学、小学、幼儿园、托儿所、职业学校、业余学校、干校、党校、进修学校、工读学校、电视大学等从事教育所用的房屋
		42	医疗卫生	指各类医院、门诊部、卫生所(站)、检(防)疫站、保健院(站)、疗养院、医学化验、药品检验等医疗卫生机构从事医疗、保健、防疫、检验所用的房屋
		43	科研	指各类从事自然科学、社会科学等研究设计、开发所用的房屋

续表 5-7

一级分类		二级分类		内容
编号	名称	编号	名称	
50	文化娱乐体育	51	文化	指文化馆、图书馆、展览馆、博物馆、纪念馆等从事文化活动所用的房屋
		52	新闻	指广播电视台、电台、出版社、报社、杂志社、通讯社、记者站等从事新闻出版所用的房屋
		53	娱乐	指影剧院、游乐场、俱乐部、剧团等从事文娱演出所用的房屋
		54	园林绿化	指公园、动物园、植物园、陵园、苗圃、花圃、花园、风景名胜、防护林等所用的房屋
		55	体育	指体育场(馆)、游泳池、射击场、跳伞塔等从事体育所用的房屋
60	办公	61	办公	指党政机关、群众团体、行政、企事业等所用的房屋
70	军事	71	军事	指中国人民解放军军事机关、营房、阵地、基地、机场、码头、工厂、学校等所用的房屋
80	其他	81	涉外	指外国使(领)馆、驻华办事处等涉外机构所用的房屋
		82	宗教	指寺庙、教堂等从事宗教活动所用的房屋
		83	监狱	指监狱、看守所、劳改场(所)等所用的房屋

(五)房屋数量的调查

房屋数量包括建筑占地面积、建筑面积、使用面积、共有面积、产权面积、宗地内的总建筑面积(简称总建筑面积)、成套房屋的套内建筑面积等。

(1)建筑占地面积(基底面积)。房屋的建筑占地面积是指房屋底层外墙(柱)外围水平面积,一般与底层房屋建筑面积相同。

(2)建筑面积。建筑面积是指房屋外墙(柱)勒脚以上各层的外围水平投影面积,包括阳台、挑廊、地下室、室外楼梯等,有上盖,结构牢固,层高 2. 20 m 以上的永久性建筑。每户(或单位)拥有的建筑面积叫分户建筑面积。平房建筑面积指房屋外墙勒脚以上的墙身外围的水平面积。楼房建筑面积则指各层房屋墙身外围水平面积的总和。

(3)使用面积。使用面积是指房屋户内全部可供使用的空间面积,按房屋的内墙面水平投影计算。包括直接为办公、生产、经营或生活使用的面积和辅助用房如厨房、厕所或卫生间,以及壁柜、户内过道、户内楼梯、阳台、地下室、附层(夹层)、层高 2. 20 m 以上的阁(暗)楼等面积。

(4)共有面积。共有面积是指各产权主共同拥有的建筑面积。主要包括层高超过 2. 20 m 的单车库、设备层或技术层、室内外楼梯、楼梯悬挑平台、内外廊、门厅、电梯及机房、门斗、有柱雨篷、突出屋面有围护结构的楼梯间、电梯间及机房、水箱等。

(5)产权面积。房屋的产权面积是指产权主依法拥有房屋所有权的房屋建筑面积。房屋产权面积由直辖市、市、县房地产行政主管部门登记确权认定。

(6)总建筑面积。总建筑面积等于计算容积率的建筑面积和不计算容积率的建筑面积之和。计算容积率的建筑面积包括使用建筑面积(简称使用面积,含结构面积)、分摊的共有面积和未分摊的共有面积。不计算容积率的面积有地下室的面积、设备机房的面积、建筑物内的管道井的面积等。面积测量计算资料中要明确区分计算容积率的建筑面积和不计算容积率的建筑面积。

(7)成套房屋的套内建筑面积。成套房屋的套内建筑面积由套内房屋使用面积、套内墙体面积、套内阳台面积三部分组成。

①套内房屋使用面积。套内房屋使用面积为套内房屋使用空间的面积,以水平投影面积按以下规定计算:套内使用面积为套内卧室、起居室、过厅、过道、厨房、卫生间、厕所、储藏室、壁橱、壁柜等空间面积的总和。套内楼梯按自然层数的面积总和计入使用面积。不包括在结构面积内的套内烟囱、通风道、管道井均计入使用面积。内墙面装饰厚度计入使用面积。

②套内墙体面积。套内墙体面积是套内使用空间周围的围护、承重墙体或其他承重支撑体所占的面积,其中各套之间的分割墙、套与公共建筑空间的分割墙以及外墙(包括山墙)等共有墙,均按水平投影面积的一半计入套内墙体面积。套内自有墙体按水平投影面积全部计入套内墙体面积。

③套内阳台面积。套内阳台面积均按阳台外围与房屋墙体之间的水平投影面积计算。其中,封闭的阳台按水平投影全部计算建筑面积,未封闭的阳台按水平投影的一半计算建筑面积。

(六)其他情况的调查

1. 产权纠纷

如产权产籍资料及权利人双方对某一界墙的归属存在争议,难以确定时,应及时做好协调工作,并在主管部门的指导下尽量对争议部位的权属依法加以明确。

2. 他项权利

他项权利是由抵押人与抵押权人以契约的形式在房屋所有权上设置的其他权利,是担保物权的一种。他项权利是在房产和地产权的基础上产生的,实际上是对所有权的一种限制。

他项权利的种类有典权、抵押权等。典权,俗称"典当",是房屋产权人将其房产以商定的典价典给承典人,承典人取得使用房屋的权利;抵押权,指房屋产权人为清偿自身或他人债务,通过事先约定将自己所有的房产作为担保物,抵押给抵押权人的权利。

当房屋所有权上发生他项权利时,调查时应根据产权产籍资料记载事实结合实际情况加以记录。

四、房屋勘丈与计算

(一)房屋数据的采集

房屋边长是计算房屋面积的主要依据,房屋边长数据的来源有两种形式:一是依据设计图纸,即从建筑施工图上获取房屋边长数据;二是依据实测,即通过对已竣工房屋或现有房屋进行现场实测取得房屋的边长数据。根据边长数据来源不同,将计算所得的面积分为

“预测面积”和“实测面积”两类,“预测面积”的测绘称为预售测量,“实测面积”的测绘称为竣工测量。

1. 预售测量房屋数据采集

预售测量是指房屋竣工前,房产测绘单位根据房屋规划设计图纸和资料,按照房产测绘技术标准,计算出房屋面积的行为。

1)房屋数据采集的资料来源

(1)房屋建筑设计图纸。

(2)房屋销售方案说明。

(3)建设单位提供的其他资料。

2)房屋数据采集的方法

(1)从建筑施工图上采集房屋边长数据时,应对对应边进行校核,对分段边长之和与总长度进行校核。校核不符时,应返回建设单位进行修正。

(2)图纸尺寸经校核后可以直接采集。

(3)房屋的拐角无特殊注明或说明的,一律视为直角,其组成的房屋按矩形采集边长并计算面积。

(4)局部位置无标注尺寸且无法通过其他相关数据计算得出的,应向建设单位说明,获取相应的数据。

2. 竣工测量房屋数据采集

竣工测量指房屋竣工后,到现场对房屋进行实地勘丈。基本规定如下:

(1)测量过程应遵循先整体后局部、先外后内的原则。

(2)测量所得的边长数据应记录在边长记录手簿上或注记在草图上。

(3)测点两端应选取房屋的相同参考点,测点位置一般应位于墙体(100±20)cm 高处。

(4)测量时,测量仪器或钢尺两端均应处于水平状态,测量边长要独立测量两次,两次读数较差的限差按式(5-2)处理。

(5)对于超过钢尺或测距仪测程的组合边长,应保持各测段处于一条直线上。

(6)参与计算房屋面积的边长数据要进行平差处理,相关数据之间不能相互矛盾。

(7)为校核测量数据的正确性,提高测量结果的准确度,施测时应有多余观测。

(8)测量所使用的仪器、钢尺等必须经过计量检定。

(二)测量工具、丈量方法及其精度

1. 实地测量

实地测量房屋边长采用的设备一般包括经检定的钢卷尺、纤维尺、手持式测距仪等。房屋边长的量测必须满足房产面积相应等级精度的要求,边长中误差公式为

$$m = \pm(0.01 + 0.0002D) \quad (\text{二等}) \tag{5-1}$$

限差(即两次测量较差)计算公式为

$$\Delta D = \pm(0.02 + 0.0004D) \quad (\text{二等}) \tag{5-2}$$

式中　D——实测房屋边长值,m。当 D 小于 10 m 时,以 10 m 计。

2. 精度

实测边长与经批准的图纸设计尺寸较差绝对值满足下式要求时,可认为实际房屋边长与设计值相符(其中 D 为实测边长,以 m 为单位):

$$|\Delta D| = 0.02 + 0.0004D \quad (\text{二等}) \tag{5-3}$$

3. 丈量方法

1)实地量距法

实地量距法是在实地用长度量测工具量取房屋的有关边长,从而计算出房屋的建筑面积。实地量距法是目前房产测量中普遍使用的面积量算方法。目前,边长测量主要使用卷尺和手持激光测距仪。卷尺有钢卷尺和高精度玻璃纤维卷尺。钢卷尺前面已有介绍,高精度玻璃纤维卷尺由玻璃纤维束与聚氯乙烯构成,形状类似于普通钢卷尺,有 10 m、20 m、30 m、50 m 四种长度规格。其特点是不怕潮湿,受温度变化的影响很小,一般认为玻璃纤维卷尺的膨胀系数为钢尺膨胀系数的 1/10,价格低于钢卷尺,使用方便且无需特别的护理和保养,不需加入湿度、温度改正,适当注意施加标准的拉力。手持式激光测距仪采用可见激光测距,目标点无须站人,在黑暗的环境条件下进行观测,仍清晰可见。其特点是质量轻,测量速度快,精度高,使用起来十分方便,完全能满足房产测量的精度要求。

2)检核法

在工作中有时可按经规划部门审查批准的施工图核实房屋尺寸。如果实测外形尺寸与设计值相符,可重点检查各种户型结构尺寸是否有变化,成套住宅须对每种户型尺寸进行核实。非住宅须对每个产权单元尺寸进行核实。如与施工图不符,须实量变化部位尺寸。

(三)数据记录规则

测量草图图纸可用 787 mm×1 092 mm 的 1/32、1/16、1/8 规格图纸,2H 铅笔。

(1)边长外业测量的记录应在实地完成,不得依据事后回忆或涂改。

(2)记录字体要规整、清晰,测错、记错的数据画改应能辨别,严禁连环涂改、擦改、就字改字等违规行为。

(3)边长数值平行于该边注记,并紧靠该边线。

(4)个别边长很短,难以在该边范围内注记时,可采用引出线方式注记。

(5)测量记录应注记测量员、记录员、测绘日期、使用仪器等基本信息。

(四)CAD 成图法面积计算

面积测算的方法有很多,根据面积测算数据资料的来源,可分为解析法、CAD 成图法等。解析法包括界址点坐标法测算和几何图形法量算。用地面积大多采用界址点坐标法测算,房屋面积现在都采用 CAD 成图法计算。

1. 传统房产测量

传统房产测量中,在套内建筑面积、共有建筑面积计算过程中采用手工量算法,直接从建筑施工图纸上获取建筑中线尺寸,再用计算机进行计算,费时费力,且精度不高。AutoCAD 在房产项目测量中的应用,改变了传统的计算方法,直接画轴线尺寸图,再利用偏移功能生成中线尺寸图和外墙尺寸图,直接利用面积量算功能(area)生成面积。在实践中,利用 AutoLISP 编程,在图形内任意位置点击鼠标,即自动生成面积数。根据指定的字体大小将面积数自动生成到点击位置处,并可以进行同属性多块面积自动求和计算。利用 AutoLISP 编程,可在分户图绘制、分丘图绘制、计算书编写中对边长长度自动注记,大大简化了手工操作,减少了人为失误,提高了测量精度。

2. 建筑中线图、建筑外墙图的准确生成

准确生成建筑中线图、建筑外墙图,是精确测定套内建筑面积、共有建筑面积、共有分摊

面积的基础。房产项目测量中,对于成套房屋:

建筑面积=套内建筑面积+分摊的共有面积

套内建筑面积=套内自有面积(套内使用面积+套内墙体面积)+套内阳台面积

分摊的共有面积=套内建筑面积×分摊系数

分摊系数=共有建筑面积之和/套内建筑面积之和

由此可见,要精确测量成套房屋的建筑面积,必须精确测定套内建筑面积和分摊的共有面积,而精确测定套内建筑面积和分摊的共有面积的基础是准确画出中线尺寸图和建筑外墙图。

传统方法是直接从建筑施工图纸上获取中线尺寸,即从轴线尺寸外返换算系数(如49墙外偏移0.125 m, 37墙外偏移0.065 m等)画出中线尺寸图,再用计算机绘图计算。计算外墙体面积利用公式:(长+宽-墙厚)×墙厚计算。然后利用检核公式:误差=建筑面积-套内建筑面积-分摊的共有面积(如墙体、管道井、楼梯等)进行检核,此检核非常重要。如果遇到不规则房屋(圆形、方形房屋除外),利用此方法根本无法计算,中线图形也难以闭合。

在建筑施工图中,轴线是设计、施工的基准线,施工图上标注的尺寸都是轴线间的尺寸。较好的方法是先画出轴线尺寸图,利用计算机软件的偏移功能,生成中线尺寸图(如49墙外偏移0.125 m, 37墙外偏移0.065 m等)和外墙尺寸图,然后精确量测各部位的面积。最后再用检核公式:误差=建筑面积-套内建筑面积-共有建筑面积(如墙体、管道井、楼梯等)进行检核,误差很小。这样,以轴线尺寸为基准,即省去了加减小数的麻烦,避免了人为出错。用AutoCAD画出轴线尺寸图,如果尺寸无误,从一点起,按各线段长度、方向画线,最后回到起点,必然闭合。如不闭合,需重新检查、画线。这是很重要的,也是非常必要的检核条件。传统方法无法做到这一点。

如轴线尺寸图完全闭合,利用AutoCAD偏移功能(offset)偏移生成中线尺寸图、外墙尺寸图,再利用AutoCAD面积量测功能(area)量测出各部位面积。

3. 面积自动生成功能

普通AutoCAD具有面积量测功能,具体方法如下:

(1)如所量测图形为一整体,且为单个图形,可选择area功能,右手键选取目标object功能,点击目标上一点,即可自动生成面积,可将生成的面积值粘贴到指定位置处。

(2)如果所量测图形不为一整体,或不为单一图形或图形与图形相连,可选择area功能,然后在需量测图形变化的点上逐点点取,最后按回车键,即可测出面积大小。可将生成的面积值粘贴到指定位置处。此方法不但费时,还易出错。如果点取图形变化点时捕捉不准,也会使面积出错。

任务四　房屋面积计算规则

一、房屋面积计算的条件与一般规定

(一)计算建筑面积应具备的条件

计算建筑面积的房屋原则上应具备以下普遍性的条件:

(1)应具有上盖。

(2)应有围护物。

(3)结构牢固、属于永久性的建筑物。

(4)层高在 2.20 m 以上。

(5)可作为人们生产或生活的场所。

(二)一般规定

(1)面积测算是指水平投影面积测算,包含房屋面积测算和用地面积测算。其中,房屋面积测算包括房屋建筑面积、产权面积、套内建筑面积、共有建筑面积、公有建筑面积、共有分摊面积、使用面积等测算。房屋建筑面积按幢进行计算。房屋用地面积包含院地面积和占地面积。

(2)房屋建筑面积是指房屋外墙(柱)勒脚以上各层,包括阳台、挑廊、地下室、室外楼梯等,且有上盖,有围护物,结构牢固,有实际使用功能,层高 2.20 m 以上的永久性建筑的外围水平投影面积。

二、房屋面积计算规则

(一)计算全部建筑面积的范围

(1)房屋内的夹层、插层、技术层及楼梯间、电梯间等高度在 2.20 m 以上部分,按其水平投影计算建筑面积。

(2)穿过房屋的通道,房屋内的门厅、大堂,均按一层计算面积。门厅、大堂内的,层高 2.20 m 以上的回廊部分,按其水平投影计算建筑面积。

(3)楼梯间、电梯(观光梯)井、提物井、垃圾道、管道井等均按房屋自然层计算面积。

(4)房屋天面上,属永久性建筑,层高 2.20 m 以上的楼梯间、水箱间、电梯机房间和斜面结构屋顶层高在 2.20 m 以上的部位,按其外围水平投影计算面积。

(5)挑楼、全封闭的阳台、全封闭挑廊,按其外围水平投影计算面积。封闭是指房屋在规划、设计、施工等环节都已确定封闭。自行封闭的,视为不封闭。

(6)独立户室内已封闭的花园房屋和阳光屋,按其水平投影面积计算。

(7)玻璃幕墙、金属幕墙及其他材料幕墙等作为房屋外墙的,按其外围水平投影面积计算。

(8)属永久性结构有上盖的室外楼梯,按各层水平投影计算面积。

(9)与房屋相连的有柱走廊,两房屋间有上盖和柱的走廊,均按其柱的外围水平投影计算面积。

(10)房屋间永久性的封闭的架空通廊,按外围水平投影计算面积。

(11)地下室、半地下室及其相应出入口,层高在 2.20 m 以上的,按其外墙(不包括采光井、防潮层及保护墙)外围水平投影计算面积。

(12)门廊、有柱雨篷,按其柱或围护结构的外围水平投影面积计算。

(13)属永久性有柱的车棚、货棚等建筑物,按柱的外围水平投影面积计算。

(14)依山(坡)地建筑的房屋,利用吊脚做架空层,有围护结构的,按其高度在 2.20 m 以上部位的外围水平投影面积计算。

(15)有伸缩缝的房屋,若其与室内相通,具备房屋的一般条件,伸缩缝计算建筑面积。

(二)计算一半建筑面积的范围

(1)与房屋相连有上盖无柱的走廊、檐廊,按其围护结构外围水平投影面积的一半计算。

(2)独立柱、单排柱的车棚、货棚等属永久性建筑的,按其上盖水平投影面积的一半计算。

(3)未封闭的阳台、挑廊,按其围护结构外围水平投影面积的一半计算。

(4)无顶盖的室外楼梯按各层水平投影面积的一半计算。

(5)有顶盖不封闭的永久性的架空通廊,按外围水平投影面积的一半计算。

(三)不计算建筑面积的范围

(1)层高低于 2. 20 m 的房屋、夹层、插层、技术层、楼梯间、电梯间、水箱间、走廊、檐廊、阳台、挑廊、地下室、半地下室、架空通廊等。

(2)突出房屋墙面的构件、配件、装饰性的玻璃幕墙、金属幕墙及其他材料幕墙、垛、勒脚、台阶、无柱雨篷等。

(3)房屋之间无上盖的架空通廊。

(4)活动房屋,临时房屋,简易房屋。

(5)房屋的天面、挑台,天面上的花园、泳池。

(6)建筑物内的操作平台、上料平台及利用建筑物的空间安置箱、罐的平台。

(7)骑楼、过街楼的底层通道。

(8)利用引桥、高架路、高架桥、路面作为顶盖建造的房屋。

(9)独立烟囱、亭、塔、罐、池及地下人防干、支线。

(10)与房屋室内不相通的房屋伸缩缝、沉降缝。

三、面积计算的若干细则

(一)室内、外楼梯的面积计算

(1)室内楼梯无论其本身如何设置梯间层,均按建筑物的自然层数计算建筑面积,无盖时,最上一层室内楼梯不计算建筑面积。

(2)穿越夹层的楼梯,夹层不使用的或夹层层高小于 2. 20 m 的,其位于夹层的梯间不计算建筑面积。

(3)室外楼梯的层数按楼梯到达层数减 1 计算。

(二)门廊、雨篷的面积计算

(1)建筑物出入口上方设置的遮雨、遮阳的上盖,当为上方建筑时,下方空间视为门廊;当为专设盖板时,则视为雨篷。

(2)凸出房屋外墙的门廊、雨篷,指门廊、雨篷有一面或两面与房屋相连,为凸出式门廊、雨篷;凹入房屋外墙的门廊、雨篷,指门廊、雨篷有三面与房屋相连,或门廊、雨篷三面被房屋外墙或其他墙体包围,为凹入式门廊、雨篷;由凸、凹两部分组成的门廊、雨篷,为复合式门廊、雨篷。

(3)凸出式门廊、雨篷,无柱时,不计算建筑面积;有独立柱时,按上盖水平投影面积的一半计算建筑面积;有两根以上柱时,按柱外围计算全部建筑面积。

(4)凹入式门廊、雨篷,无柱时,按上盖水平投影面积的一半计算建筑面积;有柱时,按柱外围计算全部建筑面积。

(5)凸凹复合式门廊、雨篷,无柱时,以凹入部分上盖水平投影计算建筑面积;有柱时,按柱外围计算全部建筑面积。

各类门廊、雨篷建筑面积计算规定简单归纳如图 5-6 所示。

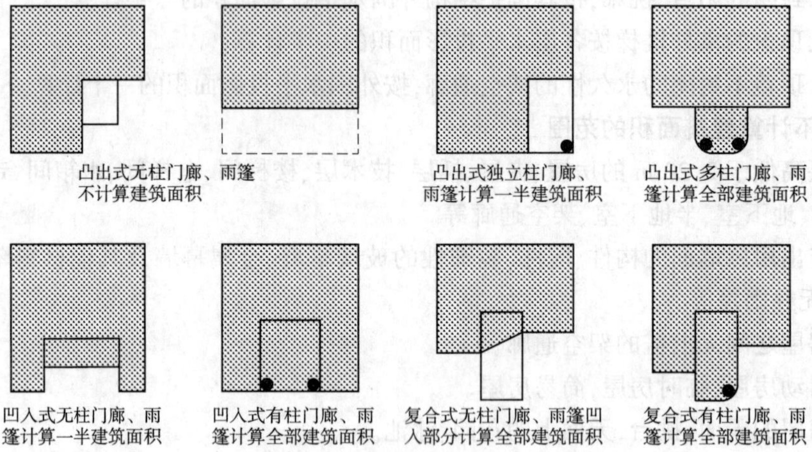

图 5-6　门廊、雨篷建筑面积计算

(6)建筑物第一层的进门设于凹进的外墙且其顶部为上层建筑所覆盖,如图 5-7 所示,此种情况按凹入式门廊处理。有柱时计算全部建筑面积,无柱时计算半面积。

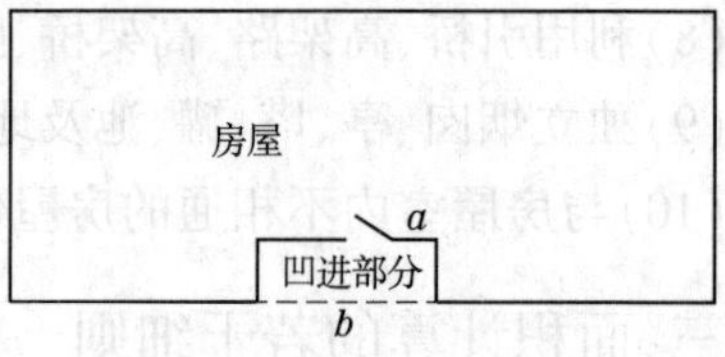

图 5-7　楼房入口处

(三)连廊、架空通廊的面积计算

(1)位于地面一层的两建筑物之间的有盖连廊,按以下情况分别计算建筑面积:

①双排柱连廊,按柱外围水平投影计算全部建筑面积。

②当单排柱及无柱连廊,其上盖高度小于两个自然层时,按上盖水平投影面积的一半计算建筑面积;当上盖高度达到或超过两个自然层时,不计算建筑面积。若上盖为圆拱形,则以拱形顶计算该连廊的高度。

(2)连接两建筑物的有盖架空通廊,全封闭时,通廊计算全部建筑面积;不封闭时,若上盖高度小于两个自然层,通廊计算一半建筑面积;否则,通廊不计算建筑面积。

(四)墙体面积的计算

(1)同一楼层外墙,既有主墙,又有玻璃、金属等其他材料作装饰幕墙的,以主墙为准计算建筑面积,墙厚按主墙体厚度计算。

(2)各楼层墙体厚度不同时,分层分别计算。

(3)对倾斜、弧状等非垂直墙体的房屋,墙体向内倾斜的,按距底板 2. 20 m 以上部位的水平投影面积计算建筑面积。房屋墙体向外倾斜,超出底板外沿的,以其底板水平投影计算建筑面积。

(4)装饰性幕墙、主墙体外的幕墙均不计算建筑面积。

(5)建筑物墙体外部有保温隔热层的按照维护性幕墙处理,保温隔热层计算建筑面积。

(五)阳台、公共阳台的面积计算

(1)阳台的类型:阳台按结构形态可划分为凸阳台、凹阳台和凸凹复合型阳台(以下简称复合型阳台)三种基本类型。凸出房屋外墙的阳台为凸阳台,凹入房屋外墙的阳台为凹阳台,当阳台由凹凸两部分构成时,为复合型阳台,如图5-8所示。

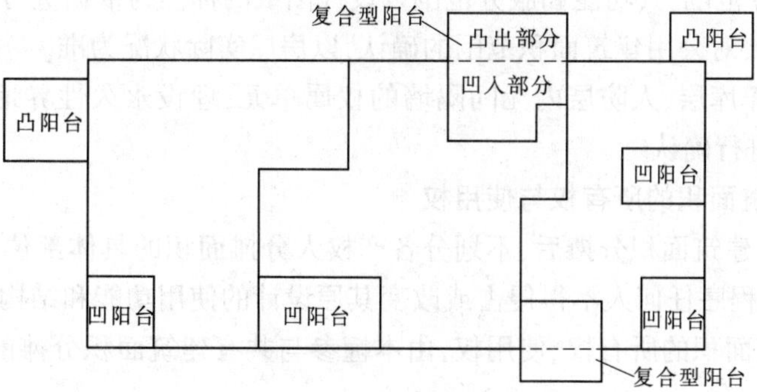

图5-8　阳台类型及指标计算

(2)住宅建筑中属于一户专有的类似于阳台的空中花园、入户花园等(位于地面层、裙楼顶层的除外),均视为阳台,按阳台规定计算建筑面积。

(3)作为消防通道(连廊)的多户相连且有固定分隔界标的阳台,计入涉及的各户的套内建筑面积。

(4)无顶盖、顶盖与阳台非同期建造、顶盖为非永久性结构、顶盖为镂空、顶盖与房屋主墙体不相连、顶盖水平投影面积小于阳台围护结构水平投影面积1/2的敞开式阳台,均视为无顶盖阳台,不计算建筑面积。

(5)阳台顶盖水平投影面积与阳台围护结构外围水平投影面积不一致,且顶盖投影面积大于或等于阳台围护结构外围水平投影面积1/2时,按其上盖水平投影面积1/2计算建筑面积。

(6)在建筑物中设置的与公共过道相通,具有一面以上直接对外开敞的,用于绿化、休闲的公共建筑空间,称为公共阳台。公共阳台的计算规则与阳台相同。

任务五　房屋面积测算

一、公用建筑面积确定与分摊

一幢房屋具有多个产权人,或者需要按产权单元分别提供产权登记面积,且存在无法分割的共有部位的,需要确定和计算共有建筑面积。

《中华人民共和国物权法》明确规定:建筑区划内的其他公共场所、公用设施和物业服务用房,属于业主共有。根据建筑物区分所有权理论,区分所有建筑物包括两部分:

(1)专有部分。指在构造上能明确区分,具有排他性,能独立使用的建筑物部分,即套内建筑面积。

(2)共有部分。指除去专有部分以外的部分,即公用建筑面积。

共有部分又包括两部分,一是能被分摊的公用建筑面积部分,即共有建筑面积;二是不能被分摊的公用建筑面积部分,即公有(业主共有)建筑面积。

(一)公用建筑面积的确认

(1)预售测量,依据经市政府规划行政主管部门核准备案的建筑施工图,划分公用部位的使用功能和服务范围,其功能和服务范围以设计图纸的标注为依据进行确认。

(2)竣工测量,对公用建筑面积范围的确认,以房屋实际状况为准。

(3)商业层、车库层、人防层内无间隔墙的权属单元,埋设永久性界址标志后才能对该层公用建筑面积进行确认。

(二)公用建筑面积的所有权与使用权

(1)房屋共有建筑面积分摊后,不划分各产权人分摊面积的具体部位,共有建筑面积一经分摊,未经合法程序任何人不得侵占或改变其原设计的使用功能和结构。

(2)共有建筑面积的所有权、使用权,由本幢参与共有建筑面积分摊的各产权人共同所有、共同使用。

(3)公有建筑面积为小区全体业主共同所有、共同使用。未经合法程序任何人不得侵占或改变其原设计的使用功能。如要改变,须经2/3以上业主同意并报规划行政主管部门批准。

(三)公用建筑面积的分类

总建筑面积包括专有建筑面积和公用建筑面积。公用建筑面积分为被分摊的公用建筑面积和不被分摊的公用建筑面积。被分摊的公用建筑面积又称为共有建筑面积。不被分摊的公用建筑面积又称为公有建筑面积。

1. 被分摊的公用建筑面积

被分摊的公用建筑面积,即共有建筑面积有:

(1)共有的楼梯间、电梯间、电梯井、观光井(梯)、提物井、室外楼梯等垂直通道及管道井、垃圾道的建筑面积。

(2)共有的门厅、大厅、过(走)道、门廊、门斗、雨篷等水平通道的建筑面积。

(3)共有的突出屋面有围护结构的水箱间、电梯机房间、楼梯间等的建筑面积。

(4)架空层中层高2.20 m以上并加以围护封闭利用的门厅、楼梯、电梯、卫生间和水、电、排风管道井等建筑面积。

(5)设在本幢内且仅为本幢服务的设备用房、管理用房(不包括物业管理用房)、值班警卫室(包括与警卫室相连的值班休息用房,也包括为本幢服务的与警卫室合并使用的接待室、传达室,还包括自动报警控制中心和影像监控室)。

(6)套与公共建筑之间的分隔墙中线以外半墙水平投影面积。

(7)外墙(包括山墙)中线以外半墙的水平投影面积,简称外半墙面积。

2. 不被分摊的公用建筑面积

(1)相关权利人合法协议约定的不分摊的公用建筑空间。

(2)地下室或半地下室中设计作为人防工程的建筑面积。

(3)独立使用的地下室、半地下室、车库、车棚等。

(4)中高层以上建筑中设立的消防避难层(室)的建筑面积。

(5)为多幢服务的设备用房、管理用房、值班警卫室等公用房屋。

(6)设在幢外,为他幢服务的设备用房、管理用房、值班警卫室等公用房屋。

(7)为社区提供服务可独立经营使用的配套用房,如设在幢内的会所、储蓄所、娱乐活动室、健身房、阅览室、托儿所、老人活动中心等。

(8)按规划批建,设在幢内的为社区服务的公用房屋,如物业服务公司的经营办公用房、公共厕所以及居委会、派出所等。

(9)设计加以利用的深基础架空层中纯架空部分(不包括架空层中层高2.20 m以上并加以围护封闭利用的门厅、楼梯、电梯、卫生间和水、电、排风管道井等建筑面积)。

(10)按规划批建的技术(结构)转换层。

(11)建设、开发单位自留、自用的房屋。

(12)幢与幢之间相连的通廊。

(13)建筑物屋面设置的人防报警(控制)室、消防水箱间。

其中,下列部位为房屋专有建筑面积,应分摊所在幢相关的共有建筑面积。

(1)独立使用的地下室、半地下室、车库、车棚等。

(2)为社区提供服务可独立经营使用的配套用房,如设在幢内的会所、储蓄所、娱乐活动室、健身房、阅览室、托儿所、老人活动中心等。

(3)建设、开发单位自留、自用的房屋。

其中,下列情形是属不被分摊的公用建筑面积,又称公有建筑面积,不分摊所在幢内相关的共有建筑面积。

(1)地下室或半地下室中设计作为人防工程的建筑面积。

(2)中高层以上建筑中设立的消防避难层(室)的建筑面积。

(3)为多幢服务的设备用房、管理用房、值班警卫室等公用房屋。

(4)设在幢外,为他幢服务的设备用房、管理用房、值班警卫室等公用房屋。

(5)按规划批建,设在幢内的为社区服务的公用房屋,如物业服务公司的经营办公用房、公共厕所、居委会、派出所等。

(6)设计加以利用的深基础架空层中纯架空部分(不包括架空层中层高2.20 m以上并加以围护封闭利用的门厅、楼梯、电梯、卫生间和水、电、排风管道井等建筑面积)。

(7)按规划批建的技术(结构)转换层。

(8)幢与幢之间相连的通廊。

(9)建筑物屋面设置的人防报警(控制)室、消防水箱间。

(四)共有建筑面积的分摊原则

共有建筑面积的分摊原则如下:

(1)产权各方有合法权属分割文件或协议的,按文件或协议规定执行。

(2)无产权分割文件或协议的,根据相关房屋的套(单元)内建筑面积按比例进行分摊。

(3)以“幢”为单位进行测量与分摊。分摊的共有建筑面积为本幢内的且只为本幢服务的共有建筑面积,与本幢不相连的共有建筑面积不得分摊到本幢房屋内,本幢共有建筑面积不分摊到他幢。

(4)共有建筑面积分摊后,各分户权属建筑面积之和应等于相应的幢、功能区、层的权属建筑面积。

(5)按“逐级分摊”的原则,由整体到局部依次进行分摊,即先分摊幢,然后分摊功能区,再分摊层,最后把共有建筑面积分摊至套或户。

(6)功能区内的共有建筑面积应参与分摊功能区间的共有建筑面积,即低一级功能区间的共有建筑面积应参与分摊高一级功能区间共有建筑面积,即局部范围的共有建筑面积应承担分摊整体的共有建筑面积。

(五)共有建筑面积的划分

共有建筑面积按其使用功能及服务范围可划分为:

(1)整幢共有建筑面积指为整幢服务(包括不同功能区)的共有建筑面积,该面积在整幢范围进行分摊。

(2)功能区间共有建筑面积指仅为一幢建筑的某几个功能区服务的共有建筑面积,该面积在相关的功能区范围内进行分摊。

(3)功能区共有建筑面积指专为一幢建筑的某一个功能区服务的共有建筑面积,该面积在该功能区内进行分摊。

(4)层间共有建筑面积指仅为某一功能区内的两层或两层以上楼层服务的共有建筑面积,该面积在相关楼层范围内进行分摊。

(5)层内共有建筑面积指专为本层服务的共有建筑面积,该面积在本层内进行分摊。

(6)套间共有建筑面积。由于功能设计不同,仅由同一层内的多户使用的共有建筑面积,应由相关多户进行分摊。

(六)共有建筑面积计算及分摊的若干细则

(1)一幢由裙楼相连的、有多个塔楼的房屋,塔楼应划分为不同功能区。

(2)当单一功能房屋存在多个单元时,一般以幢为单位统一分摊共有建筑面积,但如有下列情况之一的,应划分为不同功能区:

①有的单元设电梯、有的单元不设电梯,按设电梯和不设电梯的单元划分功能区。

②有的单元为通廊式梯间、有的单元为单元式梯间,按梯间不同的单元划分功能区。

③有的单元为多层、有的单元为高层,按多、高层单元划分功能区。

④有的单元为商品房,有的单元为回迁房,按商品房、回迁房单元划分功能区。

⑤有的单元门口处设有门廊、门斗,有的单元门口处没有门廊、门斗,按设有门廊、门斗和没有门廊、门斗单元划分功能区。

(3)地下室:

①若地下室有部分区域用作商业或办公等用途,则该部分应列为专有建筑面积,位于该区域内仅与商业或办公相通并使用的走廊、楼梯间、电梯间、扶梯、货梯、观光电梯、卫生间、通风井、烟道、管道井等,均在地下室商业或办公部分进行分摊。

②地下室既有商业、办公等专有建筑面积或其他共有建筑面积,也有人防、设备用房等公有建筑面积,且共用该区域内的水平通道和其他共有用房时,应在测算出专有建筑面积、共有建筑面积、公有建筑面积后,按比例对本区域共有建筑面积作预分摊计算,以确定各部分的建筑面积。

③当地下停车场中机动车位经批准准予出售并可以拥有独立产权时,机动车位面积可按各停车位实际占用面积的方式计算,也可按实际占用面积加分摊的共有分摊面积的方式计算机动车位的建筑面积。此时,地下室车道面积、其他专门服务于车位的公共通道面积和公共用房面积均列为各车位应分摊的共有建筑面积。

(4)下地下室楼(电)梯、车道:

①由地面下地下室的地下室专用梯,当该专用梯地面出入口为独立出入口并位于建筑物外墙或主体之外时,若:

地下室为人防、设备用房等公有建筑面积,该专用梯及地面出入口的建筑面积计为不分摊公有建筑面积,并计入地下室建筑面积中。

地下室为商业、办公等专有建筑面积或其他共有建筑面积,该专用梯及地面出入口的建筑面积计为地下室应分摊的共有建筑面积。

地下室既有商业、办公等专有建筑面积或其他共有建筑面积,也有人防、设备用房等公有建筑面积,如该专用梯仅为商业、办公等专有建筑面积服务或其他共有建筑面积服务,该专用梯及地面出入口的建筑面积直接计为应分摊的共有建筑面积;如该专用梯同时服务于地下室公有建筑面积和其他建筑面积(专有建筑面积或共有建筑面积),该专用梯及地面出入口的建筑面积应为分摊的共有建筑面积,被专有建筑面积、共有建筑面积、公有建筑面积几个功能区预分摊,并分别计入各功能区建筑面积中。被公有建筑面积预分摊的分摊面积计入公有建筑面积,被专有建筑面积预分摊的分摊面积计入专有建筑面积,被共有建筑面积预分摊的分摊面积计入共有建筑面积,再分别在各自的功能区内被分摊。

②由地面下地下室的地下室专用梯,当该专用梯地面出入口位于建筑物外墙或主体之内时,若:

地下室为公有建筑面积,则地下室梯从地表处切断,地下部分的梯间面积计入地下室,列为不分摊公有建筑面积。位于一层的梯间面积计为应分摊共有建筑面积,按其在地面以上的相应服务范围进行分摊计算。

地下室为商业、办公等专有建筑面积或共有建筑面积,该下地下室的楼梯的地面以下及地面以上部分不再专门划分开来,该楼梯及与之相通的地面一层的门厅、通道等一起在其地面以下的服务范围内共同分摊计算。如其位于地面一层的门厅、通道为其与地面以上相关空间共用,则门厅二通道等应一起在其地面以下和以上的服务范围内共同分摊计算。

下地下室的车道,其坡道下方回填无建筑空间的,或设计为不可利用的建筑、空间的,或车道下方直接为地下二层建筑空间的,该车道对应的地面一层有盖部分作上空处理,车道有盖部分只计一层建筑面积并计入地下一层建筑面积中,如图 5-9(a)所示;如车道下方在地下一层为可利用空间,那么车道下方层高超过 2.20 m 以上部分计算建筑面积,并均计入地下室建筑面积中,如图 5-9(b)所示。

(5)专用楼梯、电梯及梯间:

①室内专用楼梯、电梯,其通过“不使用”楼层部分的梯间建筑面积和其凸出屋面的梯间、机房面积,列为“不使用”和“使用”两部分建筑的区间共有建筑面积;通过“使用”楼层部分的梯间建筑面积列为“使用”部分建筑的区内共有建筑面积。

②室外专用楼梯、电梯,其梯间建筑面积全部列为“使用”部分建筑的区内共有建筑面

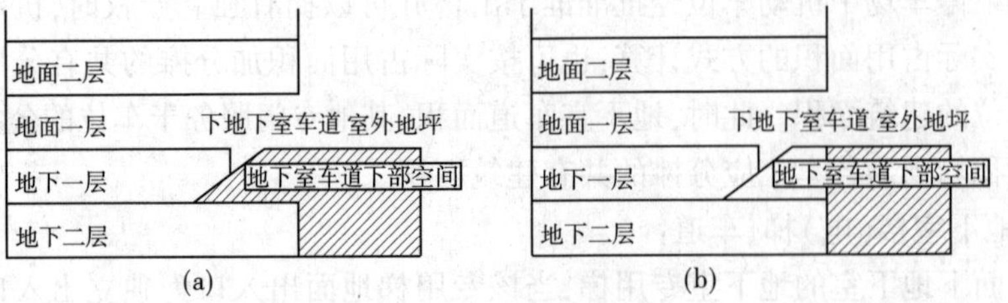

图5-9　下地下室车道

积。若第一层的建筑功能、用途与第二层以上的不同,如第二层及以上的为住宅,第一层为商业或办公、厂房、仓库、车库等非住宅用途的,则该室外梯为专用梯,其梯间应为第二层以上功能区分摊共有建筑面积。

③室内专用楼梯、电梯,它们通过"不使用"楼层部分的梯间面积,不包括使用专用梯楼层所专用的、落在一层(地面)通往梯间的过道(走廊)、门厅、大堂等共有建筑面积。这些共有建筑面积应列为"使用"部分建筑的功能区内应分摊的共有建筑面积。

④当一个裙楼对应有多个塔楼时,在裙楼不能按多个塔楼划分成多幢建筑的情况下,通过"不使用"楼层部分的梯间有多个,这些多个梯间面积的总和应列为"不使用"和"使用"两部分建筑的区间共有建筑面积,而"使用"部分建筑的套内建筑面积为各塔楼的面积总和。

(6)非专用楼梯、电梯及梯间:

①为整幢服务的楼梯或电梯,整幢分摊(在个别楼层或部分楼层有门不开的,不影响整幢分摊)。例如,某一楼房,当其室外楼梯上第二层平台,再经平台进室内楼梯上各层时,若第一层与第二层以上建筑的功能、用途相同,该室外梯为非专用梯,其梯间面积为整幢(含第一层)应分摊的共有建筑面积。

②当楼梯或电梯通过的楼层分成多个不同用途建筑(如住宅与办公等)且其对应的梯间平面结构不同时,按不同的梯间平面结构分段确定其服务范围,但屋顶梯间或电梯机房仍为整幢的共有建筑面积。

(7)走廊的处理:

①房屋除第一层(地面)外的其他各层的内、外走廊,列为本层的共有建筑面积。

②位于建筑物第一层(地面)的外走廊、檐廊,列为应分摊的共有建筑面积。第一层全部为商铺且各商铺均向走廊(或檐廊)开门时,走廊(或檐廊)的建筑面积列为第一层各商铺应分摊的共有建筑面积。第一层为公寓、办公等用房时,也按此原则处理。除此之外,第一层外走廊、檐廊的建筑面积列为整幢应分摊的共有建筑面积。

(8)架空通廊:

①两座建筑物在地面部分由裙楼连成一体,且不能将塔楼和相应裙楼划分成多幢建筑的,架空通廊建筑面积列为整幢应分摊的共有建筑面积。

②两幢独立建筑物之间的架空通廊建筑面积列为不分摊的公有建筑面积。

(七)共有建筑面积分摊

1. 分摊公式

按相关套内建筑面积进行共有建筑面积分摊,共有分摊面积按下式计算:

$$\delta S_i = KS_i$$

$$K = \Delta S_i / \sum S_i$$

式中　δS_i——各单元分摊所得的共有分摊面积，m^2；

K——共有分摊系数；

S_i——各单元参加分摊的套内建筑面积，m^2；

ΔS_i——可被分摊的共有建筑面积，m^2；

$\sum S_i$——参加分摊的各单元套内建筑面积总和，m^2。

2. 分摊方法

1) 住宅楼共有建筑面积的分摊方法

住宅楼以幢为单元，依照分摊计算公式，根据各套房屋的套内建筑面积，求得各套房屋分摊所得的共有建筑分摊面积。

2) 商住楼共有建筑面积的分摊方法

首先，根据住宅和商业等的不同使用功能按各自的建筑面积将全幢的共有建筑面积分摊成住宅和商业两部分，即住宅部分分摊得到的全幢共有建筑面积和商业部分分摊得到的全幢共有建筑面积。然后，住宅和商业部分将所得的分摊面积再各自进行分摊。

(1) 住宅部分：将分摊得到的幢共有建筑面积，加上住宅部分本身的共有建筑面积，依照分摊计算公式，按各套的建筑面积分摊计算各套房屋的分摊面积。

(2) 商业部分：将分摊得到的幢共有建筑面积，加上本身的共有建筑面积，按各层套内的建筑面积依比例分摊至各层，作为各层共有建筑面积的一部分，加至各层的共有建筑面积中，得到各层总的共有建筑面积，然后根据层内各套房屋的套内建筑面积按比例分摊至各套，求出各套房屋分摊得到的共有建筑面积。

3) 多功能综合楼共有建筑面积的分摊方法

多功能综合楼共有建筑面积按照各自的功能，参照商住楼的分摊计算方法进行分摊。

(八) 共有建筑面积分摊模型

1. 传统分摊计算模型

传统分摊计算模型如图 5-10 所示，按逐级分摊的原则，由整体到局部依次进行分摊，即先分摊幢，然后分摊功能区，再分摊层，最后把共有建筑面积分摊至套或户。

1) 住宅楼共有建筑面积的分摊

根据整幢的共有建筑面积和整幢套内面积的总和求得整幢住宅楼的共有分摊系数，再按各套房屋的套内建筑面积，依比例求得各套房屋的共有分摊面积，计算公式如下：

$$\delta S_{Ti} = K_Z S_{Ti}$$

$$K_Z = \Delta S_Z / \sum S_{Ti}$$

式中　δS_{Ti}——各套房屋的共有分摊面积，m^2，i 为套号；

K_Z——整幢房屋共有分摊系数；

S_{Ti}——各套房屋的套内建筑面积，m^2，i 为套号；

ΔS_Z——整幢房屋的共有建筑面积，m^2；

$\sum S_{Ti}$——整幢房屋各套内建筑面积的总和，m^2。

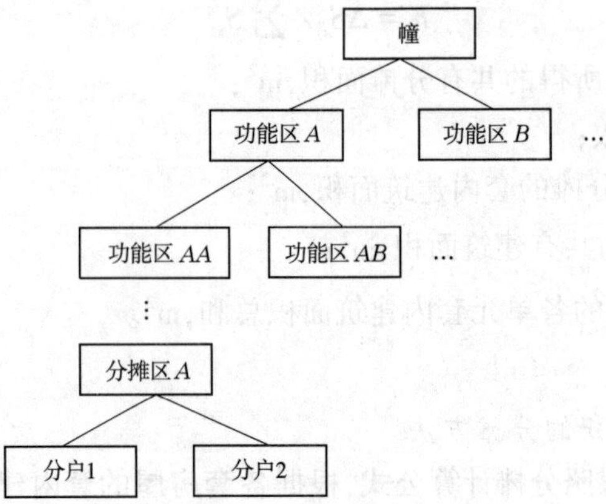

图 5-10　传统分摊计算模型

2) 多功能综合楼共有建筑面积的分摊

多功能综合楼是指具有三种以上用途的建筑物,即一幢建筑物内可能有住宅、商业用房、办公用房等三种以上用途,各共有建筑面积的功能与服务对象也不相同。因此,对多功能综合楼就不能和普通住宅楼一样,用一个分摊系数一次进行分摊,而是应按照谁使用谁分摊的原则,对各共有建筑面积,按照各自的功能和服务对象分别进行分摊,即进行多级分摊。

按国家标准《房产测量规范 第 1 单元:房产测量规定》(GB/T 17986.1—2000)的规定,采用由整体到局部、由大至小的分摊模式,即首先分摊整幢的共有建筑面积,把它分摊至各功能区。功能区将分摊到的共有分摊面积和功能区本身自有的共有建筑面积加在一起,再分摊至功能区内各个层,然后层再将功能区分摊到的共有分摊面积和层原来自身的共有建筑面积加在一起,最后分摊至各套或各户。套内建筑面积加上套共有分摊面积,就得到了各套或各户的产权面积。如果各功能区内各层的结构相同,共有建筑面积也相同,则可免去层这一级分摊,由功能区直接分摊至套或户。

(1) 幢共有建筑面积的分摊计算公式为

$$\delta S_{Gi} = K_Z S_{Gi}$$

$$K_Z = \Delta S_Z / \sum S_{Gi}$$

式中　δS_{Gi}——幢内各功能区的共有分摊面积,m^2;

K_Z——幢共有分摊系数;

S_{Gi}——幢内各功能区的套内建筑面积,m^2;

ΔS_Z——整幢房屋的共有建筑面积,m^2;

$\sum S_{Gi}$——本幢各功能区套内建筑面积之和,m^2。

(2) 功能区共有建筑面积的分摊计算公式为

$$\delta S_{Ci} = K_G S_{Ci}$$

$$K_G = \Delta\delta S_G / \sum S_{Ci}$$

$$\Delta\delta S_G = \Delta S_G + \delta S_G$$

式中　δS_{Ci}——功能区内各层的共有分摊面积,m^2;

K_G——功能区共有分摊系数;

S_{Ci}——功能区内各层的套内建筑面积，m^2；

$\Delta\delta S_G$——功能区的共有建筑面积之和，m^2；

$\sum S_{Ci}$——功能区内各层套内建筑面积之和，m^2；

ΔS_G——功能区自身原有的共有建筑面积，m^2；

δS_G——本幢分摊给功能区的共有分摊面积，m^2。

(3)层共有建筑面积的分摊计算公式为

$$\delta S_{Ti} = K_C S_{Ti}$$

$$K_C = \Delta\delta S_C / \sum S_{Ti}$$

$$\Delta\delta S_C = \Delta S_C + \delta S_C$$

式中 δS_{Ti}——各套房屋的共有分摊面积，m^2；

K_C——层共有分摊系数；

S_{Ti}——层内各套房屋或户的套内建筑面积，m^2；

$\Delta\delta S_C$——层内共有建筑面积之和，m^2；

$\sum S_{Ti}$——本层内各套(户)房屋套内建筑面积之和，m^2；

ΔS_C——各层本身原有的层共有建筑面积，m^2；

δS_C—功能区分摊给本层的共有分摊面积，m^2。

(4)套(户)内产权面积的计算公式为

$$S_{Ei} = S_{Ti} + \delta S_{Ti}$$

式中 S_{Ei}——各套(户)房屋的产权面积，m^2；

S_{Ti}——各套(户)房屋套内建筑面积，m^2；

δS_{Ti}——各套(户)房屋的共有分摊面积，m^2。

共有分摊面积计算的检核公式为

$$\sum S_{Ei} = \sum S_{Ti} + \Delta S_Z + \Delta S_G + \Delta S_C$$

式中 $\sum S_{Ei}$——本幢房屋中各套(户)房屋产权面积之和，m^2；

$\sum S_{Ti}$——本幢房屋中各套(户)房屋的套内建筑面积之和，m^2；

ΔS_Z——整幢共有建筑面积，m^2；

ΔS_G——各功能区的共有建筑面积，m^2；

ΔS_C——各层的共有建筑面积，m^2。

2. 自动分摊模型

房产面积自动分摊计算的软件开发设计中，为实现计算机编程需要可将公用建筑面积的分摊分为按文件或协议分摊、不分摊、整幢分摊、功能区间分摊、功能区内分摊、层间分摊、层内分摊、套间分摊等。

公用建筑面积的分摊归纳如下。

1)按文件或协议分摊

当该建筑物有几个相关权利人，并且就该相关建筑物的面积分割或分摊达成协议时，应该按照协议来进行。

2)不分摊

不分摊的公用建筑面积是指不能被分摊的公用建筑面积，如作为人防工程的地下室等。

此时,这部分公用建筑面积的分摊系数为0。

3)整幢分摊

使用功能单一,各户对共有建筑面积共有情况基本一致的房屋适用于整体分摊的方法,即共有建筑面积为该幢所有户必须分摊。在模型中,整幢分摊的共有建筑面积 ΔS 等于参与整幢分摊的共有建筑面积之和。参加摊算的建筑面积 $\sum S$ 为整幢房屋内所有套的建筑面积之和。

4)功能区间分摊

功能区是按照建筑物的不同使用功能来进行划分的。当建筑物有两个以上功能区时,只服务于特定功能区的共有建筑面积应在该功能区内分摊,而不应进行整幢分摊。功能区间分摊适用于那些应在特定的几个功能区间进行分摊的共有建筑面积。参加功能区间分摊的共有建筑面积按各功能区内的套内建筑面积的比例分摊。在模型中,参与功能区间分摊的共有建筑面积 $\Delta\delta S$ 等于参与分摊的两个功能区(或多个功能区)之间共有的建筑面积之和,参加摊算的建筑面积 $\sum S$ 为参与分摊的两个或多个功能区区内建筑面积之和。

5)功能区内分摊

仅为某一功能区服务的共有建筑面积适用于功能区内分摊。在模型中,区内分摊的共有建筑面积 $\Delta\delta S$ 等于本功能区内的共有建筑面积,参加摊算的建筑面积 $\sum S$ 为本功能区内的所有层的建筑面积之和。

6)层间分摊

层间分摊是指当某些共有建筑面积仅为特定的几层服务时所进行的面积分摊。在模型中,参与层间分摊的共有建筑面积 $\Delta\delta S$ 等于参与分摊的两个层(或多个层)层间共有建筑面积之和,参加摊算的建筑面积 $\sum S$ 等于这两个层(或多个层)层内所有套的建筑面积之和。

7)层内分摊

层内分摊是指仅服务于本楼层,并且该层的所有套都参与分摊的共有建筑面积。在模型中,层内分摊的共有建筑面积 $\Delta\delta S$ 等于本楼层内参与层内分摊的共有建筑面积之和,参加摊算的建筑面积 $\sum S$ 为本楼层内所有套(户)建筑面积之和。

8)套间分摊

套间分摊是指仅服务于某一楼层内部分用户的共有建筑面积,即该楼层部分用户参与公摊的共有建筑面积。

公用建筑面积分摊模型如图5-11所示。

其中,被分摊的公用建筑面积称为共有建筑面积,不被分摊的公用建筑面积称为公有建筑面积,二者合称公用建筑面积。在以往只计算共有建筑面积,不计算公有建筑面积,房屋的总建筑面积中不包含公有建筑面积。在《中华人民共和国物权法》出台后,明确规定小区的公用建筑面积归小区业主共同所有。既然权属已经明确,公有建筑面积就应该计算,小区业主就应该知晓自己享有的公有建筑的部位和面积。不被分摊的公有建筑面积能不能办理权利证书应该是下一步思考的问题。

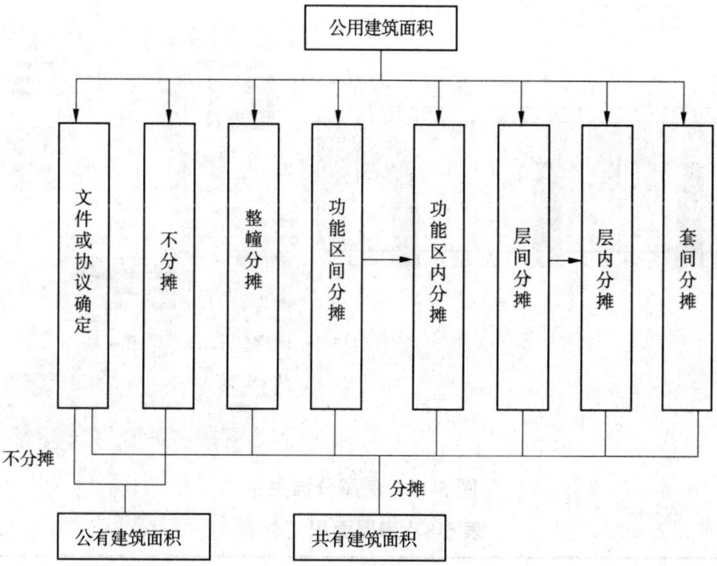

图 5-11　公用建筑面积分摊模型

二、房产面积计算与分摊示例

下面是利用 Supermap Floor 软件对楼房进行分摊及面积计算的算例。

(1)在软件中导入 CAD 图形数据,创建拓扑关系并确定功能区域(见图 5-12)

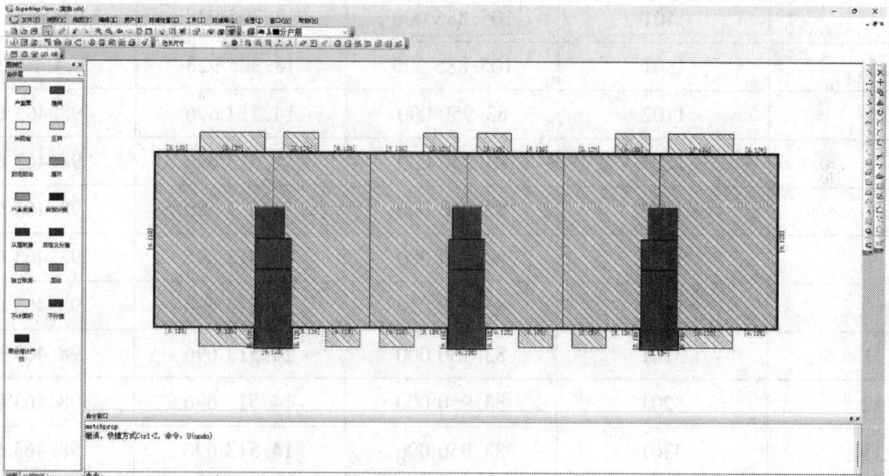

图 5-12　房屋平面示意图

(2)按户对房屋功能区进行分摊(见图 5-13)。

(3)房屋分摊计算后面积成果表,如表 5-8 所示。

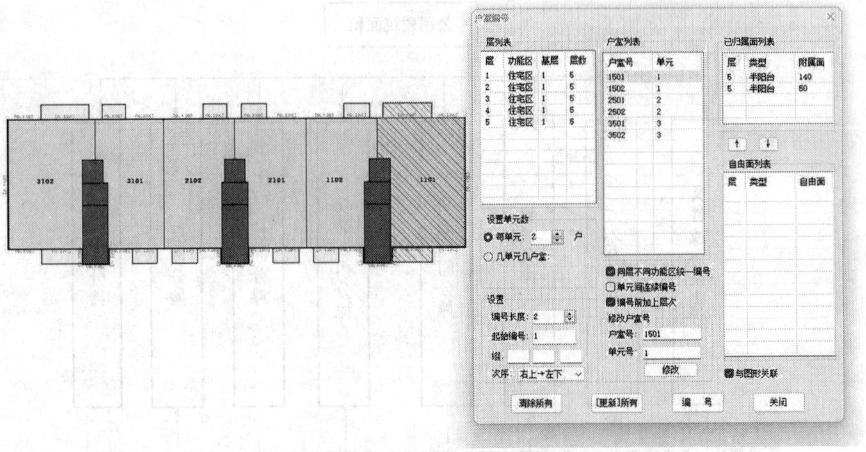

图 5-13　房屋分摊关系

表 5-8　房屋面积汇总表

分摊计算成果汇总表(住宅)

权号	名称	摊前面积	分摊面积	摊后面积
1	1101	105. 885 000	18. 305 928	124. 190 928
2	1201	105. 885 000	18. 305 928	124. 190 928
3	1301	105. 885 000	18. 305 928	124. 190 928
4	1401	105. 885 000	18. 305 928	124. 190 928
5	1501	105. 885 000	18. 305 928	124. 190 928
6	1102	83. 950 000	14. 513 696	98. 463 696
7	1202	83. 950 000	14. 513 696	98. 463 696
8	1302	83. 950 000	14. 513 696	98. 463 696
9	1402	83. 950 000	14. 513 696	98. 463 696
10	1502	83. 950 000	14. 513 696	98. 463 696
11	3101	83. 950 000	14. 513 696	98. 463 696
12	3201	83. 950 000	14. 513 696	98. 463 696
13	3301	83. 950 000	14. 513 696	98. 463 696
14	3401	83. 950 000	14. 513 696	98. 463 696
15	3501	83. 950 000	14. 513 696	98. 463 696
16	2101	83. 375 000	14. 414 287	97. 789 287
17	2201	83. 375 000	14. 414 287	97. 789 287
18	2301	83. 375 000	14. 414 287	97. 789 287
19	2401	83. 375 000	14. 414 287	97. 789 287

续表 5-8

分摊计算成果汇总表(住宅)				
权号	名称	摊前面积	分摊面积	摊后面积
20	2501	83.375 000	14.414 287	97.789 287
21	2102	83.375 000	14.414 287	97.789 287
22	2202	83.375 000	14.414 287	97.789 287
23	2302	83.375 000	14.414 287	97.789 287
24	2402	83.375 000	14.414 287	97.789 287
25	2502	83.375 000	14.414 287	97.789 287
26	3102	105.885 000	18.305 928	124.190 928
27	3202	105.885 000	18.305 928	124.190 928
28	3302	105.885 000	18.305 928	124.190 928
29	3402	105.885 000	18.305 928	124.190 928
30	3502	105.885 000	18.305 928	124.190 928

(4)房屋分户平面图如图 5-14 所示。

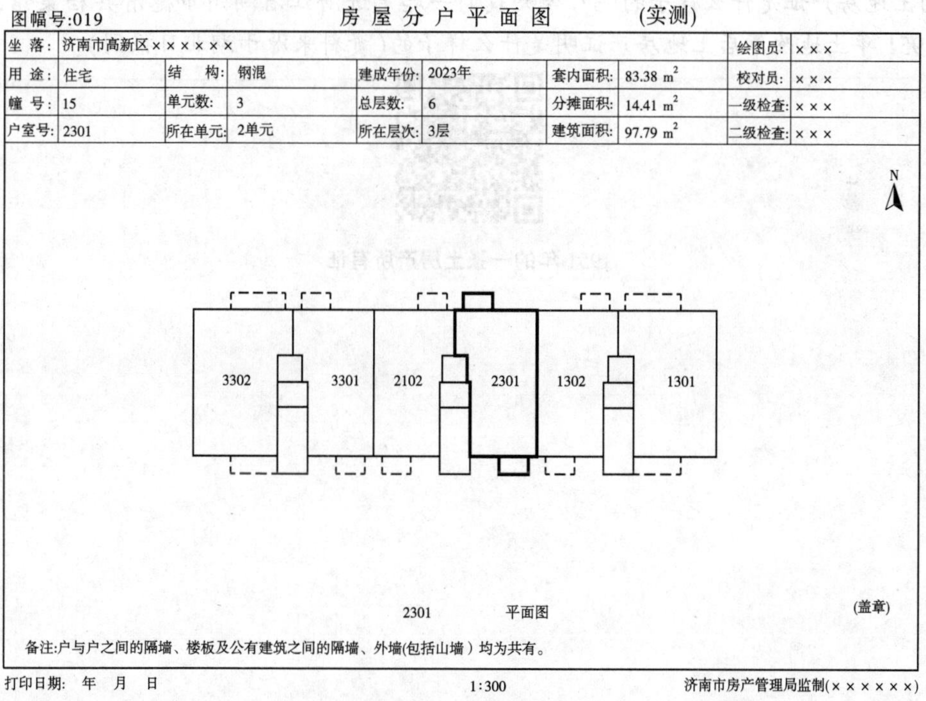

图 5-14　房屋分户平面图

【项目小结】

房产调查作为房产测量的先行性工作,是掌握有关房屋及用地信息的重要手段。本项目主要介绍了房屋调查、房屋用地调查的目的和流程,房屋分摊面积计算的方法及相关应用,为后续的房屋、地籍测量提供了规范指导。

思考与练习

5-1　名词解释:假层、气屋、天井、核心筒、露台、管道井。

5-2　试述房屋调查的主要内容。

5-3　房屋的数量包括哪些?试比较解析建筑占地面积、建筑面积、使用面积、共有面积、产权面积、总面积、套内建筑面积。

5-4　什么是共有面积?应分摊共有面积的分摊原则是什么?

5-5　房产调查的目的与内容是什么?

5-6　丘的含义及编号原则是什么?

【延伸阅读】

1951 年的一张土房产所有证

现在的房产及土地证明都是红色外皮的产权证书,那在中华人民共和国成立之初,我们国家的土地房产证是什么样子的呢?今天我们一起走进浙江省湖州市德清县档案馆,来看一看 1951 年土地改革后土地房产证明是什么样子的(资料来源于湖北日报网)。

1951 年的一张土房产所有证

项目六　地籍控制测量

【项目概述】

地籍测绘工作的第一道工序就是地籍控制测量,地籍控制测量是地籍图件的数学基础,是关系界址点精度的全局性的技术环节。地籍控制测量除具有一般地形控制测量的特点外,在质和量上又与地形控制测量有区别。本项目主要对地籍控制测量的原则、特点、精度要求及方法加以介绍。

【学习目标】

了解地籍控制测量的基本原则、精度要求;掌握地籍控制测量的特点;掌握地籍控制测量中坐标系的选择;熟悉地籍控制测量的基本方法。

【思政导入】

"中国虽大,但一点都不能少;地图虽小,但一点都不能错。"2023年8月29日的测绘法宣传日活动主题为"规范使用地图,一点都不能错"。如何获得准确又规范的地图呢?测图前的控制测量工作十分重要。我们在测绘学概述中知道,测量要按照"从整体到局部,先控制后碎步"的原则,地籍控制测量就是为后期的地籍图测绘做准备打基础的,具体怎么做呢?和我们地形图测绘中的控制测量有什么区别呢?让我们一起来学习。

【正文】

任务一　概　述

一、地籍控制测量的含义

地籍控制测量是地籍图件的数学基础,是关系到界址点精度的全局性的技术环节。它是根据界址点及地籍图的精度要求,结合测区范围的大小、测区内现有控制点数量和等级情况,按控制测量的基本要求和精度要求进行技术设计、选点、埋石、野外观测、数据处理等测量工作。

地籍控制测量包括基本控制测量和图根控制测量,前者是测区的首级控制点,后者则为用于直接测图服务的扩展控制点,两者构成了测区控制网的两个不同层次。这样既可保证测区控制点精度分布均匀,又可满足测区设站的实际要求。

二、地籍控制测量原则

地籍控制点是进行地籍测量和测绘地籍图的依据。地籍控制测量必须遵循从整体到局部、由高级到低级分级控制(或越级布网)的原则。

地籍控制测量分为地籍基本控制测量和地籍图根控制测量两种。地籍基本控制测量可采用三角网(锁)、测边网、导线网和GNSS相对定位测量网进行施测,施测的地籍基本控制网点分为一等、二等、三等、四等和一级、二级。精度高的网点可作精度低的控制网的起算点。在等级地籍基本控制测量的基础上,地籍图根控制测量主要采用导线网和 GNSS 相对定位测量网施测,施测的地籍图根控制网点分为一级、二级。

三、地籍控制测量的特点

地籍控制测量有如下特点:

(1)因地籍图的比例尺一般比较大,故平面控制精度要求较高,以保证界址点和图面地籍元素的精度要求。

(2)地籍元素之间的相对误差限制较严,如相邻界址点间距、界址点与邻近地物点间距的误差不超过 0. 3 mm。因此,应保证平面控制点有较高的要求。

(3)城镇地籍测量由于城区街区街巷纵横交错,房屋密集,视野不开阔,故一般采用导线测量建立平面控制网。

(4)为了保证实地勘丈的需要,基本控制测量和图根控制点必须有足够的密度,以便满足细部测量的要求。

(5)规程中规定界址点的中误差为±5 cm,因此高斯投影的长度变形是不可忽视的。当城市位于 3°带的边缘时,可按照《城市测量规范》(CJJ/T 8—2011)采取适当措施。

(6)地籍图根控制点的精度与地籍图的比例尺无关。地形图控制点的精度一般用地图的比例尺精度来要求(地形图根控制点的最弱点相对于起算点的点位中误差为 0. 1 mm×比例尺分母 *M*)。界址点坐标精度通常以实地具体的数值来标定,而与地籍图的精度无关。一般情况下,界址点坐标精度要求等于或高于其他地籍图的比例尺精度,如果地籍图根控制点的精度能满足界址点坐标精度要求,则也可满足测绘地籍图的精度要求。

现代地籍的一个重要用途是其资料能用于城市规划、土地利用总体规划各类工程设计。因此,为了达到这个目的,所有的地籍数据和图在大区域内必须能进行拼接并且不发生矛盾,否则,不但给管理带来不便,而且其数据也难用于规划设计。所以,要求控制测量应有较高的绝对定位精度和相对定位精度,同时其精度指标应有极高的可靠性。

四、地籍控制测量精度指标

地籍控制测量的精度是以界址点的精度和地籍图的精度为依据制定的。根据不同的施测方法,现行《地籍测绘规范》(CH 5002—1994)各等级地籍基本控制网点的主要技术指标见表 6-1~表 6-5。

表 6-1 各等级三角网的主要技术规定

等级	平均边长/km	测角中误差/(″)	起始边相对中误差	导线全长相对闭合差	水平角观测测回数			方位角闭合差/(″)
					DJ_1	DJ_2	DJ_6	
二等	9	±1. 0	1/30 0000	1/120 000	12			±3. 5
三等	5	±1. 8	1/200 000(首级) 1/120 000(加密)	1/80 000	6	9		±7. 0
四等	2	±2. 5	1/120 000(首级) 1/80 000(加密)	1/45 000	4	6		±9. 0

续表 6-1

等级	平均边长/km	测角中误差/(″)	起始边相对中误差	导线全长相对闭合差	水平角观测测回数			方位角闭合差/(″)
					DJ_1	DJ_2	DJ_6	
一级	0.5	±5.0	1/80 000(首级) 1/45 000(加密)	1/27 000		2	6	±15.0
二级	0.2	±10.0	1/27 000	1/14 000		1	3	±30.0

表 6-2　各等级三边网的主要技术规定

等级	平均边长/km	测距相对中误差	测距中误差/mm	测距仪等级	测距测回数	
					往	返
二等	9	1/300 000	±30	Ⅰ	4	4
三等	5	1/100 000	±30	Ⅰ、Ⅱ	4	4
四等	2	1/120 000	±16	Ⅰ Ⅱ	2 4	2 4
一级	0.5	1/33 000	±15	Ⅱ	2	2
二级	0.2	1/17 000	±12	Ⅱ	2	2

表 6-3　各等级测距导线的主要技术规定

等级	平均边长/km	附合导线长度/km	测距中误差/mm	测角中误差/(″)	导线全长相对闭合差	水平角观测测回数			方位角闭合差/(″)
						DJ_1	DJ_2	DJ_6	
三等	3.0	15.0	±18	±1.5	1/60 000	8	12	—	$\pm3\sqrt{n}$
四等	1.6	10.0	±18	±2.5	1/40 000	4	6	—	$\pm5\sqrt{n}$
一级	0.3	3.6	±15	±5.0	1/14 000	—	2	6	$\pm10\sqrt{n}$
二级	0.2	2.4	±12	±8.0	1/10 000	—	1	3	$\pm16\sqrt{n}$

注：n 为导线转折角个数。当导线布设网状时，结点与结点、结点与起始点间的导线长度不超过表中附合导线长度的 0.7 倍。

表 6-4　各等级 GNSS 相对定位测量的主要技术规定(1)

等级	平均边长 D/km	GNSS 接收机性能	观测量	接收机标称精度优于	同步观测接收机数量
二等	9	双频(或单频)	载波相位	$10\ \text{mm}+2\times10^{-6}D$	≥2
三等	5	双频(或单频)	载波相位	$10\ \text{mm}+3\times10^{-6}D$	≥2
四等	2	双频(或单频)	载波相位	$10\ \text{mm}+3\times10^{-6}D$	≥2
一级	0.5	双频(或单频)	载波相位	$10\ \text{mm}+3\times10^{-6}D$	≥2
二级	0.2	双频(或单频)	载波相位	$10\ \text{mm}+3\times10^{-6}D$	≥2

表 6-5　各等级 GNSS 相对定位测量的主要技术规定(2)

项目	等级				
	二等	三等	四等	一级	二级
卫星高度角	≥15°	≥15°	≥15°	≥15°	≥15°
有效观测卫星数	≥6	≥4	≥4	≥3	≥3
时段中任一卫星有效观测时间/min	≥20	≥15	≥15	—	—
观测时间段	≥2	≥2	≥2	—	—
观测时段长度/min	≥90	≥60	≥60	—	—
数据采样间隔	15~60	15~60	15~60	—	—
卫星观测值象限分布	3 或 1	2~4	2~4	2~4	2~4
点位几何图形强度因子(PDOP)	≤8	≤10	≤10	≤10	≤10

任务二　地籍基本平面控制测量

一、利用已有城镇基本控制网

凡符合《城市测量规范》(CJJ/T 8—2011)要求的二等、三等、四等城市控制网点和一级、二级城市控制网点都可利用。

对已布设二等、三等、四等城市控制网而未布设一级、二级控制网的地区,可以以其为基础,加密一级或二级地籍控制网。

对已布设有一级城市控制网的地区,可以以其为基础,加密二级地籍控制网。

在利用已有控制成果时,应对所利用的成果有目的地进行分析和检查。在检查与使用过程中,如发现有较大误差,则应进行分析,对有问题的点(存在粗差、点位移动等),应避而不用。

二、地籍基本平面控制网的布设要求

地籍基本平面控制网的要求主要是对控制网的基本精度和密度要求。地籍基本平面控制网的基本精度要求要满足下一级加密和测定界址点坐标精度的要求,并根据城镇测区的具体情况和发展远景,按照布网原则和有关规定,布设各等级基本平面控制网(首级网和加密网)。

(一)精度要求

《地籍测绘规范》(CH 5002—1994)规定:地籍平面控制点相对于起算点的点位中误差不超过±0.05m。

(二)密度要求

平面控制点的密度应根据界址点的精度和密度及地籍图的比例尺和成图方法等因素来定(一般每幅图的控制点数为 10~20 个)。但是地籍控制点的密度与测图比例尺无直接关系，因为在一个区域内，界址点的总数、要求的精度和测图比例尺都是固定的，必须优先考虑要有足够的地籍控制点来满足界址点测量的要求，再考虑测图比例尺要求的控制点密度。还应考虑到地籍测量的特殊性，即应满足地籍测量资料的更新和恢复界址点位置的需要。

为了满足地籍测量资料的更新和恢复界址点位置的需要，不论何种成图方法，都要求每幅图内有一定数量的埋石点，具体规定见表 6-6。

表 6-6　埋石点的密度要求

比例尺	1∶500	1∶1 000	1∶2 000
埋石点最小密度/幅	3	4	4

如果是城镇地籍测量，特别是南方城镇，旧城居民区内巷道错综复杂，建筑物多而乱，界址点非常多，在这种情况下，适当地增加控制点密度和数目，才能满足地籍测量的需求。

在通常情况下，地籍控制网点间的平均边长为：

(1)城镇地区：100～200 m(布设三级地籍控制)。

(2)城镇稀疏建筑区：200～400 m(布设二级地籍控制)。

(3)城镇郊区：400～500 m(布设一级地籍控制)。

(三)坐标系的选择

坐标系的选择应以投影长度变形值不大于 2.5 cm/km(即 1/40 000)为原则，并根据测区地理位置和平均高程而定。可按系列顺序选择地籍平面控制网的坐标系。现在一般要求采用 2000 国家大地坐标系统。《第三次全国国土调查技术规程》(TD/T 1055—2019)中明确要求要求采用 2000 国家大地坐标系。

1. 国家统一坐标系

国家花费大量的人力、物力、财力及几十年的努力，建立起了全国大地控制网点，应尽可能利用，以便与国家坐标系成为一整体。使用国家统一坐标系有如下优点：

其一，它有利于地籍成果的通用性，便于成果共享，使地籍测量不仅能为地籍管理奠定基础，而且能为城市规划、工程设计、土地整理、管道建设等多种用途提供服务。如果坐标系不统一，则降低了它的品位和应用价值。

其二，统一坐标系有利于图幅正规分幅、拼接、接合、使用和各种比例尺图幅的编绘。

其三，它有利于土地、规划、房地产等各部门之间的合作，这将加快地籍测量的进度，提高效益和节约经费。

综上所述，在一般情况下，城镇地籍测量和土地资源调查应使用北京坐标系。农村地区地籍测量精度要求较低，则可在现有的国家各等级的大地控制网点的基础上加密地籍控制网点。

2. 城市坐标系

在城镇地区，则尽可能利用已有的城市坐标系和城市控制网点来建立当地的地籍控制网点。这些控制网点一般与国家控制网进行了联测，并且有坐标变换参数。

在一些小城镇可能没有控制网点，则应以投影变形值小于 2.5 cm/km 为原则，建立坐标系和控制网点，并与国家控制网联测。面积小于 25 km^2 的城镇，可不经投影直接建立平面直角坐标系，并与国家控制网联测。如果不具备与国家控制网点的联测条件，则可以用下面三种方法来建立独立坐标系。

(1)用国家控制网中的某一点坐标作为原点坐标,某边的坐标方位角作为起始方位角。

(2)从中、小比例尺地形图上用图解方法量取国家控制网中一点的坐标或一明显地物点的坐标作为原点坐标,量取某边的坐标方位角作为起始方位角。

(3)假设原点的坐标和一边的坐标方位角作为起始方位角。

3.任意投影带独立坐标系

当测区(城、镇)地处投影带的边缘或横跨两带时,那么长度投影变形一定较大,或测区内存在两套坐标,这将给使用造成麻烦,这时应该选择测区中央某一子午线作为投影带的中央子午线,由此建立任意投影带独立坐标系。这既可使长度投影变形小,又可使整个测区处于同一坐标系内,无论对提高地籍图的精度还是地籍图的拼接及使用都是有利的。

三、地籍基本平面控制网设计

地籍基本平面控制网的设计是测量工作中的一个重要环节,它将直接影响后续测量工作能否顺利开展以及能否布设最佳控制网等问题,所以一定要加以重视。

(一)收集和研究资料

要使设计做到切合实际,就必须充分收集测区内各种有关资料,包括:

(1)各种比例尺地形图、地籍图、交通图。

(2)已有的各等级控制点成果表、点之记、布网图和技术总结,便于选定测区的坐标系。

(3)控制点保存情况。

(4)测区内的水文、气象和地质、地下水位及冻土层深度等资料,以便建标、埋石、安排作业时间等时参考。

(5)城镇总体规划图。

(6)测区内有关政治、经济、文化以及风土人情等情况。

对已经收集到的资料进行分析研究,以确定网的布设形式,起始数据如何获得,网的坐标系、投影带和投影面的选择及网的未来扩展等。取其有价值的部分作为设计的参考。

(二)首级平面控制网等级的确定

地籍首级平面控制网点的等级分为三等、四等或D、E级和一级、二级。主要采用静态全球定位系统定位方法建立首级平面控制网;一级、二级地籍平面控制网也可采用导线测量方法施测。首级平面控制网的等级主要由测区面积来确定,见表6-7。

表6-7 首级平面控制网等级的确定

首级平面控制网等级	三角网或边角网				导线网			
	三等	四等	一级	二级	三等	四等	一级	二级
测区面积/km^2	30~300	4~60	2~10	1~2	100~300	4~100	<4	<1

在确定首级平面控制网的等级时,还应考虑测区已有的控制点情况、仪器设备条件和委托单位的具体要求。已有的国家二等、三等、四等三角点和国家B、C、D、E级GNSS点可直

接作为地籍首级平面控制网点。已有的三、四等城市平面控制点含(GNSS点)和一级、二级城市平面控制点(含GNSS点)可直接作为地籍首级平面控制网点。在投影面上,相邻控制点的水平间距与原有坐标反算边长的相对误差不超过表6-8的规定。

表6-8　已有相邻控制点间距检查的规定

级别	相邻控制点的水平间距与原有坐标反算边长的相对误差≤
二等、C级	1/120 000
三等、D级	1/80 000
四等、E级	1/45 000
一级	1/14 000
二级	1/10 000

在首级控制网确定的情况下,布设下一级别的控制点,基本平面控制网发展层次如图6-1所示。

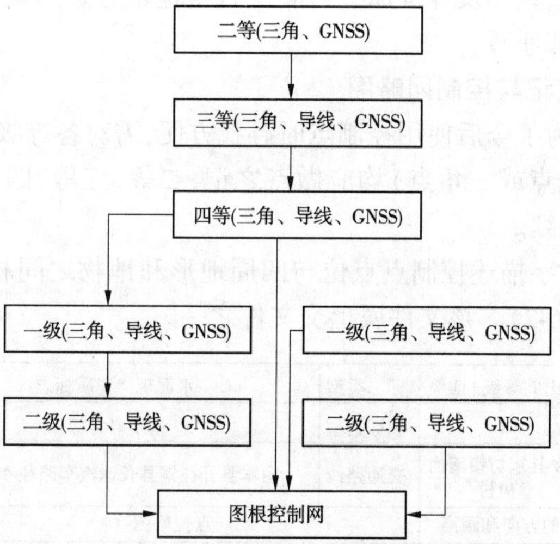

图6-1　基本平面控制网发展层次

(三)图上设计

根据测量任务的要求和测区具体情况,在测区内已有合适比例尺的地形图上,设计出最适宜的布点方案,拟订出最佳点的位置。

1.控制点的布点方案

首先在图上绘制地籍测量范围线,标出已有控制点的位置,确定起算数据和起算方位角,然后设计控制点的布点方案。首级控制网点数一般较少,以减少首级控制网的图形单元,增强网的图形强度,同时应与测区附近的国家或城市控制网联测。首级控制网全面控制整个测区,并考虑向外扩展便利。

图上选点后,应到实地进一步核对和调整点位,尤其要检查控制点之间的通视情况,注意三角的图形和导线网的节点位置。无论是在图上选点或实地选点,对点位的布设都应满足有关规定的要求。

2. 控制网精度估算

在图上选点和实地选点结束以后,应对拟初步构成图形的控制网进行精度估算,以衡量所构成的控制网在相应等级预期观测条件和方法下,预计最终成果能否达到预期的精度要求。在力求节省工作量和经费的情况下,从中选择满足精度要求的优化设计方案。精度估算有严密计算法和近似估算法,对于二等、三等、四等基本平面控制网,采用严密计算法,对于一级、二级小三角(或导线),可采用近似估算法。

四、基本平面控制测量的外业施测

(一)造标和埋石

对于城镇测区一级、二级以上的基本平面控制网,应视控制网的等级和测区土质条件,埋设相应的不同规格的标石,它是基本控制点的永久性标志。标石的类型有中心标石、岩上标石、屋顶标石及一般混凝土标石。

按规定,二等、三等控制点应建立觇标,四等控制点视需要而定,一级、二级小三角(导线)一般不建觇标。当然,是否建标还要根据城镇测区具体情况和需要而定。觇标的类型有双锥标、复合标、屋顶标、墩标及寻常标。为满足日常地籍管理的需要,在城镇地区,应对一级、二级地籍控制点全部埋石。

(二)地籍控制点点之记与控制网略图

埋石和造标结束后,为了今后使用控制点时寻找方便,需对各等级的控制网基本控制点(原则上有一级、二级导线点或三角点)均应做点之记,二等、三等、四等基本平面控制网点还要办好标志委托保管手续。

点之记是用图示和文字描述控制点点位与四周地形和地物之间相互关系,以及点位所处地理位置的文件(见图 6-2)。该文件属上交文件之一。

点名	佘山	等级	四等	标志类型	水泥现浇瓷质标志
点号	4			觇标类型	钢质寻常标
所在地	东乡县东坊镇南面幸福村			交通路线	由本县开往铜县长途汽车路往幸福村
与本点有关的方向和距离				点位略图	
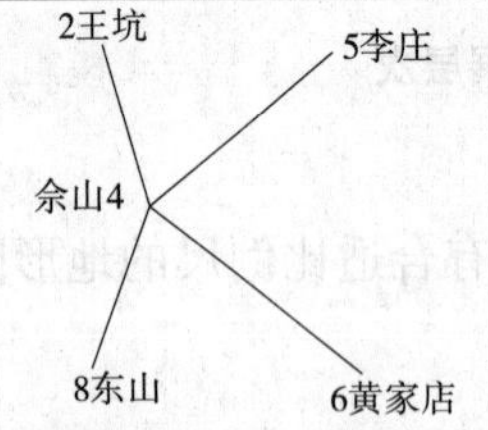				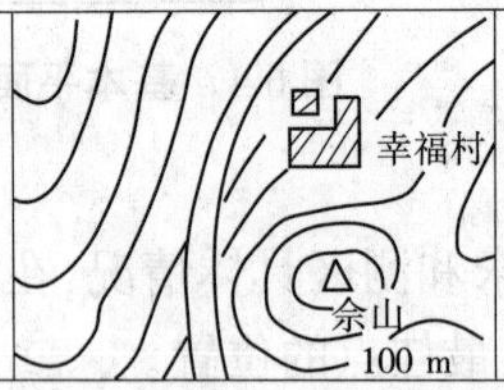 1∶25 000	
有关问题说明	本点在旧有点位上重选、重埋				

图 6-2　控制点点之记

控制网略图是在一张标准计算用纸(方格纸)上,选择适当的比例尺(能将整个测区画在其内为原则),按控制点的坐标值直接展绘在纸上,然后用不同颜色或不同线型的线条绘制出各等级的图形,是为了更好地了解整个测区地籍控制网点分布情况,检查控制网的合理性和控制点分布等情况,必须绘制的图件。控制网略图应做到随测随绘,即完成某一等级的控制点测量工作后,立即按点的坐标展出,再用相应的线条连接,不断地充实完成的。地籍控制测量工作完成,控制网略图也相应地完成。

地籍控制网略图是上交资料之一,无论测区大小都应做好这项工作。地籍控制网略图如图 6-3 所示。

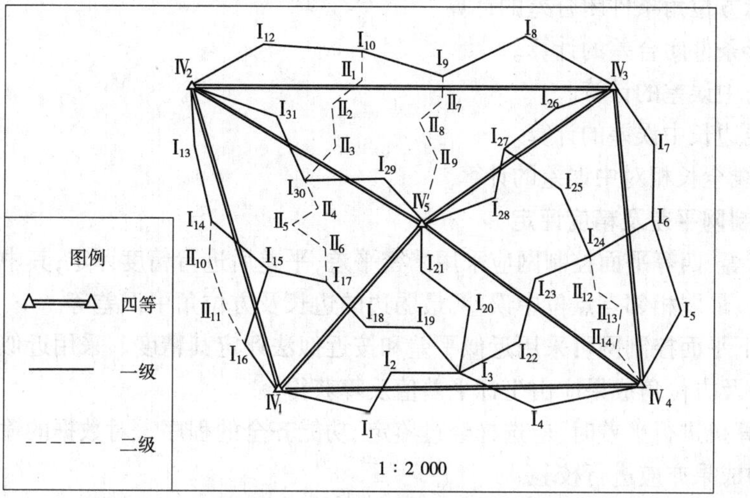

图 6-3　地籍控制网略图

(三)外业观测

地籍首级控制网测量的方法主要有:GNSS 测量、导线测量、三角测量法等。由于 GNSS 近年来发展迅猛,其具有精度高、费用省等优点,已成为地籍控制测量的首选方法。

五、地籍基本控制测量内业计算

(一)观测成果的概算和验算

外业观测结束以后,应进行概算和验算。

对于大面积测区,考虑到地球曲率的影响及投影变形等因素,验算前应进行概算,其任务是检查与整理外业观测成果,将地表上的观测成果归化至椭球面,将椭球面上的成果归化到高斯平面上;然后进行验算,其任务是计算控制网的各种几何条件闭合差,并与其限差做比较,检查观测成果的质量。

1. 概算的内容

(1)外业观测成果的整理与检查。

(2)绘制控制网略图(见图 6-3),编制观测数据和起算数据。

(3)有关起算数据的换算。

(4)观测成果归化至标石中心的计算。

(5)观测成果归化至椭球面上的计算。

(6)椭球面上的成果归化至高斯平面上的计算。

(7)编制高斯平面上的观测数据和起算数据表。

2. 验算的内容

(1)三角形闭合差的计算。

(2)测角中误差的计算。

(3)圆周条件闭合差的计算。

(4)极条件闭合差的计算。

(5)基线条件闭合差的计算。

(6)坐标方位角条件闭合差的计算。

(7)图形条件闭合差的计算。

(8)测角中误差的计算。

(9)导线边长中误差的计算。

(10)导线全长相对中误差的计算。

(二)控制网平差及精度评定

二等、三等、四等平面控制网应采用严密平差,平差后进行精度评定,其中包括单位权中误差,最弱点、最弱相邻点点位中误差,最弱边的边长及方位角中误差等。

四等以下平面控制网可采用近似平差和按近似法评定其精度。采用近似平差方法的导线网,其边长及方位角成果应由坐标平差值反算获得。

利用计算机进行平差时,应选择经过鉴定、功能齐全的程序。对数据的输入应进行仔细核对,计算的成果亦应进行校验。

六、地籍基本平面控制测量方法

(一)利用 GNSS 进行平面控制测量

GNSS 卫星导航定位技术发展迅速,为测绘工作带来了革命性的变化,也给地籍测量工作,特别是地籍控制测量工作带来了极大便利。GNSS 技术的特点有布点灵活,测站之间无需相互通视;全天候工作;观测及计算速度快;精度高等。GNSS 技术已成为控制测量中的首选技术手段与方法。

1. GNSS 控制网的布设

GNSS 静态测量可施测二等、三等、四等和一级、二级平面控制网;动态测量可施测一级、二级、三级平面控制网。

静态卫星定位网的主要技术指标应符合表 6-9 的规定。二等、三等、四等静态卫星定位网相邻点最小边长不宜小于平均边长的 1/2,最大边长不宜大于平均边长的 2 倍。当边长小于 200 m 时,边长中误差应小于 0.02 m。

表 6-9　静态卫星定位网的主要技术指标

等级	平均边长/km	a/mm	$b(1\times10^{-6})$	最弱边相对中误差
二等	9	≤5	≤2	≤1/120 000
三等	3	≤5	≤2	≤1/80 000
四等	2	≤10	≤5	≤1/45 000
一级	1	≤10	≤5	≤1/20 000
二级	<1	≤10	≤5	≤1/10 000

注:a 为固定误差;b 为比例误差系数。

动态卫星定位网的主要技术指标应符合表 6-10 的规定。困难地区相邻点间距离可缩短至表 6-10 规定长度的 2/3,边长误差不应大于 20 mm。

表 6-10　动态卫星定位网的主要技术指标

等级	相邻点间距离/m	点位中误差/mm	相对中误差	方法	起算点等级	流动站到基准站距离/km	测回数
一级	≥500	≤50	≤1/20 000	网络 RTK	—	—	≥4
二级	≥300	≤50	≤1/10 000	网络 RTK	—	—	≥3
				单基站 RTK	四等及以上	≤6	
三级	≥200	≤50	≤1/6 000	网络 RTK	—	—	≥3
				单基站 RTK	四等及以上	≤6	
					二级及以上	≤3	

GNSS 控制网设计的原则如下：

(1)GNSS 静态网的布设一般应通过独立观测边构成闭合图形，如三角形、多边形或附合线路，以增加检核条件，提高网的可靠性。

(2)GNSS 网点应尽量与原有地面控制网点相重合。重合点一般不应少于 3 个(不足时应联测)且在网中应分布均匀，以便可靠地确定 GNSS 网与地面网之间的转换参数。

(3)GNSS 网点应考虑与水准点相重合，而非重合点一般应根据要求以水准测量方法(或相当精度的方法)进行联测，或在网中设一定密度的水准联测点，以便为大地水准面的研究提供资料。

(4)为了便于观测和水准联测，GNSS 网点一般应设在视野开阔和交通便利的地方。

(5)为了便于用经典方法联测或扩展，可在网点附近布设一通视良好的方位点，以建立联测方向。方位点与观测站的距离，一般应大于 300 m。

(6)根据 GNSS 测量的不同用途，GNSS 网的独立观测边均应构成一定的几何图形。可根据实际情况和测区交通状况确定，宜由一个或若干个独立闭合环构成，以增加检核条件，提高网的可靠性，可按点连式、边连式、边点混连式、星形网、导线网、环形网基本构网方式有机地连接成一个整体。其中点连式、星形网、导线网符合条件少，精度低；边连式符合条件多，精度高，但工作量大；边点混连式和环形网形式灵活，符合条件多，精度较高，是常用的布设方案。

2. 选点和埋石

由于 GNSS 测站之间不需要相互通视，所以选点工作较常规测量简便得多。GNSS 点位的选择对 GNSS 观测工作有着重要的影响，因此应根据测量任务、目的、测区范围对点位精度和密度的要求，充分收集和了解测区地理状况及原有控制点的分布和保存情况，按照作业环境要求进行选点：

(1)观测站(接收天线安置点)应远离大功率的无线电发射台和高压输电线，以避免其周围磁场对 GNSS 卫星信号的干扰。接收机天线与其距离一般不得小于 200 m。

(2)观测站附近不应有大面积的水域或对电磁波反射(或吸收)强烈的物体，以减弱多路径效应的影响。

(3)观测站应设在易于安置接收设备的地方，且视野开阔。在视场内周围障碍物的高度角,一般应大于 10°~15°,以减弱对流层折射的影响。

(4) 观测站应选在交通方便的地方,并且便于用其他测量手段联测和扩展。

(5) 对于基线较长的 GNSS 网,还应考虑观测站附近具有良好的通信设施(电话与电报、邮电)和电力供应,以供观测站之间的联络和设备用电。

点位选好后,应按要求埋设标识,以便保存,为了后续使用方便,最好至少能与另一埋石点通视。

3. GNSS 外业观测方法

1) 选择作业模式

为保证 GNSS 测量的精度,在测量上通常采用载波相位相对定位方法。GNSS 测量的作业模式与 GNSS 接收机设备的硬件和软件有关,主要有静态相对定位模式、快速静态相对定位模式、伪动态相对定位模式和动态相对定位模式 4 种。

2) 天线安置

测站位置选择尽量满足上述环境要求。接收机的选择应符合表 6-11 的要求。

表 6-11　GNSS 接收机的选用

项目	等级				
	二等	三等	四等	一级	二级
接收机类型	双频	双频	双频或单频	双频或单频	双频或单频
静态测量标称精度	H: $\leqslant(5\ \text{mm}+2\times10^{-6}D)$ V: $\leqslant(10\ \text{mm}+2\times10^{-6}D)$	H: $\leqslant(5\ \text{mm}+2\times10^{-6}D)$ V: $\leqslant(10\ \text{mm}+2\times10^{-6}D)$	H: $\leqslant(10\ \text{mm}+5\times10^{-6}D)$ V: $\leqslant(20\ \text{mm}+5\times10^{-6}D)$	H: $\leqslant(10\ \text{mm}+5\times10^{-6}D)$ V: $\leqslant(20\ \text{mm}+5\times10^{-6}D)$	H: $\leqslant(10\ \text{mm}+5\times10^{-6}D)$ V: $\leqslant(20\ \text{mm}+5\times10^{-6}D)$
同步观测接收机数	≥4	≥3	≥3	≥3	≥3

天线安置后,在各观测时段前后各量取一次仪器高。

3) 观测作业

其主要任务是捕获 GNSS 卫星信号,并对其进行跟踪、接收和处理,以获取所需定位信息和观测数据。观测过程应符合表 6-4 和表 6-5 相关技术指标。

4) 观测记录和测量手簿

观测记录由 GNSS 接收机自动记录,测量手簿在观测过程中由观测人员填写。

4. 内业数据处理

1) GNSS 基线向量的计算及检核

在 GNSS 外业观测过程中,必须每天将观测数据输入计算机,并计算基线向量,一般可使用厂家提供的商用软件进行也可用其他软件完成。计算时要对同步环闭合差、异步环闭合差及重复边较差进行检查计算,闭合差应符合规范要求。对于超出规范限差要求的数据,应分析其原因,及时进行重测或补测。

2)GNSS 网平差

GNSS 控制网是由 GNSS 基线向量构成的测量控制网。GNSS 网平差可以以构成 GNSS 向量的 WGS-84 坐标系的三维坐标差作为观测值进行平差,也可在国家坐标系或地方坐标系中进行平差。

5. 成果提交

外业观测数据和内业数据处理工作结束后,需编写技术总结,将各种技术文件、观测手簿和各种计算资料整理上交。

6. GNSS 静态测量过程实例详解

以南方测绘公司生产的南方创享测量系统为例,介绍 GNSS 静态测量的作业方法。

创享测量系统主要由主机、手簿、配件三大部分组成,如图 6-4 所示:

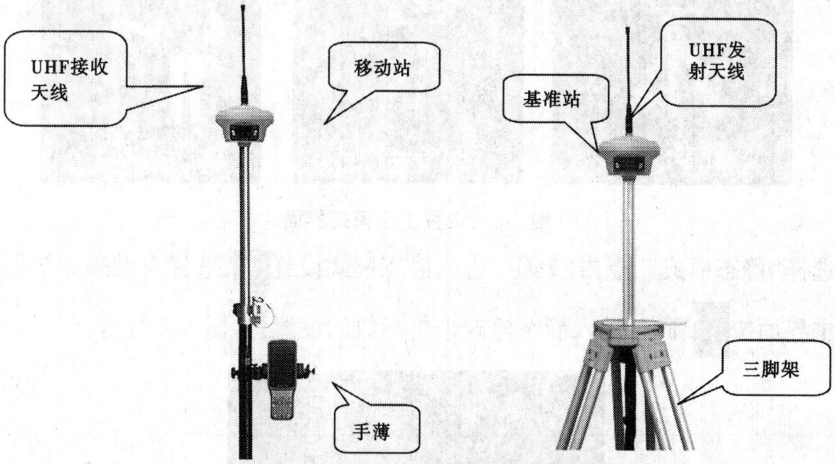

图 6-4　创享测量系统示意图

GNSS 静态测量作业方法:采用 3 台(或 3 台以上)GNSS 接收机,分别安置测站上进行同步观测,确定测站之间相对位置的 GNSS 定位测量。

1)测前准备

GNSS 外业观测之前做好相应的准备工作:项目立项、方案设计、施工设计、测绘资料收集整理、仪器检验、检定及踏勘、选点、埋石等。

2)外业观测

专业的测量作业队进驻项目地后,对卫星状态进行预报,制订好观测计划后,即可开始外业观测工作,外业观测的主要流程为:

(1)架设仪器。在控制点处架设好三脚架,严格对中,整平。

(2)将 GNSS 接收机设置为静态模式,并通过电脑设置高度角及采样间隔参数,检查主机内存容量。接收机状态设置如下:

进入主界面,见图 6-5,右滑屏幕,选择“设置工作模式”,点击“确定”。

图 6-5 接收机主界面

进入“设置工作模式”后,进入模式选择界面,如图 6-6 所示。

图 6-6 设置工作模式界面

右滑选择“静态模式”,点击“确定”进入静态模式设置,选择自动采集数据。

返回主界面按确定,进入静态模式采集参数的设置,如图 6-7 所示。

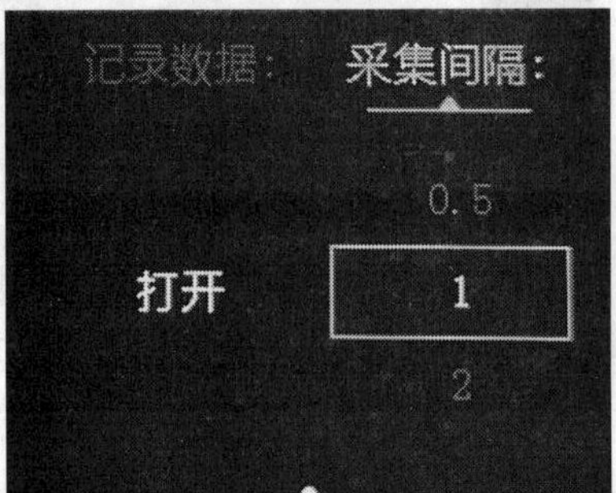

图 6-7 静态模式参数设置界面

长按确定完成参数设置,达到采集条件即开始自动采集,如图 6-8 所示。

图 6-8 静态自动采集界面

注意:同时工作的几台创享主机高度截止角、采集间隔最好保证一致,即同样的设置值。

(3)量取仪器高。量取仪器高三次,三次量取的结果之差不得超过 3 mm,并取平均值。仪器高应由控制点标石中心量至仪器的测量标志线的上边处。

(4)记录仪器号,点名,仪器高,开始时间。

(5)开机,确认为静态模式,主机开始搜星并卫星灯开始闪烁。达到记录条件时,状态灯会按照设定好采样间隔闪烁,闪一下表示采集了一个历元。

(6)采集完毕,主机关机,收起仪器和三脚架等配套设备,准备返回室内进行数据传输和内业数据处理工作。

3)内业数据处理

经过外业测量后可以得到一系列测站的观测文件。一般会得到 sth 格式;若是其他格式的测量文件通常需要经过格式转换,转换为通用的可交换式 RINEX 文件,表现为 yyO、yyN(yy 是年份后两位,O 是观测数据,N 是星历数据)文件格式。

数据准备工作完成之后,可打开 SGO 软件进行静态数据处理。将外业测量得到的观测数据导入 SGO 软件,对其进行质量检查,如数据是否完整、接收机钟差是否超限、多路径效应和周跳情况是否明显等。只有质量好的观测文件,才能获得满意的测量成果。操作过程如下:

(1)首先“新建工程”,按照对话框提示输入工程名称和工程目录。

(2)然后对工程进行坐标系统、控制网等级、导入和导出设置等参数配置。一般若无特殊需要,就只需对坐标系统和控制网等级进行自定义设置。

(3)工程设置完成后,将观测值文件导入工程项目中。导入观测值文件加载完成后需对测站的天线类型、天线高和测量方式等进行设置。

(4)对于导入的所有观测值文件进行质量检查,包括数据完整性、多路径效应、信噪比、钟差、电离层延迟、周跳比。若质量检查不合格,可能导致基线解算不合格。需要对质量不佳的观测时段进行禁用,或者对观测条件不佳的卫星进行禁用,严重时甚至需要重新采集数据才能进行解算。

(5)基线解算。在基线解算过程中,由多台 GNSS 接收机在野外通过同步观测采集到的观测数据可用来确定接收机间的基线向量及其方差-协方差阵。一般来说,普通的工程应用基线解算通常在外业测量期间就完成。然而对于高精度长距离应用,外业测量间的基线解算只是对观测数据质量的初步评估,正式的基线解算通常是在整个外业观测工作完成后进行的,需要严密详细地处理。基线解算精化处理即不断修改不合格基线的解算参数,设定基线解算策略,不断尝试直到合格。

基线解算失败的原因以及解决方案如下:

①基线起点坐标设定不准确。基线解算得到的结果是基线向量,是一段有向线段。起点坐标不准确会导致基线出现尺度和方向上的偏差。对于起点坐标设定不准确的判定,目前并没有方法能够进行直接探测。大多数情况是由于测量人员的误操作,如在进行天线高的量取时记录错误或者导入数据到软件时输入错误。因此,需要测量人员保证天线高数据记录正确并且仔细核对测站信息中对应测站的天线高。另一种情况是由于观测时间太短以至于其概略坐标计算精度略低,对基线解算质量产生一定影响。该情况可以对观测时间进行大致判断,利用 SGO 的基线方向“交换起止”功能,将起点设定为观测时间略长的一端。

②测站卫星观测时间太短。某些测站的某些卫星观测时间可能太短,导致进行测站间卫星双差时可用的数据量减少,从而使得这些卫星的模糊度无法固定,最终令整条基线的解算受到影响。这种问题可以通过查看测站的卫星观测信息来进行初步判断。其解决的办法之一是直接在界面中禁用观测量较少的卫星加入解算,并保证除此之外还有充足卫星可供解算。解决的办法之二是适当减小基线解算参数中的分段最小历元和采样间隔参数,这样可以使解算时利用更多数据。但也存在另一方面的问题:当观测条件不佳时,这一举措会使整体解算加入更多观测质量不佳的数据,反而不利于基线解算。因此,重点是经过多次尝试找到一个相对最优的参数组合。

③观测值中含有较为严重的周跳。观测过程中存在未检测出的周跳会使解算结果的残差发生较明显的跳变,可以查看基线的解算报告或者查看基线的残差分析图发现端倪。

④观测时段多路径效应比较严重。观测时段内多路径效应比较严重会导致残差分析图的结果普遍偏大。这种情况需要考虑删除多路径效应严重的时段或者卫星来剔除多路径的影响;或者适当提高高度截止角,这样能减少一部分因低角度地面反射带来的多路径效应影响。但这样会具有盲目性,因为并不是所有的多路径效应都是低高度截止角引起的,且过高的高度截止角反而会降低卫星的几何精度因子,导致定位精度降低。

⑤观测时段的对流层或电离层折射影响偏大。对流层和电离层的折射影响也体现在观测值残差中,表现为残差结果的波动,不过并没有周跳似的跳变,其波动程度一般较小,不超过一周,但却能较明显看出这种波动。这种情况可以使用下面的解决办法:方法一是略微提高高度截止角。电离层延迟和对流层延迟是与路径相关的延迟,因此如果减少卫星信号传播过程中经过的距离,便可以在一定程度上减少这两方面的误差。倾斜入射的卫星必定比垂直入射的卫星在大气中经历的距离要长;不过与多路径的处理方式相似,这样也具有一定盲目性,所以不可无限度地提高高度截止角。方法二是采用不同的解算类型进行解算。SGO 中有“无电离层组合”的基线解算类型可供选择,当观察到电离层延迟因素影响较大时,可适当选用此解算类型进行解算。

(6)闭合环检查。

基线解算合格并不是基线解算过程的结束。需要考虑基线组成的闭合环限差是否超限,对基线的整体解算质量进行评估。如果遇到“超限”,就需要重新考虑构成闭合环的基线,重新解算对应基线,或者在不破坏网形的基础上舍弃一些质量不佳的环,最终达到所有的闭合环都符合要求。

(7)网平差。

基线解算仅能得到基线向量,而无法确定绝对位置,因此需要在网平差过程中引入绝对位置基准,从而确定 GNSS 网中点在指定参考系下的坐标以及其他所需参数的估值。同时,也可以通过平差消除测量中的一些误差并评定 GNSS 网精度。网平差过程要经过自由网平差、三维约束平差、二维平差与高程拟合。这些过程都在 SGO 软件内部自动处理,只需要设定控制点即可。可使用的控制点类型有平面控制点、三维空间控制点等类型,根据已知点类型进行选择。控制点设置完成后,点击“网平差”即可自动进行平差处理,结束后会弹出网平差报告,即可查看具体的 GNSS 网成果并保存。

(二)利用全站仪进行地籍基本平面控制测量

在城镇地区,由于建筑物较密集,在地面进行 GNSS 测量的信号死角比较多,所以 GNSS

测量施测往往比较困难。利用全站仪布设导线网形式灵活，施测方便，因此通常在使用GNSS做完首级控制测量之后，再利用全站仪进行控制点加密。全站仪导线测量的布设形式一般为单一导线或导线网。全站仪地籍控制测量步骤如下。

1. 收集资料、实地踏勘

接到测量任务后就应开始收集本测区的相关资料，包括小比例尺地形图和已有控制点成果，然后到测区进行实地踏勘，了解测区的行政隶属、气候条件、地物和地貌状况、交通现状及当地风俗习惯等。还要踏勘测区已有控制点的位置，了解控制点标石、标志的完好情况。

2. 技术设计

根据测区位置范围，地形状况和已有控制点的数量及分布，确定全站仪导线测量的等级、方法和技术标准，拟定技术设计书。设计过程中既要考虑控制网的精度，又要考虑节约作业费用，即在进行控制网图上选点时，要从多个方案中选择技术和经济指标最佳的方案，这就是控制网优化问题。

3. 选点埋石

根据图上设计进行野外实地选点时应尽量选在土质坚实、视野升阔、相邻点通视良好的地方，同时要有足够的密度，点位分布力求均匀，为了长期保存点位和便于观测工作的开展，还应在选点时造标埋石，绘制点之记。

4. 外业观测

利用全站仪施测时，不论是采用单一导线还是导线网，其主要工作是水平角和边长的观测，其布设规格和技术指标见表6-12。

1）导线点水平角（测回）观测

对于三等、四等导线点来说，如果只有两个方向，应按测回法左、右角观测。一般以总测回数的一半测回数（奇数测回）观测左角，以另一半测回数（偶数测回）观测右角，左角和右角分别取中数得β_L和β_R后，按$\beta_L+\beta_R-360°=\Delta c$所计算的$\Delta c$值称为测站圆周角度闭合差，$\Delta c$不得超过各等级测角中误差的2倍，即三等不超过±3.0″，四等不超过±5.0″。各等级导线点测回法水平角观测的主要技术要求见表6-12。

表6-12　三角测量水平角（方向）观测主要技术指标

控制网等级		二等	三等		四等		一级		二级	
仪器型号		DJ_1	DJ_1	DJ_2	DJ_1	DJ_2	DJ_2	DJ_6	DJ_2	DJ_6
方向观测测回数		12	6	9	4	6	2	6	1	2
各项限差	光学测微器两次重合读数差/(″)	1	1	3	1	3	3	—	3	—
	半测回归零差/(″)	6	6	8	6	8	8	18	8	18
	1测回内2C互差/(″)	9	9	13	9	13	13	—	13	—
	同一方向值各测回互差/(″)	6	6	9	6	9	9	24	—	24
三角形闭合差/(″)		±3.5	±7.0		±9.0		±15.0		±30.0	
测角中误差/(″)		±1.0	±1.8		±2.5		±5.0		±10.0	

为了减少对中误差和照准误差的影响。各等级导线测量宜采用三联脚架法。凡不符合

限差要求的,均应进行重测。重测数按需重测的基本方向测回数计算。因对错度盘、测错方向以及不完整的测回,均不计入重测数。当重测数超过总基本方向测回数的 1/3 时,该测站成果应全部重测,总基本方向测回数 $N=(n-1)\times m$,其中 n 为方向数,m 为规定的测回数。

地籍平面控制网的点位以标石中心为准。因此,观测水平方向(角度)时,要求测站上的仪器中心与标石中心应在同一铅垂线上,同时还要求照准点目标中心与标石中心也应在同一铅垂线上,即所谓“三心”一致。只有这样,测站上所观测的方向值才是两控制点标石中心连线的方向观测值。但由于各种原因影响,一般难以达到上述“三心”一致,这样就可能导致仪器中心偏离测站标石中心,称为测站点偏心;照准目标中心偏离标石中心,称为照准点偏心。因此,要对方向观测值进行归心改正(计算归心改正数),为此必须测定归心元素。测定归心元素的方法有图解法、直接法和解析法等。

2)边长测量

地籍平面控制网的起算边(基线)和边长应主要使用相应精度的光电测距仪进行距离测量,光电测距技术要求见表 6-13。光电测距仪的精度等级一般依出厂的标称精度,按每 1 km 测距中误差 m_D 的大小划分为三个等级:

①Ⅰ级:$m_D \leqslant 5$ mm;

②Ⅱ级:5 mm< $m_D \leqslant 10$ mm;

③Ⅲ级:10 mm< $m_D \leqslant 20$ mm。

其中,$m_D=a+bD$(标称精度)。a 为测距仪标称精度中的固定误差(mm),b 为测距仪标称精度中比例误差(mm/km),D 为测距边长(km)。

表 6-13　光电测距技术规定

等级	测距仪等级	测回数 往	测回数 返	一测回读数较差/mm	各测回间较差/mm	往返或不同时段较差/mm
二等	Ⅰ	4	4	5	7	
三等	Ⅰ	4	4	5	7	
	Ⅱ	4	4	10	15	
四等	Ⅰ	2	2	5	7	$\sqrt{2}(a+bD)$
	Ⅱ	4	4	10	15	
一级	Ⅰ、Ⅱ	2		10	15	
	Ⅲ	4		20	30	
二级	Ⅰ、Ⅱ	2		10	15	
	Ⅲ	4		20	30	

注:①在基本平面控制网光电测距中,照准一次,读四次数,称为一个测回。

②往返或不同时间段(上午、下午)较差应将斜距化算到同一水平方向上方可比较。

在进行光电测距时,应同时由气压计和温度计测定气压和气温等气象参数,以便进行距离的气象改正。测定气象数据的主要规定见表 6-14。

表 6-14　测定气象数据的主要规定

等级	最小读数			测定时间间隔	气象数据的取用
	温度/℃		气压/(mmHg)		
	干	湿			
二等、三等、四等	0.2	0.2	0.5	一测站同时段观测始末	测边两端的平均数
一级	0.5		1.0	每边测定一次	观测一端的数据
二级	0.5		1.0	一时段始末各测定一次	取平均值作为各边气象数据

5. 内业数据处理

全站仪导线测量的主要内业数据处理工作包括数据计算和平差。数据计算是根据观测数据通过一定的方法计算出控制点的空间位置。计算前应全面检查导线测量外业记录,数据是否齐全、可靠,成果是否符合精度要求,起算数据是否准确。控制网平差可利用平差软件完成,如清华山维的 NAESW、南方平差易等。

用平差易做控制网平差的过程如下:

(1)控制网数据录入。控制网的数据录入分数据文件读入和直接键入两种。

凡符合平差易文件格式的数据均可直接读入。读入后自动推算坐标和绘制网图。平差易软件为手工数据键入提供了一个电子表格,以"测站"为基本单元进行操作,键入过程中软件将自动推算其近似坐标和绘制网图。

(2)坐标推算。根据已知条件(测站点信息和观测信息)推算出待测点的近似坐标,为构成动态网图和导线平差作基础。

(3)坐标概算。主要对观测数据进行一系列的改化,根据实际的需要来选择其概算的内容并进行坐标的概算。选择概算的项目有:归心改正、气象改正、方向改化、边长投影改正、边长高斯改化、边长加乘常数改正和 Y 向西平移 500 km。

(4)选择计算方案。选择控制网的等级、参数和平差方法。

(5)闭合差计算与检核。根据观测值和"计算方案"中的设定参数来计算控制网的闭合差和限差,从而来检查控制网的角度闭合差或高差闭合差是否超限,同时检查分析观测粗差或误差。

(6)平差计算。进行控制网的平差计算,平面网可按"方向"或"角度"进行平差,它根据验前单位权中误差(单位:°、min、s)和测距的固定误差(单位:m)及比例误差(单位:百万分之一)来计算。

(7)平差报告的生成和输出。平差易软件可生成精度统计表、网形分析、平差报告等资料,可根据需要设置平差报告中坐标、距离、高程和角度的小数位数。需要打印平差报告时,还可设置打印的长和宽,也可自定义平差报告的输出格式。

任务三　地籍图根平面控制测量

为了满足地籍细部测量和界址点坐标测量及日常地籍管理的要求,应在测区基本平面控制网(点)的基础上,加密控制网,建立满足地籍细部测量精度与密度要求的图根控制网。

图根控制网测量可以采用图根导线测量、图根三角和交会测量的方法。GNSS RTK 技术作为地籍图根控制测量所具有的优点是其他方法所不能比拟的。在城镇建成区,由于房屋密集,通视条件差,常用导线形式布设图根控制网,本任务主要结合导线来讲解图根控制的测量的实施。

一、图根控制网的布设

(一)图根导线

地籍图根控制网在精度上应该满足以±5 cm(或±7.5 cm)精度测量界址点坐标的要求,所以布网规格(点位精度、密度)与测图比例尺大小基本无关,而地形图测绘的图根控制网布设规格由当时的测图比例尺来决定。目前,一、二级导线的平均边长都在 100 m 以上,这样的控制点密度用于测定复杂隐蔽的居民地的界址点势必要做大量的过渡点(多为支导线形式),不但工作量大,作业率低,在精度方面也不能保证。因此,经济而又可靠的方法是布网时增加控制点的密度。可在二级导线以下,根据实际需要布设适合的图根导线进行加密。图根导线的测量方法有闭合导线、附合导线、无定向附合导线、支导线等。在首级控制许可的情况下,尽可能采用附合导线和闭合导线,但如果控制点遭到破坏,不能满足要求,可考虑无定向附合导线、支导线。表 6-15 提供了两个等级的图根导线的技术指标,作业时可选用其中的一个。

表 6-15　图根导线的技术指标

等级	平均边长/m	附合导线长度/km	测距中误差/mm	测角中误差/(″)	导线全长相对闭合差	水平角观测测回数		方位角闭合差/(″)	距离测回数
						DJ_2	DJ_6		
一级	100	1.5	±12	±12	1/6 000	1	2	$\pm24\sqrt{n}$	2
二级	75	0.75	±12	±20	1/4 000	1	1	$\pm40\sqrt{n}$	1

注:n 为测站点个数。

图根导线的边长已充分考虑复杂居民点的实际情况,目的是在控制点上能够直接测到界址点,对于特别隐蔽的地方,界址点离开控制点的距离也会约束在较短的范围内。

(二)图根支导线

在实际工作中,支导线的应用非常普遍。在一些较隐蔽处,支导线的边数可能达到三条或更多,缺乏检核条件致使支导线出现粗差和较大误差也不能及时发现,造成返工,给工作带来损失。因此,应加强对支导线的检核,采取一些措施以保证支导线的精度,从而保证界址点的测量精度。

1. 闭合导线法

如图 6-9 所示,M、N、Q 为已知点,为求出界址点 B 的坐标,首先要求出 A 点的位置。P_1、P_2、P_3、P_4、P_5 为只起连接作用的导线点,且 P_1 与 P_2、P_4 与 P_5 的距离很近。导线点观测顺序为 M、P_1、P_2、P_3、P_4、P_5、A,类似闭合导线的观测方法,但又与闭合导线的观测顺序不同。当观测结束后,按闭合导线 M、P_1、P_3、P_5、A、P_4、P_3、P_2、M 计算。这时 P_3 可以得到两组坐标,起到一种检核作用,然后根据 A 点的坐标可以很方便地求出界址点 B 的坐标。这种方法虽然增加一点外业工作量,但较好地解决了位于隐蔽处界址点的施测问题,同时导线点也得到了检核和精度保证。

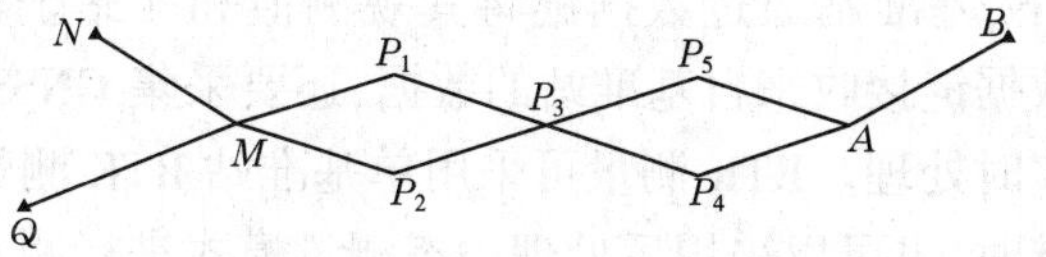

图 6-9　闭合导线法

2. 利用高大建筑物检核

高大建筑物,如烟囱、水塔上的避雷针和高楼顶上的共用天线等,在地籍控制测绘中有很好的控制价值。作业时,高大建筑物的交会随首级地籍控制一次性完成,这样做工作量增加不多。用前方交会法求出高大建筑物上的避雷针等的平面位置后,即可按下面的方法施测支导线。

如图 6-10 所示,M、N、Q 为已知点,B 为高大建筑物上的避雷针,且平面位置已知。为了求出 A 点的坐标,观测 β_4。根据测得的角度和边长计算各导线点坐标。

求 AP 和 AB 边的坐标方位角:

$$\alpha_{AP} = \arctan[(Y_P - Y_A)/(X_P - X_A)]$$

$$\alpha_{AB} = \arctan[(Y_B - Y_A)/(X_B - X_A)]$$

设 $\beta'_4=\alpha_{AB}-\alpha_{AP}$,$\beta'_4$ 与观测值 β_4 比较,当 $|\beta'_4-\beta_4|$ 小于限差时,成果可以采用。该法能够发现观测和计算中的错误,起到了检核支导线的作用。

3. 双观测法

如图 6-11 所示,因受地形条件的限制,布设支导线时,可布设不多于四条边、总长不超过 200 m 的支导线。为了防止在观测中出现粗差和提高观测的精度,支导线边长应往返观测,角度应分别测左、右角各一测回,其测站圆周角闭合差不应超过 40″。此法在计算中容易出现错误,因此在计算各导线点的坐标时一定要认真检查,仔细校核,尤其在推算坐标方位角时更要细心。

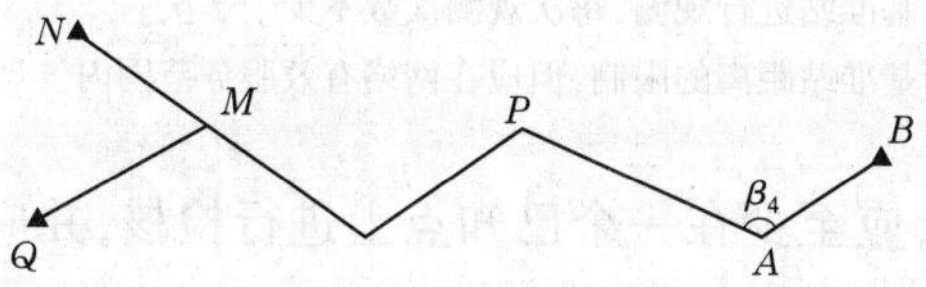

图 6-10　利用高大建筑物检核

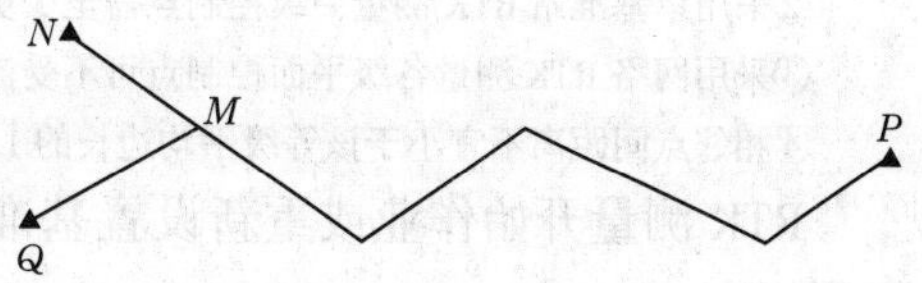

图 6-11　双观测法

(三)GNSS RTK 图根控制测量

随着 GNSS RTK 技术的日益成熟,利用 GNSS RTK 进行图根控制测量已普遍应用于实际工作中。利用 GNSS RTK 技术进行控制测量不受天气、地形、通视条件的限制,操作简便、机动性强,极大地提高了工作效率,节约了时间、人力成本。RTK 测量不仅能够达到导线测量的精度要求,而且误差分布均匀,不存在误差累积问题,是其他方法无法比拟的。

GNSS RTK 技术是基于载波相位观测值的实时动态定位技术,它能够实时地提供测站点在指定坐标系中的三维定位结果,并达到厘米级的精度。GNSS RTK 技术当前的测量精度可达到:平面测量精度为 10 mm+2×10^{-6}D;高程测量精度为 20 mm+2×10^{-6}D。可以用于四等以下的控制测量工作,完全可以满足界址点对临近图根点位中误差及界址线与相邻地物或邻近界限的距离中误差不超过 10 cm 的精度要求。

在 RTK 作业模式下,基准站通过数据链将其观测值和测站坐标信息一起传送给流动站。流动站不仅通过数据链接收来自基准站的数据,还要采集 GNSS 观测数据,并在系统内组成差分观测值进行实时处理。RTK 测量可采用单基准站 RTK 测量和网络 RTK 测量两种方式。在通信条件困难时,也可以采用后处理动态测量模式进行测量。

已建立 CORS 网的地区,宜优先采用网络 RTK 测量。

1. RTK 控制测量的主要技术指标

当接收到多个导航卫星系统的数据进行 RTK 测量时,应至少有一个单导航卫星系统的 GNSS 卫星的状态应符合表 6-16 的规定。

表 6-16　GNSS 卫星状态的基本要求

观测窗口状态	高度截止角 15°以上的卫星个数	PDOP 值
良好	>5	<4
可用	5	≤6
不可用	<5	>6

RTK 平面控制点测量的主要技术要求应符合表 6-17 的要求。

表 6-17　RTK 平面控制点测量的主要技术要求

等级	相邻点间平均边长/m	点位中误差/cm	边长相对中误差	与基准站的距离/km	观测次数	起算点等级
一级	500	≤±5	≤1/20 000	≤5	≥4	四等及以上
二级	300	≤±5	≤1/10 000	≤5	≥3	一级及以上
三级	200	≤±5	≤1/6 000	≤5	≥2	二级及以上

注:①点位中误差指控制点相对于最近基准站的误差。

②采用单基准站 RTK 测量一级控制点需至少更换一次基准站进行观测,每次观测次数不少于 2 次。

③采用网络 RTK 测量各级平面控制点可不受流动站到基准站距离的限制,但应在网络有效服务范围内。

④相邻点间距离不宜小于该等级平均边长的 1/2。

RTK 测量开始作业或重新设置基准站后,应至少在一个已知点上进行检核,并应符合下列规定:

(1)在同等级或者高等级控制点上检核,平面位置较差不应大于 50 mm,高程较差不应大于 70 mm。

(2)在碎部点上检核,平面位置较差不应大于图上 $0.5\sqrt{2}$ mm,高程较差不应大于图上等高距的 $\sqrt{2}/3$ 倍。

2. RTK 控制测量

RTK 控制点平面坐标测量时,流动站采集卫星观测数据,并通过数据链接收来自基准站的数据,在系统内组成差分观测值进行实时处理,通过坐标转换方法将观测得到的地心坐标转换为指定坐标系中的平面坐标。

RTK 控制测量应符合下列规定:

(1)控制点应布设不少于三个两两通视或不少于两对相互通视的点;点位周边环境应符合 GNSS 控制网的作业环境要求。

(2)控制点测量应采用三角支架方式架设天线进行作业;测量过程中仪器的圆气泡应严格稳定居中。

(3)控制点应采用常规方法进行边长、角度或导线联测检核,导线联测应按低一个等级的常规导线测量的技术要求执行。RTK 平面控制点检核测量技术要求见表 6-18。

表 6-18　RTK 平面控制点检测精度要求

等级	边长校核		角度校核		导线联测检核		坐标校核
	测距中误差/mm	边长较差的相对中误差	测角中误差/(″)	角度较差限差/(″)	角度闭合差/(″)	边长相对闭合差	坐标较差中误差/mm
一级	不超过±15	≤1/14 000	不超过±5	≤14	$\leqslant 16\sqrt{n}$	≤1/10 000	不超过±50
二级	不超过±15	≤1/7 000	不超过±8	≤20	$\leqslant 24\sqrt{n}$	≤1/6 000	不超过±50
三级	不超过±15	≤1/4 500	不超过±12	≤30	$\leqslant 40\sqrt{n}$	≤1/4 000	不超过±50
图根	不超过±20	≤1/2 500	不超过±20	≤60	$\leqslant 60\sqrt{n}$	≤1/2 000	不超过±50

注:表中 n 为测站数。

(四)GNSS 快速静态测量

当地形复杂的地区布设图根控制点时,为满足界址点测量的精度要求,静态测量观测时间太长,而 RTK 测量精度又不能满足的时候,可以使用快速静态测量方法进行图根控制测量。

快速静态定位的作业方法是:在测区中选择一个基准站,并安置一台 GNSS 接收机连续跟踪所有可见卫星,另一台接收机依次到各点流动设站,每点观测 1~2 min,如图 6-12 所示。可获得流动站相对于基准站的长度中误差为 10 mm+3×10^{-6}D 的观测值。

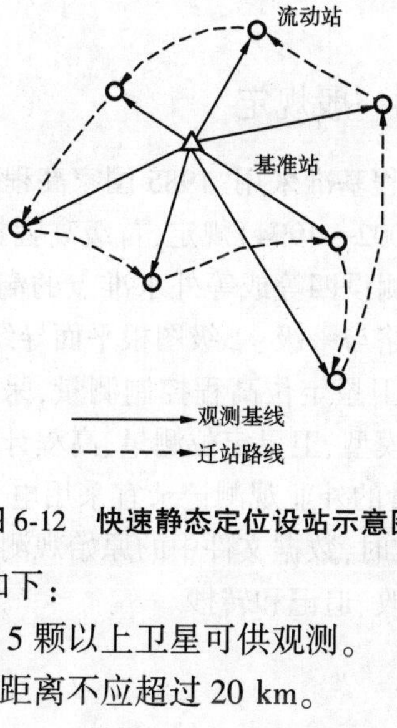

图 6-12　快速静态定位设站示意图

快速静态定位的注意事项如下:

(1)在观测时段内应确保有 5 颗以上卫星可供观测。

(2)流动站与基准站之间的距离不应超过 20 km。

(3)流动站的接收机在转移时,不必保持对所测卫星连续跟踪,可关闭电源以降低能耗。

快速静态定位的优点是:作业速度快、精度高、耗能低。但也存在一定的缺点:两台接收机工作时不能构成闭合图形,可靠性较差。因此,在实际工作中,应用快速静态技术进行控制测量,效率高,成本低,成果较可靠,可以应用于精度要求不是特别高的等级控制测量中,如一级、二级控制测量。

二、图根控制测量观测成果的验算

图根控制测量外业工作结束以后,要认真检查观测手簿,检查手簿中各观测成果是否满足各项限差的规定要求,然后才可以进行有关计算。图根控制测量观测成果验算的方法和基本公式与基本平面控制网测量成果的验算一样。此处只列出验算的主要项目及限差:

(1)图根导线方位角闭合差的计算,方位角闭合差限差见表 6-15。

(2)图根导线测角中误差的计算,测角中误差应符合表 6-15。

(3)图根导线测边中误差的计算,使用光电测距导线,测边中误差可规定为±15 mm。当钢尺量距时,其量距中误差可定为 1/3 000。

(4)GNSS RTK 平面控制点检核技术要求见表 6-18。

任务四　地籍高程控制测量

地籍图的内容主要由地籍要素和必要的地形要素构成。一般只测定地物的平面位置,可不表示地貌要素。但在特殊情况下,如为了获得一测多用的效果,建立控制网时不仅应满足地籍测量和地籍变更测量的要求,还应满足该地区的各类工程测量的要求;测区是山城或山区及平地突起的陡石山等,需用地性线来划分地界;由于用图单位的特殊要求,在测绘地籍图的同时需完成地形图的测绘,这时应采用高程点注记和地理名称相结合的形式来表示某些突出地物,也可用等高线表示。当然,使用高程注记或地貌符号时,应考虑图面清晰和图面负载等因素,不应主次失调。

一、地籍高程控制测量的一般规定

(1)地籍高程控制测量的高程基准采用“1985 国家高程基准”。

(2)《地籍测绘规范》(CH 5002—1994)规定,首级高程控制网点可采用水准测量、三角高程测量等方法施测,原则上只测设四等或等外水准点的高程。图根高程控制网点可采用三角高程测量技术施测,高程线路与一级、二级图根平面导线点重合。

(3)高程控制测量还可采用卫星定位高程控制测量,采用卫星定位测量方法建立四等高程控制网时,应包括高程异常模型、卫星定位测量、高程计算与检查等过程。

(4)水准测量、高程导线测量的外业观测记录宜采用电子记录方式,也可采用规定的纸质手簿记录。采用电子记录方式时,数据文件中的原始观测记录不得进行任何更改;采用纸质手簿记录时,观测记录不得涂改、追记和转抄。

二、高程控制测量方法

(一)水准测量

1. 四等水准测量

四等水准测量以国家二等、三等水准点为起算点,主要沿四等导线点和 GNSS 点组成水准网,用不低于 DS_3 型的水准仪及木质双面水准尺,按四等水准测量要求施测,其主要技术要求见表 6-19。

表 6-19　四等水准主要技术要求

等级	视线长度/m	前、后视距差/m	视距累积差/m	黑、红面读数差/mm	黑、红面高差较差/mm	线路闭合差/mm
四等	80	≤5	≤10	不超过±3	不超过±5	$\pm 20\sqrt{L}$

注:L 为水准路线长度,以 km 为单位。

采用数字水准仪进行高程控制测量时,所使用的数字水准仪和因瓦条码水准尺均应进行严格检验合格后方可使用。作业期间每天开测前应对数字水准仪的 i 角进行测定。若开测未结束测段,应在新测段开始前进行测定。观测过程应按照四等水准测量规范执行。

外业工作结束后,对观测成果检查合格后,由计算机按严密平差模型进行平差计算、评定精度并打印计算结果。

2. 等外水准测量

工程水准测量和图根水准测量用于加密高程控制网,也用于测定平面控制点(包括图根点)的高程。在较小测区内,工程水准测量可用于布置首级高程控制。工程水准测量和图根水准测量的精度均低于国家等级(最低四等)水准精度,因此都属于等外水准测量。

工程水准测量或图根水准测量布设成附合或闭合线路时,可只进行单程观测;作为首级高程控制或布设成支水准时需往返观测。其主要技术要求见表 6-20。

表 6-20　等外水准主要技术要求

等级	水准仪	水准尺	视线长度/m	往返、附合或闭合路线闭合差	
				平地/mm	山地/mm
工程水准	DS_3	单面	不超过±100	$\pm 30\sqrt{L}$	$\pm 8\sqrt{n}$
图根水准	DS_3	单面	不超过±100	$\pm 40\sqrt{L}$	$\pm 12\sqrt{n}$

注:L 为附合或闭合路线长度,以 km 为单位;n 为测站数。

(二)三角高程测量

目前,三角高程测量主要使用的仪器是全站仪测定,三角高程测量也就是光电测距三角高程测量。

代替四等水准的光电测距高程导线,应起闭不低于三等的水准点上,在四等导线的基础上布设成光电测距三维控制网,各边的高差均采用对向观测。边长的测定,采用测距精度不低于 $m_D=5\ \text{mm}+5\times10^{-6}D(\text{mm})$(其中 D 为测距水平边长,单位为 km)的全站仪往返观测各一个测回;垂直角观测应采用觇牌为照准目标,用 2″级的全站仪按中丝法观测三测回,光学测微器两次读数之差不应大于 3″,垂直角测回差和指标差较差均不应大于 7″。对向观测高差较差不应超过±40$\sqrt{D}$(mm)(*D* 为测边水平距离,单位为 km)。附合或环形闭合差限差同四等水准测量要求。

仪器高、目标高在观测前后用经过检验的测杆各测量一次,精确读到 1 mm,当较差不大于 2 mm 时,取用中数。

内业计算时,竖直角度的取位应精确到 0.1″,距离与高程的取位精确到 1 mm。

若各点均为平面控制点,则两点间水平距离已知,可直接计算直、反觇高差及其平均值;若水平距离未知,则应在直、反觇观测的同时,用光电测距仪进行水平距离观测。

(三) GNSS 高程测量

GNSS 高程测量应包括 GNSS 静态高程测量和 RTK 高程测量。

《城市测量规范》(CJJ/T 8—2011)和《卫星定位城市测量技术标准》(CJJ/T 73—2019)规定,GNSS 高程测量法建立四等高程控制网时,应建立高程异常模型。高程异常模型可利用已有城市似大地水准面模型或区域高程异常模型。在区域面积小、重力异常变化平缓地区,可利用测区及周边满足精度和密度要求,且同时具有水准测量、GNSS 测量成果的控制点资料和测区地形资料,通过数学拟合方法,获取该区域的高程异常模型。高程异常模型内符合中误差不应大于 20 mm,高程异常模型高程中误差不应大于 30 mm。按照作业过程应分为高程异常模型的建立、GNSS 高程测量和数据处理。

GNSS 高程测量的技术要求应符合表 6-21。

表 6-21 GNSS 高程测量技术要求

高程等级	观测方法	观测技术要求
图根	静态/RTK	三级及以上
碎部	RTK	碎部及以上

GNSS 高程测量使用的接收机应符合表 6-11 规定,GNSS 高程测量应在高程异常模型覆盖区域内进行,不应外扩。

在通常的情况下,地籍测量的地籍要素是以二维坐标表示的,不必测量高程。但《地籍测绘规范》(CH 5002—1994)中规定,在某些情况下,土地管理部门可以根据本地实际情况,要求在平坦地区测绘一定密度的高程注记点,或是要求在丘陵地区和山区的城镇地籍图上表示等高线,以便使地籍成果更好地为经济建设服务。

【项目小结】

因地籍要素通常情况下以平面坐标形式显示,不必显示高程,因此本项目主要介绍了地籍平面控制测量的原则、特点、精度指标及方法,高程控制测量仅作简单介绍。主要介绍平面控制测量中的 GNSS 平面控制测量、全站仪导线平面控制测量方法、图根导线测量及 GNSS RTK 图根控制测量,为后续地籍细部测量提供基础数据。

思考与练习

6-1　什么是地籍控制测量？地籍控制测量的原则是什么？

6-2　为什么地籍图根控制点的精度与地籍图比例尺无关？

6-3　地籍控制测量常用的坐标系有哪些？

6-4　简述利用GNSS技术进行地籍基本控制测量的主要工作。

6-5　地籍控制点的密度是如何确定的？

6-6　简述在工作实践中提高支导线精度的方法。

6-7　使用国家统一坐标系有哪些优点？

6-8　面积小于25 km^2的城镇，如果不具备与国家控制网点的联测条件，如何建立独立坐标系？

【延伸阅读】

“测绘工匠”这样炼成

2020年，“南方测绘杯”第六届测绘地理信息行业职业技能竞赛是自然资源部组建后首次举办的全国性的职业技能大赛。从中涌现了一大批技艺精湛、敢拼敢赢的“测绘工匠”。获得总决赛个人前三名的潘鹏飞、薛蛟和李振飞是其中的佼佼者。他们的成长之路，是几年如一日坚守一线的脚踏实地，是精益求精、追求卓越的“工匠精神”。新时代，包括测绘地理信息在内的自然资源管理事业呼唤更多的“工匠”。但“工匠”的培养非一朝一夕所能完成的，还需要全系统上下共同发力，厚植“工匠”成长的沃土。详细内容请扫码查看(资讯来自学习强国)。

“测绘工匠”这样炼成

项目七　地籍细部测量

【项目概述】

地籍细部测量是在完成地籍调查和地籍控制测量后进行的一项重要工作，是地籍测量工作的核心部分。其目的是测定宗地权属界址点和土地权属界线的位置，掌握宗地的形状、面积等基本情况，为土地登记、核发土地权属证书奠定基础，为依法管理土地提供相关的信息和凭证。地籍细部测量工作的内容主要包含土地权属界址点及其他地籍要素平面位置的测量，基本地籍图及宗地图的绘制，面积量算及其汇总统计。

【学习目标】

了解地籍细部测量的精度要求；掌握界址点测量的数据采集和计算方法；熟悉界址点测量的技术要求和实施程序。

【思政导入】

第三次全国国土调查是国务院部署开展的一次重大基础国情国力调查，2021 年 8 月 26 日，“三调”主要成果数据问世，全面查清了我国的国土资源“家底”，为实现“两个一百年”奋斗目标提供了基础决策依据，为守护好 14 多亿国人的饭碗，提供了数据保障。

地籍细部测量作为地籍调查中不可分割的组成部分，其工作更要真实准确。随着人口的不断增加、经济的迅速发展，各方面对土地的需求与日俱增，并且在土地使用权、土地所有权、使用土地面积、数量等方面的纠纷时有发生。因此，准确地测定每宗地界址点的位置和形状，掌握土地的数量及其在国民经济各部门、各权属单位的分配状况，以及土地质量和使用状况是珍惜每寸土地、合理利用土地、调处土地纠纷、依法科学管理土地的一项基本任务，是搞好土地管理工作的重要措施。

【正文】

任务一　界址测量

一、界址点的测量

界址点又称地界点，是土地权属界线的转折点。界址点的位置确定了宗地的地理位置、形状和面积。因此，界址点是地籍管理的重要依据。在地籍测量中，界址点是地籍图中的重要要素，界址点的测定是地籍细部测量的核心。

界址点坐标是在某一特定的坐标系中界址点地理位置的数学表达。它是确定地块(宗地)地理位置的依据，是量算宗地面积的基础数据。界址点坐标对实地的界址点起着法律上的保护作用。一旦界址点标志被移动或破坏，则可根据已有的界址点坐标用测量放样的方法恢复界址点的位置。如把界址点坐标输入计算机，则可以方便地进行管理和用于规划设计。

界址点坐标的精度，可根据土地经济价值和界址点的重要程度来加以选择。《地籍调查规程》(GB/T 42547—2023)将城镇地区的权属界址点分为两类，具体规定见表 7-1、表 7-2。

表 7-1　《地籍调查规程》(GB/T 42547—2023)中解析界址点的精度规定

级别	界址点相对于邻近控制点的点位误差、相邻界址点间距误差/cm	
	中误差	允许误差
一级	±2.0	±4.0
二级	±5.0	±10.0
三级	±7.5	±15.0
四级	±10.0	±20.0

注:①对于建设用地使用权、宅基地使用权宗地,明显界址点选择二级精度,隐蔽界址点选择三级精度。

②对于土地使用权、土地承包经营权宗地,明显界址点选择二、三、四级精度。

表 7-2　图解界址点的精度

序号	项目	图上中误差/mm	图上允许误差/mm
1	相邻界址点的间距误差	±0.3	±0.6
2	界址点相对于邻近控制点的点位误差	±0.3	±0.6
3	界址点相对于邻近地物点的间距误差	±0.3	±0.6

(一)界址点测量方法

界址点坐标测量方法主要有解析法和图解法。界址点坐标一般取位至0.001 m。无论采用何种方法获得的界址点坐标,一旦履行确权手续,就成为确定土地权属主用地界址线的准确依据之一。

(1)解析法。采用全站仪、GNSS 接收机、钢尺等测量工具,通过全野外测量技术获取界址点坐标和界址点间距的方法叫解析法。解析法测得的界址点精度高,在地籍测量中要求界址点精度为±0.05 m 时必须用解析法测量界址点。解析法是目前界址点测量的主要方法。

解析法所使用的主体测量仪器是全站仪或 GNSS 接收机。这些电子测量仪器可以以地籍图根控制点及以上等级的控制点作为界址点坐标的起算点,直接测定界址点坐标,并可以将其坐标值存入仪器内存,到室内与计算机连接进行数据传输,通过地籍测量绘图软件编绘地籍图。也可采用极坐标法、交会法、内外分点法、直角坐标法等方法实测界址点与控制点或界址点与界址点之间的几何关系元素,按相应的数学公式求得界址点坐标。目前,市场上最常用的界址点测量方法是使用 GNSS RTK 测量方法直接测定界址点坐标。

解析法的特点是:精度高、野外作业工作量大、生产成本高、成图周期长、便于用计算机管理等。

(2)图解法。图解法是指采用标示界址、绘制宗地草图、说明界址点位和说明权属界线走向等方式描述实地界址点的位置,在采用全野外数字测绘法、数字摄影测量法、数字编绘法测制的地籍图上获取界址点坐标和界址边长的方法。采用图解法量取坐标时,应量至图上0.1 mm。此法精度较低,适用于农村地区和城镇街坊内部隐蔽界址点的测量,并且是在要求的界址点精度与所用图解的图件精度一致的情况下采用。作业时,要独立量测两次,两次量测坐标的点位较差不得大于图上0.2 mm,取中数作为界址点的坐标。《地籍调查规程》(GB/T 42547—2023)规定:图解界址点坐标不能用于放样确定实地界址点的精确位置。

图解法的特点是:野外工作量小、工艺简单、速度快、成本低,精度受原图地物点影响大。

(二)界址点测量工作程序

1. 准备工作

界址点测量的准备工作包括界址点位的资料准备、界址点位置野外踏勘和踏勘后的资料整理等。

1)界址点位的资料准备

界址点位置的确定一般同权属调查同时进行,在土地权属调查时所填写的地籍调查表中详细地说明了界址点实地位置的情况,并丈量了大量的界址边长,草编了宗地号,详细绘有宗地草图。这些资料都是进行界址点测量所必需的。

2)界址点位置野外踏勘

踏勘时应有参加地籍调查的工作人员引导,实地查找界址点位置,了解权属主的用地范围,并在参考图件上(最好是现势性强的大比例尺图件)用红笔清晰地标记出界址点的位置和宗地的用地范围。如无参考图件,则要详细画好踏勘草图。对于面积较小的宗地,最好能在一张纸上连续画上若干个相邻宗地的用地情况,并充分注意界址点的共用情况。对于面积较大的宗地,要认真地注记好四至关系和共用界址点情况。在绘好的草图上标记权属主的姓名和草编宗地号。在未定界线附近则可选择若干固定的地物点或埋设参考标志,测定时按界址点坐标的精度要求测定这些点的坐标,待权属界线确定后,可据此补测确认后的界址点坐标。这些辅助点也要在草图上标注。

3)踏勘后的资料整理

资料整理的主要内容有草编界址点号和制作界址点观测及面积计算草图。进行地籍调查时,一般不知道各地籍调查区内的界址点数量,只知道每宗地有多少界址点,其编号只在本宗地进行。因此,在地籍调查区内统一编制野外界址点观测草图,并统一编上草编界址点号,在草图上注记出与地籍调查表中相一致的实量边长及草编宗地号或权属主姓名,主要目的是为外业观测记簿和内业计算带来方便。

2. 野外界址点测量的实施

测定界址点是地籍细部测量的核心工作。界址点坐标的测量应有专用的界址点观测手簿。记录时,界址点的观测序号直接用观测草图上的草编界址点号。观测用的仪器设备有光学经纬仪、钢尺、测距仪、全站型电子速测仪和 GNSS 接收机等。这些仪器设备都应进行严格的检验。

使用全站仪或者 GNSS 接收机进行界址点测量时,可以直接获取界址点的三维坐标,无需进行坐标计算,方便快捷。全站仪界址点坐标测量的作业方法可参照测量学中讲述到的坐标测量方法进行。GNSS 测量界址点主要采用的是 RTK 作业方法。

1)GNSS RTK 的测量方法

(1)GNSS RTK 的作业方法。

GNSS RTK 测量形式主要有三种:常规 RTK 测量(电台模式)、单基准站网络 RTK(Base)和连续运行参考站网络(CORS 模式)。

(2)常规 RTK 测量(电台模式)。

常规 RTK 测量工作结构由一个基准站+电台+若干移动站组成,基准站通过电台将差分信息以电磁波的形式传给移动站。基准站和移动站之间需保证电台通道、协议和频点一致,方可通信。

电台模式由于是通过电磁波传播的,传播过程中如遇到高楼、树林,均会使信号衰减,影响作业距离,一般作业距离在 2~15 km。

(3)单基准站网络 RTK(Base)和连续运行基准站网络(CORS 模式)。

单基准站网络 RTK 和 CORS 模式都属于网络模式,基准站通过网络的模式将差分信息传输给移动站。

网络模式作业距离广,现在有全国覆盖的 CORS 基站,基本一个账号在全国都能使用。

网络模式受运营商网络信号影响,在山区等网络不发达地区,使用该模式可能会受影响,这种情况下一般采用电台模式作业。

2)GNSS RTK 的作业流程

无论使用哪种模式的作业方法,RTK 作为能提供高精度位置测量的工具,在使用过程中,主要应用层的工作在软件上,需要搭配 RTK+手簿+软件来使用。RTK 的操作流程主要有:

(1)拿到测区范围及测区控制点。包含控制点平面坐标、高程、所使用坐标系统和中央子午线,如果已有测区的参数,则可直接套用参数后在已有点上检核即可。

(2)根据作业区域大小及特性确定所使用的基站:电台 1+1 或者单台+网络账号。

(3)使用外业测量软件连上 GNSS 接收机并达到固定解。

(4)新建工程。输入项目名称、更改坐标系统和中央子午线,如果已有参数,则输入对应的参数。

(5)求转换参数。输入已有控制点坐标(平面坐标),并使用 RTK 在控制点上采集大地坐标(经纬度坐标),已有平面坐标与使用 RTK 采集的经纬度坐标一一匹配,求得作业区域的参数,根据不同范围的测区,可选择四参数+高程拟合参数和七参数两种参数类型,一般小范围作业区域采用四参数+高程拟合参数即可。

(6)核对控制点坐标。求完参数并应用到当前工程后,需使用 RTK 在某已知点上测量一个坐标并与该已知点坐标核对无误后,方可进行测量。

(7)点校正。更换基站或者基站重启后,由于基站坐标变化,导致移动站坐标相应变化一个平移量,此时需在已知点上校正一次坐标。

(8)测量、放样、成果导出等。

无论是全站仪坐标测量还是 GNSS RTK 坐标测量,如遇界址点为墙角或圆柱中心等问题,都需进行目标偏心改正。

3.野外观测成果的内业整理

界址点的外业观测工作结束后,应及时计算出界址点坐标,并反算出相邻界址边长,填入界址点误差表中,计算出每条边的 Δ_1。如 Δ_1 的值超出限差,应按照坐标计算、野外勘丈、野外观测的顺序进行检查,发现错误及时改正。

当一个宗地的所有边长都在限差范围以内时,才可以计算面积。

当一个地籍调查区内的所有界址点坐标(包括图解的界址点坐标)都经过检查并合格后,按界址点的编号方法编号,并计算全部的宗地面积,然后把界址点坐标和面积填入标准的表格中,并整理成册。

4.界址点误差的检验

界址点误差包括界址点点位误差、界址间距误差。表 7-3 中 ΔS 为界址点点位误差,表 7-4 中的 ΔS_1 表示界址点坐标反算出的边长与地籍调查表中实量的边长之差,ΔS_2 表示检测边长与地籍调查表中实量的边长之差。ΔS_1 和 ΔS_2 为界址点间距误差。

表 7-3　界址点坐标误差

界址点号	测量坐标 /m		检测坐标/m		比较结果		
	X	Y	X	Y	ΔX/m	ΔY/m	ΔS/cm

表 7-4　界址边长误差

界址边号	实量边长/m	反算边长/m	检测边长/m	ΔS_1/cm	ΔS_2/cm	备注

在高精度观测检验界址点误差检验时的中误差计算公式为

$$m = \pm\sqrt{\frac{[\Delta\Delta]}{n}} = \pm\sqrt{\frac{\sum_{i=1}^{n}\Delta_i^2}{n}} \tag{7-1}$$

式中　m——界址点中误差或界址点边长误差,cm;

n——检验的界址点数或界址边长数,个/条;

Δ——检测值与原值的较差,cm。

在同精度观测检验界址点误差时的中误差公式为

$$m = \pm\sqrt{\frac{[\Delta\Delta]}{2n}} = \pm\sqrt{\frac{\sum_{i=1}^{n}\Delta_i^2}{2n}} \tag{7-2}$$

二、勘界测绘

(一)勘界测绘概述

勘界测绘即勘定行政区域界线的测绘工作,即在确定界线实际走向以后,在实地埋设界桩,测定界桩点位,测绘边界地形图,并在地形图上表述边界线走向等工作。勘界测绘的目的是通过获取和表述行政区域界线的位置及走向等信息,为勘界和边界管理工作提供基础资料与科学依据。

勘界测绘必须在毗邻行政区组成的联合勘界领导小组的统一领导下,民政、土地、测绘部门密切配合,由测绘行政主管部门组织实施。由于勘界测绘涉及行政管辖权,与地形测绘相比具有以下特点:

(1)勘界测绘是政府行政行为,其测绘成果具有法律效力。

(2)勘界测绘以规定的地形图作为工作底图,测量的主要对象是界桩及边界线的位置和走向。

(3)勘界测绘的最终成果是界桩成果表、边界线位置和走向说明、边界线地形图。

(4)勘界测绘成果可靠性强,对施测结果均有严格的检核,界桩及边界线位置和走向施测的误差不允许超出限差。

(二)勘界测绘的工作内容

勘界测绘的内容包括界桩的埋设与测定、边界线的标绘、边界协议书附图的绘制、边界线走向和界桩位置说明的编写、中华人民共和国省级行政区域界线详图集的编纂和制印。

1. 界桩的埋设与测定

为提高工作效率,防止勘界工作中出现反复,界桩的埋设工作一般与实地勘界同步进行。界桩是指示边界线位置的永久性人工标志。

首先根据勘界工作图在实地核实界线的位置及走向,根据各级行政区域界线的界桩密度要求,现场确定界桩埋设位置、界桩类型和编号、界点的测量位置等。

在无争议地段,要即时在工作图上注明界线的位置及周围地物地貌情况,标明埋设界桩的位置和点号。当出现边界争议时,要即时进行调解和裁决。对个别难以在短期内解决的地段,可根据争议范围的大小,预留出恰当个数的界桩编号后,继续进行勘界工作。

界桩位置确定后要即时埋设界桩,量取三个明显方位物的距离(精确到0.1 m),量测磁方位角,并绘制界桩位置略图,拍摄界桩实地照片。界桩埋设后,即时进行测量工作。

2. 边界线的标绘

边界线的标绘是将双方确定的边界线、界桩点的位置准确地标绘在规定的地形图上。地形图比例尺的选择以能清晰反映边界线走向为原则,一般可选择最新1:50 000地形图。地形图的内容不能满足需要时,需对边界线两侧一定范围内与确定边界线以及界桩位置有关的地物、地貌及地理名称注记进行补测、修测。在人口稠密、情况复杂的地区,也可采用航摄像片进行调绘。

3. 边界协议书附图的绘制

边界协议书附图是详细表示边界线位置的重要勘界测绘成果。由双方政府负责人签字、经上级政府批准的边界协议书附图是具有法律效力的边界线画法图。

边界协议书附图根据实测的界桩点坐标、协商确定或裁定的边界线及边界线的调绘成果认真标绘、整理而成。各类要素符号、颜色及规格要求与边界线的标绘成果一致。

4. 边界线走向和界桩位置说明的编写

边界线走向说明是对边界线实地走向的完整描述,是边界协议书的核心内容。边界协议书附图是对边界线和界桩位置的图形表示,是勘界工作成果的重要组成部分。

边界线走向说明以明确描述边界线实际走向为原则。其内容一般包括每段边界线起讫点、界线在实地的标志、界线转折的方向、界线延伸的长度、界线经过的地形特征点、两界桩间界线长度等。边界线走向说明的编写一般以两界桩间为一自然段。根据界线所依附的自然地理情况分为若干条,每条可含若干自然段。

边界线走向说明中所涉及的方向,采用16方位制,以磁北方向为基准,如北偏东北11°15′~33°45′。

界桩位置说明根据界桩登记表中所填内容编写,包括界桩号、类型、材质、界桩与周围地物地貌的关系、界桩与边界线的关系、界桩与方位物的关系等内容。界桩位置说明的编写一般以一个界桩为一自然段,与边界线走向说明的分条方法相一致。

(三)勘界测绘的工作流程

勘界测绘按其工作流程主要分为准备工作、野外测量和调绘、内业成果整理、质量检查验收四个阶段。界桩的制作和埋设由民政部门与国土部门共同完成,一般分如下几个阶段:

(1)准备工作。准备工作主要是资料收集、勘界测绘工作图的转标、勘界测绘技术设计书的编写和人员、仪器、设备及物资的准备。

(2)野外测量和调绘。该阶段的工作主要是界线位置确定、界桩的埋设和测定、边界线局部带状地形图的修测、补测或调绘。

(3)内业成果整理。该阶段的工作主要是制作界桩成果表、界桩登记表、边界线走向说明和界桩位置说明,编写检查验收报告,界线转标,界桩实地照片整理,协议书附图的图面整饰,面积量算,编写测绘技术工作总结等。

(4)各级检查验收。

(5)成果上交。

(四)勘界测绘各级检查验收及成果上交

勘界测绘工作结束后,由双方勘界工作机构组织对测绘成果成图资料的完整性和正确性进行全面检查、整理,并由双方负责人签名。内容包括边界线标绘资料、边界线走向和界桩位置说明、边界协议书附图、界桩埋设位置和界桩号编排、界桩成果表和界桩登记表、观测手簿和计算手簿。经双方勘界工作机构组织对测绘成果检查合格后,报上级政府勘界工作领导小组办公室组织。上报的成果主要有:

(1)技术设计书。

(2)观测手簿、计算手簿、计算成果、边界线调绘资料、航片等。

(3)界桩登记表、界桩点成果表。

(4)边界走向说明、界桩点位置说明、界桩点照片。

(5)界桩点、边界上部分拐点展点图。

(6)边界协议书附图。

(7)技术总结、检查报告。

上级政府勘界工作领导小组办公室对上报成果进行检查验收。勘界测绘成果的基本要求是:各类图表清晰易读,项目填写齐全,文字叙述简明确切,地理名称调注准确,简化字和少数民族语地名译音正确,一切原始记录和计算成果均正确无误,精度符合规定要求。

任务二 地籍图测绘

一、概述

(一)地籍图的概念

按照特定的投影方法、比例关系和专用符号把地籍要素及其有关的地物和地貌测绘在平面图纸上的图形称地籍图。地籍图是地籍管理的基础资料之一。地籍图、地籍数据和地籍表册通过特定的标识符(地籍号、宗地号)建立有序的对应关系。

地籍图只能准确完整地表示基本地籍要素,用户可在基本地籍图的基础上添加表示和描述各自所需的专题内容,加工成专题图。

(二)地籍图的种类

地籍图按表示的内容可分为基本地籍图和专题地籍图,按城乡地域的差别可分为农村地籍图和城镇地籍图,按图的表达方式可分为模拟地籍图和数字地籍图,按用途可分为税收地籍图、产权地籍图和多用途地籍图。我国现在主要测绘制作的有城镇地籍图、宗地图、农村居民地地籍图、土地利用现状图、土地所有权属图等。

为了满足土地登记和土地权属管理的需要，目前我国城镇地籍调查需测绘的地籍图主要有以下几种。

1. 宗地草图

宗地草图是描述宗地的位置和界址点、线与相邻宗地关系的实地记录。宗地草图的特点是现场绘制、图形近似、不依比例尺、实地丈量界址边长和相关距离等。土地权属调查时，调查人员应现场绘制宗地草图。

宗地草图是地籍资料中的原始记录，宗地草图为界址点的维护、恢复和解决权属纠纷提供依据；宗地草图可配合地籍调查表，为测定界址点坐标和制作宗地图提供重要信息；宗地草图是检核地籍图中各宗地的几何关系、保证地籍图质量的重要图件。

2. 基本地籍图

基本地籍图是依照《地籍测绘规范》（CH 5002—1994）、《地籍调查规程》（GB/T 42547—2023）的规定，实施地籍测量的基本成果之一，是土地管理的专题图，又称分幅地籍图。

3. 宗地图

宗地图是描述宗地位置、界址点线和相邻宗地关系的分宗地籍图，是该宗土地产权证书和地籍档案的附图。宗地图属于地籍图的一种，是在地籍图的基础上以一宗土地为单位编制的。

（三）地籍图比例尺

地籍图比例尺的选择应满足地籍管理的需要。地籍图需准确地表示土地的权属界址及土地上附着物等的细部位置，为地籍管理提供基础资料，特别是地籍测量的成果资料将提供给很多部门使用，故地籍图应选用大比例尺。

1. 选择地籍图比例尺的依据

1）繁华程度和土地价值

就土地经济而言，地域的繁华程度与土地价值密切相关。对于土地价值高的城镇土地，要求地籍图对地籍要素及地物要素的表示十分详细和准确，因此必须选择大比例尺测图，如1∶500、1∶1 000。反之，由于城乡土地经济价值的差别，农村地区地籍图的比例尺比城镇地籍图的比例尺小一些。

2）建筑物密度和细部详细度

一般来说，建筑物密度大，其比例尺可大些；反之，若建筑物密度小，选择的比例尺就可小一些。另外，表示房屋细部的详细程度与比例尺有关，比例尺越大，房屋的细微变化可表示得越清楚。如果比例尺小了，细小的部分将无法表示，影响占地面积量算的准确性。

2. 我国地籍图的比例尺系列

《地籍调查规程》（GB/T 42547—2023）规定：我国基本地籍图比例尺一般为1∶500或1∶1 000，城镇宜采用1∶500，独立厂矿和村庄可采用1∶2 000；农村地区（含土地利用现状图和土地所有权属图）地籍图可选用1∶5 000或1∶10 000。

（四）地籍图的分幅与编号

地籍图的幅面通常采用50 cm×50 cm正方形分幅，图幅编号按图廓西南角坐标千米数编号，*X*坐标在前，*Y*坐标在后，中间用短横线连接，如图7-1所示。

1∶2 000比例尺地籍图的图幅编号为689.0-593.0；

1∶1 000比例尺地籍图的图幅编号为689.5-593.0；

1:500 比例尺地籍图的图幅编号为 689.75–593.50。

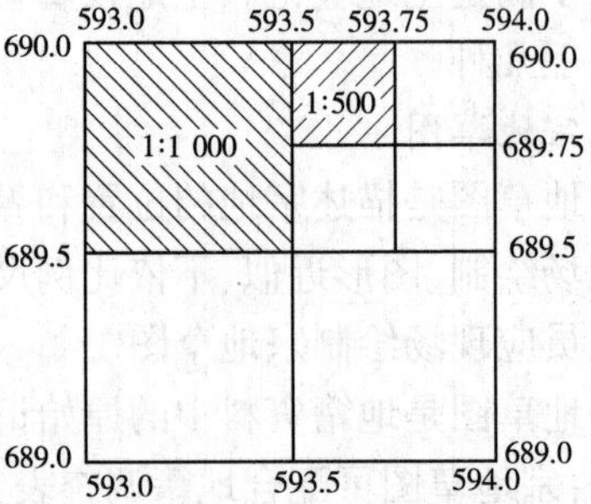

图 7-1　正方形分幅

二、地籍图的内容

地籍图的内容包括地籍要素、必要的地物要素以及其他要素。必要的地物要素是指与地籍要素有关的一些地物要素。除特殊要求外,地籍图上一般不表示地貌。城镇地籍样图和农村地籍详图分别见图 7-2、图 7-3。

(一)地籍图内容的基本要求

(1)以地籍要素为基本内容,突出表示界址点、线。

(2)有必需的数学要素。

(3)必须表示基本的地理要素,特别是与地籍有关的地物要素应予以表示。

(4)地籍图图面必须主次分明、清晰易读,并便于根据多用户需要加绘专用图要素。

(二)地籍图内容选取的基本要点

(1)具有宗地划分或划分参考意义的各类自然或人工地物和地貌,即这些地物或地貌本身就是权属界线或在界线的附近,如墙、埋设的界标、沟、路、坎、建筑物底层的投影线等。

(2)具有土地利用现状分类划分意义或划分参考意义的各种地物或地貌,如田埂、地类界、沟、渠、建筑物底层的投影线等。

(3)土地上的重要附着物,如水系、道路、构筑物、建筑物等,这些地物都是地籍图具有地理性功能的重要要素。

(4)在土地表面下的各种管线及构筑物,在图上不表示,如下水道、自来水管、井盖等。

(5)地面上的管线只表示重要的,如万伏以上高压线、裸露的大型管道(工厂内部的可以根据需要考虑)等。

(6)界址点、控制点等点要素。

以上各类要素都是在实地上可以感觉到和触摸到的实体,这部分要素回答了宗地或地块在哪里、是多少的问题。

(7)注记部分,也就是地表自然情况的符号表示,如房屋结构和层数、植被、地理名称等。

(8)标识符在地籍图上占有非常重要的位置,它是对地面客体(如土地权属单位、地块)的标识,以便使地籍数据集、地籍簿册和地籍图形集之间有机地连接在一起。标识符的含义和表达的具体内容在地籍数据集和地籍簿册中都有准确和详细的描述。地籍图上主要表示的标识符有地籍区(街道)号、地籍子区(街坊)号、宗地号、界址点号、利用分类代码、控制点号、房产编号等。

标识符间接地回答了宗地或地块"是谁的""怎么样"和"为什么"的问题。

(三)地籍图的基本内容

1. 行政区划要素

(1)行政区划要素主要指行政区界线和行政区名称。

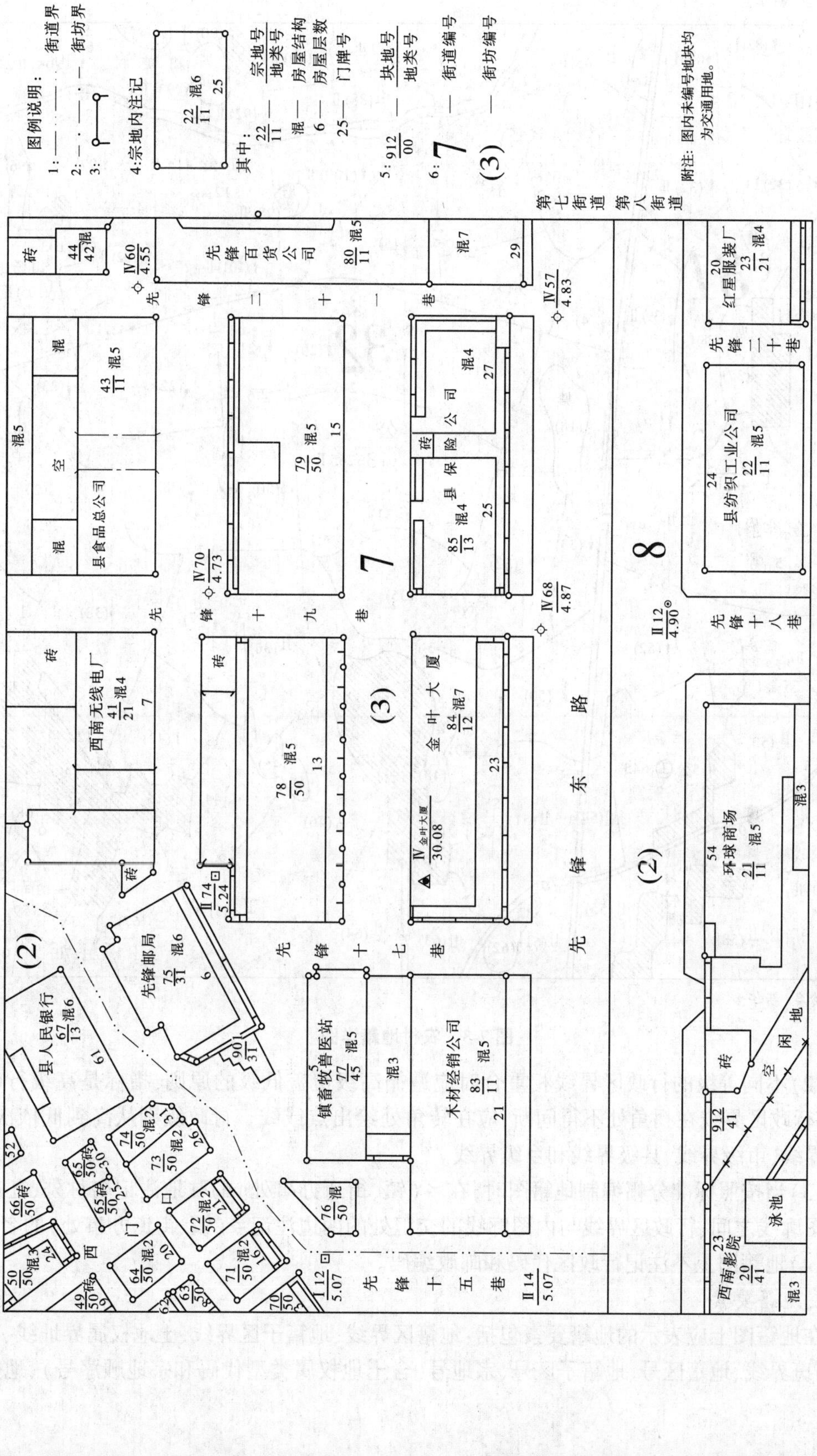
图例说明：
1: 街道界
2: 街坊界
3:
4:宗地内注记
其中：22/11 — 宗地号/地类号
混 — 房屋结构
6 — 房屋层数
25 — 门牌号
5: 912/00 — 块地号/地类号
6: 7 — 街道编号
(3) — 街坊编号
附注：图内未编号地块均为交通用地。
第七街道
第八街道
先锋东路
先锋十五巷
先锋十七巷
先锋十九巷
先锋二十巷
先锋十八巷
先锋二十一巷
县人民银行
先锋邮局
西南无线电厂
县食品总公司
先锋百货公司
镇畜牧兽医站
木材经销公司
金叶大厦
县保险公司
县纺织工业公司
红星服装厂
环球商场
西南影院
泳池
空闲地
门口

图 7-2 城镇地籍详图

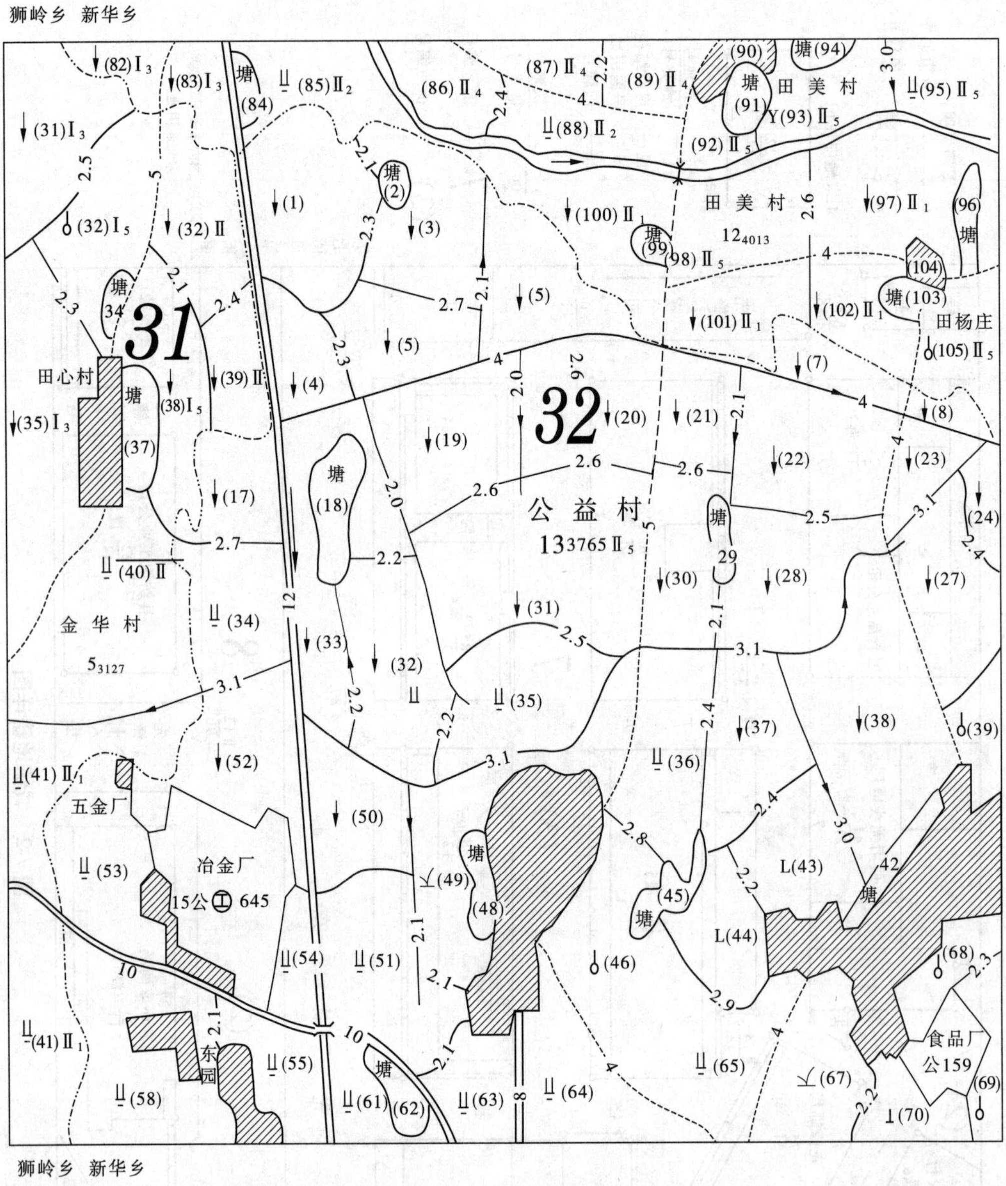

图 7-3　农村地籍详图

(2)不同等级的行政区界线相重合时应遵循高级覆盖低级的原则,指标是高级行政区界线,行政区界线在拐角处不得间断,应在转角处绘出点或线。行政级别从高到低依次为:省级界线、市级界线、县级界线和乡级界线。

(3)当按照标准分幅编制地籍图时,在乡(镇、街道办事处)的驻地注记名称外,还应在内外图廓线之间、行政区界线与内图廓线的交汇处的两边注记乡(镇、街道办事处)的名称。

(4)地籍图上不注记行政区代码和邮政编码。

2. 地籍要素

在地籍图上应表示的地籍要素包括:地籍区界线、地籍子区界线、土地权属界址线、界址点、图斑界线、地籍区号、地籍子区号、宗地号(含土地权属类型代码和宗地顺序号)、地类代码、土地权利人名称、坐落地址等。现分述如下：

(1)界址线与行政区界线相重合时，只表示行政区界线，同时在行政区界线上标注土地权属界址点，行政区界线在拐角处不得间断，应在转角处绘出点或线。

(2)地籍区、地籍子区界线重叠至于省级界线、市级界线、县级界线、乡级界线和土地权属界线之下，叠置后其界线仍清晰可见。

(3)地籍图上，对于土地使用权宗地，宗地号及其地类代码用分式的形式标注在宗地内，分子注宗地号，分母注地类代码。对于集体土地所有权宗地，只注记宗地号。宗地面积太小注记不下时，允许移注在空白处并以指示线标明。宗地的坐落地址可选择性注记。

(4)按照标准分幅编制地籍图时，若地籍区、地籍子区、宗地被图幅分割，其相应的编号应分别在各图幅内按照规定注记。如分割的面积太小，允许移注在空白处并以指示线标明。

(5)地籍图上应注记集体土地所有权人的名称、单位名称和住宅小区名称。个人用地的土地使用权人名称一般不需要注记。

(6)可根据需要在地籍图上绘出土地级别界线，注记土地级别。

3. 地形要素

(1)界址线依附的地形要素(地物、地貌)应表示，不可省略。

①作为界标物的地物，如围墙、道路、房屋边线及各类垣栅等应表示。

②房屋及其附属设施。房屋以外墙勒脚以上外围轮廓为准，正确表示占地状况，并注记房屋层数与建筑结构。装饰性或加固性的柱、垛、墙等不表示；临时性或已破坏的房屋不表示；墙体凸凹小于图上 0.2 mm 不表示；落地阳台、有柱走廊及雨篷、与房屋相连的大面积台阶和室外楼梯等应表示。

③工矿企业露天构筑物、固定粮仓、公共设施、广场、空地等绘出其用地范围界线，内置相应符号。

④铁路、公路及其主要附属设施，如站台、桥梁、大的涵洞和隧道的出入口应表示，铁路路轨密集时可适当取舍。

⑤建成区内街道两旁以宗地界址线为边线，道牙线可取舍。

⑥城镇街巷均应表示。

⑦塔、亭、碑、像、楼等独立地物应择要表示，图上占地面积大于符号尺寸时应绘出用地范围线，内置相应符号或注记。公园内一般的碑、亭、塔等可不表示。

⑧电力线、通信线及一般架空管线不表示，但占地塔位的高压线及其塔位应表示。

⑨地下管线、地下室一般不表示，但大面积的地下商场、地下停车场及与他项权利有关的地下建筑应表示。

⑩大面积绿化地、街心公园、园地等应表示。零星植被、街旁行树、街心小绿地及单位内小绿地等可不表示。

⑪河流、水库及其主要附属设施，如堤、坝等应表示。

⑫平坦地区不表示地貌，起伏变化较大地区应适当加注高程点。

⑬地理名称应适当注记。

(2)1∶5 000、1∶10 000、1∶50 000 比例尺地籍图上主要地形要素包括居民地、道路、水系、地理名称等，注记表示方法按照《国家基本比例尺地图图式 第 2 部分：1∶5 000 1∶10 000 地形图图式》(GB/T 20257.2—2017)和《国家基本比例尺地图图式 第 3 部分：

1∶25 000 1∶50 000 1∶100 000 地形图图式》(GB/T 20257.3—2017)执行。

(3)1∶500、1∶1 000、1∶2 000 比例尺地籍图上主要地形要素包括建筑物、道路、水系、地理名称等,注记表示方法按照《国家基本比例尺地图图式 第1部分:1∶500 1∶1 000 1∶2 000 地形图图式》(GB/T 20257.1—2017)执行。

(4)可根据需要表示地貌,如等高线、高程注记、悬崖、斜坡、独立山头等。

4. 数学要素

数学要素包括内外图廓线、内图廓点坐标、坐标格网线、控制点、比例尺、坐标系统等。

5. 图廓要素

图廓要素包括分幅索引、密级、图名、图号、制作单位、测图时间、测图方法、图式版式、测量员、制图员、检查员等。

地籍图上应表示的内容,一部分可通过实地调查得到,如街道名称、单位名称、门牌号、河流、湖泊名称等;而另一部分内容则要通过测量得到,如界址位置、建筑物、构筑物等。

三、分幅地籍图的测绘

地籍图的测绘方法很多,传统的测绘方法所成的图都是模拟图,不便于管理和更新,目前数字图已基本取代了模拟图。获取数字图多采用数字地籍测量。数字地籍测量可以分为三个阶段:数据采集、数据处理和数据的输出。

(一)数据采集

数据采集可采用全站仪、GNSS 或者数字摄影测量方法。

地籍图测绘 GNSS 数据采集主要采用的是 GNSS RTK 作业方式。GNSS RTK 作业方法根据差分信号传播方式的不同分为电台模式和网络模式。

在已开通运行 CORS 的地区,在考虑效费比的前提下建议优先采用 CORS 系统。CORS 系统由基准站(参考站)、系统中心、呼叫中心、数据通信、用户应用等子系统组成,用户无需设置基站。下面以南方创享测量系统为例分别介绍电台模式和网络模式的作业方法。

1. RTK 接收机设置(内置电台模式)

1)架设基准站

基准站一定要架设在视野比较开阔、周围环境比较空旷、地势比较高的地方;避免架在高压输变电设备附近、无线电通信设备收发天线旁边、树荫下及水边,这些都对 GNSS 信号的接收及无线电信号的发射产生不同程度的影响。

(1)将接收机设置为基准站内置电台模式。

(2)架好三脚架,放电台天线的三脚架最好放到高一些的位置,两个三脚架之间保持至少 3 m 的距离。

(3)用测高片固定好基准站接收机(如果架在已知点上,需要用基座并做严格的对中整平),打开基准站接收机。

2)启动基准站

第一次启动基准站时,需要对启动参数进行设置,设置步骤如下:

启动工程之星软件→配置→仪器设置→基准站设置,点击基准站设置则默认将主机工作模式切换为基准站,如图 7-4 所示。

(1)差分格式:一般都使用国际通用的 RTCM32 差分格式。

(2)发射间隔:选择 1 s 发射一次差分数据。

(3)基站启动坐标:如图 7-5 所示,如果基站架设在已知点,可以直接输入该已知控制点坐标作为基站启动坐标(建议输入经纬度坐标作为已知点坐标启动,若已知点输入地方坐标或平面坐标启动时,务必先在工程之星手簿上将参数设置好并使用,再输入地方坐标或平面坐标启动);如果基站架设在未知点,可以点击“外部获取”按钮,然后点击“获取定位”来直接读取基站坐标来作为基站启动坐标。

图 7-4　基准站设置

图 7-5　基站启动坐标设置

(4)天线高:有直高、斜高、杆高(推荐)、侧片高四种,并对应输入天线高度(随意输入)。

(5)截止角:建议选择默认值(10)。

(6)PDOP:位置精度因子,一般设置为 4。

(7)数据链:内置电台。

(8)数据链设置:

①通道设置:1~16 通道选其一。

②功率档位:有“HIGH”和“LOW” 两种功率。

③空中波特率:有“9600”和 “19200”两种(建议 9600)。

④协议:Farlink(注意基站与移动站协议要一致)。

以上设置完成后,点击“启动”即可发射。

第一次启动基站成功后,以后作业如果不改变配置可直接打开基准站,主机即可自动启动发射。

3)架设移动站

确认基准站发射成功后,即可开始移动站的架设。步骤如下:

(1)将接收机设置为移动站电台模式。

(2)打开移动站主机,将其固定在碳纤对中杆上面,拧上 UHF 差分天线。

(3)安装好手簿托架和手簿。

4)设置移动站

移动站架设好后需要对移动站进行设置才能达到固定解状态,步骤如下:

(1)手簿及工程之星连接。

(2)配置→仪器设置→移动站设置,点击移动站设置则默认将主机工作模式切换为移动站。

(3)数据链:对内置电台进行设置(见图 7-6)。

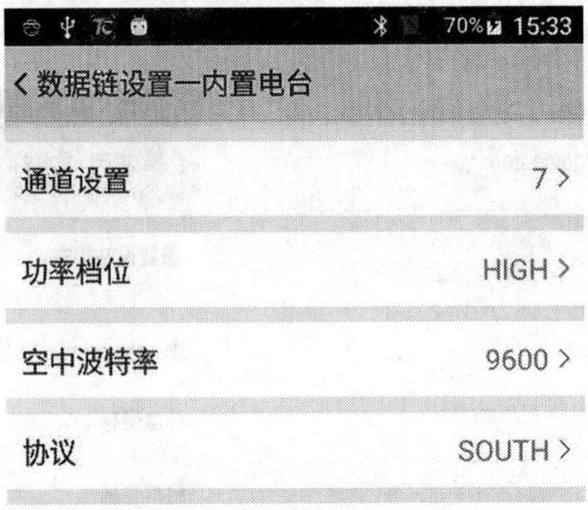

图 7-6　电台设置

(4)数据链设置:

①通道设置:与基站通道一致。

②功率档位:有“HIGH”和“LOW” 两种功率。

③空中波特率:有“9600”和 “19200”两种(建议 9600)。

④协议:Farlink(注意基站与移动站协议要一致)。

设置完毕,等待移动站达到固定解,即可在手簿上看到高精度的坐标。

2. RTK 接收机设置(网络 1+1 模式)

RTK 网络模式与电台模式的主要区别是采用网络方式传输差分数据,因此在架设上与电台模式类似,工程之星的设置上区别较大,下面分别予以介绍。

1)基准站和移动站的架设

RTK 网络模式与电台模式只是传输方式上的不同,因此架设方式类似,区别在于:

(1)网络模式下基准站设置为基准站网络模式,无需架设大电台。

(2)网络模式下移动站设置为移动站网络模式。

2)基准站设置

网络模式的基准站设置同电台模式基准站设置,区别只在于数据链不同,网络模式数据设置为:接收机移动网络(主机插 SIM 卡),接收机 WiFi(主机连接 WiFi)

数据链设置如下:

(1)点击“增加”。

(2)名称“自己命名”。

(3)IP“218. 135. 151. 184 或者 222. 73. 18. 15”。

(3)port“2010”。

(5)账户:为机身号后 6 位(避免重复输入)。

(6)密码:可任意输入。

(7)模式:SOUTH。

(8)接入点:采用“区号@机身号”的格式(区号需填写 RTK 购买地当地区号)。

(9)APN:默认即可。

点击“确定”,返回模板参数管理页面,选择新增加的网络模板,点击“连接”登录服务器成功后即可完成网络基站配置,点击确定返回基准站设置页面,点击“启动”即可发射。

第一次启动基准站成功后,以后作业如果不改变配置可直接打开基准站,主机即可自动启动发射。

3)移动站设置

移动站的设置同电台模式移动站设置,只是将数据链设置为:接收机移动网络(主机插 SIM 卡),接收机 WiFi(主机连接 WiFi)

数据链设置如下:

(1)点击“增加”。

(2)名称“自己命名”。

(3)IP:与基准站一致。

(4)port:与基准站一致。

(5)账户:020@机身号后 6 位。

(6)密码:与基准站一致。

(7)模式:NTRIP。

(8)接入点:与基准站一致(也可以获取)。

(9)APN:默认即可。

点击“确定”,返回模板参数管理页面,选择新增加的网络模板,点击“连接”登录服务器成功后即可完成移动站配置,点击确定,然后返回到主界面等待固定解。

第一次登录成功后,以后作业如果不改变配置可直接打开移动站,主机即可得到固定解。

3. RTK 接收机设置(网络 CORS 模式)

网络 CORS 模式的优势就是可以不用架设基准站,当地如果已建成 CORS 网,可向 CORS 管理中心申请账号。在 CORS 网覆盖范围内,用户只需点移动站即可作业。具体操作步骤同网络 1+1 模式,区别只在于需要 CORS 账号及对应的 IP 输入。

由于一些地区 CORS 网为专网,上网方式不一样,所以设置 APN 时,需要输入 CORS 网管理中心的 APN 上网参数。详细操作见南方创享测量系统使用手册。

4. 碎部点测量

野外数字地籍测量的碎部点测量通常采用 RTK 程序中的“点测量”进行碎部测量,并记录全部测点信息。当在测量碎部点并不关心碎部点点号时,或者碎部点点号没有特定要求时,可以选择点号自动累计方式,这样将可以避免同一数据中出现重复点号;当不能采用自动累计方式时,可以采用点号手工输入方式。

当采用测记模式进行外业测量时,必须绘制标注测点点号的人工草图,到室内将测量数据直接由记录器传输到计算机,再由人工按草图编辑图形文件。当采用电子平板测绘模式时可以进行现场实时成图和图形编辑、修正,保证数字地籍测量外业测绘的正确性,到内业仅做一些整饰和修改后,即可绘图输出。

(二)数据处理

数据处理是数字地籍测量系统中的一个非常重要的环节。现在应用于地籍方面的成图软件也很多,现以 CASS11.0 地形地籍成图软件为例说明其在地籍测量中的应用。

CASS11.0 地形地籍成图软件是基于 AutoCAD 平台技术的 GIS 前端数据处理系统,广泛应用于地形成图、地籍成图、工程测量应用、空间数据建库和更新、市场监管等领域。CASS11.0 对平台、基本绘图功能作了进一步升级,并与国产 CAD 平台携手合作,共同研发浩辰 OEM、中望 OEM 版本;优化土方计算模式,满足日常工程应用需求;增加裸眼 3D 采集、点云立采、立面采集,二三维一体化数据采集等相关功能。

用 CASS11.0 地形地籍成图软件绘制地籍图步骤:生成平面图、绘权属地籍图、图形的编辑、生成权属信息数据文件、宗地属性处理,如图 7-7 所示。

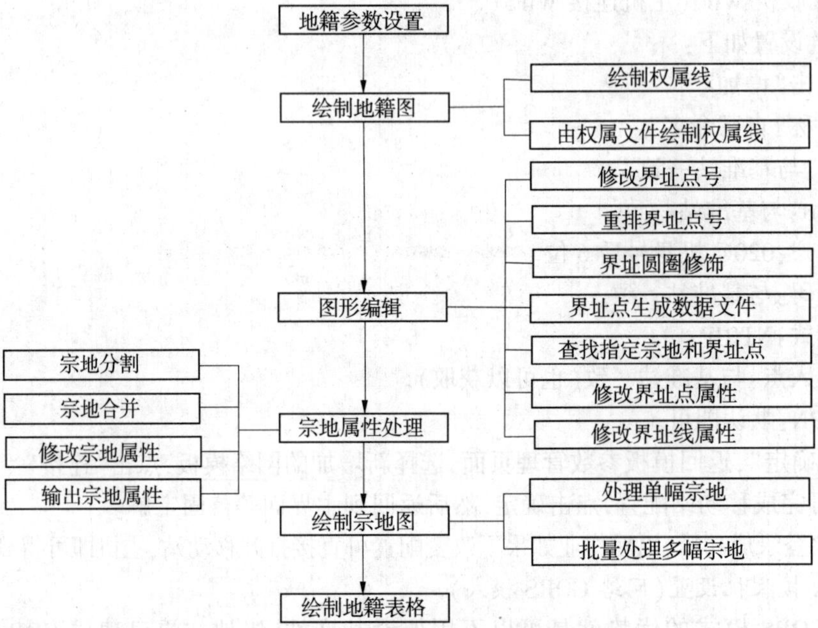

图 7-7　地籍测量成图作业流程

1. 生成平面图

平面图可以用“草图法”或“简码识别”等方法绘出平面图。

“草图法”又称“无码方式”,是根据野外作业时绘制的草图,移动鼠标至屏幕右侧菜单区选择相应的地形图图式符号,然后在屏幕中将所有的地物绘制出来。

如果外业采集的数据是带简编码的坐标数据,即可用“简码法”来生成平面图。“简码法”也称作“带简编码格式的坐标数据文件自动绘图方式”,每测一个地物点时都要在电子手簿或全站仪上输入地物点的简编码,简编码一般由一位字母和一或两位数字组成。用户可根据自己的需要通过 JCODE.DEF 文件定制野外操作简码。“简码识别”的作用是将带简编码格式的坐标数据文件转换成计算机能识别的程序内部码(又称绘图码)。

移动鼠标至菜单“绘图处理”→“简码识别”项,输入带简编码格式的坐标数据文件。提示区显示“简码识别完毕!”的同时在屏幕绘出平面图形。

2. 绘权属地籍图

生成平面图之后,可以用手工绘制权属线的方法绘制权属地籍图,也可通过权属信息文件来自动绘制。具体如下所述。

1)手工绘制

使用“地籍成图”子菜单下“绘制权属线”功能生成,并选择不注记,可以手工绘出权属线,这种方法最直观,权属线出来后系统立即弹出对话框,要求输入属性,点“确定”按钮后系统将宗地号、权利人、地类编号等信息加到权属线里,如图 7-8 所示。

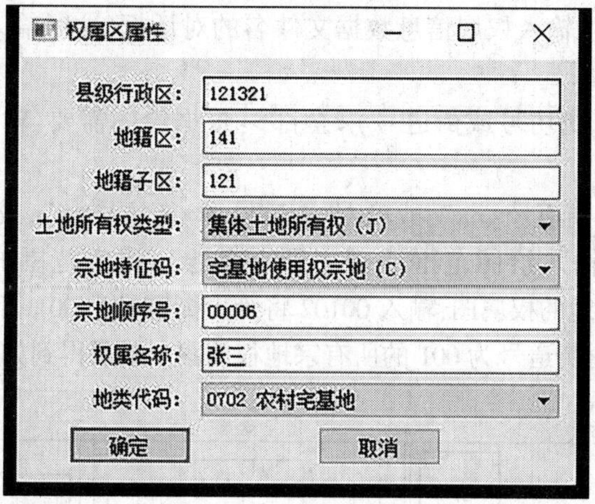

图 7-8　加入权属线属性

2)通过权属信息数据文件绘制

首先可以利用“地籍\地籍参数设置”功能对成图参数进行设置。地籍参数设置内容如图 7-9 所示。

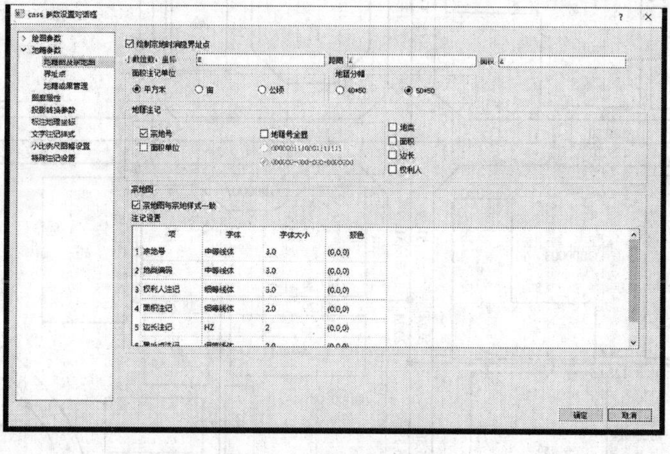

图 7-9　地籍参数设置

(1)地籍区和地籍子区位数:依实际要求设置宗地号、地籍区、地籍子区位数。

(2)地号字高:依实际需要设置宗地号注记地高度。

(3)小数位数:依实际需要设置坐标、距离和面积的小数位数。

(4)界址点编号方式:提供街坊内编号和宗地内编号的切换开关。

(5)宗地内图形:控制宗地图内图形是否满幅显示或只显示本宗地。

(6)地籍图注记:提供各种权属注记的开关供用户选用。

特别要说明的是“宗地内图形”中是否满幅的设置。CASS5. 0 以前的版本没有此项设置,默认均为满幅绘图,根据图框大小对所选宗地图进行缩放,所以有时会出现诸如 1∶1 215 这样的比例尺。有些单位在出地籍图时不希望这样的情况出现,他们需要整百或整五十的比例尺。这时,可将“宗地图内图形”选项设为“不满幅”,再将其上的“宗地图内比例尺分母的倍数”设为需要的值。例如:设为 50,成图时出现的比例尺只可能是 1∶50N,N 为自然数。

参数设置完成后,选择“地籍\依权属文件绘权属图”。

CASS 界面弹出要求输入权属信息数据文件名的对话框,这时输入权属信息数据文件,命令区提示:

输入范围(宗地号. 街坊号或街道号)<全部>:根据绘图需要,输入要绘制地籍图的范围,默认值为全部。

说明:可通过输入“街道号×××”,或输入“街道号×××街坊号××”,或输入“街道号×××街坊号××宗地号×××××”,输入绘图范围后程序即自动绘出指定范围的权属图。例如:输入 0010100001 只绘出该宗地的权属图,输入 00102 将绘出街道号为 001 街坊号为 02 的所有宗地权属图,输入 001 将绘出街道号为 001 的所有宗地权属图。最后得到如图 7-10 所示的图形。

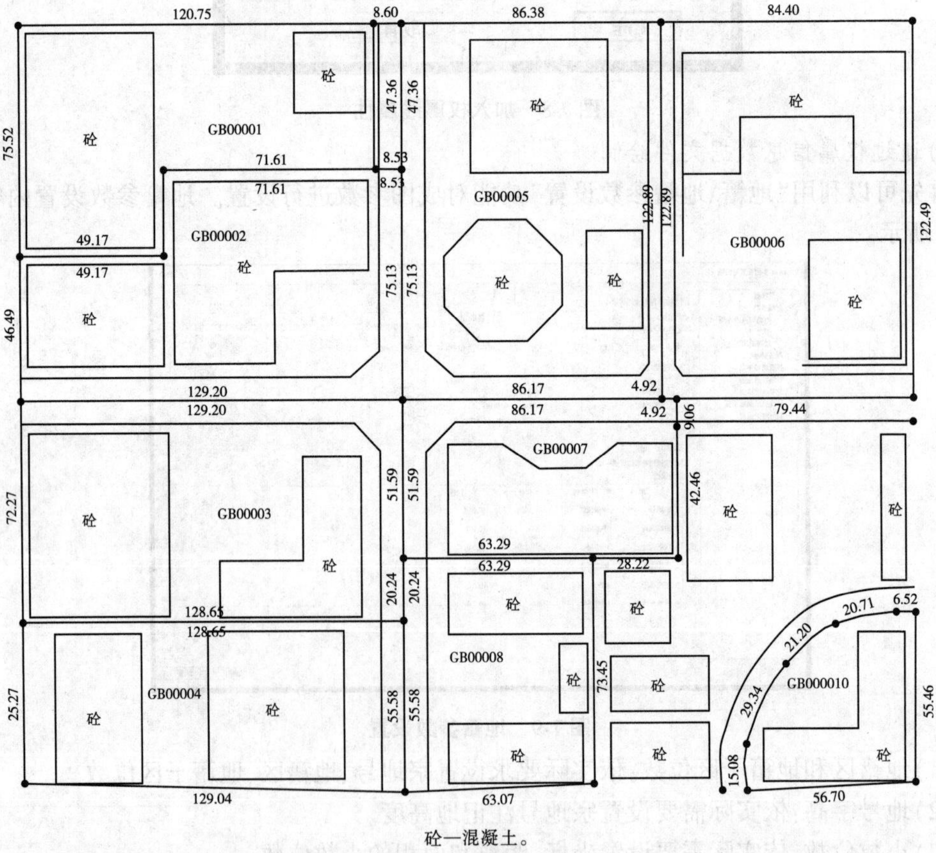

砼—混凝土。

图 7-10　地籍权属图

3. 图形编辑

1) 修改界址点点号

选取“地籍成图”菜单下“修改界址点号”功能。

屏幕提示:选择界址点圆圈。点取你要修改的界址点圆圈,也可按住鼠标左键,拖框批量选择。回车,出现如图 7-11 所示的对话框。

对话框的左上角就是要修改点的位置,提示的是它的当前点号,将它修改成所需求的数值,回车。

系统会自动在当前宗地中寻找输入的点号。如果当前宗地中已有该点号,系统将弹出对话框,说明该点已存在,如图 7-12 所示。

图 7-11　修改界址点对话框

图 7-12　提示已存在该点

如果输入的点号有效,系统将其写入界址点圆圈的属性中。

2) 重排界址点号

用此功能可批量修改界址点点号。

选取“地籍成图”菜单下“重排界址点号”功能。

3) 界址点圆圈修饰(剪切\消隐)

用此功能可一次性将全部界址点圆圈内的权属线切断或消隐。

4) 界址点生成数据文件

用此功能可一次性将全部界址点的坐标读出来,写入坐标数据文件中。

5) 查找指定宗地和界址点

选取“地籍”菜单下“查找宗地”功能。

6) 修改界址线属性

CASS5.1 版之后,增加了界址线、界址点的属性管理功能,界址线属性中包含本宗地号、邻宗地号,本条界址线的起止界址点编号,图上边长和勘丈边长,界线性质、类别、位置属性,还包括宗地指界人及指界日期等属性。

7) 修改界址点属性

界址点圆圈中存放界址点号、界标类型和界址点类型等界址点属性。

4. 生成权属信息数据文件

地籍图的核心是带有宗地属性的权属线,生成权属线有两种方法:一种可以直接在屏幕上用坐标定点绘制;另一种是通过事前生成权属信息数据文件的方法来绘制权属线。下面介绍权属信息数据文件的生成方法。

权属信息文件的格式如下:

“CASS11.0 编码,符号所在图层,符号类别,第一参数,第二参数,符号说明

……

END”

可以通过文本方式编辑得到该文件后,再使用“绘图处理\依权属文件绘权属图”命令绘出权属信息图。

注:权属文件中,界址点坐标只保留三位小数。

可以通过以下四种方法得到权属信息文件,如图 7-13 所示:

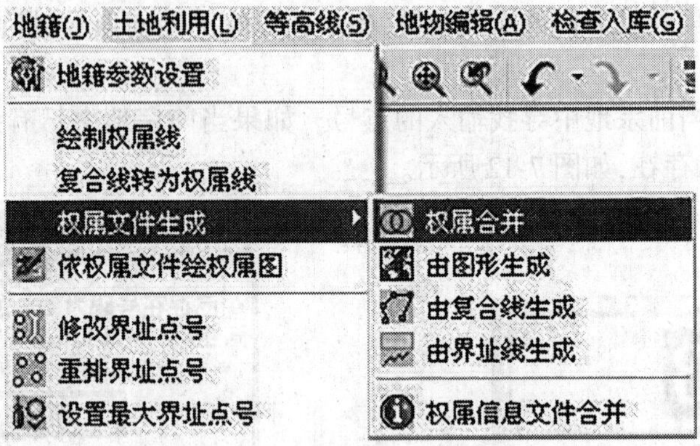

图 7-13　权属生成的四种方法

1)权属合并

权属合并需要用到两个文件:权属引导文件和界址点数据文件。

权属引导文件的格式:

宗地号,权利人,土地类别,界址点号……界址点号,E(一宗地结束)。

宗地号,权利人,土地类别,界址点号……界址点号,E(一宗地结束)。

E(文件结束)

说明:

(1)每一宗地信息占一行,以 E 为一宗地的结束符,E 要求大写;

(2)编宗地号方法:街道号(地籍区号)+街坊号(地籍子区)+宗地号(地块号),街道号和街坊号位数可在“参数设置”内设置;

(3)权利人按实际调查结果输入;

(4)土地类别按规范要求输入;

(5)权属引导文件的结束符为 E,E 要求大写。

2) 由图形生成权属

在外业完成地籍调查和测量后,得到界址点坐标数据文件和宗地的权属信息,在内业,可以用此功能完成权属信息文件的生成工作。

3)用复合线生成权属

这种方法在一个宗地就是一幢建筑物的情况下特别好用,不然的话就需要先手工沿着权属线画出封闭复合线。

4)用界址线生成权属

如果图上没有界址线,可用“地籍成图”子菜单下“绘制权属线”生成。

5)权属信息文件合并

权属信息文件合并的作用只是将多个权属信息文件合并成一个文件,即将多宗地的信息合并到一个权属信息文件中。这个功能常在需要将多宗地信息汇总时使用。

5. 宗地属性处理

1) 宗地合并

宗地合并每次将两宗地合为一宗。

选取“地籍成图”菜单下“宗地合并”功能。

屏幕提示：

选择第一宗地：点取第一宗地的权属线。

选择另一宗地：点取第二宗地的权属线。

完成后发现，两宗地的公共边被删除。宗地属性为第一宗地的属性。

2) 宗地分割

宗地分割每次将一宗地分割为两宗地。执行此项工作前必须先将分割线用复合线画出来。

选取“地籍成图”菜单下“宗地分割”功能。

屏幕提示：

选择要分割的宗地：选择要分割宗地的权属线。

选择分割线：选择用复合线画出的分割线。

回车后原来的宗地自动分为两宗，但此时属性与原宗地相同，需要进一步修改其属性。

3) 修改宗地属性

选取“地籍成图”菜单下“修改宗地属性”功能。

屏幕提示：

选择宗地：用鼠标点取宗地权属线或注记均可。点中后系统出弹出如图 7-14 所示对话框：

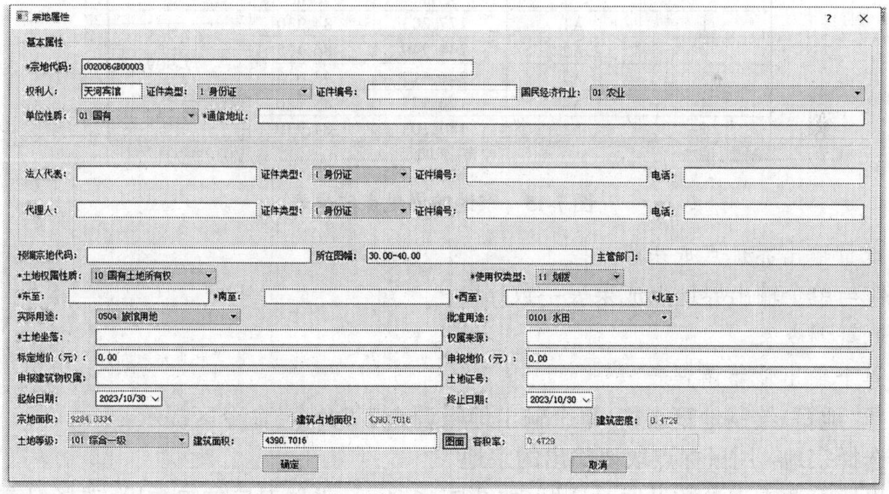

图 7-14　宗地属性对话框

这个对话框是宗地的全部属性，一目了然。

4) 输出宗地属性

输出宗地属性功能可以将上图所示的宗地信息输出到 ACCESS 数据库。

选取“地籍成图”菜单下“输出宗地属性”功能。屏幕弹出对话框，提示输入 ACCESS 数据库文件名，输入文件名。请选择要输出的宗地：选取要输出到 ACCESS 数据库的宗地。

选完后回车,系统将宗地属性写入给定的 ACCESS 数据库文件中。用户可自行将此文件用微软的 ACCESS 打开来看看。

(三)数据输出

绘制好地籍图之后,执行相应命令,系统会自动生成各种成果表。主要有:界址点成果表、界址点坐标表、以街坊为单位界址坐标表、以街道为单位宗地面积汇总表、城镇土地分类面积统计表、地籍调查表、街道面积统计表、街坊面积统计表、面积分类统计表、街道面积分类统计表、街坊面积分类统计表等。

界址点成果表和地籍调查表可单个输出也可批量输出,如下所述。

1. 界址点成果表

1) 单个输出界址点成果表

选择"地籍\绘制地籍表格"项,弹出对话框要求输入权属信息数据文件名。

命令区提示:

请选择宗地: 用鼠标指定要输出界址点成果表的宗地。

弹出保存路径对话框:设置界址点成果表的保存路径。

弹出是否要打开的对话框:点击打开,打开输出的界址点成果表,如图 7-15 所示。

界址点成果表				第1页 共1页
宗地号:121321141121JC00402				
权利人:肇庆				
宗地面积(m^2): 2 844.31				
建筑面积(m^2): 0.000				
界 址 点 坐 标				
序号	点号	坐标		边长
		X/m	Y/m	
1	A1	177.203	84.930	
				67.765
2	A2	244.949	86.495	
				42.909
3	A3	246.517	43.615	
				69.959
4	A4	176.575	45.180	
				39.755
1	A1	177.203	84.930	

制表:张三 校审:李四 2017年5月20日

图 7-15 宗地的界址点成果表

2) 批量输出界址点成果表

操作与单个输出界址点成果表一致。

2. 地籍调查表

1) 单个输出地籍调查表

选择"地籍\绘制地籍表格\单个输出地籍调查表"命令,命令区提示:

请选择宗地: 用鼠标点取要输出的宗地。

弹出地籍调查表参数设置对话框,如图 7-16 所示,设置对应的参数后,选择保存路径。

地籍调查表如图 7-17 所示。

2) 批量输出地籍调查表

与单个输出地籍调查表操作一致。

与传统的人工测绘相比,无人机在测绘领域展现了其独特的优势:低成本、高效、精确,被称为"新时代测绘解决方案"。当前利用无人机航测系统进行大比例尺地形图测绘主要以无人机航飞正射影像图为底图,内业编辑成图辅以外业补绘调绘完成。无人机倾斜摄影技术使得成果数据由二维平面数据升级为三维空间数据,可全方位、立体化还原地物特征,进一步减少外业工作量,加快数据采集速度。

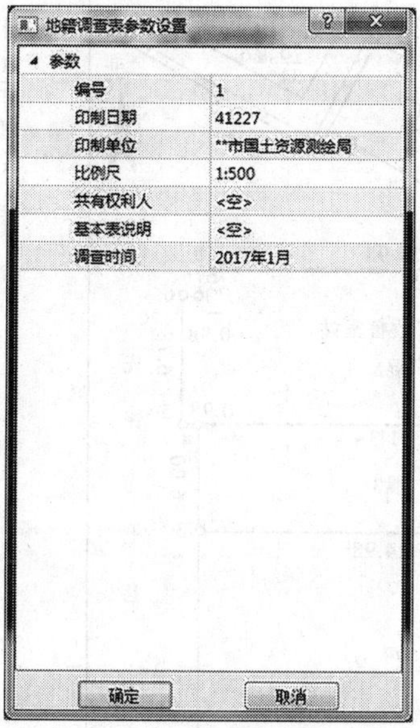

图 7-16　地籍调查表参数设置

基本表					
土地权利人	张三		单位性质		
			证件类型		
			证件编号		
			通讯地址		
土地权属性质	—		使用权类型	—	
土地坐落					
法定代表人或负责人姓名		证件类型		电话	
		证件编号			
代理人姓名		证件类型		电话	
		证件编号			
国民经济行业分类代码					
预编宗地代码			宗地代码	121327141121JC00084	

图 7-17　地籍调查表

四、宗地图的绘制

(一)宗地图的概念

宗地图是以宗地为单位编绘的地籍图。它是在地籍测绘工作的后阶段,当对界址点坐标进行检核后,确认准确无误,并且在其他的地籍资料也正确收集完毕的情况下,依照一定的比例尺制作成的反映宗地实际位置和有关情况的一种图件。宗地图详图见图 7-18。

(二)宗地图的内容

通常要求宗地图的内容与分幅地籍图保持一致,具体内容如下:

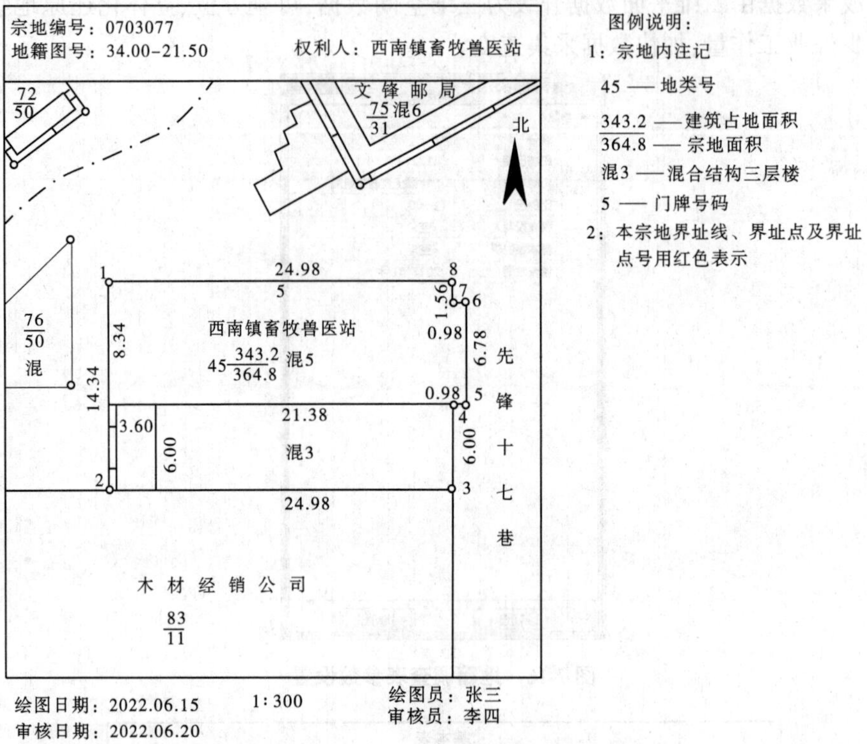

图7-18　宗地图详图

(1)所在图幅号、地籍区(街道)号、地籍子区(街坊)号、宗地号、界址点号、利用分类号、土地等级、房屋幢号。

(2)用地面积和实量界址边长或反算的界址边长。

(3)邻宗地的宗地号及相邻宗地间的界址分隔示意线。

(4)紧靠宗地的地理名称。

(5)宗地内的建筑物、构筑物等附着物及宗地外紧靠界址点线的附着物。

(6)本宗地界址点位置、界址线、地形地物的现状、界址点坐标表、权利人名称、用地性质、用地面积、测图日期、测点(放桩)日期、制图日期。

(7)指北方向和比例尺。

(8)为保证宗地图的正确性,宗地图要检查审核,宗地图的制图者、审核者均要在图上签名。

(三)宗地图的特性

根据宗地图的概念和内容,宗地图有以下特性:

(1)宗地图是地籍图的一种附图,是地籍资料的一部分。

(2)图中数据都是实量或实测得到的,精度高并且可靠。

(3)其图形与实地有严密的数学相似关系。

(4)相邻宗地图可以拼接。

(5)标识符齐全,人工和计算机都可方便地对其进行管理。

(四)宗地图的作用

基于以上特性,宗地图有以下作用:

(1)宗地图是土地证上的附图,它通过具有法律手续的土地登记过程的认可,使土地所有者或使用者对土地的使用或拥有有可靠的法律保证,宗地草图却不能做到这一点。

(2)宗地图是处理土地权属问题的具有法律效力的图件,比宗地草图更能说明问题。

(3)在变更地籍测绘中,通过对这些数据的检核与修改,可以较快地完成地块的分割与合并等工作,直观地反映了宗地变更的相互关系,便于日常地籍管理。

(五)宗地图的编绘技术要求

编绘宗地图时,应做到界址线走向清楚,坐标正确无误,面积准确,四至关系明确,各项注记正确齐全,比例尺适当。

宗地图图幅规格根据宗地的大小选取,一般为 32 开、16 开、8 开等,界址点用直径 1.0 mm 的圆圈表示,界址线粗 0.3 mm,用红色或黑色表示。

宗地图在相应的基础地籍图或调查草图的基础上编制,宗地图的图幅最好是固定的,比例尺可根据宗地大小选定,以能清楚表示宗地情况为原则。

(六)宗地图的绘制

在完成绘制地籍图以后,便可制作宗地图了。CASS11.0 中宗地图绘制中具有单块宗地和批量处理两种方法,两种都是基于带属性的权属线。

1. 单块宗地

该方法可用鼠标划出切割范围。根据需要选择宗地图的各种参数后点击“确定”,如图 7-19 所示屏幕提示如下。

图 7-19　宗地图参数设置

用鼠标指定宗地图范围:

(1)第一角:用鼠标指定要处理宗地的左下方。

(2)另一角:用鼠标指定要处理宗地的右上方。

(3)用鼠标指定宗地图框的定位点:屏幕上任意指定一点。

一幅完整的宗地图就画好了,如图 7-20 所示 。

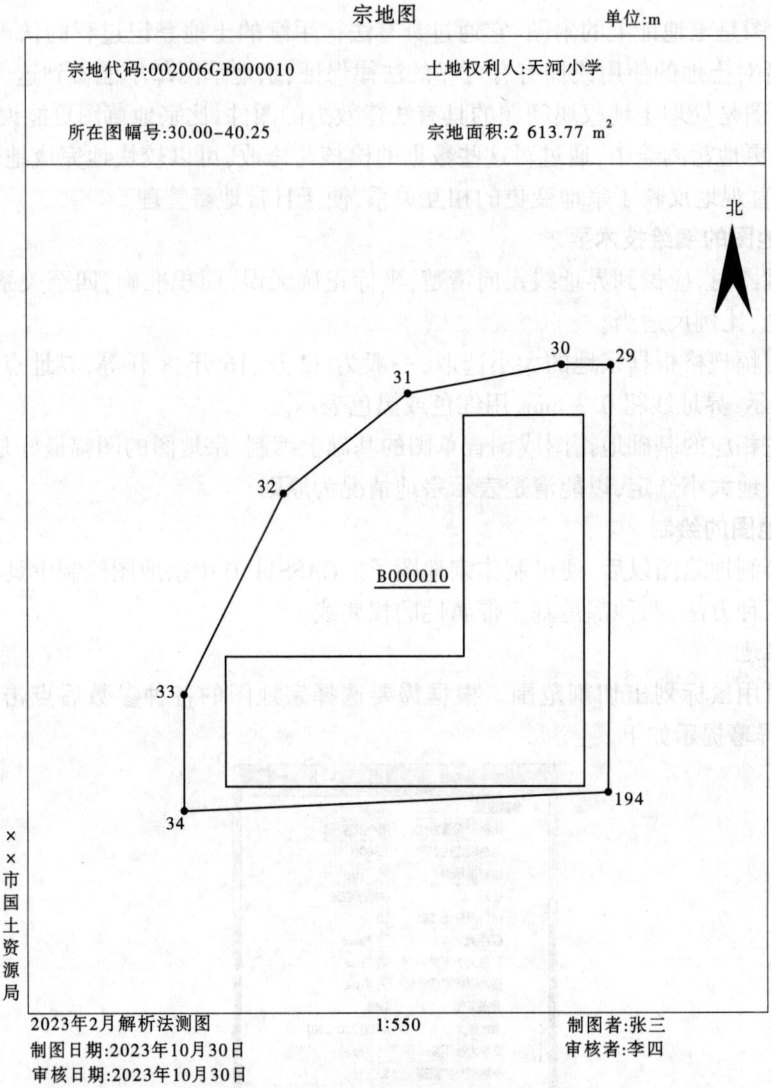

图 7-20　单块宗地图

2. 批量处理

该方法可批量绘出多宗宗地图。

(1)用鼠标指定宗地图框的定位点: 指定任一位置。

(2)选择宗地图比例尺:①自动确定;②手工输入。

(3)选择对象: 用鼠标选择若干条权属线后回车结束,也可开窗全选。

若干幅宗地图画好了,如图 7-21 所示,如果要将宗地图保存到文件,则在所设目录中生成若干个以宗地号命名的宗地图形文件,而且可以选择按实地坐标保存。

另外,用户可以自己定制宗地图框。首先需要新建一幅图,按自己的要求绘制一个合适的宗地图框,并保存为合适的图名。然后在“地籍成图”下拉菜单下的“地籍参数设置”里更改自定义宗地图框里的内容。将图框文件名改为所定义的文件名,设置文字大小和图幅尺

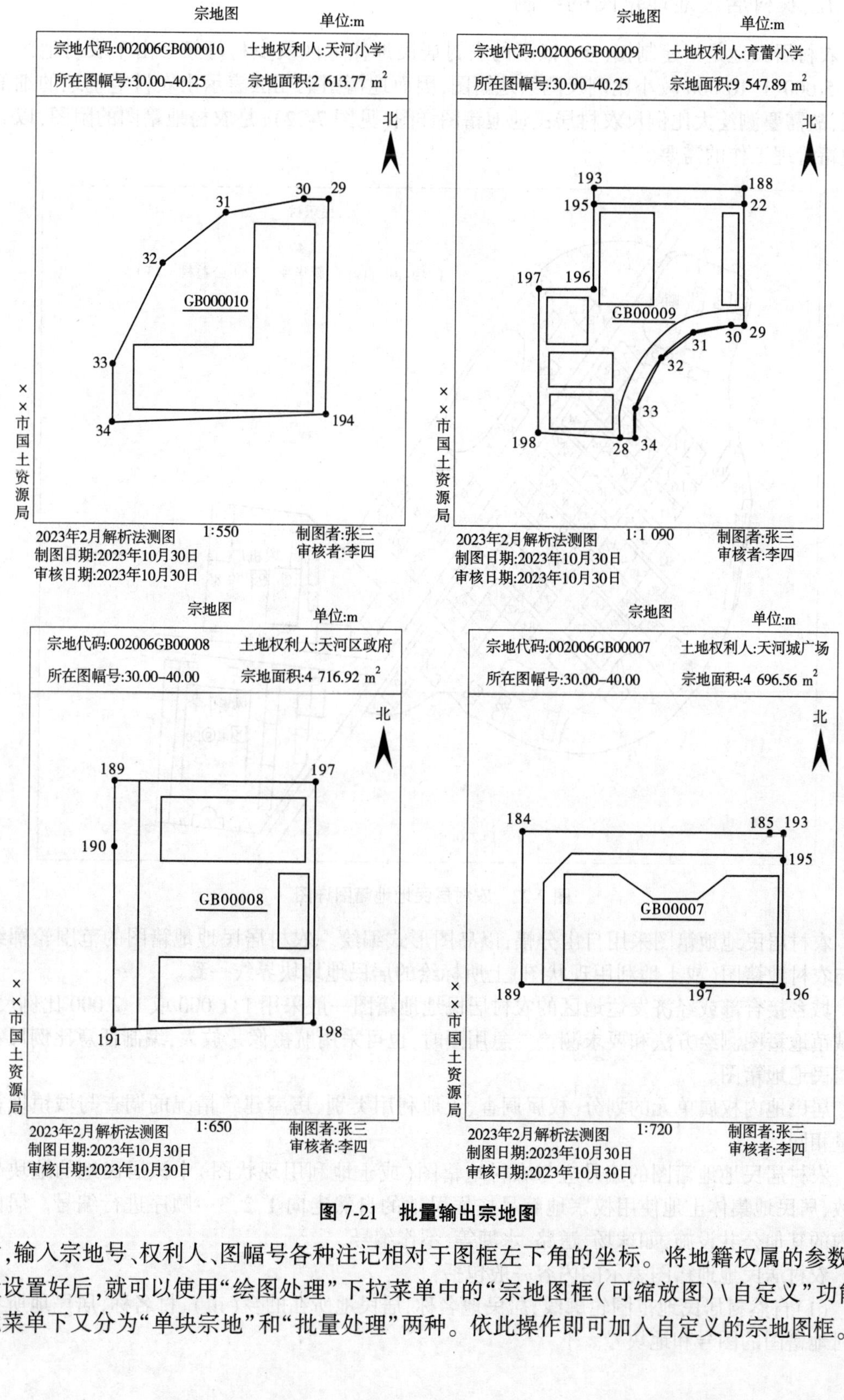

图 7-21　批量输出宗地图

寸,输入宗地号、权利人、图幅号各种注记相对于图框左下角的坐标。将地籍权属的参数配置设置好后,就可以使用“绘图处理”下拉菜单中的“宗地图框(可缩放图)\自定义”功能,此菜单下又分为“单块宗地”和“批量处理”两种。依此操作即可加入自定义的宗地图框。

五、农村居民地地籍图的绘制

农村居民地是指建制镇(乡)以下的农村居民地住宅区及乡村圩镇。由于农村地区采用 1∶5 000、1∶10 000 较小比例尺测绘地籍图,因而地籍图上无法表示出农村宅基地的细部位置,故需要测绘大比例尺农村居民地地籍图详图(见图 7-22),是农村地籍图的附图,以满足地籍管理工作的需要。

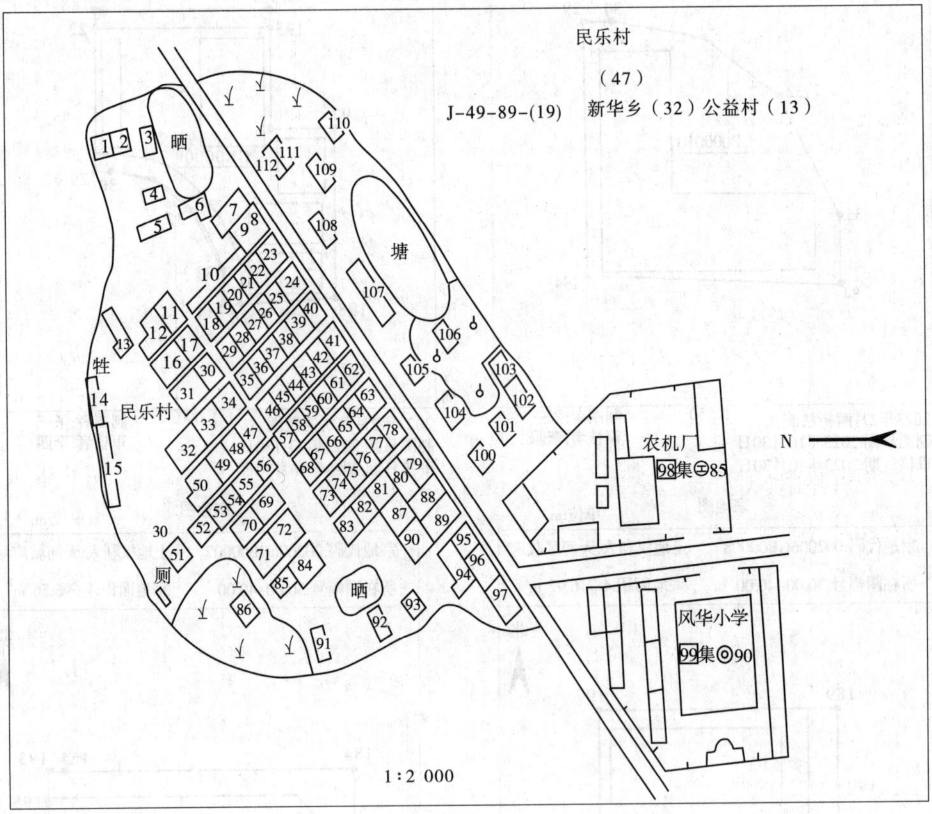

图 7-22　农村居民地地籍图详图

农村居民地地籍图采用自由分幅,以岛图形式编绘。农村居民地地籍图的范围轮廓线应与农村地籍图(或土地利用现状图)上所标绘的居民地地块界线一致。

城乡接合部或经济发达地区的农村居民地地籍图一般采用 1∶1 000 或 1∶2 000 比例尺,按城镇地籍图测绘方法和要求测绘。急用图时,也可采用航摄像片放大,编制任意比例尺农村居民地地籍图。

居民地内权属单元的划分、权属调查、土地利用类别、房屋建筑情况的调查与城镇地籍测量相同。

农村居民地地籍图的编号应与农村地籍图(或土地利用现状图)中该居民地的地块号一致,居民地集体土地使用权宗地编号按居民地的自然走向 1,2,3…顺序进行编号。居民地内的其他公共设施,如球场、道路、水塘等,不作编号。

农村居民地地籍图表示的内容一般包括:

(1)自然村居民地范围轮廓线,居民地名称,居民地所在的乡(镇)、村名称,居民地所在农村地籍图的图号和地块号。

(2)户地权属界线、编号、房屋建筑结构和层数,利用类别和面积。

(3)作为权属界线的围墙、垣栅、篱笆、铁丝网等线状地物。

(4)居民地内公共设施、道路、球场、晒场、水塘和地类界等。

(5)居民地的指北方向。

(6)居民地地籍图的比例尺等。

六、土地利用现状图的编制

土地利用现状图是土地利用现状调查工作结束需要提交的主要成果之一,它是地籍管理和土地管理工作的重要基础资料,必须认真编制。

(一)基本要求

1. 成图的基本类型

目前,土地利用现状图有两类:一类是标准分幅土地利用现状图,是基本图件;另一类是按行政区域编制的土地利用挂图,它是在分幅土地利用现状图的基础上编绘而成的。土地利用挂图分为县级、地级、省级、国家级土地利用挂图。县级土地利用挂图以标准分幅土地利用现状图为基础编制,县级以上各级土地利用挂图由下一级土地利用挂图编制。

2. 成图比例尺及图幅大小

县级标准分幅土地利用现状图的成图比例尺一般与调查底图比例尺一致,即以 1∶10 000 为主,荒漠、沙漠、高寒等地区采用 1∶50 000。

乡级土地利用挂图比例尺,农区 1∶10 000、重点林区 1∶25 000、一般林区 1∶50 000、牧区 1∶50 000 或 1∶100 000,图面开幅可根据面积大小、形状、图面布置等分为全开或对开两种。县级挂图除面积较大或形状窄长的县用 1∶100 000 比例尺图外,通常以 1∶50 000 比例尺成图,采用全开幅。市(地)级挂图比例尺一般为 1∶100 000 或 1∶250 000;省级挂图一般选为 1∶500 000 或 1∶1 000 000;国家级一般选为 1∶4 000 000~1∶6 000 000,可根据具体情况选择。

(二)数据汇总

土地利用现状图编制通常是依据各级调查数据进行的,因此需要先进行各级数据统计汇总。

1. 县级数据统计

以县级国土调查数据库为基础,按省(区、市)确定的县(区、市)行政区域调查界线为基准,按照《第三次全国国土调查技术规程》(TD/T 1055—2019)规定的具体内容和汇总方法,由地类图斑逐级汇总本县(区、市)行政区域内的土地利用现状、权属数据,永久基本农田数据及其他专项调查数据。

2. 地级、省级数据汇总

按国家、省(区、市)分别确定的省(区、市)、市(地)行政区域调查界线,对所辖市(地)、县(区、市)数据汇总成果进行检查,按《第三次全国国土调查技术规程》(TD/T 1055—2019)规定的汇总内容和格式,以县级汇总结果为基础,汇总市(地)、省(区、市)行政区域内的土地利用现状、权属数据,永久基本农田数据及其他专项调查数据。

3. 全国数据汇总

以通过国家级数据库质量检查的县级调查成果为基础,逐级汇总县、市、省、国家级调查数据,汇总各级土地利用现状、权属数据,永久基本农田数据及其他专项调查数据。

(三)图的内容

土地利用现状图上应反映的内容有图廓线及千米网线、各级行政界、水系、各种地类界及符号、线状地物、居民地、道路、必要的地貌要素、各要素的注记等。为使图面清晰,平原地区适当注记高程点,丘陵山区只绘计曲线。

任务三　房产图测绘

一、房产图的基本知识

房产图全称房地产平面图,以房产要素为主,反映房屋和房屋用地的有关信息,是房产产权产籍管理的基本资料。通过房产图可以全面掌握房屋建筑状况、房产产权状况和土地使用情况,属于专用图件,是房产测量的主要成果。

按房产管理的需要,房产图可分为房产分幅平面图(简称分幅图)、房产分丘平面图(简称分丘图)和房产分层分户平面图(简称分户图)。

房产分幅图和基本地籍图可为房地产权属、规划、税收等提供基础资料。房产分户图供核发房屋产权证使用,宗地图供核发土地使用权证使用。

房产图在整个房地产业管理中具有十分重要的作用,因此必须严格按照规范要求,认真测绘房产图。

二、房产分幅图的测绘

分幅图是全面反映房屋及其用地的位置、形状、面积和权属等状况的基本图,是测制分丘图和分户图的基础,也是房产登记和建立产籍资料的索引和参考资料。

(一)房产分幅图的内容

房产分幅图上应包含以下5个测绘内容。

1. 行政境界

一般只表示区、县、镇的境界线。街道或乡的境界线可根据需要取舍。若两级境界线重合,则应用高一级的境界线表示;当境界线与丘界线重合时,应用境界线表示,境界线跨越图幅时,应在图廓间标注出行政区划名称。

2. 丘界线

丘界线是指房屋用地范围的界线,包括公共院落的界线,由产权人(用地人)指界与邻户认证来确定。对于明确而又无争议丘界线用实线表示,有争议而未定的丘界线用虚线表示。为确定丘界线的位置,应实测作为丘界线的围墙、栅栏、铁丝网等围护物的平面位置(单位内部的围护物可不表示)。丘界线的转折点即为界址点。

3. 房屋及其附属设施

房屋包括一般房屋、架空房屋和窑洞等。房屋应分幢测绘,以外墙勒脚以上外轮廓为准。墙体凹凸小于图上0.2 mm及装饰性的柱、垛和加固墙等均不表示。临时性房屋不表示。同幢房屋层数不同的,应测绘出分层线,分层线以虚线表示。架空房屋以房屋外轮廓投影为准,用虚线表示,虚线内四角加绘小圆表示支柱。窑洞只测绘住人的,符号绘在洞口处。

房屋附属设施包括柱廊、檐廊、架空通廊、底层阳台、门、门墩、门顶和室外楼梯。柱廊以柱外围为准,图上只表示四角和转折处的支柱,支柱位置应实测。底层阳台以栏杆外围为准。门墩以墩外围为准,门顶以顶盖投影为准,柱的位置应实测。室外楼梯以投影为准,宽度小于图上1 mm者不表示。

4. 房产要素和房产编号

分幅图上应表示的房产要素和房产编号(包括丘号、幢号、房产权号、门牌号)、房屋产别、建筑结构、层数、建成年份、房屋用途和用地分类等,要根据房产调查的成果以相应的数字、文字和符号表示。当注记过密,图面容不下时,除丘号、幢号和房产权号必须注记,门牌号可在首末两端注记、中间跳号注记外,其他注记按上述顺序从后往前省略。

5. 地形要素

与房产管理有关的地形要素,包括铁路、道路、桥梁、水系和城墙等地物均应测绘。铁路以两轨外沿为准,道路以路沿为准,桥梁以外围为准,城墙以基部为准,沟渠、水塘、河流、游泳池以坡顶为准。地理名称按房产调查中的规定注记。

房产分幅平面图详图见图 7-23。

(二)房产分幅图的测绘方法

房产分幅图的测绘方法与一般地形图的测绘和地籍图测绘并无本质的不同,主要是为了满足房产管理的需要,以房产调查为依据,突出房产要素和权属关系,以确定房屋所有权和土地使用权权属界线为重点,准确地反映房屋和土地的利用现状,精确地测算房屋建筑面积和土地使用面积。测绘分幅图要按照《房产测量规范 第 1 单元:房产测量规定》(GB/T 17986. 1—2000)的有关技术规定进行。

房产分幅图的测绘方法,可根据测区的情况和条件而定。当测区已有现势性较强的城市大比例尺地形图或地籍图时,可采用增测编绘法,否则应采用实测法。

1. 实测法

若无现势性较强的地形图或地籍图,为建立房地产档案,配合房地产产权登记,发放土地使用权与房产所有权证,必须进行房产分幅图的测绘。测图步骤与地籍图测绘基本相同,在房产调查和房地产平面控制测量的基础上,测量界址点坐标(一级、二级界址点)、界址点平面位置(三级界址点)和房屋等地物的平面位置。实测方法有:全站仪采集法、RTK 采集法、航测法等。采用实测法测绘的房产分幅图质量较高,且可读性强。

2. 增测编绘法

1)利用地形图增测编绘

利用城市已有的 1∶500 或 1∶1 000 大比例尺地形图编绘房产分幅图时,在房产调查的基础上,以门牌、院落、地块为单位,实测地界线,构成完整封闭的用地单元——丘。丘界线的转折点(界址点)如果不是明显的地物点则应补测,并实量界址边长;逐幢房屋实量外墙边长和附属设施的长宽,丈量房屋与房屋或其他地区之间的距离关系,经检查无误后方可展绘在地形图上;对原地形图上已不符合现状部分应进行修测或补测;最后注记房产要素。

2)利用地籍图增补测绘

利用地籍图增补测绘成图是房产分幅图成图的方向。因为房产和地产是密不可分的,土地是房屋的载体,房屋依地而建,房屋所有权与土地使用权的主体应该一致,土地的使用范围和使用权限应根据房屋所有权和房屋状况来确定。从城市房地产管理上来说,应首先进行地籍调查和地籍测量,确定土地的权属、位置、面积等,而其利用状况、用途分类、分等定级和土地估价等又与土地上的房屋有密切关系,因此在地籍图测绘中也需要测绘宗地内的主要房屋。房产调查和房产测量是对该地产范围内的房屋做更细致的调查和测绘,在已确定土地权属的基础上,对宗地范围内房屋的产权性质、面积数量和利用状况做分幢、分层、分户的细致调查、确权和测绘,以取得城市房地产管理的基础资料。

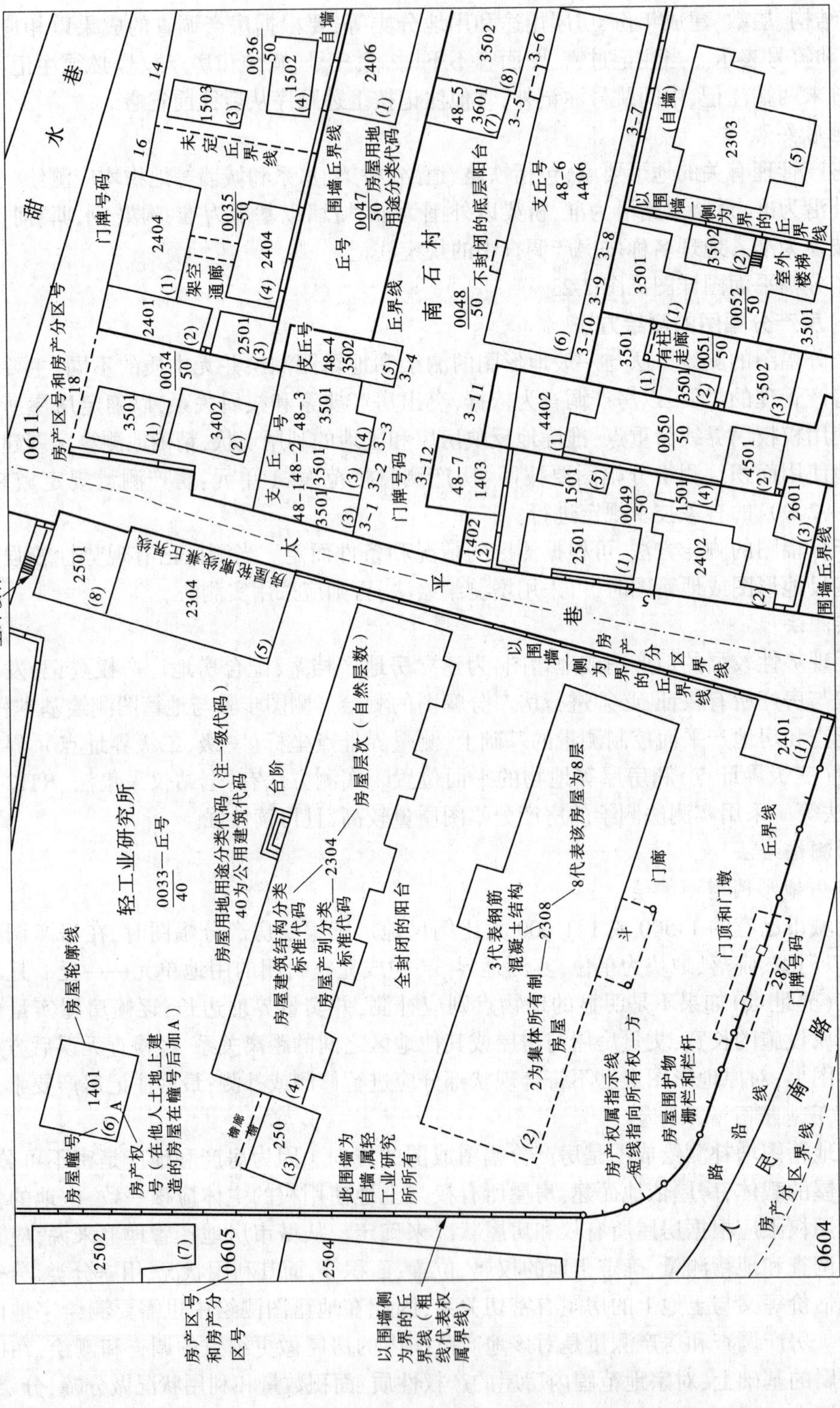

图 7-23　房产分幅平面图详图

土地的权属单元为“宗”,房屋的权属单元为“丘”。在我国,土地只有全民所有和集体所有两种。因此,在绝大多数情况下,宗与丘的范围是一致的,在个别情况下,一宗地可能分为若干丘,根据地籍图编绘房产图时,其界址点一般只需要进行复核而不需要重新测定。对于图上的房屋则不仅需要复核,还需要根据房产分幅图测绘的要求,增测房屋的细部和附属物,以及根据房产调查的资料增补房产要素——产别、建筑结构、幢号、层数、建成年份、建筑面积等。

3. 城市地形图、地籍图、房产分幅图的三图并测法

城市地形图是一种多用途的基本图,主要用于城市规划、建筑设计、市政工程设计和管理等;地籍图主要用于土地管理;房产分幅图主要用于房产管理;这三种图的用途虽有不同,但它们都是根据城市控制网来进行细部测量的,而且最大比例尺都是 1∶500,图面上都需要表示出城市地面上的主要地物——房屋建筑、道路、河流、桥梁及市政设施等。因为这三种图具有上述共性,所以最合理最经济的施测方法应该是在城市有关职能部门(如自然资源和规划局)的协作下,采用三图并测的测绘方法。

首先,三图并测法应建立统一的城市基本控制网和图根控制网,实测三图的共性部分,绘制成基础图,并进行复制。然后,在此基础上按地形图、地籍图、房产分幅图分别测绘各自特殊需要的部分。对于地形图,增测高程注记(或等高线)和地形要素如电力线、通信线、各种管道、井、消防龙头、路灯等。对于地籍图,在地籍调查的基础上,增测界址点和各种地籍要素。对于房产分幅图,在房产调查的基础上,增测各丘界址点和各种房产要素,而且仍然是在地籍图的基础上来完成房产分幅图的测绘是最合理的。

三、房产分丘图的测绘

土地的权属单元为“宗”,房屋用地的权属单元为“丘”。房产分丘图是房产分幅图的局部明细图,是根据核发房屋所有权证和土地使用权证的需要,以门牌、户院、产别及其所占用土地的范围,分丘绘制而成的。每丘为单独一张,它是作为权属依据的产权图,即作为产权证上的附图,经登记后,便具有法律效力,并是保护房地产产权人合法权益的凭证。因此,必须以较高精度绘制。

(一)分丘图测绘的有关规定

分丘图是分幅图的局部图件,它的坐标系与分幅图的坐标系一致;比例尺可根据每丘面积的大小和需要在 1∶100~1∶1 000 选用,一般尽可能采用与分幅图相同的比例尺;图幅大小可选用 32 开、16 开、8 开、4 开四种尺寸。

分丘图的测绘精度要求是:地物点相对于邻近控制点的点位中误差不超过 0.5 mm。

(二)分丘图测绘的内容和要求

(1)房产分丘平面图的内容除表示分幅图的内容外,还应表示房屋的权界线、界址点点号、窑洞使用范围、挑廊、阳台、房屋建成年份、丘界长度、房屋边长、用地面积、建筑面积、墙体归属和四至关系等各项房地产要素。

(2)测绘本丘的房屋和用地界限时,应适当绘出邻丘相邻地物。分别注明所有周邻产权所有单位(或人)的名称,分丘图上各种注记的字头应朝北或朝西。

(3)测量本丘与邻丘毗连墙体时,共有墙体以中间为界,量至墙体的 1/2 处;借墙量至墙体内侧;自有墙量至墙体外侧;窑洞使用范围量至洞壁内侧。

(4)房屋的权界线与丘界线重合时,用丘界线表示;房屋的权界线与轮廓线重合时,用房屋权界线表示。

(5)挑廊、挑阳台、架空通廊以外围投影为准,用虚线表示。

房产分丘平面图详图见图 7-24。

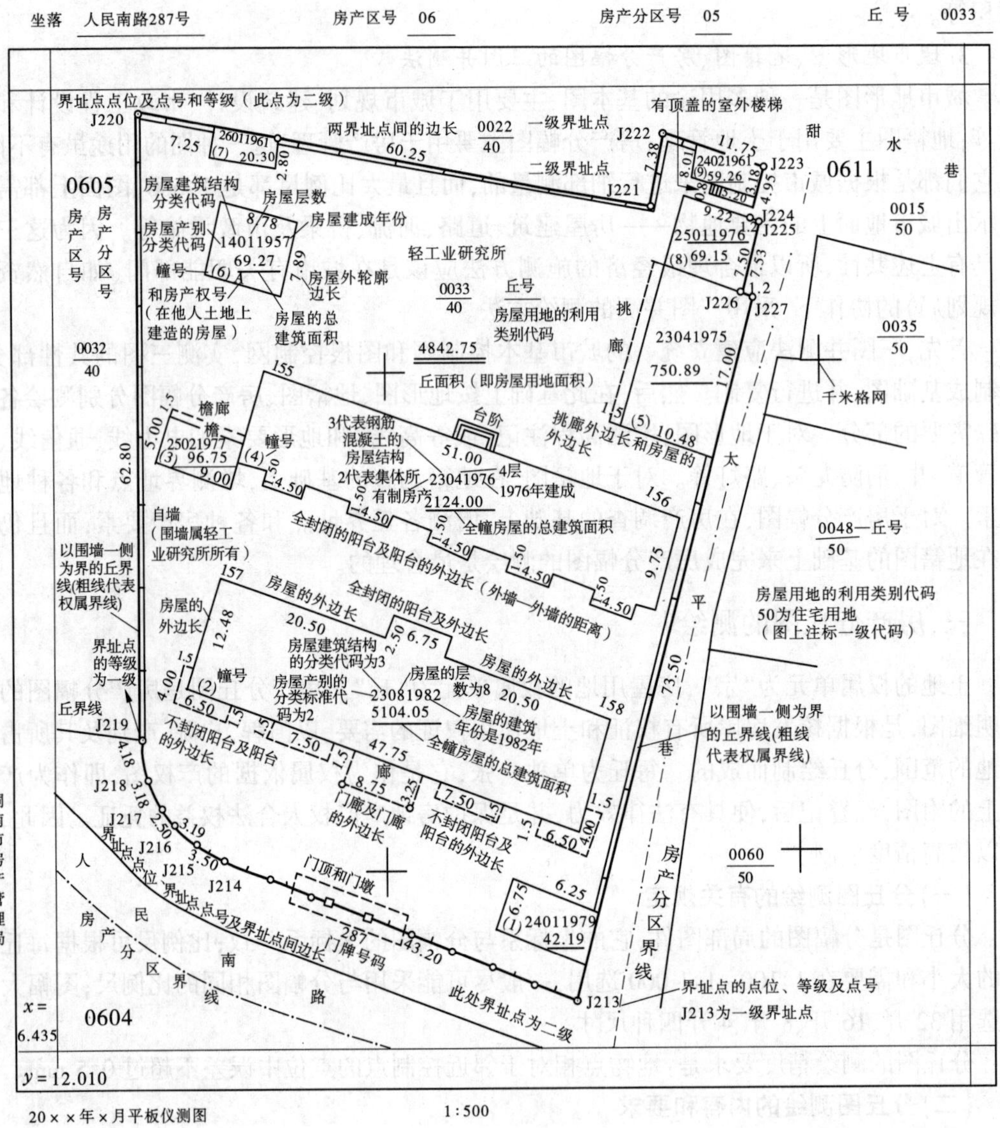

图 7-24　房产分丘平面图详图

四、房产分层分户图的测绘

房产分户图是以一个产权人为单位,如果为多层房屋,则为房产分层分户图。房产分层分户图(简称分户图)是在分丘图的基础上绘制的局部明细图,当一丘内有多个产权人时,应以一户产权人为单元，分层分户地表示出房屋权属方位的细部，用以作为房屋产权证的附图。

（一）分户图测绘的有关规定

（1）分户图采用的比例尺一般为1:200。当房屋过大或过小，比例尺也可适当放大或缩小，也可采用与分幅图相同的比例尺。

（2）分户图的幅面规格可选用32开或16开等尺寸，图纸图廓线、产权人、图号、测绘日期、比例尺、测图单位均应按要求书写。

（3）分户图图纸一般选用聚酯薄膜，也可选用其他的图纸。

（4）分户图的方位应使房屋的主要边线与轮廓线平行，按房屋的朝向横放或竖放，并在适当位置加绘指北方向符号。

（二）分户图的成图方法

分户图的成图可以直接利用测绘的分幅图上属于本户地范围的部分，进行实地调查核实修测后绘制。

分幅图测绘完成以后，可根据户主在登记申请书指明的使用范围制作分户图。

如没有房产分幅图可以提供，而房产登记和发证工作又亟待开展，可以按房产分宗分户的范围在实地直接测绘分户图，然后按房产分户图的要求标注相应的内容。

为了能够明确表示各户占有房、地的情况，对分户平面图的绘制可分为下列几类：

（1）宗地内，房、地同属一户的。发证时，也只按用地范围复制房产分户图一份，用以表示该户占用土地和占有房产的情况。

（2）宗地内，房、地不完全同属一户的。发证时，有几户应复制几份房产分户图。这样，每户可以有一份房产分户图，用以表明各自占有的房地情况。

（3）对其中一幢房屋有几户占有的，则对该幢房屋绘制相应份数的分层分间平面图作为附图，分别表明各户占有房产的部位界线和建筑面积，以表明一户在该幢房屋中占有的房产情况。

（4）各户占有的建筑面积应按具体情况分别计算。如果各户房产是分层占有的，或各户占有的房产有明确的界线，则各户占有的建筑面积应分层或按明确界线分开计算。如各户占有的房产无明确界线，则可按各户占有的房屋使用面积的比例，分摊计算各户建筑面积。

（5）对多户共用的房屋，如果占有的部位界线不能明确划分开，则只能作为共有产处理，除应在图上标明共有的房屋部位共有界线和建筑面积外，尚应详细记载共有人姓名，说明共有情况，如有可能应详细记载各人占有房屋比例。

（三）分户图测绘的内容和要求

1. 分户图的内容

分户图的内容包括房屋的权属界线、四面墙体归属、楼梯和走道等共有部分以及门牌号、所在层数、户号或室号、房屋建筑面积和房屋边长等。

2. 分户图的表示方法与测绘要求

（1）分户图以宗地为单位绘制，一宗地内的房屋，不论是一户或数户所有，均绘制在一张图纸上。一个宗地内的房屋、土地如果分属二幅图上的，应绘制一张分户图上，用铅笔标定其图幅的接边线。

(2)一个宗地内只有一个产权时,房屋轮廓线用实线表示;一个宗地内有数户房产权时,房屋轮廓线用房屋所有权界线表示。房屋轮廓线、房屋所有权界线与土地使用权界线重合时,用土地使用权界线表示。

(3)房屋的权属界线,在图上表示为 0.2 mm 粗的实线。墙体归属应标示出自有墙、借墙、共有墙符号,楼梯、过道等共同部位在适当位置加注。

(4)分户图上房屋的丘号、幢号应与分丘图上的编号一致。房屋边长应实际丈量,注记取至 0.01 m,注在图上相应位置。

(5)房屋边长应实地丈量,房屋前后、左右两相对边边长之差和整幢房屋前后、左右两相对边边长之差符合有关规定。

(6)不规则图形的房屋除丈量边长外,还应加量构成三角形的对角线,对角线的条数等于不规则多边形边数减 3。按三角形的三边长度,就可以用距离交会法确定点位。

(7)分户房屋权属面积应包括共有公用部位分摊的面积。注在房屋所在层次的下方;房屋建筑面积注在房屋图形内,下加一条横线;共有公用部位本户分摊面积注在左下角。

(8)户(室)号和本户所在幢号、层次注记在房屋图形上方。

房屋分户平面图见图 7-25。

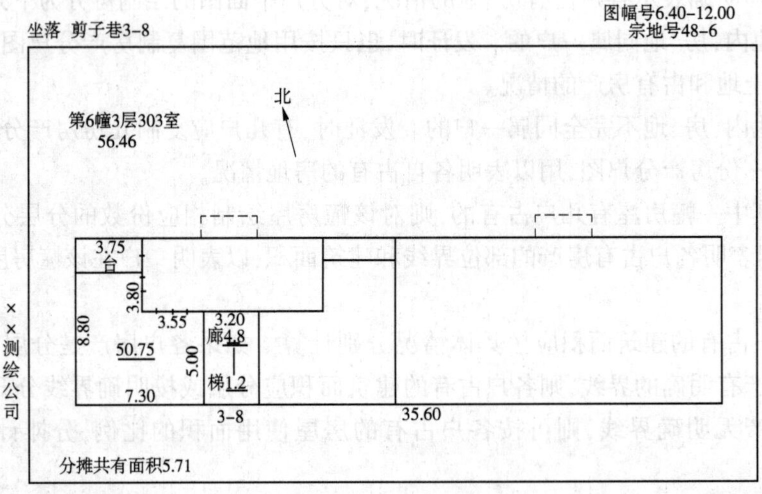

图 7-25　房屋分户平面图

【项目小结】

本项目主要介绍了界址点测量、地籍图测绘和房产图测绘。界址点测量主要采用 GNSS RTK 和全站仪测距导线的方法进行,主要对 GNSS RTK 的作业方法进行了介绍,此方法可直接获取较高精度的界址点三维坐标,无须进行坐标计算,只须对其进行坐标检核即可,坐标计算部分主要是针对全站仪法采集数据的内业计算进行介绍,了解其原理,才能更好地解决实际问题。地籍图测绘部分以市面上常用的 CASS11.0 绘图软件为例进行介绍,希望同学们重点掌握软件中关于地籍图的绘制的主要内容。

思考与练习

7-1　土地权属界址点坐标的作用是什么？

7-2　制定界址点坐标精度的依据是什么？我国对界址点坐标精度有何要求？

7-3　简述测定土地权属界址点的方法。

7-4　试述勘界测绘的含义及其内容。

7-5　什么是地籍图？我国现在主要测绘制作的地籍图有哪些？简述地籍图内容选取的基本要点。

7-6　试述选择地籍图比例尺的依据和我国的地籍图比例尺系列。

7-7　比较宗地图与宗地草图在表示内容上有哪些区别。

7-8　为什么要测绘农村居民地地籍图(岛图)？其主要内容有哪些？

7-9　试述地籍图和地形图有什么不同。

7-10　分幅地籍图的测制方法有哪些？

7-11　简述房产分丘图测绘的内容和要求。

7-12　简述房产分层分户图测绘的内容和要求。

【延伸阅读】

地图的历史与人类的认知

中国历史上沿用时间最长的、更科学的制图传统来源于魏晋时期的裴秀。裴秀曾任职司空,负责地籍管理。他发现前人地图没有比例尺,而且方位也不严谨。他摸索出绘制地图的六项原则:分率、准望、道里、高下、方邪、迂直。前三者大致相当于现代地图的比例尺、方向和距离,后三者用于校正实测里程,这就是“制图六体”。裴秀以一分为十里(1 里＝500 m),一寸为百里,这就是“计里画方”,即按比例绘制出方格坐标网而形成地图,他将前人绘制的《天下大图》缩为《方丈图》,“备载名山都邑”。裴秀之后,还有唐代贾耽的《海内华夷图》、北宋沈括的《天下州县图》及元代朱思本的《舆地图》,历朝所改良处主要在纬度及里程测量的精准度以及折算的比例。但是,这种方法把地球当成一个平面,在用于地籍管理、城市规划等小范围制图时,误差尚可接受。可在制作大范围地图时,地球的球面导致的变形严重影响了准确度,地图质量大打折扣。详细内容扫码查看(资讯来自学习强国)。

地图的历史与人类的认知

项目八　土地面积量算

【项目概述】

面积量算是在地籍测量的基础上进行的。依据界址点坐标、边长等解析数据和地籍原图,选择适宜的方法求算面积。面积量算也要按照从整体到局部逐级控制和步步有检核的原则进行,以杜绝错误,提高精度。

面积量算的方法,通常分为解析法和图解法。具体有求积仪法、方格网法、网点法、几何图形法等。

【学习目标】

掌握土地面积量算的方法;了解土地量算平差原则与方法;了解土地面积汇总统计的内容与方法。

【思政导入】

地载万物,万物共生。土地是人们发展生息的物质基础。自1991年起,国务院将每年的6月25日定为“全国土地日”。2020年1月1日,新修订的《中华人民共和国土地管理法》正式实施,标志着我国的土地管理事业进入了一个新的发展阶段。我国土地的家底在“三调”中已经摸清,那么各级各类的土地面积是如何量算的呢?本项目将介绍面积量算的各种方法。

【正文】

任务一　概　述

一、面积量算的目的

地籍测量中的土地面积量算,一般是一种多层次的水平面积量算。例如:一个行政管辖区的总面积,各宗地面积,各种利用分类面积等。摸清土地家底,搞清各类用地比例,都需要进行土地面积量算。通过土地面积量算工作得到的面积数据是调整土地利用结构、合理分配土地、收取土地费(税)的依据。另外,还为制定国民经济计划、农业区划、土地利用规划等提供数据基础。因此,土地面积量算是地籍测量中一项很重要且必不可少的工作内容。

二、面积量算的要求

为了检核面积量算和统计的正确性,提高面积量算的精度,面积量算时须按“从整体到局部、层层控制、分级量算、块块检核,逐级按比例平差”的原则。

土地面积的有限性是土地的特点之一。只要外围界线固定不变,土地面积就是一个定值。基于这一特点,土地面积量测的控制是通过分级量算和逐级限差来实现的。分级量算是指从高层次(大范围)到低层次(小范围)逐级进行。低层次总是在高一层次的控制下量算和平差。逐级限差是指每相邻两级之间,分量之和与总量之差额由规定限差允许范围来控制。只有在控制允许范围内才可平差。平差后的面积又可对再下一级量算起控制作用。

在面积计算过程中,以基本控制范围总面积作为最可靠的面积值。基本控制可以有两种:

(1)以千米格网为基本控制范围。由于地籍图上千米格网绘制的精度很高,千米格网的面积是固定的。图廓点的展点误差不超过±0.1 mm,千米格网点的误差在±0.2 mm左右。因此,规定图幅理论面积作为第一面积控制是完全可行的。

(2)由坐标解析法计算的总面积,其精度很高,可作为面积的基本控制。

以图幅作为面积控制时,若为正方形或矩形图形,则可按几何关系来求算图幅面积值。如所用图件日久,则应实量图廓尺寸求出图幅实际面积值,作为图幅的控制面积,若为梯形分幅,则可根据经、纬度从高斯投影图廓坐标表中查出图幅面积值。

当采用部分解析法进行地籍勘丈时,先由解析法求出每个街坊面积,再用街坊面积值控制本街坊内各宗地面积与其他区块面积,若两者之差满足限差要求,则将误差按比例分配到各宗地,但边长丈量数据可以不变。

当采用图解法进行地籍勘丈时,要求在聚酯薄膜原图上量算街坊面积,面积量算一般以图幅理论面积为基本控制,图幅内各街坊及街坊外其他区块面积之和与图幅理论面积之差不超过±0.002 5P(P为图幅理论面积,单位为 m^2)时,将闭合差按比例配赋给各街坊及其他区块,平差后得各街坊及各区块的面积。

图面面积量算应在地籍原图上进行,两次量算的较差 ΔP 应小于 $\pm 0.003M\sqrt{P}$(P为量算面积,M为地籍图比例尺分母),凡地块面积小于图上 5 cm^2 时,不宜采用求积仪量算。图解法时,用实丈数据计算规则图形的宗地面积也不参加平差。

应该指出,当采用解析法或部分解析法时,街坊、宗地、其他区块常被图廓线分割。如果采用图廓理论面积作为首级控制,必须求出跨图幅的街坊外围宗地界址边与图廓线交点的坐标,利用跨幅街坊在所在图幅的外围界址点及相应点(有时还没有图廓点)的坐标,分别计算出街坊和街坊外其他区块在不同图幅的面积,即可进行图幅面积控制。经首级控制检核的面积作为二级控制,平差后须将不同图幅的同名街坊(区块)内同名宗地(区块)面积分别相加,最后街坊(区块)面积和应等于街坊内所有宗地(区块)面积和。

无论采用何种方法量算面积,均应独立量算两次,两次较差在限差内取中数。

三、面积量算的准备工作

量算有关资料的正确性和完整性是保证面积量算质量和工作正常进行的基础,必须经过严格检查验收,确认无误后方能使用。量算前应准备好以下资料:基本地籍图分幅表,基本地籍图铅笔原图,解析界址点坐标成果表及其计算和记录手簿,地籍调查表,二底图的蓝晒图或原图的宗地复印图等。

地籍原图上地籍要素必须齐全,并能满足土地分类面积统计的要求。

界址点的内容取舍恰当,图面清晰易读、原图平整。

地籍调查表内的宗地草图和勘丈数据应符合《地籍调查规程》(GB/T 42547—2023)的精度要求,填写的项目字迹清楚、内容齐全。

拟订量算计划时应确定量算面积的方法。在地籍分幅表上标出量算计划的进度。在二底图的蓝晒图或原图的宗地复印图上标出行政界线,对街坊外、街坊内宗地外无地类注记区块的应予标界和给予临时编号,临时编号不应与正式的街坊、宗地编号重复或混淆。

四、面积量算单位的换算

国际上一般使用千米(km)、米(m)、分米(dm)、厘米(cm)作为普通计量单位,面积的各个单位进率为 10×10,等于 100。面积的物理量符号为 S。

1 cm^2 = 100 mm^2。

1 dm^2 = 100 cm^2。

1 m^2 = 100 dm^2 = 10 000 cm^2 = 1 000 000 mm^2。

1 公顷(hm^2)= 15 亩 = 100 公亩,1 亩 = 6.667 公亩。

1 亩 = 666.666 667 m^2。

1 公亩 = 100 m^2。

1 hm^2 = 10 000 m^2。

1 平方千米 = 1 000 m×1 000 m = 1 000 000 m^2 = 1 km^2 ≈ 1 500 亩。

1 hm^2 = 0.01 km^2。

ha、hm^2 都是指公顷,ha 是以前用的单位,现在一般用 hm^2。

hm 是 hundredmetre 的缩写,即百米,1 公顷 = 1 hm^2 = 10 000 m^2。

在面积中,最特别的是平方米和公顷之间的进率,是 10 000,其他都是 100 进制。

任务二　土地面积量算的方法

面积量算的方法比较多,有解析法、图解法、求积仪法、软件统计法、仪器测量法等。解析法是一种在实地直接量测有关边、角元素进行解析面积计算的方法;图解法通常是指从图上直接量算面积。

一、解析法

解析法分为几何要素法和坐标解析法。

(一)几何要素法

所谓几何要素法,是指将多边形划分成若干简单的几何图形,如三角形、梯形、四边形、矩形等,在实地或图上测量边长和角度,根据面积计算公式,计算出各简单几何图形的面积,再计算出多边形总面积的方法。常见几何图形面积计算公式见表 8-1。

(二)坐标解析法

坐标解析法也称直接解析法,通常一个地块的形状是一个任意多边形,其范围内可以是一个街道的土地,也可以是一个宗地或一个特定的地块。坐标法是指按地块边界的拐点坐标计算地块面积的方法。其坐标可以在野外直接实测得到,也可以从已有地图上图解得到,面积的精度取决于坐标的精度。

当地块很不规则,甚至某些地段为曲线时,可以增加拐点,测量其坐标。曲线上加密点愈多,就愈接近曲线,计算出的面积愈接近实际面积。

表 8-1　常见几何图形面积计算公式

常见几何图形	图形	面积计算公式
三角形	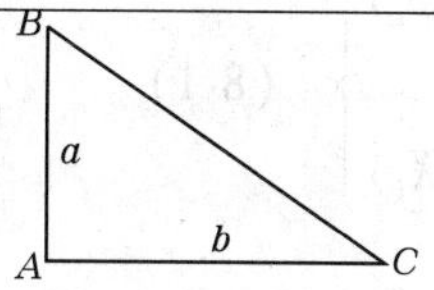	$S=\frac{1}{2}ab$
	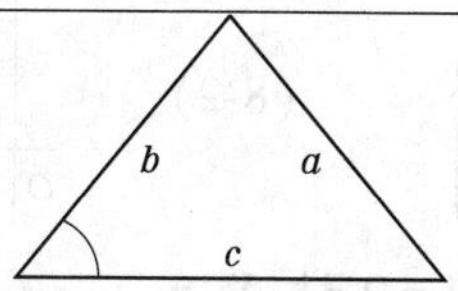	$S=\sqrt{p(p-a)(p-b)(p-c)}$ ［其中，$p=\frac{1}{2}(a+b+c)$］
矩形	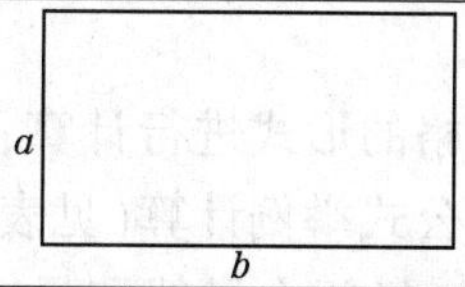	$S=ab$
平行四边形	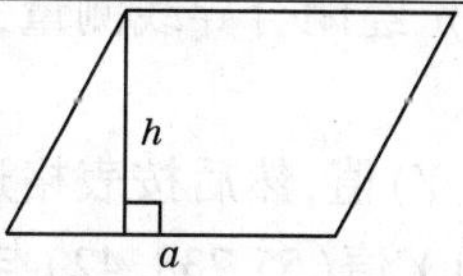	$S=ah$
梯形	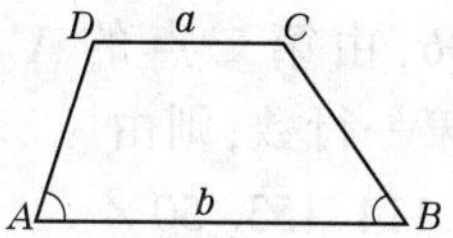	$S=\frac{1}{2}\frac{b^2-a^2}{\cot A+\cot B}$
	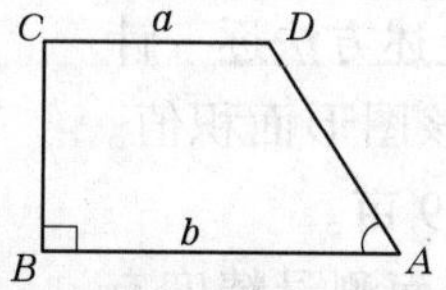	$S=\frac{1}{2}\frac{b^2-a^2}{\cot A}$

许多地块都会被图廓线分割，通常需要计算出地块在各图幅中的地块面积，此时应计算出界址线与图廓线交点的坐标，然后分别组成地块，并计算出面积。由平面解析几何可知，界址点是由相邻的两个已知界址点相连，故可建立一个以斜率表示的直线方程，如 $Y=k_1X+a$；同理，图廓线由两个图廓点相连，利用图廓点坐标亦可建立一个方程，如 $Y=k_2X+b$。这两个方程联立求出交点坐标，分割后的地块面积即可求出。

如图 8-1 所示，已知多边形 $ABCDE$ 各顶点的坐标为 (X_A,Y_A)、(X_B,Y_B)、(X_C,Y_C)、(X_D,Y_D)、(X_E,Y_E)，则多边形 $ABCDE$ 的面积为

$$\begin{aligned}P_{ABCDE}&=P_{A_0ABCC_0}-P_{A_0AEDCC_0}=P_{A_0ABB_0}+P_{B_0BCC_0}-(P_{CC_0D_0D}+P_{DD_0E_0E}+P_{EE_0A_0A})\\&=(X_A+X_B)(Y_B-Y_A)/2+(X_B+X_C)(Y_C-Y_B)/2+(X_C+X_D)(Y_D-Y_C)/2+(X_D+X_E)\\&\quad(Y_E-Y_D)/2+(X_E+X_A)(Y_A-Y_E)/2\end{aligned}$$

化成一般形式：

$$\left.\begin{aligned}2P &= \sum_{i=1}^{n}(X_i + X_{i+1})(Y_{i+1} - Y_i)\\ 2P &= \sum_{i=1}^{n}(Y_i + Y_{i+1})(X_{i+1} - X_i)\end{aligned}\right\}\quad(8\text{-}1)$$

$$\left.\begin{aligned}2P &= \sum_{i=1}^{n}X_i(Y_{i+1} - Y_{i-1})\\ 2P &= \sum_{i=1}^{n}Y_i(X_{i-1} - X_{i+1})\end{aligned}\right\}\quad(8\text{-}2)$$

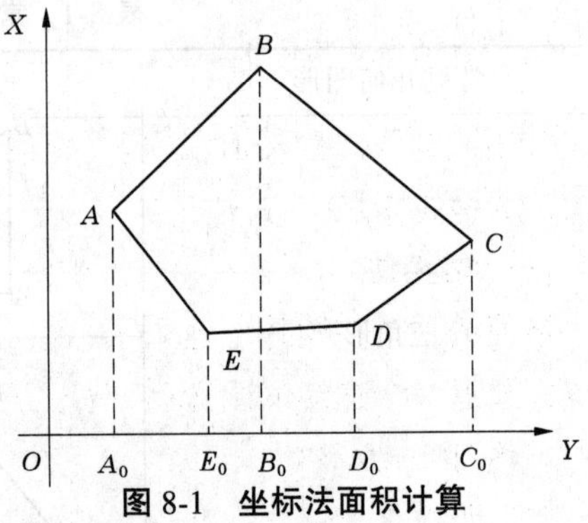

图 8-1　坐标法面积计算

其中，X_i、Y_i 为地块拐点坐标。当 $i-1=0$ 时，$X_0=X_n$；当 $i+1=n+1$ 时，$X_{n+1}=X_1$。

为了简便计算工作，一般利用表格的形式进行计算，采用不同的计算公式，表格有关部分应随公式作相应的变化，现按上述公式举例计算（见表 8-2）。

某土地面积呈五边形（见图 8-2），经闭合导线测量，并计算得该图形角顶点的坐标值，欲计算其面积。

先按表 8-2 抄写点号及坐标（X,Y）值，然后按表格逐项进行计算。如坐标点"Y_i+Y_{i+1}"栏第一项为 114 153.50，由第一点的 Y 值（55 738.42）与第二点的 Y 值（58 415.08）之和求得；"$X_{i+1}-X_i$"栏第一行数 -912.96，由第二点的 X 值（33 712.40）与第一点的 X 值（34 625.36）之差求得；而乘积栏的第一行数，则由坐标差栏的两个数相乘而得，即 114 153.50×(-912.96)=-104 217 579.40。按上述方法逐一计算，然后将乘积栏相加除以 2，即得该图形面积值。$2P=12\ 053\ 157.51\ m^2$，则 $P=9\ 039.9$ 亩。

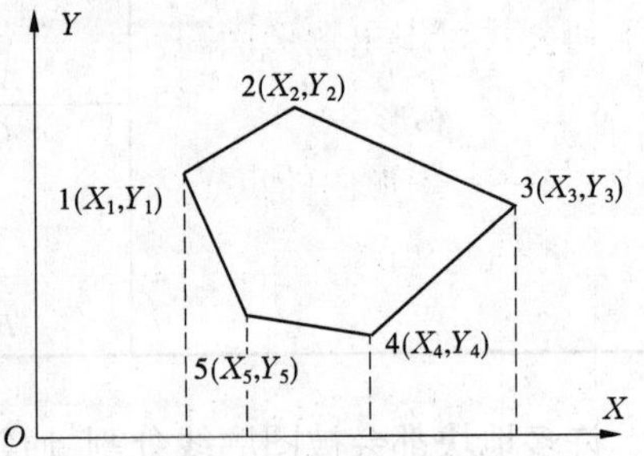

图 8-2　五边形示意图

解析法测得面积的精度，仅与地面测量精度有关，而与成图精度无关。它是一种精确的面积测算方法，适宜于控制面积的量算。运用解析法量算的结果也可用来作为检验其他方法量算面积的依据，解析法需要的基础数据必须准确可靠。

表 8-2　解析法测算面积计算

点号	坐标值/m		坐标差/m		乘积/m^2
	X	Y	Y_i+Y_{i+1}	$X_{i+1}-X_i$	$(X_i+Y_{i+1})(X_{i+1}-Y_i)$
1	34 625.36	55 738.42	114 153.50	-912.96	-104 217 579.40
2	33 712.40	58 415.08	118 996.38	580.56	69 084 538.37
3	34 292.96	60 581.30	118 586.82	1 738.52	206 165 558.30
4	36 031.48	58 005.52	114 237.75	-677.16	-77 357 234.79
5	35 354.32	56 232.23	111 970.65	-728.96	-81 622 125.02
6	34 625.36	55 738.42			

二、图解法

常用的图解法有格值法（包括格网法和格点法）、沙维奇法、求积仪法等，本书着重介绍格值法和沙维奇法。

（一）格植法

格值法是指在膜片上建立了一组有单位面积值的格子或点，然后用这些不连续的格子或点去逼近一个连续的图斑（地块），从而完成图上面积测算的方法。

1. 格网法（方格法）

在透明板材上建立起互相垂直的平行线，平行线间的间距为 1 mm，则每一个方格是面积为 1 mm^2 的正方形，把它的整体称为方格网求积板。

图 8-3 中 *abmn* 为要量测的图形，可将透明方格网置于该图形的上面，首先计算图形内部的整方格数，再估读被图形边线分割的非整格面积，两者相加即得图形面积。

2. 格点法

将上述方格网的每个交点绘成 0.1 mm 或 0.2 mm 直径的圆点。去掉互相垂直的平行线，则点值（每点代表图上的面积）就是 1 mm^2；若相邻点的距离为 2 mm，则点值就是 4 mm^2。

图 8-4 中 *abcd* 为待测的图形，将格点求积板放在图上数出图内与图边线上的点子，则按下列公式可求出图形面积：

$$P = (N - 1 + L/2)D \tag{8-3}$$

式中　N——图形内的点子数；

L——图形轮廓线上的点子数；

D——点值。

从图 8-4 中得出：$N=11$，$L=2$，设 $D=1$ mm^2，则 $P=11$ mm^2。

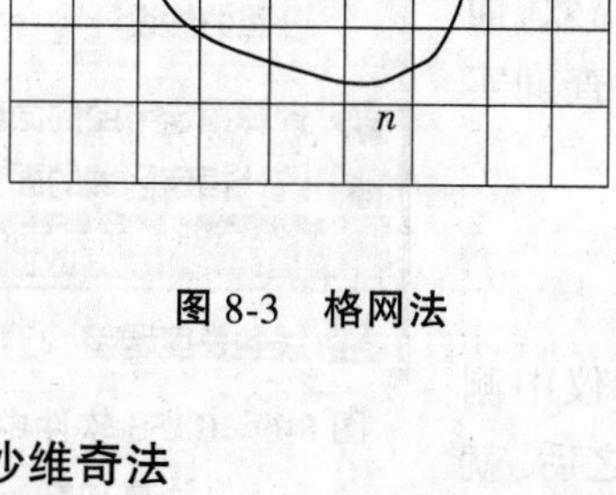

图 8-3　格网法

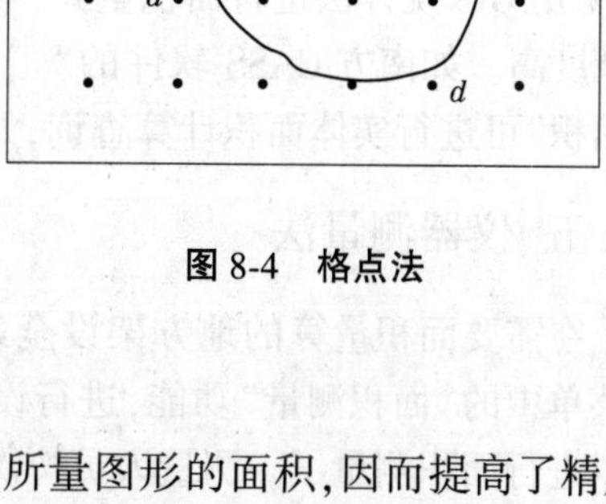

图 8-4　格点法

（二）沙维奇法

沙维奇法适用于大面积的测算，其优点在于减少了所量图形的面积，因而提高了精度，其原理如图8-5所示。构成坐标方格网整数部分面积P_0不量测，只需测定不足整格部分P_{a1}、P_{a2}、P_{a3}与P_{a4}的面积和，以及与之对应构成整格的补格部分P_{b1}、P_{b2}、P_{b3}与P_{b4}的面积。从图上可以看出整格面积$P_1=P_{a1}+P_{b1}$，$P_2=P_{a2}+P_{b2}$，$P_3=P_{a3}+P_{b3}$，$P_4=P_{a4}+P_{b4}$。

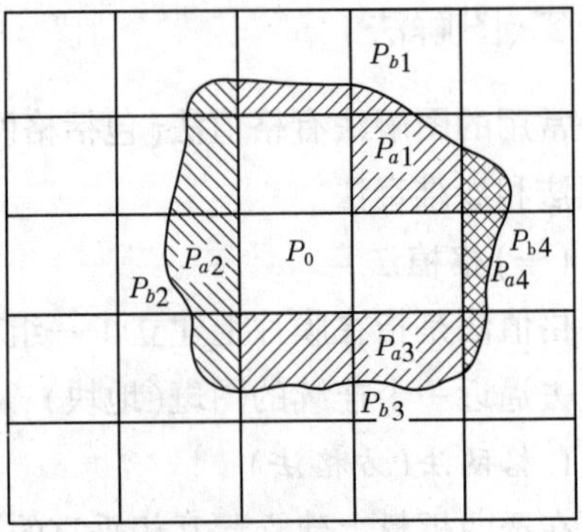

图8-5 沙维奇法

设P_{a1}、P_{a2}、P_{a3}、P_{a4}面积的相应分划数为a_1、a_2、a_3及a_4；P_{b1}、P_{b2}、P_{b3}、P_{b4}面积的相应分划数为b_1、b_2、b_3、b_4；整格面积的分划数为a_1+b_1、a_2+b_2、a_3+b_3、a_4+b_4。

已知面积与求积仪分划值读数之间有下列正比关系：

$$P_{ai}=\frac{a_i}{a_i+b_i}P_i \tag{8-4}$$

则用式(8-4)可计算不足整格部分的面积，故所求图形面积为

$$P=P_0+P_{a1}+P_{a2}+P_{a3}+P_{a4}=P_0+\sum_{i=1}^{n}P_{ai} \tag{8-5}$$

三、求积仪法

求积仪是一种专供图上量算面积的仪器。其优点是速度快，操作简单，适用于各种几何形状的图形面积量算，并能保证一定的精度。最早使用的求积仪是机械求积仪，由于科技的进步，已研制出多种数字式求积仪，如数字求积仪、光电求积仪等。数字求积仪具有操作简单、功能强等特点。有关求积仪的功能和具体操作方法可参阅使用说明书，这里不作详细介绍。

四、软件统计法

软件统计法面积量算是指将测量的界址点坐标导入到GIS软件或者绘图软件中或通过对已有的宗地图、地籍图矢量化，在软件中生成面文件，然后利用GIS面积统计功能，直接进行面积量算。随着地理信息系统软件的广泛使用，采用GIS统计法进行面积量算，不但方便、快捷高效，而且精度高。如南方CASS软件的“工程应用”下的“查询实体面积”可进行实体面积计算查询，如图8-6所示。

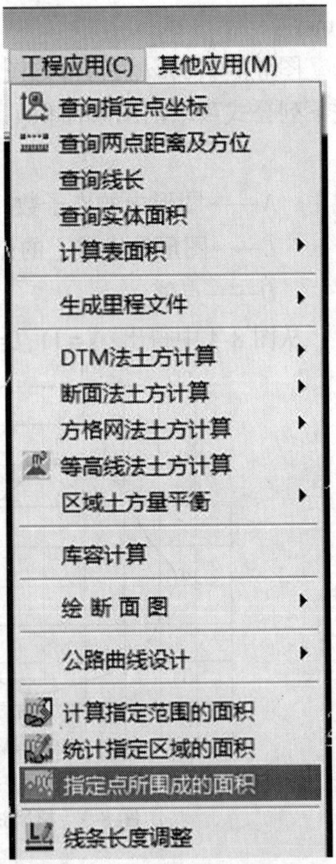

图8-6 CASS软件中的面积计算功能

五、仪器测量法

在需要面积量算的地方架设全站仪，采用全站仪中测量菜单中的“面积测量”功能，进行设站，定向完成之后，就可以进行面积测量了。测量人员按次序在权属界址点上立

尺,当测量完所有权属界址点后,就可以计算出土地面积了。通过这样测量出来的土地面积的误差,主要有已知点误差,设站、定向误差及全站仪系统误差;也可采用 GNSS RTK 的观测手簿中应用程序的“面积测量”功能依次采集待测面积的拐点坐标来进行面积测量,此方法的误差主要是与 GNSS 有关的误差。使用仪器法进行面积量算的优点是量算面积的精度高,可以现场得出土地面积。

任务三　土地面积量算与平差

前文所讲的土地面积量算方法,只对单一图形而言。但实际工作中常常要求量算的是一区域范围内的全部分类面积,如一个城市各区、街道、街坊与各种用地分类面积,为此涉及各种问题:如区域土地总面积与各类用地间和各图斑面积间协调一致的问题;保证各级土地面积量算精度的问题;如何防止测算层次多、用地类型多和图斑量大的情况下出错的问题等,故必须遵循一定的平差原则和满足一定的精度要求。

一、土地面积量算的基本要求

(1)土地面积量算应在聚酯膜原图上进行,若采用其他材料的图纸,必须考虑图纸伸缩变形的影响。

(2)土地面积量算,无论采用哪种方法,均应独立进行两次量算(坐标法除外)。两次量算结果的较差要求与量算方法和面积大小有关。

二、土地面积量算过程

土地面积量算的程序(见图 8-7)和统计与土地面积量算的层次及方法有关。通常可以是解析法与图解法。前一种一般用于城镇地籍,后一种适用于农村地籍。在城镇地籍中,对宗地面积精度要求比较高。从土地面积量算的全过程来看,一般是三级量算两级控制:图幅土地面积量算为一级测算,其理论面积作为首级控制;街坊(或村)为二级测算,其平差后的面积和为二级控制;宗地(或农村地类)面积为三级测算。

如果要弄清农村居民地每户宅基地面积,应测量大比例尺(不小于 1∶2 000)居民地地籍图(或称岛图)。

(一)图幅面积量算

1. 图幅理论面积查算

(1)梯形图幅面积。根据不同比例尺,以图幅纬度为引数,直接在大比例尺图幅元素表中的“图廓大小与图幅面积”栏内查取图幅理论面积。

(2)正方(矩)形图幅面积。可以根据不同比例尺和图廓边的理论尺寸,直接计算其图幅的理论面积。正方形图幅理论面积为 $50\times50\times M^2\times10^{-10}$(km^2)($M$ 为图幅比例尺分母),矩形图幅理论面积为 $40\times50\times M^2\times10^{-10}$(km^2)。

2. 图幅实际面积量算

当图纸为聚酯薄膜,其伸缩变形较小时,可以直接引用图幅的理论面积;否则应在图纸上量取图廓尺寸与对角线长度,然后组成两组不同的三角形。根据三角形面积公式,计算其面积(要进行图纸形变改正)。两组结果可以起检核作用。具体量测时可以利用格网尺量

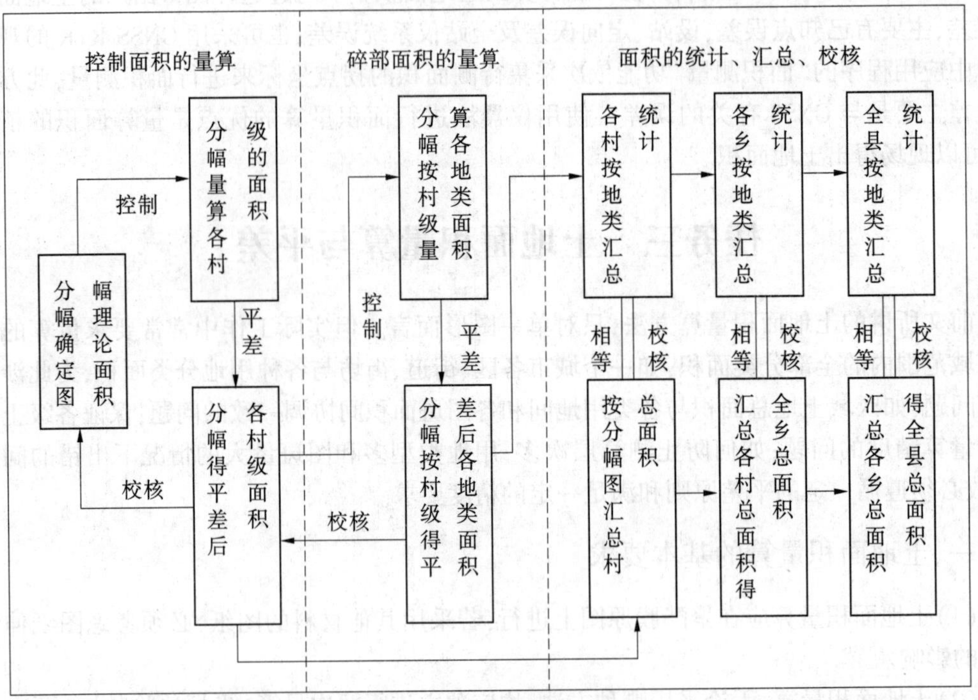

图 8-7　土地面积量算程序

至 0.1 mm。同理,将图上面积根据比例尺换算为实地面积。

现代地籍测量成果多为电子地籍图,因此各级各类面积均可利用 GIS 软件进行量算,只要界址点精度满足要求,软件计算面积的精度即可满足要求。

(二)街坊(或村)面积量算

1. 用解析法量算街坊(或村)的面积

用解析法野外施测出各街坊拐点的坐标,组成一个闭合多边形,根据式(8-1)计算出街坊面积,并以此控制街坊内各宗地和其他地类面积。

2. 用图解法量算街坊(或村)的面积

(1)以图幅为单位,用数字面积仪法或其他方法,在图上量测出各街坊(或村)的面积。

(2)求其闭合差。将其图幅内各街坊面积相加,与图幅理论面积比较,求出面积闭合差。

(3)闭合差在限差内,将不符合值配赋到各街坊(或村)的面积中。

(4)检核。平差配赋后各街坊(或村)的面积之和,应与图幅理论面积相等。

3. 宗地与地类面积量算

宗地面积可采用解析法和图解法,地类(如道路、水系、空闲地等)面积采用图解法量算。

三、土地面积平差

(一)平差原则

平差遵循"从整体到局部,层层控制,分级测算,块块检核,逐级按比例平差"的原则,即分级控制、分级测算、分级平差。

(1)按两级控制、三级测算。第一级：以图幅理论面积为首级控制。当各区块(街坊或村)面积之和与图幅理论面积之差小于限差值时，将闭合差按面积比例配赋给各区块，得出各分区的面积。第二级：以平差后的区块面积为二级控制。当测算完区块内各宗地(或图斑)面积之后，其面积和与区块面积之差小于限差值时，将闭合差按面积比例配赋给各宗地(或图斑)，则得宗地(或图斑)面积的平差值。

(2)在图幅或区块内，采用解析法测算的地块面积，只参加闭合差的计算，不参加闭合差的配赋。

(二)平差方法

量测误差、图纸伸缩的不均匀变形等，使测算出来的各地块面积之和 $\sum P_i'$ 与控制面积不等，若在限差内可以平差配赋，即

$$\Delta P = \sum_{i=1}^{k} P_i' - P_0,\quad K = -\Delta P / \sum_{i=1}^{k} P_i' \tag{8-6}$$

$$V_i = KP_i',\quad P_i = P_i' + V_i \tag{8-7}$$

式中　ΔP——面积闭合差；

P_i'——某地块量测面积；

P_0——控制面积；

K——单位面积改正数；

V_i——某地块面积的改正数；

P_i——某地块平差后的面积。

平差后的面积应满足检核条件：

$$\sum_{i=1}^{k} P_i - P_0 = 0 \tag{8-8}$$

(三)控制面积的量算方法

控制是相对的，二级被一级控制，又对下一级起控制作用。控制级别越高，精度要求就越高。控制面积量算的方法有以下三种。

1. 坐标法

测量控制区块界线拐点的坐标，根据坐标法面积计算公式计算其面积。

2. 图幅理论面积

土地面积测算通常以图幅为单位。图幅有两种，即梯形与正方(矩)形分幅。图幅大小均是固定的，面积可直接计算或从相关书籍中查取。

3. 沙维奇法

在难以采用上述方法时，可采用沙维奇法。其精度低于上述两种，适用于特殊情况。

四、土地面积量算的精度要求

(一)两次量算较差要求

1. 求积仪测算

求积仪对同一图形两次量算，分划值的较差不超过表 8-3 的规定。

表 8-3 求积仪对同一图形两次量算的分划值的较差

求积仪量测分划值数	<200	200~2 000	>2 000
允许误差分划值数	2	3	4

注:其指标适用于重复绕圈的累计分划值。

2. 其他方法量算

同一图斑两次量算面积较差与其面积之比应小于表 8-4 的规定。

表 8-4 同一图斑两次量算面积较差与其面积之比

图上面积/mm^2	<50	50~100	100~400	400~1 000	1 000~3 000	3 000~5 000	>5 000
允许误差	1/20	1/30	1/50	1/100	1/150	1/200	1/250

注:图上面积太小的图斑,可以适当放宽。

(二)土地分级量算的限差要求

为了保证土地面积量算成果精度,通常按分级与不同量算方法来规定它们的限差。

(1)土地面积量算允许误差,按一级控制要求计算,即

$$F_1 < 0.0025P_1 = P_1/400 \tag{8-9}$$

式中 F——与图幅理论面积比较的限差,hm^2;

P_1——图幅理论面积,hm^2。

(2)土地利用分类面积量算限差,作为二级控制,分别按不同公式计算。

求积仪法:

$$F_2 \leqslant \pm 0.08 \times \frac{M}{10\,000}\sqrt{15P_2} \tag{8-10}$$

方格法:

$$F_3 \leqslant \pm 0.1 \times \frac{M}{10\,000}\sqrt{15P_2} \tag{8-11}$$

式中 F_2、F_3——不同量算方法与分区控制面积比较的限差,hm^2;

M——被量测图纸的比例尺分母;

P_2——分区控制面积,hm^2。

任务四 土地面积统计汇总

面积统计汇总是在全面完成外业调查和内业数据建库工作的基础上,对调查数据进行统计、汇总,形成各级、各类土地调查面积数据成果。通过统计汇总掌握调查区域内土地总面积、各地类面积、分布和权属状况。

面积量算之后,应将量算的结果按行政单位和权属单位分别汇总统计。汇总土地面积是土地面积量算工作的总结,也是土地登记、土地统计、土地规划等土地管理工作的基础。

面积汇总包括各级行政单位(村、乡、县等)的总体面积汇总及依据权属单位和行政单位按地类汇总。需要以平差后的面积按行政单位自下而上地逐级汇总统计。

一、面积统计汇总的原则

面积统计汇总遵守以下原则：

(1)以调查数据为基础原则。

(2)以辖区面积为控制原则。

(3)逐级汇总原则。

二、面积统计汇总的要求

(1)农村土地调查面积的计算,应严格按照《地籍调查规程》(GB/T 42547—2023)要求,采用椭球面积计算公式计算图斑面积。城镇土地调查面积计算方法,应根据地籍测量采用的方法确定。

(2)图斑地类面积应为图斑面积减去实测线状地物、按系数扣除的田坎和其他应扣除的面积。

(3)面积统计是对调查区域范围内所有的图斑地类面积、线状地物面积、按系数扣除的田坎面积和其他应扣除面积的统计。

(4)面积汇总以县级以上行政区域为单位进行,统计本行政区域内各类土地的面积。飞入地面积统计在本行政辖区内,飞出地面积统计在所在行政辖区内。争议区按划定的工作界线范围统计汇总。

(5)农村土地调查行政区域内各地类面积之和(不含海岛)等于本行政界线范围内的辖区控制面积。

(6)城镇土地调查的范围应与农村土地调查确定的城镇范围相衔接。城镇土地调查将农村土地调查中的单一地类图斑,按《土地利用现状分类》(GB/T 21010—2017)进行细化调查,各地类面积之和等于城镇调查区总面积。

(7)海岛面积应以岛屿为单位分地类单独进行面积统计汇总。有县级归属的海岛,以县为单位在县级汇总时填写海岛面积汇总表;无县级归属的海岛,由省级进行汇总,以省为单位填写海岛面积汇总表。

(8)各级行政辖区地类面积应由本行政区域内下级行政单位各类土地面积汇总形成。县级填表至行政村,统计至乡(镇)和县;市(地)级填表至乡(镇),汇总至县和市(地);省级填表至县,汇总至市(地)和省。《地籍调查规程》(GB/T 42457—2023)规定面积计算单位采用平方米(m^2),面积统计汇总单位采用公顷(hm^2)和亩。在数据汇总时,由于单位换算造成的数据取舍误差,应强制调平。

三、行政单位面积汇总

行政单位汇总的基础是村(街坊)土地面积的汇总。所量算图幅上的末级控制(农村为村或乡,城镇为街坊或街道)是面积汇总的基本单元。由于所使用的是量算面积的平差值,所以汇总必须在控制面积量算之后进行。将同一村(街坊)在各涉及图幅内的控制面积相加,即为该村(街坊)土地的总面积。本村(街坊)总面积与涉及图幅的非本村面积之和,应等于涉及图幅的理论面积之和并以此进行校核。

由校核后的所属各村面积汇总而得乡(镇)的行政总面积,进而由乡得到县的总面积,其校核方法可仿照村的汇总统计。

四、各类土地面积汇总

各权属单位及行政单位的各类土地面积汇总,应在各图幅碎部测量之后进行,汇总单元应为图斑的平差面积。其面积统计仍然应以图幅为基础,先统计一幅图内村(街坊)的各类土地面积之和,其汇总值应当等于该图幅内村(街坊)的总面积(控制面积),两者可以相互检核。将各相关图幅内的村(街坊)的土地分类面积之和汇总,即可得村(街坊)的土地分类面积。村的各类面积总和应等于该村的行政总面积。同法按地类汇总统计乡(镇)及县的各类土地面积,并将乡、县的各类土地面积求和,再与乡、县的控制面积相互检核。

五、特殊地块的处理

特殊地块的处理方式如下:

(1)飞地。可利用"飞地通知书"通知所属单位,由该单位汇总。

(2)图面上按规定未绘出的零星地,可根据外业调查记载的实勘面积,汇总在相应的地类中,并在相邻地类中扣除。

(3)线状地物同上述零星地同样处理。其长度可在图上量出,宽度应是实量值,如宽度不等,可分段测量。

(4)田坎或田埂也属线状地物。由于其数量过多不可能逐个量测,可分若干类型,依不同类型,抽样实测得出。

$$净耕地面积=毛耕地面积-田坎面积$$

从而求出耕地系数:$K_{耕}$=净耕地面积/毛耕地面积;或田坎系数:$K_{坎}$=田坎面积/毛耕地面积,且 $K_{耕}=1-K_{坎}$。

依不同类型求出不同的值,即可在量算出毛耕地面积之后,按上式求出净耕地面积和应扣除的田坎面积。

【项目小结】

本项目主要针对土地面积的量算方法和汇总统计分别进行了较详细的介绍,各级各类土地面积量算为调整土地结构、农业区划、土地利用规划等工作提供基础数据,是地籍测量中十分重要且必不可少的工作。土地面积的汇总统计是对土地量算工作的总结,也是土地登记、土地统计、土地规划等土地管理工作的基础。

思考与练习

8-1　土地面积量算的基本要求及原则是什么?

8-2　土地面积量算与平差的原则是什么?

8-3　土地分级量算的限差要求计算什么?

8-4　试推导坐标法计算面积的公式。

8-5　简述土地面积量算的方法有哪些?土地面积量算控制有哪些?

【延伸阅读】

全国农村集体家底基本摸清

2020 年,全国农村集体土地家底已基本摸清。据统计,全国共有集体土地总面积 65.5 亿亩,账面资产 6.5 万亿元。全国农村集体资产清产核资反映出我国农村集体资产的基本面貌,为进一步开展管理和运营提供了重要依据。2017 年以来,中央和地方累计安排专项资金 26.7 亿元,确保全国农村集体资产清产核资工作顺利开展。截至 2019 年底,全国拥有农村集体资产的 5 695 个乡(镇)、60.2 万个村,238.5 万个组,共计 299.2 万个单位,完成 1.2 亿张报表在线数据报送。详细内容扫码阅读(资讯来自学习强国)。

全国农村集体家底摸清 土地总面积 65.5 亿亩

项目九　变更地籍调查与测量

【项目概述】

变更地籍又称为日常地籍，变更地籍调查与测量主要包括变更地籍调查、测量两部分内容。本项目介绍了其作业流程及调查、测量中可能会遇到的问题及解决措施。

【学习目标】

通过本项目学习，理解日常地籍调查、测量的基本概念，掌握日常地籍调查、测量工作中的权属调查、要素测量、成果资料检查整理及变更归档的任务及流程。

【思政导入】

党的二十大报告提出，实施全面节约战略，推进各类资源节约集约利用。土地作为人类赖以生存发展的物质基础，其合理应用就显得尤为重要，而随着社会经济活动的日益频繁和土地利用方式流转形态的增多，地籍资料的现势性就越来越重要，而变更地籍调查正好解决这一问题。

【正文】

任务一　概　述

变更地籍调查与测量又叫日常地籍调查与测量，是指在完成初始地籍调查与测量之后，为适应日常地籍工作的需要，为保持地籍资料的现势性而进行的土地及其附着物的权属、位置、数量、质量和利用状况的调查。通过变更地籍调查与测量，可以使地籍资料保持现势性，逐步完善地籍内容。

一、变更地籍调查与测量的任务、特点

初始土地登记后，依照《中华人民共和国土地管理法》规定："依法改变土地的所有权和使用权的，必须办理土地权属变更登记手续，更换证书。"因此，土地管理部门要通过变更地籍调查与测量随时掌握土地所有权或使用权的权利主体及权利客体经常发生的转移和变动情况，并以变更登记的法律手段把上述的转移和变动限制在合法的范围内。通过变更地籍调查与测量，不仅可以使地籍资料保持现势性，还可以使地籍成果提高精度、逐步完善。

(一)变更地籍调查与测量的任务

(1)根据土地变更登记申请的变更项目进行变更地籍调查。

(2)界址点变更测量，或重新测量宗地新增界址点坐标或按宗地的设计坐标实地放样界址点。

(3)地籍图修测，在原有地籍图上标绘权属界址点，修测新增地物并编绘地籍图。

(4)面积量算。

(5)填写土地变更调查记录表、土地证。

(二)变更地籍测量的特点

(1)区域分散、范围小。变更地籍测量一般不进行控制测量及地籍图测绘,而利用原界址点或原控制点作为控制,利用原地籍图作为基础图件。

(2)变更地籍测量精度要求高。变更地籍测量精度应不低于变更前地籍测量精度。

(3)变更同步,手续连续。进行了变更测量后,与本宗地有关的表、卡、册、证、图均需进行变更。

(4)变更地籍测量任务急。在接受变更权属调查移交的资料后,应立即进行变更地籍测量,才能满足变更土地登记或设定土地登记的要求。变更权属调查和变更地籍测量,通常由同一个外业组一次性完成。

二、变更地籍调查与测量的内容

变更地籍调查与测量的内容包括变更权属调查和变更地籍测量。变更地籍调查是要查清每一宗地变更后宗地的位置、权属、界线、数量和用途等基本情况及对土地出让、转让、出租等活动的复核性调查,满足土地变更登记及土地使用者的要求,同时使地籍资料保持现势性。

变更权属调查和变更地籍测量的具体内容又与变更登记申请的内容有关,土地变更登记按内容分类如下:

(1)土地权属变更登记。包括土地征用、划拨引起土地所有权和使用权变更;以出让方式取得国有土地使用权;国有土地使用权转让使国有土地使用权转移;地上建筑物、附着物所有权转让引起国有土地使用权的变更;单位的合并分户、企业兼并引起宗地的合并和分割;依法继承土地使用权;交换、调整土地发生土地权属变更。

(2)他项权利变更登记。除国有土地权属转移引起他项权利变更外,还有出租、抵押国有土地使用权的土地变更登记。

(3)更名、更址登记。土地使用者和所有者及他项权利拥有者由于更改名称和通信地址的登记。

(4)主要用途的变更登记。原登记的用途发生变化。

(5)注销登记。依法收回土地使用权、土地使用权出让期满、因自然灾害造成的土地的灭失、土地使用权抵押合同终止、土地使用权租赁合同终止。

从土地变更登记内容看,按地权主客体的变更,可归结为三类:地权主体的变更,只是土地所有权、使用权和他项权利的变更。地权客体的变更,只是宗地权属界址和主要用途的变更;地权主客体的同时变更,即宗地的权属和界址都发生变更。按界址变更情况又分为更改界址和不更改界址两类。随着土地变更登记申请内容的不同,变更权属调查和变更地籍测量的具体内容与方法也有所不同。

任务二　变更地籍调查

变更地籍调查主要工作包括准备工作、变更土地权属调查、变更地籍测量,以及成果资料的检查、整理、变更与归档工作。

一、变更地籍申请

变更地籍申请一般有两种情况:一是间接来自于社会的变更地籍申请,二是来自于国土管理部门的日常业务申请。所谓间接来自于社会的变更地籍申请,是指土地管理部门接到房地产权利人提出的申请或法院提出的申请后,根据申请报告由国土管理部门的业务科室向地籍变更业务部门提出变更地籍申请。土地管理部门的业务科室在日常工作中经常会产生新的地籍信息,如监察大队、地政部门、征地部门等,这些业务科室应向地籍变更业务主管部门提出变更地籍申请。

变更地籍的资料通常由变更清单、变更证明书和测量文件组成。根据规定,制作发送地籍调查资料协助查询单到国土、房产、规划等行政主管部门的档案室或在数据库中查询、核对并获取被调查对象的档案资料和数据,并要求出具证明或在资料复印件上加盖档案资料专用章。

一般来说,如变更登记的内容不涉及界址的变更,并且该宗地原有地籍几何资料是用解析法测量的,则经地籍管理部门负责人同意后,只变更地籍的属性信息,不进行变更地籍测量,而沿用原有几何数据。

二、变更地籍调查资料的准备

变更地籍调查与测量的技术、方法与初始地籍调查与测量相同。变更地籍测量前,必须充分检核有关宗地资料和界址点点位,并利用当时已有的高精度测量仪器,实测变更后宗地界址点坐标。所以,进行变更地籍调查与测量之前应准备下述主要资料:

(1)土地登记、抵押、查封、地役权和土地权利限制等情况。
(2)集体土地征收、转用和审批情况。
(3)土地供应情况。
(4)相邻土地权利人的情况。
(5)相关控制点、界址点坐标。
(6)其他需要了解的情况。

技术准备主要有:

(1)档案资料、数据的分析与整理。
(2)指界通知书。
(3)计算测量放样数据。
(4)地籍调查表、绘图工具、测量仪器等。
(5)调查人员的身份证明等。

三、变更地籍编号与界址点编号

变更地籍调查,无论宗地分割或合并,原宗地号一律不得再用。分割后的各宗地以原编号的支号顺序编列;数宗地合并后的宗地号以原宗地号中最小的宗地号加支号表示。如18号宗地分割成三个宗地,分割后的编号分别为18-1、18-2、18-3;如18-2号宗地再分割为两宗地,则编号为18-4、18-5;如果18-4号宗地与10号宗地合并,则编号为10-1;如果18-5号宗地与25号宗地合并,则编号为18-6。如有多块宗地的一部分合并成一宗,如6

号、7号、8号、9号宗地的一部分合并成一宗,则合并后的宗地编号为6-1,6号、7号、8号、9号剩余部分宗地相应变为6-2、7-1、8-1、9-1。利用计算机管理时,分割后的各宗地可以采用该街坊的宗地号后顺序续编。

界址点编号,如果初始地籍调查的界址点为街坊统一编号,变更权属调查时,已废弃的界址点号不得再用,新增界址点按原编号原则,续编新的界址点。如果初始地籍权属调查以宗地为单位编号,则变更后的界址点以变更后的宗地为单位重新编号。

四、发送变更地籍调查通知书

根据地籍土地登记申请书,发送变更地籍调查通知书,通知书的内容如下:

变更地籍调查通知书

根据你(或单位)提交的变更土地登记或房地产登记申请书,特定于　　月　　日　　时到现场进行变更地籍调查。请你(单位或户主)届时派代表到现场共同确认变更界址。如属申请分割界址或自然变更界址的,请预先在变更的界址点处设立界址标志。

国土受理机关盖章

年　　月　　日

五、实地调查

不更改界址的变更权属调查,根据实际需要决定是否进行实地调查,更改界址的变更权属调查,应进行实地调查。

(一)界址未变化的土地权属调查

根据土地登记申请书或地籍调查任务书,查询档案资料、数据,经分析后,确定是否需要进行实地调查。如不需要到实地进行调查,在复印后的地籍调查表内变更部分加盖“变更”字样印章,并填写新的地籍调查表,不重新绘制宗地草图。如果经实地调查后,发现土地权属状况与相关资料完全一致,按照上述进行变更;发现丈量错误,须在宗地草图的复制件上用红线划去错误数据,注记检测数据,重新绘制宗地草图,并填写新的地籍调查表。土地权属类型发生变化的宗地,原宗地代码不再使用,并按照规定重新编制新代码。

对于县级行政区界线变化引起宗地代码变化的,在确定新移交宗地的地籍区和地籍子区后,重编宗地编码,并在原地籍调查表复印件的宗地编码位置上加盖“变更”字样印章,在地籍调查变更记事栏注明新的宗地编码。

(二)新设界址和界址变化的土地权属调查

根据土地登记申请书,查询档案资料、数据,按照地籍初始调查的规定进行权属调查。宗地代码和界址点号变更时,新设宗地、界址发生变化的宗地,原宗地代码不再使用,重新按照规定编制新代码;新增界址点点号,在地籍子区内的最大界址点号后续编。

实地调查时,首先核实指界人的身份,如土地使用者名称、单位法人代表或户主姓名、身份证号码、电话号码等。然后对照权属来源资料和档案资料、数据,现场核实土地权属状况。对界址线有争议、界标发生变化和新设界标等情况,应现场记录并拍摄照片。

实地调查还应检查恢复界址点。对于更改界址的变更调查,在认定变更界址点前,应用原宗地图的勘丈数据和界址点坐标检查原界标是否移动。如果界标丢失,应用测量数据恢复。对于不更改界址的变更调查,如用解析法重新测定界址点坐标,亦应检查界址点。对于变更后废弃的界址点不恢复界标,如有废弃的界标应从现场清除。

实地调查中,发现检查界址点与邻近界址点或地物点间距离同原记录不符,但在限差内或经检查属新勘丈值错误,则保留原数据,如果超限,属原勘丈值错误,以新勘丈值为准,如属界标移动,应使其复位。

实地调查中,对宗地合并、分割或边界调整需增设界址点时,应根据申请者要求直接在实地设置界标或根据预先准备的数据确定其实地位置和设置界标,且必须经过变更申请者及相关邻宗地的土地使用者或委托人共同认定。当有违约或不签章时,按初始地籍调查相应规定处理。

六、变更地籍调查表的填写

对于不更改界址的变更调查,可在原调查表的基础上进行变更。在原调查表更改部分加盖“变更”字样印章;将变更内容填写在变更记事表内,并经原土地使用者和现土地使用者签章,附在原调查表后,一并归档。变更地籍调查记事表见表9-1。

表9-1 变更地籍调查记事表

<table>
<tr><td colspan="2" rowspan="4">变更后
土地使用者</td><td colspan="1">姓名</td><td colspan="3"></td></tr>
<tr><td>性质</td><td colspan="3"></td></tr>
<tr><td>上级主管部门</td><td colspan="3"></td></tr>
<tr><td>土地坐落</td><td colspan="3"></td></tr>
<tr><td colspan="3">变更后法人代表或户主</td><td colspan="3">代理人</td></tr>
<tr><td>姓名</td><td>身份证</td><td>电话号码</td><td>姓名</td><td>身份证</td><td>电话号码</td></tr>
<tr><td></td><td></td><td></td><td></td><td></td><td></td></tr>
<tr><td>其他
变更
记事</td><td colspan="5"></td></tr>
<tr><td colspan="3">原土地使用者(法人代表或代理人)签章</td><td colspan="3">现土地使用者(法人代表或代理人)签章</td></tr>
<tr><td colspan="3"></td><td colspan="3"></td></tr>
<tr><td>经办人</td><td colspan="2"></td><td>变更日期</td><td colspan="2"></td></tr>
</table>

对于更改界址的变更调查需在实地调查时,对新形成的宗地按《地籍调查规程》(GB/T 42547—2023)要求填写地籍调查表,并画去“初始”二字。在原调查表封面盖“变更”字样印章,在该表说明栏内注明变更原因及新宗地号。新增设的界址点、界址线应严格履行签章手续;对于未发生变化的界址点线,可不重新签字盖章,但必须在新调查表的说明栏内注记原地籍调查表号,并说明原因,如同一界址点变更前后的编号不同,还应注明原界址点点号。

如果原界址点、界址线确权时有误,应重新进行调查,按《地籍调查规程》(GB/T 42547—2023)要求填写地籍调查表,其他调查资料作相应修改。

七、宗地草图的变更

无论何种类型的变更调查,都不得在原宗地图上画改、修测。

对新设宗地,按照规定绘制宗地草图。

界址发生变化的宗地,根据实际情况可按照规定重新绘制宗地草图,原宗地草图复印件一并归档;也可在原宗地草图复印件上修改制作成变更后的宗地草图。

在原宗地草图复印件上修改制作宗地草图时,废弃的界址点、界址线打上“×”,变化的数据用单红线划去,废弃的界址线用“×”标记。新增的界址点用界址点符号表示,新增的界址线用单实线表示,并注明相应的丈量距离。变化和新增部分使用红色标记。在现场依据变更的原宗地草图复制件,按《地籍调查规程》(GB/T 42547—2023)要求绘制新形成宗地的宗地草图,前者归到原宗地的档案中。

对于原界址点和界址线确权时有误的,应在重新调查后绘制宗地草图。

任务三　变更地籍测量

一、变更地籍测量准备

需准备的资料包括变更宗地附近的地籍平面控制点资料和界址点坐标册、变更宗地所在的基本地籍图的二底图及其复制件、变更地籍调查表、变更测量的数据(如按申请者给定的预分割面积和条件计算的分割点坐标)。另外,还需准备测量仪器和工具。

二、界址点的恢复与鉴定

(一)界址点的恢复

在界址点位置上埋设了界标后,应对界标细心加以保护。界标可能因人为的或自然的因素发生位移或遭到破坏,为保护地产拥有者或使用者的合法权益,须及时对界标的位置进行恢复。

在某一地区进行地籍测量之后,表示界址点位置的资料和数据一般有界址点坐标,宗地草图上界址点的点之记、地籍图、宗地图等。对一个界址点,以上数据可能都存在,也可能只存在某一种数据。可根据实地界址点位移或破坏情况和已有的界址点数据及所要求的界址点放样精度,以及已有的仪器设备来选择不同的界址点放样方法。

有解析坐标且精度满足规定要求的,应按照原解析界址点精度的要求进行界址放样,并重新设立界标;只有图解坐标的,不得通过界址放样恢复界址点位置,应根据宗地草图、土地权属界线协议书、土地权属争议原由书等资料,采用放样、勘丈等方法放样复位,重新设立界标。

恢复界址点的放样方法一般有直角坐标法(正交法)、极坐标法、角度交会法、距离交会法、截距法(内外分点法)、全球卫星定位系统(GNSS)测量方法。这几种方法其实也是测定界址点的方法,因此测定界址点位置和界址点放样是互逆的两个过程。

(二)界址检查

界址检查是依据地籍资料(原地籍图或界址点坐标成果)与实地检查土地界址是否正确的测量作业。界址检查工作通常是在实地界址存在问题,界标丢失、损坏、移位或者双方有争议时进行。

如果界址点坐标检查值与原值的差数在表 7-1 规定的允许误差范围内,则不修改原来数据,并作检查说明;如检查值与原值的误差超过表 7-1 规定的允许误差,经分析系原有技术原因造成的,经相关土地权利人同意后,按照《地籍调查规程》(GB/T 42547—2023)重新进行界址测量,并说明原因。

当需要采用坐标法计算建筑面积时,实测房角点坐标的精度可按照表 7-1 执行。

三、变更界址点的测量

更改界址的地籍测量中,当土地发生分割或调整时,须测定新增界址点的位置,废弃界址点的点号不得再用。界址发生变化的,经现场指界后按规定测定;宗地分割或界址调整的,可根据给定的分割或调整几何参数,计算界址点放样元素,实地放样测设新界址点的位置并埋设界标;也可在权利人的同意下,预先设置界标,然后测量界标的坐标。

(一)解析界址点的测量的方法

解析界址点测量常用的仪器设备有全站仪、GNSS 接收机和钢尺等测量工具野外实测界址点坐标。主要方法有极坐标法、直角坐标法(正交法)、截距法(内外分点法)、距离交会法、角度交会法、GNSS 测量法等。可根据界址点的观测环境选用不同的方法。

(1)极坐标法主要用于城镇村庄区域和农村区域建设用地的界址点测量和城乡接合部、经济发达地区的集体土地所有权界址点的测量,也可用于 GNSS 测量方法无法测定的土地所有权界址点坐标的测量。观测时应采用距离(纵向)和角度(横向)偏心等技术消除或减弱棱镜中心到界址点的偏差(棱镜对准误差)的影响。

(2)角度交会法主要在对角度观测方便而距离测量有困难或放置棱镜特别耗时的界址点时采用,但交会角应控制在 30°~150°。

(3)距离交会法。其他方法施测困难或不能施测的界址点,可采用距离交会法施测,但交会角应控制在 30°~150°。

(4)直角坐标法。其他方法施测困难或不能施测的界址点,可采用直角坐标法施测,但界址点到控制线的水平距离与控制线的水平长度之比不应超过 1/2。

(5)截距法。其他方法施测困难或不能施测的界址点,可采用截距法施测,但外分点到邻近起算点的距离应小于两个起算点之间的距离。

(6)GNSS 测量法。能满足要求精度要求的 GNSS 定位方法主要有 GNSS 实时动态定位方法(RTK)、网络 GNSS 定位方法。观测时,界址点周围的环境条件应符合 GNSS 接收机的观测条件。

①当采用全站仪测量时,观测时应做测站检查,检查点可以是定向点、邻近控制点和已测设的界址点。

②当采用钢尺量距时,宜丈量两次并进行尺长改正,两次较差的绝对值应小于 5 cm。

③无论采用哪种方法测量界址点,都应进行有效检核。有两种检核界址点测量误差的方法:一是界址点坐标点位检核,二是界址点间距检核。检核结果应符合相关的规定。

如果测量员没有参与现场指界,施测界址点之前应根据地籍调查表、宗地草图和工作底图到现场细致勘查界址点的位置及其周围的环境,为测量控制点的选取、界址点和地籍图施测方法的选择做好充分的准备。

经土地权属调查确认的已有界址点,现场核实界标未损坏、移动,并进行检测,如检测结果在规定的允许误差范围内,应使用原界址点坐标成果;如检测结果超过规定的允许误差,经相关土地权利人同意后,采用检测的界址点坐标,并在地籍调查表中的地籍测量记事中说明。

如果土地权属来源资料中给定了满足规定精度要求的新增界址点几何条件或解析坐标等参数,可根据给定的参数计算放样参数,在实地放样埋设界桩。界址点放样的精度应符合相关规定。

测量界址点所使用的测量工具应检定合格并在有效期内才能用于作业。观测角度的仪器级别不低于 DJ_6 级。

(二)用图解法进行变更测量

图解法是指采用标示界址、绘制宗地草图、说明界址点位和说明权属界线走向等方式描述实地界址点的位置,由数字摄影测量加密或在正射影像图、土地利用现状图、扫描数字化的地籍图和地形图上获取界址点坐标和界址点间距的方法。图解界址点坐标不能用于放样确定实地界址点的精确位置(见表 9-2)。

表 9-2 图解界址点的精度

序号	项目	图上中误差/mm	图上允许误差/mm
1	相邻界址点的间距误差	±0.3	±0.6
2	界址点相对于邻近控制点的点位误差	±0.3	±0.6
3	界址点相对于邻近地物点的点位误差	±0.3	±0.6

四、地籍测量资料的变更

(一)地形要素变更测量

对地貌、地物的变化部分一般按规定进行全野外变更测量。

界址线依附的地形要素(地物、地貌)应表示,不可省略。1∶500、1∶1 000、1∶2 000、1∶5 000、1∶10 000、1∶50 000 比例尺地籍图上主要的地形要素包括建筑物、道路、水系、地理名称等,注记表示方法按照相关规定执行。也可根据需要表示地貌,如等高线、高程注记、悬崖、斜坡、独立山头等。

(二)宗地面积的变更与计算

宗地面积的变更与计算一般根据实际情况采用坐标法或几何要素法计算宗地面积。面积变更采取高精度代替低精度的原则,即用高精度的面积值取代低精度的面积值。

原面积计算有误的,在确认重新量算的面积值正确后,须以新面积值取代原面积值。

变更前后均为解析法量算的宗地面积,如原界址点坐标或界址点间距满足精度要求,则保持原宗地面积不变。

变更前为图解法量算的宗地面积,变更后为解析法量算的宗地面积,用解析法量算的宗地面积取代原宗地面积。

变更前后均为图解法量算的宗地面积,两次面积量算差值满足规定限差要求的,保持原宗地面积不变;两次面积差值超限的,应查明原因,取正确值。

对宗地进行分割,分割后宗地面积之和与原宗地面积的差值满足规定限差要求的,将差值按分割宗地面积比例配赋到变更后的宗地面积,如差值超限,则应查明原因,取正确值。

【项目小结】

本项目首先介绍了变更土地调查与测量的内容和特点,其次讲述了变更调查的资料准备及实地实施,最后讲述了变更地籍测量的实施及精度要求。

思考与练习

9-1　什么是变更地籍调查与测量?试述其作用和特点。

9-2　变更地籍调查与测量前,主要准备哪些资料?

9-3　恢复界址点的放样方法主要有哪些?在实际作业时,主要包括哪些工作?

【延伸阅读】

全国国土调查

全国国土调查是国务院统一部署开展的全国范围国土调查,是政府提升土地资源开发和使用效率的基础,每十年开展一次。迄今为止,我国共进行了三次全国国土调查,即国土"一调""二调""三调"。

"一调"是1987年开始的全国第一次土地资源调查,由国家土地管理局管理,国家为了经济发展需要,也为了统筹推进城乡有序发展,在全国范围内摸清全国土地利用现状,对全国的建设用地、耕地和未利用地进行调查。

"二调"是第二次全国土地调查于2007年7月1日全面启动,于2009年完成。调查的主要任务包括农村土地调查,查清每块土地的地类、位置、范围、面积分布和权属等情况;城镇土地调查,掌握每宗土地的界址、范围、界线、数量和用途;基本农田调查,将基本农田保护地块(区块)落实到土地利用现状图上,并登记上证、造册;建立土地利用数据库和地籍信息系统,实现调查信息的互联共享。在调查的基础上,建立土地资源变化信息的统计、监测与快速更新机制。

"三调"是第三次全国性的国土调查(土地调查)。"三调"于2017年10月8日启动,以2019年12月31日为标准时点,2020年全面完成第三次全国国土调查工作。

"三调"目的:全面细化和完善全国土地利用基础数据,掌握翔实准确的全国国土利用现状和自然资源变化情况,进一步完善国土调查、监测和统计制度,实现成果信息化管理与共享,满足生态文明建设、空间规划编制、供给侧结构性改革、宏观调控、自然资源管理体制改革和统一确权登记、国土空间用途管制、国土空间生态修复、空间治理能力现代化和国土空间规划体系建设等各项工作的需要。

"三调"任务:实地调查土地的地类、面积和权属,全面掌握全国耕地、种植园、林地、草地、湿地、商业服务业、工矿、住宅、公共管理与公共服务、交通运输、水域及水利设施用地等地类分布及利用状况;细化耕地调查,全面掌握耕地数量、质量、分布和构成;开展低效闲置土地调查,全面摸清城镇及开发区范围内的土地利用状况;同步推进相关自然资源专业调查,整合相关自然资源专业信息;建立互联共享的覆盖国家、省、地、县四级的集影像、地类、范围、面积、权属和相关自然资源信息为一体的国土调查数据库,完善各级互联共享的网络化管理系统;健全国土及森林、草原、水、湿地等自然资源变化信息的调查、统计和全天候、全覆盖遥感监测与快速更新机制。

"三调"数据显示,我国耕地约19.179亿亩,园地约3亿亩,林地约42.6亿亩,草地约39.68亿亩,湿地约3.5亿亩,城镇村及工矿用地约5.3亿亩,交通运输用地约1.4亿亩,水域及水利设施用地约5.4亿亩。10年间,生态功能较强的林地、草地、湿地、河流水面、湖泊水面等地类合计增加了约2.6亿亩,可以看出我国生态建设取得积极成效。

(资料来自中华人民共和国自然资源部官网)

项目十　地籍管理系统的建设及应用

【项目概述】

科学技术的进步、计算机的普及、各种软件的开发和电子测绘仪器的发展和应用,促进了测绘技术向自动化、数字化方向发展。地籍调查与测量成果不再是纸质资料,而是以数字形式存储在计算机中进行传输、处理、共享的数字信息。使用 GIS 技术、通过数据库软件来实现对数字信息的自动化管理。

基础地籍数据是地籍管理的主要依据,建立满足要求的地籍数据库是地籍管理系统自动化最为重要的环节。本项目从地籍管理系统的国内外发展现状、构建地籍系统的基本理论、地籍数据库建设所必需的软硬件技术设备、数据库建设的作业生产流程等方面对地籍管理系统的建设与应用进行讲述。

【学习目标】

了解地籍管理系统的概念、发展历程、建设地籍管理系统的必要性及常用的平台软件;结合案例掌握地籍管理系统的建设目标、建设原则、数据库的建设流程、质量控制及更新、主要功能;了解地籍管理系统的应用及维护。

【思政导入】

党的十八大以来,党中央高度重视测绘地理信息工作,为加快推进测绘地理信息事业改革创新发展提供了重要遵循和引导,意义重大而深远。我国地理信息企业已在地理信息系统平台软件、地理信息处理软件等多个领域自主软件产品基本实现布局,在部分空白领域取得突破。当前,我国数字政府建设、数字中国建设、新型基础设施建设等国家战略引领着地理信息产业发展,从需求侧推动产业高质量发展。地理信息及其相关技术应用在加快建设数字政府、提高政府管理效能的过程中,将发挥重要的支撑性作用。

地籍管理是国土资源管理的一项基础工作,也是提高政府管理效能的一项重要工作。它通过地籍调查和土地登记工作,对土地的利用状况、产权产籍状况及其法律关系依法进行确认,从而为国土资源管理工作和社会经济发展提供服务。随着社会经济的高速发展,土地权属变更日渐频繁,加之土地使用制度改革的不断深入,对海量数据的管理、地籍信息现势性、土地利用规划科学性的要求、地籍图的生产和快速更新的要求、土地信息查询的要求、宗地历史数据回溯的要求等,都应建设地籍管理系统以适应经济社会发展的需要。

【正文】

任务一　概　述

一、地籍管理系统的概念

地籍管理作为土地开发利用和保护的基础,是保障土地科学有效管理的重要依据。随着全国土地利用变化状况日益频繁,各个地区对地籍数据及土地利用数据的快速获取、加工整理及分析评价等提出了更新、更高的要求。为了充分发挥土地资源的最高效益,更合理地保护土地资源,运用网络、地理信息系统等计算机技术建立地籍信息数据库和地籍管理系统,对于实行动态、高效的管理土地,具有十分积极的意义。

地籍管理系统是一个在计算机和现代化信息技术支持下,以“宗地”为核心实体,实现地籍信息的输入、存储、检索、处理、综合分析、辅助决策及结果输出的信息系统。它是一个与行政组织体系、结构及其相应职能紧密结合的计算机辅助管理系统,用于支持地籍管理的基础工作和日常管理。通过对地籍信息进行跟踪管理,能够为国土管理工作提供现实、准确、完整的基础数据,保证管理工作的顺利进行。

由于地籍信息管理系统建立在计算机基础之上,利用信息技术和管理理念建立起来的为地籍管理业务服务的管理信息系统,因此与传统的地籍管理相比具有很大的优越性。地籍管理系统为国土资源管理提供了优越的工作环境、简单的工作程序,节约了大量的人力资源、财务资源及存储空间,大大减少了工作时间,提高了工作效率,同时有效地避免了纸质档案资料的损坏和质量损失,具有高效率、高质量和高标准的优点。因此,建立和完善适合实际情况、满足工作发展需要的地籍信息管理系统,以满足地籍管理工作自动化的需求。

二、地籍管理系统的发展

地籍管理系统属于地理信息系统的范畴,自 20 世纪 50 年代以来,由于计算机科学的兴起及测量与绘图方面应用程序的使用,人们开始利用电脑来收集、存储和处理各种图形和属性信息,地籍管理系统的建立才成为可能。

(一)国外发展研究现状

国外的地籍管理系统发展比较早。1964 年加拿大建立了世界上第一个地籍信息系统,用于城市土地信息的管理。从 20 世纪 70 年代起,德国、瑞士和奥地利三国,对地籍自动化进行了研究并取得了成效,此后美国、捷克等国家也建立类似的系统。1973 年奥地利建成了地产数据库,地产数据库的建立有效地克服了手工管理的缺陷,简化了管理,提高了工作效率。1983 年德国将各州地籍登记的全部内容按统一格式输入自动化地籍册数据库,使用者可随时以人机对话的形式对数据库进行检索、查询等,并迅速提供准确现实的地籍资料,直接服务于政府决策和私人土地交易以及供应计划、土地利用计划、农业税收等国民经济部门。荷兰于 1990 年建立了基于互联网的地籍管理系统,它可以实现用户通过因特网来进行地理信息的查询进而得到地籍数据和相关的地籍信息。芬兰国土资源局在 1993—1997 年建立了一种新型的基于 GIS 的地籍管理系统,并且可以利用该系统同时完成地籍调查、地籍测量以及提供地籍电子地图信息服务,还提供了一种灵活可变的多比例尺的地图信息查询。21 世纪初,韩国进行了地籍图的数字化建设,实现了地籍管理数据和土地数据信息的叠加显示,德国则进行了地籍管理系统的集成化办公试点研究。

(二)国内发展研究现状

我国地籍管理系统发展起步较晚。1986 年 6 月原国家土地管理局地籍司印发了《关于建立地籍信息系统的总体方案》征求意见稿。经过 3 年多的酝酿,1989 年 10 月该司又在北京召开了地籍信息系统技术研讨会,经过论证提出了《关于建立地籍信息系统的总体方案》,并决定在全国试点。此后,我国对地籍管理系统的建设和地籍自动化研究步入正轨。

在建设使用过程中也出现了众多问题,如系统设计目标过高、系统过于复杂、数据维护困难等。到21世纪以来,我国的地籍管理系统建设已开始从以往片面追求大而全的GIS系统,转向集GIS与办公自动化为一体的图文办公信息系统,用于辅助进行日常业务办理及分析决策。地籍管理工作逐渐由纸质地籍管理走向信息化地籍管理,传统地籍逐渐向多用途地籍转变,二维地籍管理系统逐渐向三维、多维地籍管理系统方向发展。

新时期我国又提出了地籍管理系统化、法制化、信息化和产业化的新目标。要求按照应用主导、资源共享、技术创新、面向市场的发展思路,大力采用和推广3S等高新技术,最终建成统一规划、统一技术标准、网络互通、数据权威、高效运转的全国性地籍信息系统,全方位、多层次地满足各种业务需要和社会需求。

三、建立地籍管理系统的意义

为适应当前国际、国内信息化建设快速发展的需要,在土地规划与管理领域,“数字国土”的概念逐渐深入人心,实现土地资源的信息化管理成为必然的趋势。而地籍管理是土地资源业务的核心。随着我国经济体制改革的不断深入和发展,土地管理方面的法律、法规的不断完善,我国的房地产事业得到迅猛发展,土地权属的变更变得极为频繁,人、地矛盾变得极为突出,因而地籍管理的现代化已经势在必行。

首先,我国有限的土地和人口增长的矛盾日益尖锐,保护耕地,高效科学地利用土地的问题比任何时候都要突出,因而需要现代信息技术作为土地管理的支撑,推动土地管理走向现代化、信息化、科学化,而建立以计算机技术为基础的地籍管理系统,是我国土地管理走向现代化、科学化的必由之路。

其次,我国的经济体制由计划经济走向市场经济,土地利用由无偿变为有偿,土地管理工作日益重要,工作量日益繁重。为提高工作效率,适应社会信息化、科学化、规范化的发展需求,各级政府通过建立高效、多功能的地籍管理系统,强化土地管理,增强经济发展的实力。

另外,随着我国房地产市场的不断完善,不动产成为商品走向市场,使房地产交易不但在单位团体之间进行,个人也逐渐参与其中。土地信息不但是国家发展生产,兴办各类事业必不可少的条件,而且直接关系到人民的切身利益,人民群众的土地信息意识迅速增强。土地信息迅速产业化、精细化的形势,迫切要求建立地籍信息管理系统,以便满足数量巨大、变更频繁的土地信息。

最后,经过前期的努力,如何将地籍调查这项基础工作获得的大量坐标、数据、资料、档案等合理利用、保管以满足日常地籍管理繁杂的工作,是土地部门急需解决的问题。借助现代化信息技术,建设地籍信息管理系统是解决这一问题的唯一办法。

任务二　地籍管理系统的建设

地籍管理系统的建设是为了提高办公效率,实现政府管理的科学化,为管理人员提供直观、准确、迅速、全面的信息及决策支持。因此,为了更好地满足这些要求,就要建设地籍管理系统。

一、地籍管理系统的建设目标

地籍管理系统的建设具有多方面目标，但主要致力于解决地籍信息的管理、业务办公自动化和提供地籍服务三个方面的问题。

（一）海量地籍信息的管理

地籍信息与其他地理信息相比，除具有相应的空间数据外，其属性数据量大、数据结构复杂性和现势性远远超出一般的地理信息数据库。因此，地籍管理系统的最基本的目标就是用信息化手段来管理结构复杂、现势性强、数据量大的地籍信息，克服手工管理不到位、效率低的缺点，并且把“死”数据变成“活”数据，从而提供地籍信息的管理效率、使用效率和变更速度，为土地管理工作打下坚实的基础。

（二）实现业务办公自动化

地籍信息的另一个特点是日常地籍管理业务和相关的土地管理业务随时都会发生新的信息和已有信息会快速发生变更的情况。地籍管理系统还是一个地籍管理业务系统，以前由手工完成的地籍调查、房地产登记、地籍资料的归档、地籍资料的查阅等日常工作，现在都可以交给计算机来处理，从而大大提高地籍管理工作的效率。此外，地籍管理系统还能及时地为领导层提供所需资料，从而提高领导层决策的科学性，减少工作失误。

（三）提供地籍信息服务

地籍管理系统除了满足地籍数据查询、统计、更新和分析，还应给城市规划、建设用地管理、产权登记等提供丰富的基础数据，给社会和政府提供决策依据。土地管理内部和政府决策地籍信息服务可直接由地籍信息系统的内部功能提供，而社会化服务则需要通过调查、利用数据挖掘技术，建立专门的地籍社会化服务数据库来实现。

二、地籍管理系统的建设原则

地籍管理系统的设计主要遵循以下原则。

（一）实用性

系统的建设围绕日常地籍管理业务，针对不同的业务特点和业务流程，设计操作简便、结构合理、运转流畅的系统，能切实提高地籍管理工作的效率。

（二）稳定性和可靠性

按照软件工程的要求进行质量控制，在系统功能和流程设计上要充分考虑容错能力，在系统可能出现软硬件故障的情况下，能保障数据的安全。

系统形成相对独立的安全机制，能够有效防止系统外部的非法访问，根据资料密级设置用户权限。实现方便地操作控制和存取控制，提供便捷数据备份和恢复能力。

（三）易操作性

方便易学、易于操作，可实现全菜单式处理和各种快捷键操作。

（四）先进性与开放性

在系统的总体架构上，采用成熟、可靠、先进的技术，选用主流的网络环境、硬件产品和软件平台，系统应具有一定的灵活性，支持多用户并发编辑功能，便于业务功能扩展和软硬件升级等。

(五)海量空间数据管理

支持包括影像、矢量在内的多种类型数据源的海量空间数据管理。

三、地籍管理系统的体系构架

地籍管理系统的基本体系构架决定了系统的管理模式、运行效率、维护方式、升级改造、资金投入等各个方面,同时关系到地籍管理系统的可靠性与安全性。根据目前计算机技术的发展水平及土地管理信息化的现状,系统采用三层结构体系,在逻辑上可将系统划分为:数据层、逻辑层、应用层。数据层主要功能是实现地籍数据和空间数据的高效存储与管理;逻辑层主要实现包括空间数据操作、表现和存取等功能的地籍管理系统业务逻辑关系的实现;应用层主要是支持地籍管理系统的核心业务,实现地籍数据库的具体应用。三层结构之间既相互关联又相互独立,三个层次之间通过两个链路相互关联,一般情况下,系统的应用层只涉及用户的请求,这样就可以减轻数据服务器和程序服务器的工作负担,从而提高了系统运行的速度和效率;当然,假如其中的某一个层次出现错误,就只需要对相应的层维护处理就可以继续正常运行,这样间接地避免了错误出现的概率,系统的改版升级也变得更加简单。三层结构的划分,不但有效地提高系统的可维护性与可扩展性,而且能够保证系统稳定、安全地运行。地籍管理系统体系构架图如图 10-1 所示。

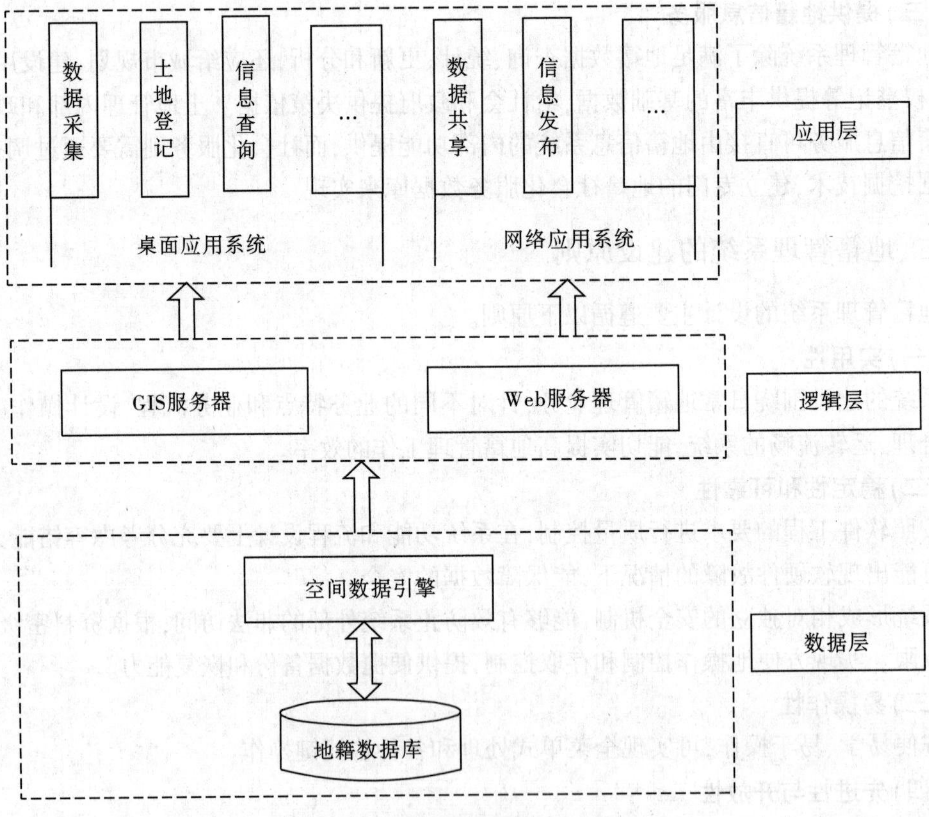

图 10-1　地籍管理系统体系构架图

四、地籍管理系统的主要功能

地籍管理系统是在深入研究地籍管理自动化的方法和特点的基础上，为地籍管理工作者实现地籍管理的自动化而设计的。它依靠电子计算机软硬件支持，利用现代先进的计算机图形和数据库技术，集成 GIS，以地籍的空间信息、属性信息、土地数量信息、土地质量信息、法律信息和其他辅助信息为内容，并能对各种地籍资料进行采集输入、加工处理、存储管理、统计分析信息交换和输出，有力地提高了土地申请、土地审批、土地登记等办公自动化水平，使得地籍管理走向科学化。因此，地籍管理系统的应包含以下主要功能。

(一) 数据采集与交换

系统应支持多种形式的数据采集方式和主流的数据格式交换。

1. 数据采集方式

能实现数字化仪、屏幕数字化、扫描数字化和 GNSS 接收机、全站仪、数字测图和数字摄影测量等系统的数据导入与编辑等。

2. 数据格式交换

能与主流的地理信息系统(GIS、计算机辅助制图系统 CAD)等软件系统所支持的数据格式进行交换。数据交换后应做到有效信息无损失、数据转换精度在允许的范围内、符号系统自动匹配等。

(二) 坐标转换与投影变换

(1) 地籍信息系统所采用的平面坐标系应能够与 1980 西安坐标系、1954 年北京坐标系、2000 国家大地坐标系统、地方坐标系统、独立坐标系统等坐标系统之间建立有效的转换关系，能够进行坐标转换。

(2) 地籍信息系统所采用的高程基准应与 1956 年黄海高程系、1985 年国家高程基准和独立高程系统等高程基准之间建立有效的转换关系，能够进行高程转换。

(3) 地籍信息系统所采用的投影应与高斯-克吕格投影 3°带与 6°带之间建立有效的变换关系，能够进行投影转换。

(三) 数据编辑与处理

系统应有数据复制、修改、移动、增加、删除、剪切等图形编辑及属性增加、插入、修改、删除等功能。图形编辑能够实现空间几何实体拓扑错误检查和拓扑关系维护，确保图形数据与属性数据的一致性。能够实现扫描纸质的申请书、调查表、审批表、土地证，以及权属来源证明文件等资料与属性信息的挂接。支持长事务数据处理、时点数据的恢复和历史数据的管理。

(四) 数据检查

系统应实现数据的完整性检查，数据结构正确性检查，数据内容完备性检查，层间与层内图形拓扑关系检查，图形与属性数据一致性检查等。

(五) 工作流程管理

系统应具有实现地籍调查、土地登记、土地统计等业务的流程管理。

(六) 查询统计

系统应能够实现单一条件的图形、属性信息查询；能够实现任意时间点、任意时间段、组合条件的图形、属性信息查询；能够实现报表的定制、报表的统计和统计图的制作等。

(七)空间分析

系统应具有提供空间数据的叠加、抽取、裁剪、临近、缓冲等空间分析功能。

(八)元数据管理

系统应具有提供元数据的采集、编辑、检索、查询、维护与更新等管理功能。

(九)系统维护与升级

系统应具有提供用户的操作权限和口令密码维护、数据字典和日志管理维护、系统安全管理与升级更新等功能。

五、常见平台软件

随着GIS行业的飞速发展,目前我国市面上应用比较广泛的GIS平台有苍穹数码技术股份有限公司的KQGIS、武汉中地数码科技有限公司的MapGIS、美国环境系统研究所公司的ArcGIS、北京超图软件股份有限公司的SuperMap GIS等。基于这些软件平台开发设计了许多地籍管理系统,以下是几款常见的软件。

(1)苍穹城镇地籍管理信息系统是在城镇地籍调查和测绘成果的基础上,用于国土资源管理部门对城镇地籍数据成果、地籍宗地变更及日常土地登记的管理。系统可满足城镇地籍权属管理的需要,实现市、县两级数据交换,实时变更数据的逐级更新,保持市、县两级数据的同步管理。该系统包含数据采集、数据转换、数据错误检查、数据错误处理、数据入库、数据实时变更与同一时点变更、数据输出等众多功能,通过完整的业务流程,对业务流程、业务表单、统计报表、角色与权限按照实际情况进行定制,充分安排好各环节的衔接,保持上下级数据的一致,并与已有数据库具有良好的衔接性和相关性。

(2)MapGIS地籍管理系统是面向各级土地管理部门在地籍管理工作上的日常办公系统,是由武汉中地数码科技有限公司在基于MapGIS软件平台之上自主研发的。各个土地管理部门在地籍管理方面日常最主要的是受理土地的相关工作,例如土地的审批、审核和登记等。为了满足土地管理部门对土地管理工作加快信息化发展的要求,MapGIS地籍管理系统不但具有MapGIS软件的功能,而且能满足日常的办公能力。在MapGIS地籍管理系统中,土地的信息全部是按统一的标准规范储存和管理在系统中的,进而实现了系统对信息的查询、检索和修改更新等功能。

(3)弘图城镇地籍管理信息系统是武大吉奥信息技术有限公司专门为农村集体土地确权数据建库设计开发的。该系统以Oracle为数据库平台,以ArcSDE为空间数据库引擎,有机地将GIS、MIS、OA相结合,实现图形和属性的一体化管理,实现了地籍管理工作的规范化和智能化,同时系统所具有的强大的海量数据管理、查询和分析功能也为建库工作和以后的资源管理打下了非常坚实的基础。

(4)SuperMap农村地籍管理信息系统包括农村地籍建库系统与农村地籍管理系统,实现农村集体土地确权等农村地籍数据库的建设,提供多种建库方案,实现农村地籍数据的采集和处理、流程化建库等;并完全满足集体土地所有权登记、农村宅基地使用权登记、集体建设用地使用权登记、宅基地用地审批等国土政务工作的电子化办公,同时提供了一系列辅助办公的强大功能,如图形精确编辑、户籍管理、电子档案管理、查询统计分析等。

随着科学技术的不断进步,相关软件平台的不断更新,不同的地籍管理系统应用而生。除上述的几款软件外,在实际工作中还会遇到或使用其他类似软件,根据项目情况,选择合适的软件进行系统建设。

任务三　地籍数据库的建设

地籍数据库是地管理系统数据层的重要组成部分，也是地籍管理系统建设工作的核心。地籍数据库的建设目的是采用地理信息系统技术、数据库管理技术和计算机信息技术等手段，建立以宗地为单元、空间全覆盖、城乡一体化管理的国土资源数据库。其主要工作是把通过地籍调查与测量获得的宗地位置、权属、用途、界线、四至、面积等现势性成果资料，按照地籍数据库建设的要求整理入库，形成地籍管理系统的数据支撑。

一、地籍数据库的内容

地籍数据库包括地籍区、地籍子区、土地权属、土地利用、基础地理等数据。

(一)土地权属数据

土地权属数据主要包括宗地的权属、位置、界址、面积等。

(二)土地利用数据

土地利用数据主要包括行政区(含行政村)图斑的权属、地类、面积、界线等。

(三)基础地理数据

基础地理数据主要包括数学基础、境界、交通、水系、居民地等。

二、地籍数据库的建设流程

数据建库是将采集到的数据转入数据库中的过程，建库过程一般包括准备工作、数据采集、数据预处理、数据处理、数据检查、数据入库、数据库检查等步骤。地籍数据库建设流程如图 10-2 所示。

(一)准备工作

准备工作包括制订建库方案、优选建库软件、搭建硬件环境、培训建库人员、熟悉地籍调查成果和土地登记档案、了解成果质检报告和验收结论等。

(二)数据采集

数据采集过程是一个多源数据集成的过程，要符合现实性原则、合理继承原则和简便易行原则。在数据采集时，作业单位不论采用何种数据采集平台，都必须按照建库的分层标准进行图形的分层，方便后续数据处理入库。

数据采集主要包括图形数据和属性数据。图形数据的采集渠道主要有三种形式：一是收集已有的图形数据，二是地籍测量和数字化成图，三是土地权属调查和宗地图绘制。属性数据的采集主要是通过资料收集和土地权属调查获得的。

1. 图形数据的获取

(1)已有图形数据资料的收集。可以通过自然资源局、规划局、测绘单位或政府相关组织部门对影像数据及专题图件、土地利用评估图和现状图等进行收集。在建库前，对于各种现有的诸如宗地图、地籍图等资料要进行收集和整理。

(2)地籍测量和数字化成图。通过技术精湛的测量人员进行地籍的测量工作，获得地籍图、宗地图等反映土地和其相关信息的图形文件，作为今后土地在登记和发证方面的可靠依据和数据来源。

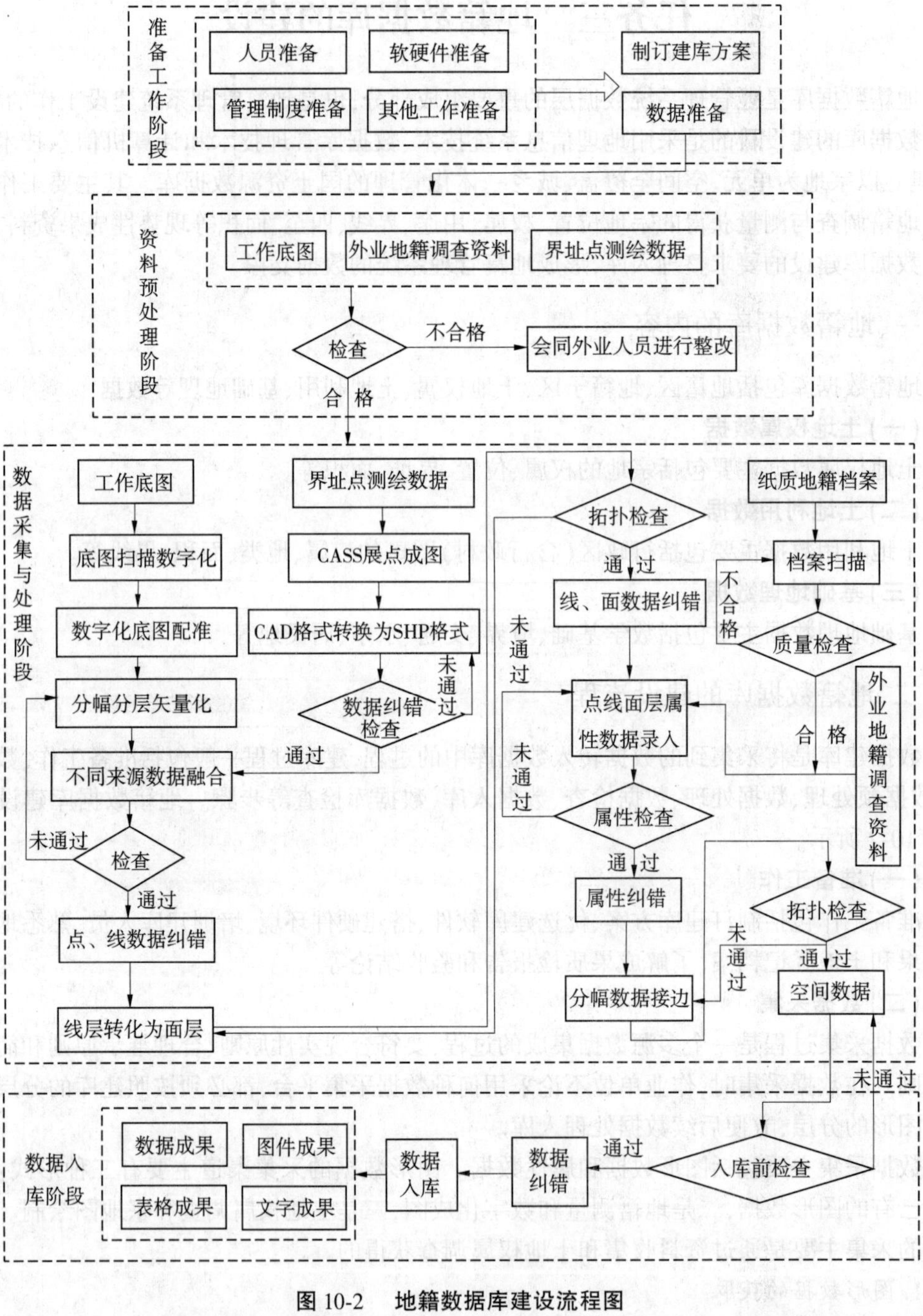

图 10-2　地籍数据库建设流程图

(3)土地权属调查和宗地图绘制。通过土地权属调查现场绘制宗地草图,回到室内进行内业电子编图。宗地图的内容有:本宗地所在的地籍图号,本宗地编号、门牌号、权利人名称,本宗界址点、界址线、界址点号、界址线边长,本宗地内建筑物、构筑物轮廓线,本宗地土地利用类别、宗地面积,相邻宗地界址线、宗地号、门牌号、权利人及相关地物等。

2. 属性数据获取

(1)已有资料的收集：已完成的地籍调查成果、行政区代码、土地申报材料、已登记发证的地籍档案材料，以及土地出让、划拨、处置等用地文件资料、土地权属争议调处资料、土地登记申请书、地籍调查法人代表身份证明书、指界委托书、地籍调查表、土地登记指界通知单等各类调查表格。

(2)通过土地权属调查获得：开展土地权属调查，获取案卷资料的详细信息，作为数据库建设的重要属性信息来源。

(三)数据预处理

使用辅助软件对采集到的数据按照建库规范进行点、线、面元素数据的相对位置关系、属性、所在图层、注记内容等进行初步检查、修改。修改合格后的成果进行数据格式转换入库。

(四)数据处理

数据处理主要包括数据转化、接边处理、分层处理、拓扑处理等。

1. 数据转换

由于历史原因和采用的软件不同等因素，数据往往存在不同的坐标系统和格式，造成多源异构数据并存的状况。在这种状况下，要建设统一的数据库，首先必须解决如何兼容这些多源异构数据问题，把它们转为相同坐标系下的同种数据格式。因此，在建库之前要明确数据库建设采用的坐标系统、兼容的数据格式等，并对数据进行坐标系和格式的转换。

2. 接边处理

地籍测量是以地籍子区为单位实施测量的，对于不同地籍子区之间的数据要素在提交入库前应进行接边处理，目的是使图幅周边图斑和线状地物之间完全吻合、地类一致。

3. 分层处理

对外业采集的空间矢量数据(包括地理、地籍数据)经过数据检查后，按照《城镇地籍数据库标准》(TD/T 1015—2007)的要求进行分层。数据库中基础地理要素图层包括测量控制点及其注记、房屋区、房屋线、水系、商业、工业、交通、植被、高程点、图廓线等图层文件；地籍专业要素图层包括镇行政区、地籍区、地籍子区、宗地、界址线、界址点、地籍图整饰以及影像数据等图层文件。

4. 拓扑处理

(1)所有具有拓扑关系的图层或图层中的局部范围应严格进行拓扑处理，确保其拓扑关系。

(2)不同要素层重叠要素，其几何位置必须严格匹配。

(3)内业拓扑构面处理，对每一个面层按照拓扑关系进行构面处理。

(4)内业拓扑构面按照一级控制一级的原则进行处理。

(5)相邻面实体的公共边必须共线。一条属性均一的边线如无第三边与其相连，不可在中间切断。面域周界处不可有短悬挂线。

5. 属性数据处理

(1)属性补录：对于外业采集软件中不能录入或不能转入的各种属性数据，按照《城镇地籍数据库标准》(TD/T 1015—2007)数据标准的规定补录完整。

(2)属性数据输入前，对原有档案进行分类整理，把有关资料准备齐全，保证一宗地的属性数据一次录入完成。

(3)按照《城镇地籍数据库标准》(TD/T 1015—2007)的要求进行基础地理要素分类、编码。

(4)同一地物,属性要一致。关键属性(特别是权属性质代码、单位性质代码、地类代码属性)的取值不得为空。

6. 权属要素的处理

宗地编号必须唯一,必须准确。相邻宗地的公共界线必须严格共线。

7. 档案资料处理

将权属调查的资料进行扫描,并且建立相应的对应关系,根据要求将影像数据文件放入相应层。

扫描内容包括:法人身份证明(组织机构代码证、营业执照等);收件单;法定代表人身份证明书;宗地草图;权属来源证明文件;指界委托书(本宗及邻宗指界)、违约通知书,指界人身份证明;土地登记审批表;地籍调查表。

(五)数据检查

地籍数据入库前,应对图形数据和属性数据检查后,再进行数据入库等工作。

图形数据的检查包括:图形完整性、接边、拓扑构面关系检查;图面内容的表现方式,图形符号的应用,注记的表示,相关图斑的关系;数据格式是否正确,电子文件是否齐全,文件内容是否正确,图层、线形、编码、构面等要素是否符合要求;图斑面积计算是否正确,图属关系是否统一;地籍要素是否表示齐全;图式应用是否正确;图层内容表达的完整性与拓扑关系一致性,主要检查是否有冗余的多边形碎片,孤立的点、线要素是否合理,图层中需要表达的内容是否有遗漏或冗余,图层中各要素与对应的属性项的表达是否一致等。

属性数据结构及属性项检查包括:文件名,面积汇总数据及属性值的正确性和属性的齐全与完备,属性接边等的检查。

权属调查资料的检查包括:宗地的申请书、地籍调查表、权属证明材料,指界委托书、审批表、土地登记卡、归户卡等,检查表格的规范性、完整性和质量,检查资料是否有丢漏,并对照地籍图进行对应关系检查,对错误情况进行处理,重点检查以下方面:权源资料是否齐全;地籍调查表填写是否正确;权属关系和处理是否正确;界址点设置是否准确。

图形数据和属性数据的一致性检查,图形和属性是否对应的问题等。

(六)数据入库

处理后的数据经过检查合格后,就可以进行入库操作。入库应满足数据库标准要求,目前正在实施的数据库标准是《城镇地籍数据库标准》(TD/T 1015—2007),新的地籍数据库标准正在编制中。数据库标准规定了城镇地籍数据库的内容、要素分类代码、数据分层、数据文件命名规则、图形和数据的结构、元数据等。

1. 图形数据入库

(1)地籍底图入库:将经过处理的外业实测地籍底图数据通过外业数据处理模块转入数据库。利用前面所得到的分层数据,将测量控制点、点状地物、线状地物、面状地物、线状地貌、注记要素等基础地理要素分层批处理录入到库中。

(2)宗地数据入库:是将外业测绘调查的界址点线、宗地草图等数据,将以地籍子区为单位的数据合并成整个测区的宗地数据录入库中。

2. 属性数据入库

1) 属性数据录入规则

对于在申请书、调查表、审核表中内容相同的字段,例如:土地使用者名称、土地坐落、上级主管部门、宗地四至等,应采用系统的自动赋值功能,以保证内容的统一。由于档案建立的时间跨度较大,可能有些档案同一项内容在几种表格中不一致,例如:宗地面积一项,审批面积与申请面积不一致,不能使用自动赋值功能,应按原档案录入。对于一些建立较早的档案,其中的项目若与现行的数据库结构不统一,有些内容无法直接录入,则应归纳到现行的数据库标准字段后录入,以保证资料的完整,并符合现行规程及标准的要求。若某些宗地在建立系统前权属已发生变更,同一宗地有多份档案对应,录入时应把登记时间最早的一份作为初始登记入库,其他均作为变更登记。

2) 属性数据录入内容

结合档案的具体情况,主要录入内容为:申请表、收件单、调查表、审核表、登记卡等。

3) 图形数据与属性数据的挂接

对照图形逐一进行属性数据挂接,建立图形与属性(简称图属)的一一对应关系。应用批处埋方式进行属性挂接的,须做好图属对应检查。通过关键字段的内在联系和匹配来达到将属性数据和图形数据的挂接。

(七) 数据库的检查

数据库检查的内容包括:

(1) 数学基础正确。

(2) 要素代码、要素名称与标准保持一致,必选要素代码,要素名称不能有遗漏。

(3) 图层名称与标准保持一致,必选图层不能有遗漏。

(4) 空间要素属性结构与标准保持一致,必选的空间要素属性结构不能有遗漏;属性表中必选字段不能为空。

(5) 数据具有严格的拓扑结构,不存在拓扑错误。

(6) 相关图层(如宗地与房屋、宗地与界址线等)的空间关系必须正确。

(7) 属性数据逻辑关系正确,属性数据输入正确。

(8) 元数据结构满足《城镇地籍数据库标准》(TD/T 1015—2007)要求。

(9) 元数据项内容填写正确,元数据必填项内容不能为空值。

三、数据库的建设成果

通过数据建库,生成符合规定的数据库成果。具体成果包括:数据成果、文字成果、图件成果和表格成果。

(一) 数据内容

最终的数据成果为城镇地籍数据库,包括原格式数据、《城镇地籍数据库标准》(TD/T 1015—2007)规定的交换格式数据。成果符合以下要求:

(1) 数学基础符合要求。

(2) 必选图层齐全,基础地理、土地利用、土地权属等要素完整。

(3) 图形要素拓扑关系正确。

(4) 图形数据精度满足要求。

(5)确保元数据、栅格数据、属性数据和矢量数据命名正确,格式内容符合要求。

(6)各要素属性数据正确无误。

(7)各要素层之间的逻辑关系正确。

(8)图形要素与属性表记录对应关系正确。

(二)文字成果

文字成果包括工作报告、技术报告和自检报告、自检记录表、图历簿和作业情况记载表等。成果应符合以下要求:

(1)数据源质量检查表、作业情况记录表等质量控制文档齐全。

(2)技术报告、工作报告等报告文件内容丰富、描述准确、逻辑清楚。

(3)图历簿填写正确、内容完整。

(三)图件成果

图件成果包括标准分幅地籍图、宗地图、分幅索引图等。

1. 地籍图

图内要素包括地籍要素、数据要素和地物要素。其中,地籍要素包括行政区界线、界址点线、地籍号、地类、使用者名称;数据要素包括图廓线、坐标格网、坐标注记、测量控制网、测量控制点及其注记;地物要素包括建筑物、楼层、门牌号、围墙、栅栏、道路、水系等。

图外要素包括图种名、图名、图号、图幅接合表、坐标系、高程系、成图比例尺、制图单位全称、说明注记(含调绘时间、制图时间)、辅助说明、图例等。

图式及图例符合《地籍调查规程》(GB/T 42547—2023)或其他规程的规定。

2. 宗地图

图内要素包括图幅号、地籍号、宗地号、地类号、门牌号、面积及宗地使用者名称、界址点号、界址线及边长、宗地内建筑物及构筑物、邻宗地界址线(示意)、邻宗地使用者、相邻街道、街巷及名称、指北针等。

图外要素包括图名、绘图员、审检员、绘图时间、其他说明注记等。

3. 分幅索引图

分幅索引图要素包括分幅图接合表及图幅号注记、行政界、地籍区界、地籍子区界及名称注记等。

(四)表格成果

表格成果包括:以地籍子区为单位宗地面积汇总表、土地利用现状分类统计汇总表、土地利用强度表、土地使用权类型汇总表等。成果应符合以下要求:

(1)表格格式符合要求,数据正确。

(2)统计汇总表格式符合要求,数据逻辑一致性关系正确。

四、数据库的质量控制

在数据库建设的过程中,地籍数据的质量问题直接关系到所建设的地籍信息系统提供服务的质量和价值,对地籍数据质量的控制关系到一个地籍数据库建设的成败。

为保证数据库的质量,需对其进行严格的检查、分析和控制,包括作业组自检、项目组检查和单位质量管理部门检查,以保证各项数据的质量和真实性。

(一)作业组自检

在作业过程中,严格遵守工艺流程,及时对作业质量进行100%的自检工作。每个乡镇外业权属调查全部完成后,外业调查组、内业数据建库组对工作成果进行作业组自检。外业调查组安排人员对调查的界线进行全面核实,主要核实调查界线是否准确;内业数据建库组进行内业核实,核实界址点、线的说明是否与实地和宗地草图一致,图形是否与外业调查图一致,登记资料检查及表格填写是否规范、内容是否齐全、签字盖章是否到位,发现问题及时修改处理,自检无误后,方可提交项目组。

(二)项目组检查

在作业过程中,项目组负责质量的人员对生产作业过程进行严格的质量监控,及时对作业过程中的关键工序进行中间过程检查,对不合格的成果,督促及时改正或返工,及时处理和纠正发现的问题。上道工序成果须经技术室质检员检查,合格后方可交下道工序使用。

(三)单位质量管理部门检查

对项目组检查合格后提交的成果,单位质检部组织有关技术人员对成果进行质量检查,主要检查成果资料是否齐全,表格填写是否正确,图件编制是否合理,数据库内容、属性是否符合国家及省下发的规程、规范和技术标准,并形成最终检查记录,编制自检报告。

五、数据库的更新

地籍管理过程中宗地信息及地理信息经常会发生变化,因此必须对地籍数据的动态性加以研究,完成上述信息的动态管理,确保土地信息的现势性和历史数据的可溯性,要做到对历史数据的跟踪和恢复。依据地籍变更登记要求,对于宗地合并、分割、调整、出让、转让、继承、赠与,土地使用者、所有者和他项权利者更名、更址和依法变更土地用途发生变更的,必须及时进行数据库更新。

(一)建立数据更新机制

时态性是地籍信息的基本属性,时态地籍信息系统的建立是高效地、科学地进行土地管理的迫切需要。我们所处环境在不断变化,因此地理信息数据库也要不断更新。由于地籍信息的时态特性主要表现在对信息的变更上,因此时态地籍信息系统建设的关键是地籍信息变更管理。由于许多实际应用的需要,不仅要浏览当前的数据库数据,还需要恢复过去的某一历史时刻某一区域当时的土地使用情况。这就需要在数据库设计时充分考虑到数据的时间序列问题。因此,根据土地管理的需要、形势的变化,必须将地籍数据库的最新信息收集起来,形成当前最新的现实数据库,同时也必须保留之前所有的历史数据作为历史数据库,来进行地籍数据历史的分析,如地籍管理工作人员可以使用任何历史时期的地籍信息数据库进行查询。

为保障土地资源基础数据库中数据的质量,我们必须确保土地资源数据库的现势性。现在,我国正处在经济快速发展阶段,要保持土地资源基础数据库的现势性,必须及时建立地籍数据库固定的变更更新机制。建立地籍数据库的固定更新机制的目的简单地说就是确保数据质量,缩短作业时间,降低生产成本,提高工作效率,增加系统可靠性。

狭义的地籍信息数据库更新仅指以宗地为单位的与宗地密切相关的要素的更新。然而地籍信息数据库更新还包含不在宗地范围内的公共地形地貌要素的更新,如道路、隧道、桥梁、地类、水系及其附属设施、管线及其附属设施等。随着城市经济的快速发展,各类新的要素也在不断增加,地籍管理也得不断纳入新元素。

(二)健全数据更新制度

地籍数据库管理和更新是一个日常性的工作,包括数据的采集、数据的入库、数据的更新、地籍信息系统模块之间的衔接等,是地籍管理中的常规性工作。它的针对性更强、范围更明确、实效更明显。特别是地籍信息库更新,它虽然只是在原有的地籍信息库基础上进行局部或者个别宗地信息的更新,但是这个更新的全过程却涉及了与地籍技术相关的多个层面,在更新的过程中仍然存在需要依赖较多落后技术的环节,有的需要大量的手工进行作业,也会面临一些处理效率不高、精度不够等作业方式,这就更需要在地籍数据库管理上多下功夫,用好的制度来弥补,认真制定、执行相关制度将是地籍数据库能够长期充满活力的保证。

六、数据库的安全管理

对数据库建设过程中重要的过程数据和质量控制记录必须保存,以保证数据可追溯查询。同时建立数据安全保密制度,设立专门的安全保密机构,制定相应的安全保密技术措施,确保数据安全。

(一)文件加密保护

文件加密是在文件密钥的控制下,对文件中的数据使用某种加密算法,进行加密变换后进行密文存储,可用软件加密来实现。要重点保护文件加密的密钥。

(二)数据库加密保护

在操作系统和数据库管理系统(database management system,DBMS)支持下,对数据库的文件或记录进行加密保护即为数据库加密保护。

(三)数据存取控制

为防止非法使用和破坏数据,控制数据存入、去除方式及权限。

(四)防止信息破坏

平时在工作中注意经常备份数据,每进行完一个阶段的工作,要及时对所有数据进行备份,可采用数据刻录成光盘存放在安全的地方或异地备份。

(五)计算机病毒的预防与清除

对计算机病毒要实时组织预防和清除工作,在专用设备上对外来拷贝设备进行病毒检测,使用前确保病毒已消除,定期更新计算机杀毒软件版本。

(六)管理措施

建立安全保密机构,要有严格的手续和制度作保障才能提取数据资料。

任务四　地籍管理系统的应用及维护

一、地籍管理系统的应用

(一)系统应用实现

城镇地籍管理系统建成后,主要通过以下的功能应用来实现日常业务的应用实现。

1. 办公管理

地籍管理系统建成后可以应用于产权登记、土地监察、土地整理、城乡建设、土地调查、规划设计等多个方面。

2. 地籍图形管理

地籍管理系统的主要特点之一是图形和属性之间的紧密联系,地籍图形管理功能较强,可以对地籍数据进行日常更新,同时具备符合土地系统的解析图形编辑方法及其历史管理功能,使图形与属性数据历史信息能够共同管理。

3. 查询

查询是日常管理工作中使用最为频繁的操作,系统提供快捷、方便、灵活多样的查询方式,如流程查询、图属互查、综合条件查询、历史查询、模糊查询、办件进度查询监督等。

4. 统计

统计功能包括分类面积汇总、审批信息汇总、城镇地籍办件汇总、宗地汇总、界址信息汇总等。能够快速、灵活、准确、直观地为国土资源管理部门、建设规划部门、用地单位、决策机构和社会各界提供所需的各种信息。

5. 分析

通过空间缓冲分析、宗地分析、拆迁综合分析、专题分析、三维时态分析等功能应用,为决策者提供准确的数据基础。

6. 图表输出

各种图、表、卡、证的打印输出功能应用,可以方便地打印土地登记申请书、地籍调查表、土地登记审批表、土地登记卡、土地证书等;实现各类图形输出,如分幅图、宗地图、任意区域图、拉框出图、专题图等。

(二)应用趋势

在当前国土资源信息化向纵深发展的过程中,作为国土电子政务系统中的核心业务之一的地籍管理系统的建设和应用起到了先锋作用,为国土电子政务的综合实现开创了局面。通过网络基础设施建设和网络化管理所实现的地籍管理流程化应用,实现了地籍审批业务流程、数据库综合管理,以其建设应用的实践验证了国土资源业务流程信息化管理的可行性,可以充分推动国土电子政务在此基础上进一步纵深开展。今后,可以通过数据仓库,实现异构数据的共同管理;通过办公自动化和业务审批流程信息化、国土资源信息一张图工程,使国土资源各个业务办公流程实现网络化管理,促进国土资源信息化管理,提高国土资源公共服务的整体效率和公信力。

二、地籍管理系统的维护

当数据库建设好投入到地籍管理系统应用时,信息系统工作人员要对投入运行后的信息系统进行必要的调整和修改。系统维护是指在信息系统运行过程中,为适应环境和其他因素的各种变化,保证系统正常工作而开展的一切活动,包括系统功能的改进和解决在系统运行期间发生的一切问题和错误。

地籍管理系统规模大、功能复杂,对其维护是信息系统建设中一个非常重要的内容,也是一项复杂、成本高的工作,主要在技术上、人力安排上和投资上给予足够重视。在许多情况下,维护比开发更困难。其维护内容主要包括以下5个部分。

(一)数据库维护

数据库的维护关系到地籍管理系统数据的真实性。在地籍管理工作中每天处理大量的空间数据、属性数据、表册,为了数据的正确无误,录入数据必须严格谨慎,操作中必须建立起严格的变更制度,做到录入每条信息都有据可依,使管理做到制度化、规范化。

(二)改正性维护

由于前期的测试不可能发现软件系统中所有存在的潜在错误,用户在使用软件时仍会遇到错误,诊断和改正这些错误就是改正性维护。一般在系统出现错误或者故障时进行有针对性的维护。

(三)适应性维护

随着计算机的迅速发展,硬件产品的生命周期明显缩短,更新速度明显加快,必须在适当时候加以扩充、更新,以提高系统的运行性能。同时软件的升级换代日趋频繁,软件的外部环境或者数据环境发生变化,为了使之适应这种变化而对软件的修改称为适应性维护。

(四)完善性维护

在使用过程中,用户往往会对软件提出新的功能和性能需求,为满足这些需求,需要修改和再开发软件,称为完善性维护。

(五)预防性和安全性维护

预防性维护的目的是提高软件的可维护性、可靠性等,为进一步的软件维护打下良好基础。预防性维护一般由开发单位主动进行。系统要收集、保存、加工和利用全局的或局部的社会经济信息,涉及企业、地区、部门乃至全国的财政、金融、市场、生产、技术等方面的数据、图表和资料。随着计算机病毒和网络犯罪的出现,管理信息系统对安全性和保密性提出了更为严格和复杂的要求。除建立严格的防病毒和保密机制制度外,用户往往会提出增加防病毒的功能和保密措施,而且随着更多病毒的出现,有必要定期进行防病毒功能的维护和保密措施的更新与维护。

【项目小结】

本项目主要讲述地籍管理系统的概念、发展历程及数据库的建设目标、建设原则、主要功能及应用维护。

思考与习题

10-1　简述地籍管理系统的概念。

10-2　简述地籍管理系统建设的目标、原则和主要功能。

10-3　简述地籍数据库的建设流程。

10-4　简述地籍管理系统的应用及维护。

【延伸阅读】

一、《城镇地籍数据库标准》(TD/T 1015—2007)

现行的城镇地籍数据库标准为TD/T 1015—2007,该标准规定了城镇地籍数据库的内容、要素分类代码、数据分层、数据文件命名规则、图形和属性数据的结构、数据交换格式和元数据等,适用于城镇地籍数据库建设及数据交换,对于规范城镇地籍调查和土地登记结果，促进城镇地籍数据管理和共享等方面起到了重要作用。

随着不动产登记制度的实施，需要对土地、房屋、草原、林地、海域等不动产进行统一的地籍调查和登记。为适应这种情况，自然资源部适时开展了标准的修订工作，以便规范不动产统一登记和地籍调查成果的标准化、规范化，支撑“互联网+不动产登记”、地籍调查服务建设项目全流程管理等工作的全面实施。

二、北京苍穹集体土地使用权管理系统用户手册

苍穹集体土地使用权建库系统是北京苍穹数码测绘有限公司在本公司自主研发的KANQ GIS平台上开发的农村宅基地建库工具，支持各种大型关系数据库，支持多种格式数据的整理、入库及变更工作，引领国内GIS农村宅基地建库工具的潮流，在地籍测量中引用广泛。

项目十一　地籍调查与测量项目实施

【项目概述】

地籍调查与测量项目实施一般可分为准备工作、地籍要素的外业调查和内业绘图三个阶段性工作。本项目结合相关案例着重讲述地籍调查与测量工作的组织实施，成果资料的整理、检查、汇交与验收及工序间的衔接及相关技术要求。

【学习目标】

熟悉并掌握地籍调查的工作流程、地籍测量的作业方法、检查验收的方法及技术要求、文字报告的编写、成果资料的整理等。

【思政导入】

习近平总书记在党的二十大报告中作出“坚持全面依法治国，推进法治中国建设”的重要指示。地籍调查与测量形成的成果数据具有技术的严谨性，法律的严肃性。在地籍调查与测量工作中，不仅要有精湛的技术能力、吃苦耐劳的精神，还需要有强烈的法律意识、社会意识和责任意识。

通过前面的学习，同学们已经掌握了地籍调查与测量的相关技术知识。在这里结合“××县农村集体土地使用权确权登记发证工作”项目来学习地籍调查与测量项目的具体实施过程和实际工作要求。

【正文】

任务一　概　述

地籍调查与测量是一项涉及面广、政策性强、工作复杂、准确性要求高的综合性系统工程，是测绘技术与法律的综合应用。

通过地籍调查与测量所获得的成果是指对有关土地的自然状况、社会状况、法律状况的调查、测量、统计等所获得的资料，包括簿册、有关文件、图件和数据，用来说明土地地块及其上附着物的位置、数量、权属、权源等基本状况，是对土地及其上附着物的自然状况、社会状况、法律状况的综合描述。测定的权属界线、行政界线、地块、面积等情况，经过土地管理部门的审批、登记发证后就成为一个法律凭证，其调查测绘的成果资料就具有法律效力。因此，为保证地籍调查与测量的质量，在整个工作实施之前必须有周密的计划和组织，使整个地籍调查测绘工作能够顺利实施，保证数据成果合法合规。

一、地籍调查与测量项目实施的基本原则

(一)依法依规原则

依照法律、法规和政策规定，规范开展地籍调查与测量工作，保证土地登记结果合法合规。

(二)实事求是原则

坚持尊重历史、实事求是,真实反映调查时点的土地利用现状和权属状况,严格遵循各项标准和规范,提供准确可靠、现势性好的基础数据和图件资料。确保登记结果的合法性、真实性。

(三)急需优先原则

由于地籍调查与测量项目内容较为复杂,数据类型多,已有资料情况参差不齐,在开展工作时,可根据自然资源管理部门的实际管理需要有所偏重,突出重点、兼顾全面,妥善安排地籍调查与测量工作。

(四)承前启后原则

充分利用已有的土地登记成果开展工作。凡是已有的土地权属调查、土地利用调查资料,行政区域勘界资料及图件、数据等成果,经复查、审核无误的均应使用,避免重复调查,以降低成本,提高效率,保证成果的连续性,提高成果质量。

(五)实用与创新的原则

要勇于创新,积极探索新机制、新方法。在保证质量的前提下,充分运用"3S"技术、信息技术和计算机网络技术等先进、实用的测量方法和手段,提高成果的现势性、科学性和权威性。运用先进技术提高成果质量和科技含量,建立数据库,实现管理信息化。

(六)统一标准、技术方法

在项目实施前,进行多层次、全方位的技术培训,学习相关技术标准、技术方法,合理利用和有效整合社会资源,统一工作程序、方法、成果和精度要求,突出成果的共享性和标准性。

(七)统筹安排,分步实施

根据项目的工作总体方案、实施方案和技术设计书,统筹安排各项工作内容,地籍调查、地籍测量、面积汇总、数据库建设等内容分阶段按计划实施。

二、地籍调查与测量项目实施的保障措施

为确保成果质量符合规范要求,确保安全生产,在项目实施过程中,认真按照ISO9000质量保证体系的要求开展工作,并采取以下具体措施。

(一)组织保障

为保证地籍测量工作的顺利开展,统筹协调辖区内地籍工作,地方各级政府都应成立地籍调查领导小组,负责地籍调查与测量工作的组织和领导,协调解决重大问题。

(二)制度保障

1. 明确技术要求

在国家相关规范、标准的基础上,明确地籍调查与测量工作的各项技术要求,包括各环节的技术要求及其操作程序、方法和检查办法,成果的表达形式,数据库和管理信息系统建设的框架结构、内容、维护更新要求等。

2. 建立作业队伍管理和质量分级责任制度

地籍调查与测量工作作业量大、任务繁重,有时会有多支队伍协同作业。因此,要建立相关制度对作业队伍实行规范化管理,既做到统一管理,又给予作业队伍充分的自主权。同时,还要实行质量责任制,采用分级管理的方式,将质量责任层层落实到各作业队伍和具体

作业人员。

3. 建立检查验收制度

严格按照国家相关检查验收制度,做好检查验收工作。严格实行"三检一监一验"制度。由作业组进行自检、互检,并由监理单位对作业单位测量成果进行检查和监督,切实保证成果质量。

(三)技术保障

1. 统一技术标准和规范

依据国家相关的技术标准和规范,制订工作方案、技术设计书,统一方法、统一标准、统一要求、统一格式,保证成果的共享性。

2. 采用高新技术和先进设备

在执行统一标准和规范的同时,充分利用现有设备,充分应用成熟、实用的现代高新技术手段,以"3S"技术和信息技术为核心,全面提升测量成果的科技含量。

3. 加强技术指导与咨询

成立技术专家组,对调查与测量中遇到的重大技术问题进行研究解决。

(四)安全生产与文明测绘保障

地籍调查与测绘工作由于常年野外作业、工作环境复杂、高流动性的特点,给安全生产管理工作带来很大不便,因此在生产过程中必须高度重视测绘安全生产工作,作业时必须严格遵守安全生产措施,尊重当地的风俗习惯和村规村约,切实将安全生产措施落到实处。安全生产做到分工明确,全员参与,责任到人。

地籍调查涉及多项基础测绘资料和土地权利人的诸多权益,在项目实施过程中要根据国家保密法规做好地籍调查与测绘数据的安全保密管理工作。

任务二　地籍调查与测量的组织实施

一、学习内容及任务

结合"××县农村集体土地使用权确权登记发证工作"项目,学习并掌握地籍调查与测量的组织实施,地籍调查与测量成果资料的整理、检查、汇交与验收,文字报告的编写等。

二、地籍调查与测量流程

地籍调查与测量的组织实施一般按照以下步骤进行:准备工作、通告发布、土地权属调查、地籍测量、土地产权信息系统建设、公示与确认、土地登记发证、成果整理、检查验收、成果资料归档和汇交。

地籍调查与测量流程见图11-1。

三、准备工作

地籍调查与测量项目在实施前要做好准备工作,主要进行组织准备、方案制订、宣传发动、资料收集分析、表册仪器准备、技术培训、试点工作等。

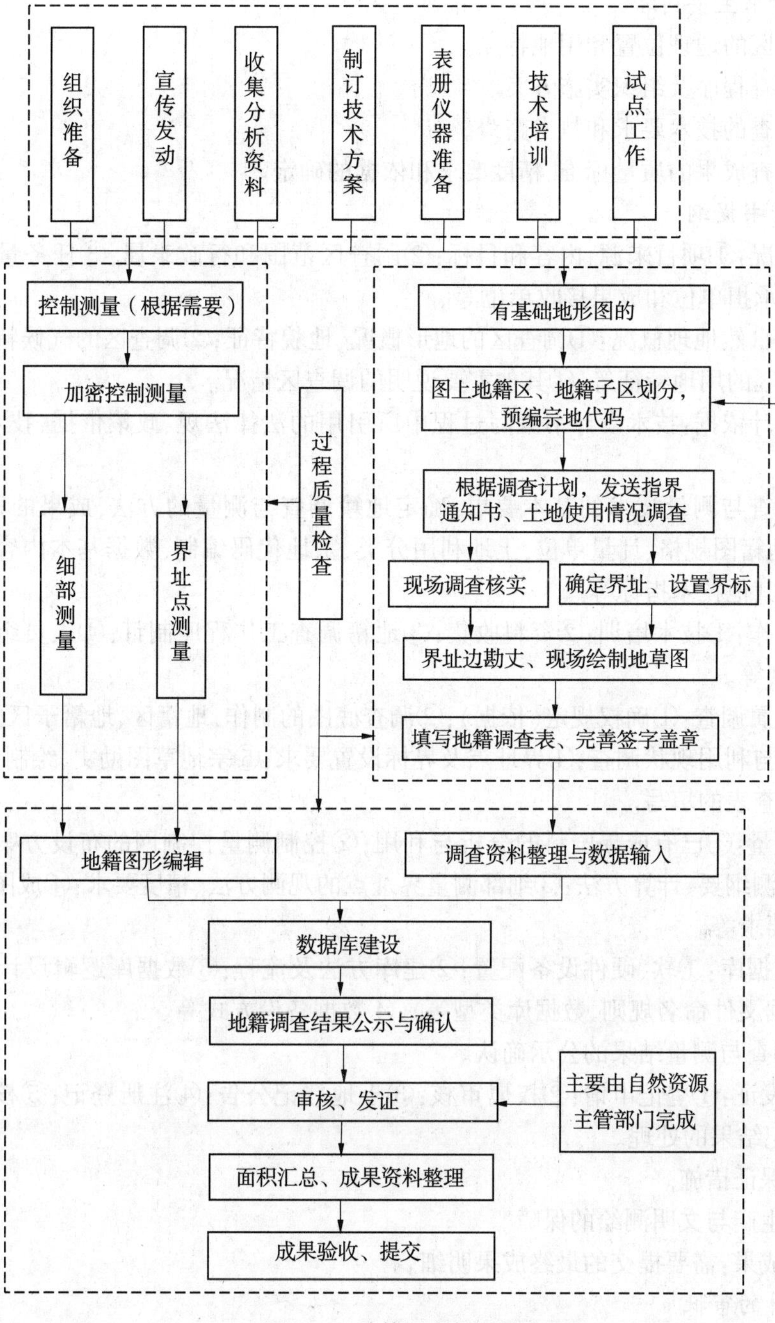

图 11-1 地籍调查与测量流程图

(一)制订地籍调查与测量技术方案

技术设计书是项目生产的主要技术依据，也是影响项目成果能否满足顾客要求和技术标准的关键因素。技术人员应充分考虑顾客的要求，引用适用的国家、行业或地方的相关标准及法律法规，根据已有资料和实地踏勘了解的情况编写地籍调查与测量技术设计书。技术设计书的编写要符合《测绘技术设计规定》(CH/T 1004—2005)等相关规范规定。

1. 技术设计书主要内容

(1)调查地区的地理位置和用地特点。

(2)地籍调查程序及组织实施方案。

(3)地籍调查的技术要求和技术路线。

(4)地籍调查成果的质量标准、精度要求和依据的确定。

2. 技术设计书提纲

(1)项目概况:①项目来源、内容和目标;②调查区范围和行政隶属;③任务量、工作进度安排;④项目承担单位和成果接收单位等。

(2)调查区自然地理概况:①调查区的地形概况、地貌特征;②调查区的气候特征、风雨季节等;③调查区的用地特征等;④其他需要说明的调查区情况。

(3)技术设计依据:技术设计书编写过程中所引用的法律法规、政策依据、技术标准和其他技术文件。

(4)地籍调查与测量技术的基本要求:确定地籍调查与测量的方法,成果的种类及形式、数学基础,地籍图规格、计量单位,土地利用分类、宗地代码编制,数据基本内容、数据格式、数据精度及其他技术指标等。

(5)准备工作:①技术培训;②资料收集;③地籍调查工作程序制订;④人员组成、经费安排及时间计划等。

(6)土地权属调查:①确权规定(依据);②调查底图的制作,地籍区、地籍子区的划分要求;③土地权属与利用现状调查;④界址点及界标设置要求;⑤宗地草图勘丈、绘制的方法及要求;⑥地籍调查表的填写。

(7)地籍测量:①已有成果资料的分析与利用;②控制测量控制网的布设方案、控制点的埋设要求、施测纲要、计算方法;③细部测量界址点的观测方法、精度要求;④成图、面积量算方法与精度要求等。

(8)地籍数据库:①软、硬件设备配置;②建库方法及流程;③数据库逻辑设计(要素分层、属性值、数据文件命名规则、数据库类型等);④数据备份方式等。

(9)地籍调查与测量结果的公示确认。

(10)登记发证:①登记申请;②权属审核;③土地登记公告;④注册登记;⑤核发证书;⑥已有土地登记结果的处理。

(11)质量保证措施。

(12)安全生产与文明测绘的保障。

(13)提交成果:需要提交的最终成果明细。

3. 技术设计的审批

原则上由县级自然资源行政主管部门审批,也可由省级自然资源行政主管部门统一审批。

对审批后的技术设计书,在实施过程中没有大的原则性变动的情况下,实施单位可对技术设计书进行少量的修改和补充;若有重大变动、修改技术设计书,还须经原审批机关批准。

(二)组织准备

为顺利推进地籍调查与测量项目的实施,切实保证项目成果质量,各级人民政府应成立项目领导小组,并组建专业队伍。

1. 成立领导小组

领导小组一般是在各级人民政府的组织下，由市（区、县）人民政府及各部门领导参加，各部门分工负责本辖区工作的组织、实施及日常管理工作。解决具体工作中出现的难题，保证调查工作的顺利进行。

2. 组建专业队伍

地籍要素调查是一项十分细致、专业性较强的工作，要保证地籍调查与测量成果资料的规范化，必须有一支技术过硬的专业队伍。因此，调查人员的水平是保证质量的必要条件。作业队伍要做好各项技术培训及管理制度的制定，并设置专职专岗。

专业队伍的组建可有多种方式，由自然资源管理部门人员组成调查队伍；聘用或委托技术服务单位组成调查队伍；也可由自然资源管理部门和技术服务单位共同组成调查队伍，但应注意职责和任务的划分。

（三）宣传培训

通过广播、电视、报纸、宣传提纲、发布通告等方式，向广大群众讲清开展地籍调查工作的意义及重要性，以引起土地使用者、所有者的重视，使广大群众在地籍调查中能积极配合，以加快地籍调查进度，提高调查成果资料的质量。

对调查人员进行有关政策、法规及调查业务的培训，提高调查人员对工作的重视程度，明确调查任务，掌握调查方法、要求和操作要领，确保调查质量。

（四）组织试点

开展初始地籍调查前，必须先进行小范围试点。通过试点工作，使调查人员掌握基本要求及具体方法，积累经验。然后在此基础上开展全面的地籍调查工作。

1. 试点区的选择

（1）城镇地籍调查时，应选择一个地籍子区或 1 km^2 左右的调查范围作为试点。

（2）村庄地籍调查时，应选择一个地籍子区或几个地籍子区作为试点。

（3）试点区内地类应比较丰富，能反映当地的用地特点，即代表性要强。

2. 试点要求

试点区的调查工作应严格按照《地籍调查规程》（GB/T 42547—2023）及技术设计书的有关要求实施，严格把关，边试点、边总结。在试点获得一定经验并通过验收后，方可铺开全面的工作。

在进行试点区的控制测量及地籍代码编号时，应充分考虑其与整个调查范围的一致性，以免造成不必要的返工。

（五）表册、仪器、工具准备

根据国家调查规范的要求统一印制所需的各种表格、公告和宣传材料。例如：地籍调查表、指界通知书、指界委托书、地籍调查法定代表人身份证明书、违约缺席指界通知书、地籍调查资料协助查询单等。当购买办公用品及外业调查所需用品时，尽可能使用先进的仪器设备（需在检定合格有效期内）。

（六）资料收集分析

将原有资料尽量收集齐全，并进行分析整理。收集的主要资料有：

（1）原有的地籍资料。土地确权登记发证成果资料及土地调查和年度土地变更调查资料，地籍区、地籍子区划分成果资料。

(2)测量控制点资料,已有的大比例尺地形图、航测资料、地籍图等。

(3)土地利用现状调查、非农业建设用地清查资料。土地开发整理、土地储备、土地定级估价、建设用地审批等资料。

(4)调查区域内的各种用地资料和建筑物、构筑物的产权资料。在许多县市,由于规划、自然资源、建设由多个部门管理,应分别收集。收集的资料越多,调查的工作量就越小,确定权属的准确性和真实性就越高。

(5)土地征用、划拨、出让、转让等档案资料。

(6)土地登记申请书及其权属证明材料。

(7)人民法院生效的判决、裁定或调解书等。

(8)其他有关资料。相关政策法规文件、技术规程及行政区域代码、标准地名、自然地理、社会经济资料等。

四、地籍调查与测量的组织实施流程

经过充分的工作准备,地籍要素外业调查与勘测工作全面展开,根据工作计划,有序展开。地籍外业调查与勘测的内容、技术方法和要求在本书前面已经详细讲述,这里不再赘述,着重讲述项目的组织实施流程。

(一)地籍调查

1.调查底图的制作

在土地权属调查前,须制作调查底图,调查区如果有满足调查需求的基础图件,可以利用现有图件进行调查底图的制作。如果没有基础图件资料,则需要进行地形图测绘,地形图的比例尺、坐标系统宜与地籍图一致,且要按照《地籍调查规程》(TD/T 42547—2023)的要求进行测绘。

实测地形图作为调查底图时,地形图的测绘技术及精度要求严格按照《地籍调查规程》(TD/T 42547—2023)执行,明显地物拐点按照界址点精度进行测量。为后期地籍图的制作及界址点坐标提取提供可靠数据,减少地籍测量的外业工作量。

2.土地权属调查

调查工作开始前,根据调查计划,以地籍子区为单位进行权属调查公告的张贴,逐户送达指界通知书并留存回执。权属调查公告应明确权利人需要提供的身份证明、权源资料和其他注意事项等,以便外业调查工作有序、高效开展。

根据调查工作的需要,在送达指界通知书的同时,可进行土地使用情况调查,填写“土地使用情况登记表”,包括权利人姓名、土地利用状况、权属来源及取得时间。“土地使用情况登记表”在乡(镇)人民政府及行政村中进行为期30天的公示,拍照留存。公示无异议的结果作为乡(镇)人民政府及村委填写土地使用证明的依据。

3.界址调查

对现场依法认定的界址点,进行界址点标志的设立。依法认定的权属界址和利用现状,必须按《地籍调查规程》(GB/T 42547—2023)的要求进行实地勘测,并确定各地籍要素的空间位置。

根据调查情况,现场进行地籍调查表的填写及权利人的签章认定工作。宗地草图的勘丈数据必须准确无误,各类要素注记要齐全、完整,为后期地籍图件制作提供数据支撑。

(二)地籍测量

1. 地籍控制测量

调查区内已有的国家控制网点和城市平面控制网点,经过检查分析,满足地籍首级控制网点要求的,可直接作为地籍首级控制网点使用。如调查区内没有满足地籍首级控制网点要求的已有控制网点,需要按照《地籍调查规程》(GB/T 42547—2023)进行首级控制网点的测设。然后根据需要在首级控制网点的基础上依次进行地籍控制网点的加密、地籍图根点控制测量工作。

2. 界址测量

在外业调查工作基础上,按照《地籍调查规程》(GB/T 42547—2023)的要求,以各级控制点为基础,使用符合要求的测量仪器对地籍要素及地物要素进行外业数据采集。回到室内后及时进行数据的处理、保存。

用实测方法获取的调查底图,可根据调查资料在调查地图上直接编辑地籍图和界址点坐标的提取工作,根据情况进行实地查错补缺。

3. 地籍图编辑

根据外业调查绘制的宗地草图及采集的数据进行地籍图的编辑工作,地籍图编辑所使用的软件要符合要求。

4. 地籍调查表完善

在地籍图制作完成经检查无误后,使用地籍成图软件输出宗地属性表、宗地图等资料,对照地籍调查表逐宗检查地籍图宗地属性表录入、地籍图制作是否与实地调查情况一致,并完善地籍调查表中宗地面积、建筑占地面积、建筑面积量算等内容的填写。

5. 数据库建设

地籍调查与测量工作结束后,进行地籍数据库及管理系统的建设,对地籍图形及宗地属性进行维护。使用建库软件输出地籍图、宗地面积、宗地属性等资料,进行土地权属调查和地籍测量成果的公示工作。

6. 地籍调查与测量成果公示

在地籍调查与测量工作中形成的成果,须进行公示。地籍调查成果公示以地籍子区为单位分批、分期在乡(镇)政府所在地、行政村内进行公示,并拍照存档。公示期间无争议的权属调查和地籍测量成果,公示期为 7 天。公示期间有异议的,应当处理;处理结果应当在乡(镇)政府所在地、行政村内再公示,公示期为 7 天。公示无异议且符合土地登记条件的土地权属调查和测量成果,报县级人民政府确认。

(三)地籍索引图的制作

地籍调查工作结束后,以县级为单位编制地籍索引图。地籍索引图主要表达本调查区内地籍区、地籍子区界线及其编号,主要道路、铁路、河流,以及和图幅分幅的关系等。地籍索引图在地籍图分幅接合表的基础上参照地籍图缩小编制而成。地籍索引图的比例尺以一幅图能包含的整个调查区范围而定。

变更地籍调查是根据变更登记申请的项目进行的权属调查和测量。其实际工作虽有一定特点,但程序方法与初始地籍调查基本相同。

五、土地登记发证

地籍调查与测量结果经县级人民政府确认后,由县级自然资源主管部门实施完成土地登记发证工作。在此只对登记发证流程进行简述。

(一)登记申请

以乡(镇)为单位统一组织集体土地使用权登记申请工作。土地登记申请书以宗地为单位由申请人填写,同时提交相关证明材料。

(二)权属审核

对登记申请资料的齐全性、权属界线的完整性等内容进行审核。

(三)土地登记公告

经自然资源部门审核,在乡(镇)政府所在地、行政村内对符合登记条件的宗地进行土地登记审核结果公告,公告期为 7 天。

(四)注册登记

以宗地为单位填写土地登记审批表、填写土地登记簿(卡);以权利人为单位填写土地归户卡;土地登记簿(卡)应加盖人民政府印章。

以宗地为单位填写土地证书。共用一宗土地的,应当由共用权利人分别填写土地证书。

(五)核发证书

将土地证书发给具有集体土地使用权的农民集体经济组织、法人或者个人,并以土地证书签收簿的形式记录土地证书发放情况。

(六)已有土地登记结果的处理

(1)按照法规要求,进行权属调查和地籍测量的宗地,应重新进行登记,颁发土地证书;同时收回已发放的土地证书,注销已有登记结果,废止土地证书。

(2)已发放土地证书遗失或者无法收回的,发放新证书后,由县级人民政府发布公告,统一注销原登记,废止已发放的土地证书。

(3)已有土地登记结果符合法规要求的,不再重新登记、颁发证书。

任务三　地籍调查与测量成果资料的整理

一、地籍调查成果概述

地籍调查成果是指在调查过程中直接形成的文字、图、表等的总称,在地籍调查与测量工作结束后,应对形成的数据进行检核、分类、编排、整饰等。数据整理要求整齐、编排有序,便于使用和查找,并使调查成果与测量成果相互衔接,形成整体。

二、成果资料整理的基本要求

(1)地籍调查与测量工作一开始就应明确以下事项:主要的行政文件、技术材料等都将立卷归档;制订人负责资料的收集、保管;调查结束时应及时整理归档。

(2)测量的图件成果、图面整饰应美观,各项内容应齐全,比例尺、幅面大小适中,符合规定要求。

(3)立卷归档的资料必须齐全、完整,字迹清楚,纸张良好,文字材料必须用碳素墨水或蓝黑墨水,严禁将用圆珠笔或复写纸书写的材料归档。

(4)归档材料必须系统整理,做到分类清楚、编目完善、排列有序、存放有序合理。

(5)凡装订成册的成果资料,必须加具封面,封面必须注明本项成果的名称。同一项成果分为若干册的,应进行顺序编号,封面应注明本册成果资料的范围。

(6)全解析法数字化测量提供的磁盘文件应注明所属内容、范围和测量时间。

三、地籍调查后应归档的成果资料

地籍调查后应归档的成果资料主要包括:土地登记成果、数据成果、图件成果、地籍控制测量成果、文字成果和地籍信息系统成果。

(一)土地登记成果

(1)土地登记申请书。

(2)地籍调查表。

(3)宗地图、界址点成果表。

(4)权源文件。

(5)土地登记审批表。

(6)土地登记卡、簿、册。

(7)土地归户卡。

(8)土地证书复印件。

(9)其他资料,包括:指界通知书存根、法定代表人身份证明书、指界委托书、地籍调查结果公示张贴图片、政府确认文件、土地登记委托书、土地登记审核结果公告等。

(二)数据成果

(1)土地权属争议基本情况表。

(2)以地籍子区为单位宗地基本情况表。

(3)宗地数量及面积量算资料、成果表(如用计算机处理,只提供成果表)、面积统计表。

(4)宗地登记发证情况汇总表。

(三)图件成果

(1)地籍图分幅接合表。

(2)标准分幅地籍图。

(3)权属争议分布图。

(4)地籍索引图。

(四)地籍控制测量成果

(1)地籍测量控制点网图。

(2)记录手簿、平差资料。

(3)控制点成果表及点之记或点位说明。

(五)文字成果

(1)技术设计书。

(2)工作报告。

(3)技术报告。

(4)检查验收报告。

(5)成果分析报告。

(6)数据库建设报告。

(六)地籍信息系统成果

(1)地籍数据库及管理系统。

(2)权属争议调处信息库。

四、数据汇总

以地籍调查与测量成果和土地登记结果为基础,在地籍数据库支持下,按照规定的内容和格式汇总统计各类权属土地面积数据、宗地数据、土地权属信息数据、发证宗地数量和未发证宗地数量等。

五、档案整理

项目实施结束后,应整理归档项目实施中形成的各项成果资料。

(一)地籍调查成果整理

地籍调查成果是地籍档案的重要组成部分,也是地籍测量的依据,成果的整理应符合档案管理规定,便于地籍测量工作的实施。

(1)土地登记成果按宗进行立卷。立卷资料的规格必须一致,不得参差不齐。卷内资料按作业先后顺序统一编排。资料属复印件的,应加盖受理机关印章后才能归档。

(2)土地登记成果立卷后,应逐宗进行装订。档案封面须说明土地使用者名称和土地编号、卷内资料的编号及名称目录,并按地籍区、地籍子区汇总归档。同一地籍区、地籍子区的宗地档案按宗地编号的先后顺序统一排列。

(3)违法用地的调查资料整理参照宗地调查资料的整理办法进行。整理后的资料按地籍区、地籍子区汇总,与宗地资料集中存放,并造册摘录违法用地者名称、地块编号、面积、用途和违法用地性质,以便处理。

(4)地籍调查卷宗的扫描。所有卷宗均要进行扫描,按照地籍数据库建设要求进行各项内容的命名,并以宗地为单位建立文件夹。按宗地、地籍子区、地籍区、调查区的结构顺序进行汇总、磁盘存储、提交。

(5)调查底图应以地籍区、地籍子区为单位进行整理、存档。

(6)在整理过程中,应核查调查资料是否齐全、是否符合要求,凡发现资料不全、不符合要求或调查存在遗漏的,应及时进行补调、修正。

权属调查成果整理过程中,应根据地籍测量成果检核共有面积及其分摊情况、边长等有关调查数据;对地籍调查过程中漏填的宗地面积、建筑占地面积、界址点间距、界址点坐标等有关栏目内容,应进行补填;数字化测量形成的宗地图,应归入宗地调查档案,保证宗地调查内容和资料的完整性。

(二)控制测量资料的整理

1. 控制测量资料检核

(1)原始观测记录手簿内容是否齐全和符合要求,计算有无错误,观测成果有无超限。

(2)仪器检定资料是否齐全和符合要求。

(3)点之记是否按要求绘制。

(4)各等级控制网布点图绘制有无遗漏。

(5)平差计算是否符合要求、有无超限,平差报告编写是否符合相关要求。

(6)控制点成果表是否从高等级到低等级列出,有无错漏。

(7)有无提交控制测量阶段小结。

2. 控制测量资料整理

(1)原始观测记录手簿应装订成册,封面应符合技术设计要求。

(2)点之记按要求绘制。电子数据应按技术等级分别命名存放。

(3)各等级控制网展点图可根据测区大小选择合适的比例尺进行绘制。

(4)各等级控制网平差报告及成果应装订成册,封面应符合技术设计要求。

(三)地籍测量资料的整理

以地籍调查与测量成果和土地登记结果为基础,在数据库支持下,按照规定的内容和格式输出各项地籍要素测量资料。地籍要素测量资料主要包括地籍分幅图、宗地图、地籍图图幅接合表、地籍索引图等。

1. 地籍图分幅图

地籍图的内容包括行政区划要素、地籍要素、地形要素、数学要素和图廓要素。地籍要素要按照《地籍调查规程》(GB/T 42547—2023)及相关规范、标准中的图式、规格、颜色表示。

2. 宗地图

宗地图采用双色表示,界址线和界址点用红色表示,其他注记一律用黑色表示。图幅规格:一般为A4、A3、A2幅面,较大、较小宗地可适当缩放。宗地图的电子文档数据格式应符合当地主管部门的要求,文档的命名可参阅宗地代码命名,以地籍子区→地籍区→调查区的顺序逐级汇总。

3. 地籍图图幅接合表

地籍图图幅接合表要能够正确反映各图幅的相对位置关系,图幅的命名应以本图幅的主要地物或单位进行命名。图幅接合表的比例尺可根据测区大小选择合适的图幅及比例尺绘制。

4. 地籍索引图

地籍分区图可与地籍图分幅接合表一起编制成地籍索引图。地籍索引图主要表达本调查区内地籍区、地籍子区界线及其编号,主要道路、铁路、河流及和图幅分幅的关系等。

(四)文字成果的整理

根据项目要求进行各类文字报告的编写整理。文字成果包括技术设计书、阶段性技术小结、工作报告、技术报告、检查验收报告、成果分析报告、数据库建设报告等,须分别撰写,装订成册。技术设计书编写要符合《测绘技术设计规定》(CH/T 1004—2005)的规定,报告编写应符合《测绘技术总结编写规定》(CH/T 1001—2005)的要求。

技术设计书的内容及提纲在本项目任务二中已经介绍,在此不再赘述。其他报告的编写在任务五中详细讲述。

任务四　地籍调查与测量成果检查验收

一、学习内容及任务

通过学习,掌握地籍调查与测量成果质量的保证措施、检查验收流程和质量评定的依据、方法。

二、检查验收依据、前提条件

(一)检查验收依据

现阶段在我国开展地籍调查与测量工作,是以国家测绘地理信息局和国土资源部(现统改为自然资源部)所制定的技术标准进行的。因此,检查验收时,应以《城镇地籍数据库标准》(TD/T 1015—2007)、《地籍调查规程》(GB/T 42547—2023)、《地籍图质量检验技术规程》(CH/T 5004—2014)、《数字测绘成果质量检查与验收》(GB/T 18316—2008)、《测绘成果质量检查与验收》(GB/T 24356—2023)、技术设计书、地方检查验收办法及其他技术规定为依据。

凡是满足不了规范和规程的规格标准和精度要求的,应查明原因进行返工。

(二)检查验收的前提条件

(1)工作及法律程序正确。权属调查成果达到法律程序完备、权属合法、界址清楚、面积准确、地类和土地利用情况属实。

(2)各项工序全面完成,经自检、互检、专检合格,并提供完整的“三级”检查记录及检查报告。监理单位应提交“监理记录”“监理报告”等。

(3)成果资料齐全,整理规范。

(4)申请检查验收的书面报告。

检查验收程序见图 11-2。

三、检查验收的实施

权属调查与测量成果实行“三检一监一验”制度,即作业人员自检、作业队(组)互检、作业单位专检、监理单位实时监控和自然资源主管部门的验收。“三检”工作由作业单位组织实施,接受县级自然资源主管部门和监理单位的监督、指导。

各检查环节按规定严格执行,成果交接须手续完备,并形成相应的检查记录和检查报告,以及监理记录和监理报告。

(一)检查

1. 作业员自检

自检是作业员在作业过程中或作业阶段结束时对作业质量的检查,自检贯穿于整个作业过程,自检比例为 100%。

自检中发现的问题应及时改正,经过检查整改后合格的成果,提交作业组互检。

2. 作业组互检

(1)互检是下一工序的作业队(组)对上一工序的作业成果进行的全面检查,并形成检

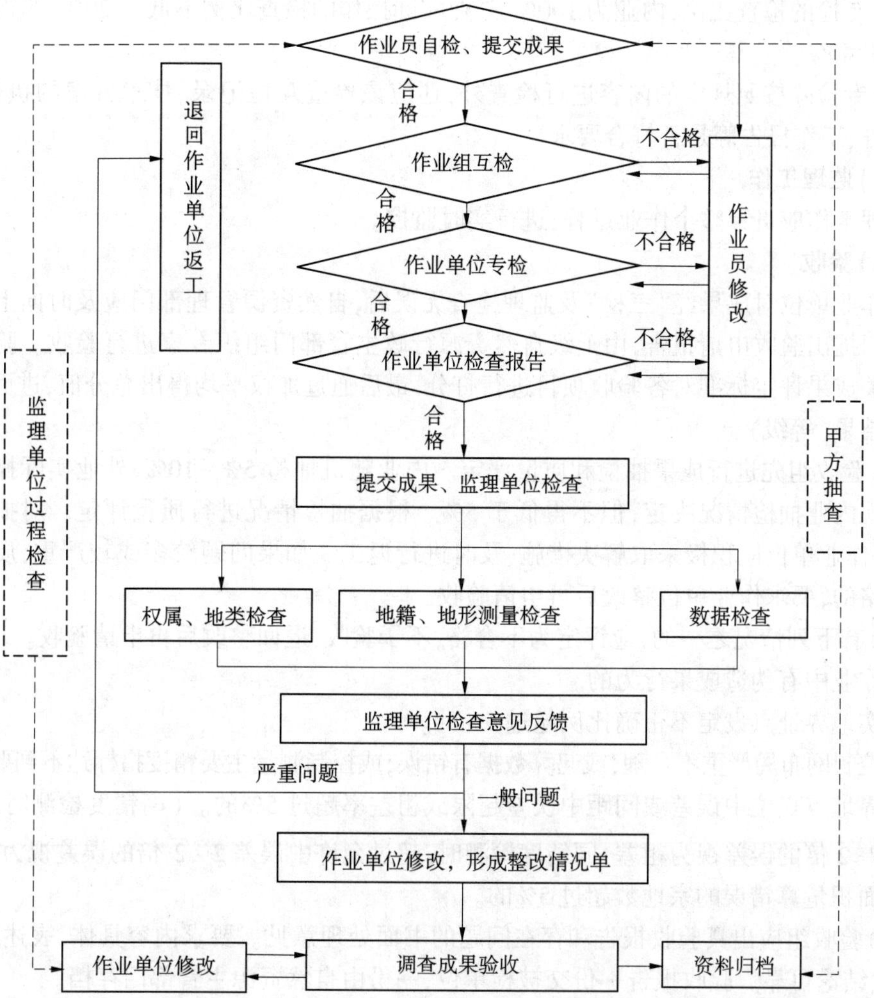

图 11-2　检查验收程序

查记录。

(2)作业组按工序或工作阶段对作业员提交的成果进行互检工作,主要检查项目与自检相同,先进行内业检查,后进行外业检查。内业检查出的问题应做好记录,待外业检查时重点核对,需纠正改动的,由检查人员会同作业人员确认后实施。

(3)互检的检查比例,内业为 100%,外业可根据内业检查发现的问题进行有针对性的重点检查,但实际操作的检查比例不得低于 30%,巡视检查比例不得低于 70%。

自检中发现的问题应及时交作业员改正。互检人员在合格的记录及成果上签名,并将互检记录及成果提交作业单位质量管理部门进行专检。

3. 作业单位专检

(1)专检是由作业单位质量管理机构组织的对成果质量进行的检查。每一道工序成果经自检、互检无误后,作业单位应及时组织专检。专检组要对每一道工序进行检查,检查合格并经检查员签字后方可进入下一道工序。经检查不合格的,责成作业人员重新返补并另行检查。专检组对成果检查后,应做出质量评价,并编写检查报告。

(2)专检的检查比例,内业为 100%,外业实际操作的检查比例不低于 20%,巡视检查比例不低于 40%。

(3)专检除按照规定的内容进行检查外,还应该检查互检记录、技术方案的执行情况、总结报告、工作报告等是否符合要求。

(二)监理工作

监理工作应贯穿整个作业过程,进行实时监控。

(三)验收

在作业单位对成果经“三检”及监理检查无误后,自然资源管理部门应及时向上级行政主管部门提出验收申请报告,由上级自然资源行政主管部门组织专家进行验收。验收必须参照相关成果评定标准对各验收项目进行打分,最后通过加权平均得出总分值,进而确定最终评定结果(等级)。

(1)验收组先进行成果抽检和质量评定。内业随机抽检 5%~10%,外业实际操作的抽检比例视内业抽检情况决定,但不得低于 5%。根据抽检情况进行质量评定。对抽检发现的问题,作业单位应积极采取解决措施,及时进行返工。如果问题较多或较严重,质量评定为不合格的,要求作业单位整改后再申请验收。

(2)有下列情况之一的,应评定为不合格,不予验收,退回整改后再申请验收。

①作业中有伪造成果行为的。

②实地界址点设定不正确比例超过 5%的。

③控制网布局严重不合理,或起算数据有错误,或控制测量主要精度指标达不到要求的。

④界址点点位中误差或间距中误差超限或粗差率超过 5%的。(高精度检测时,超过允许中误差 2 倍的误差视为粗差;同精度检测时,超过允许中误差 $2\sqrt{2}$ 倍的误差视为粗差。)

⑤面积量算错误的宗地数超过 5%的。

(3)验收组应出具验收报告和存在问题的书面处理意见。要求内容具体,表述清晰、数据准确、结论可靠。验收报告一份交被检单位,一份由自然资源主管部门存档。

四、检查验收的内容

检查验收工作分室内和外业检查,从数学精度、要素质量、资料质量等方面对项目成果进行检查核实。

(一)总体检查

根据规程要求,主要检查成果资料是否齐全,技术路线和方法是否正确,地籍数据库建设是否符合要求。

(二)地籍调查部分

1. 室内检查

(1)地籍区、地籍子区、宗地的划分是否正确,分析编号的正确性、齐全性、唯一性。

(2)权属文件是否齐全、有效、合法。

(3)权属调查确认的信息与权源材料、登记申请书的信息是否一致。

(4)认定界址的法律手续是否完整、规范、有效;界址点的实地位置是否准确,有无固定标志;界址线走向是否合理;界址点有无遗漏等。

(5)地籍调查表填写内容是否齐全、规范、准确,与地籍图上注记的内容是否一致,有无错漏。

(6)宗地草图检查。宗地草图与实地是否相符,勘丈数据是否齐全,有无检核条件;各类要素是否齐全、准确;四邻关系是否清楚、正确;注记是否清晰合理、整饰规范。

(7)土地利用分类是否符合国家规程要求。

(8)检查土地利用情况。行业用地、闲置土地、空闲用地、批而未供土地、供而未用土地、低效使用土地、基准地价等标注是否正确,有无遗漏。

2. 外业检查

(1)界址点、界址线位置是否与实地一致,各类勘丈数据精度是否符合国家规程要求。

(2)地籍调查表填写内容与实地是否正确。

(3)地类认定、土地利用情况认定是否正确。

(4)界址点、界址线、宗地有无遗漏,位置是否正确;界址点标志是否完整、规范。

(5)地籍区、地籍子区、宗地划分是否合理、正确、标注是否无误。

(三)地籍控制测量部分

1. 室内检查

(1)坐标系统的选择是否符合要求、长度变形是否超限。

(2)各等级控制网点布设是否合理、点位密度是否适当,精度是否符合要求,是否能满足界址点测量、地籍图测量和像片联测要求。

(3)起算数据是否正确、可靠,首级控制等级选择是否适当,实测方法是否正确。

(4)所用仪器是否经过质检部门检验合格,且在合格有效期内。

(5)各等级控制网施测、平差方法是否正确,各项误差有无超限。

(6)高程基准选择是否正确、实测精度是否能够满足内业要求。

(7)各种观测记录手簿记录数据、成果资料是否齐全、规范,内容是否完整。

2. 外业检查

(1)控制点位置是否适当。标志设置是否规范,与点之记描述是否一致;像控点与实地是否对应,判读是否有误,刺点位移是否超限。

(2)GNSS 控制点观测条件是否符合国家规程要求。

(3)地籍控制点与像控点观测条件和精度是否一致。

(4)外业检测精度是否符合要求。

(四)航摄资料部分

1. 航摄资料检查

(1)影像资料、数字图像是否符合国家规程要求。

(2)飞行质量是否满足需要。

(3)机载 GNSS、IMU 记录是否完整正确。

2. 像控点与外业调绘片检查

(1)野外像控点布设是否满足要求,位置是否符合像片条件。

(2)刺点误差及刺孔误差是否超限,整饰是否规范。

(3)调绘片是否齐全。

3. 数字正射影像图检查

(1)数学要素精度和内容是否符合《地籍调查规程》(GB/T 42547—2023)规定。

(2)影像美观、色调协调、反差等方面是否符合要求。

(3)界址点间距、界址点与邻近地物点间距等各项精度是否符合规定。

(4)影像与界址点、界址边套合是否合理。

(5)图幅接边是否无误,是否存在移位、属性不一致或逻辑错误。

(五)细部测量与地籍图测绘部分

1.室内检查

(1)检验核对地籍图的数学精度、地籍要素的勘测精度是否符合国家规程要求。

(2)地籍、地形要素有无错漏,图上表示的各种地籍要素与地籍调查结果是否一致。

(3)观测记录及数据是否齐全、规范。

(4)地籍图、表资料是否齐全,内容填写是否完整,各项注记是否正确。

(5)宗地号编列是否符合要求,有无重、漏。

(6)地籍图地籍要素、地物要素表示是否完整、正确,取舍是否合理;各种符号使用是否正确。

(7)宗地图检查。界址点精度、面积精度是否符合要求;宗地图内容是否完整,相邻宗地表示是否正确;符号和注记是否正确、规范。

(8)图廓整饰及图幅接边是否符合要求;图幅接合表、地籍索引图的绘制是否正确。

2.外业检查

(1)界址点、界址线位置是否与实地一致、无遗漏,界址点标志设置是否规范。

(2)建筑物结构、层次是否正确。

(3)地物要素有无遗漏,取舍是否恰当。

(4)各类用地判别是否准确、划分是否合理、注记有无遗漏。

(5)界址点、地物点点位精度是否超限,粗差率是否超限。

(6)界址点间距、界址点与邻近地物点间距、地物相邻间距等实地检测精度是否符合要求,误差是否超限。

(7)图上数据和实地勘丈数据之差是否符合要求。

(六)面积量算及汇总统计

(1)面积量算方法是否正确,误差是否符合国家规程要求。

(2)汇总统计表格是否齐全,数据是否正确。

(3)表内纵向、横向数据是否平衡,表间的衔接是否严密、逻辑关系是否正确。

(七)地籍数据库建设部分

(1)地籍数据库结构是否合理、数据格式是否正确。

(2)采用的建库平台是否符合规范和技术设计要求。

(3)功能是否完善,安全性是否严密。

(4)系统是否健全,是否便于查询、修改和历时回溯。

(5)输出的地籍图和地籍数字正射影像是否符合规范要求。

(6)输出的数据及各类汇总统计表格是否齐全、表与表之间的逻辑关系是否正确。

(八)文字报告部分

主要检查报告内容是否齐全、结构是否合理、表达是否清楚、技术术语运用是否正确;文字是否流畅,分析是否深刻。能否反映当地调查工作特色、技术特点和土地利用现状与利用潜力。报告书写格式是否统一规范。

(九)电子资料部分

只进行内业检查,对文件归档的有序性、平差计算成图等软件的正确性、资料的完整性、GIS接口的双向读写方面进行100%检查,对图形属性进行30%的抽查,主要检查以下几个方面。

1. 电子资料的齐全性

检查电子资料是否齐全有序。

2. 电子资料的一致性

防止伪造计算成果精度指标,避免检查发现问题后只对部分成果进行修改。主要包括:

(1)检查人员采用相同的软件及方法,通过提交的原始数据和起算数据获得的成果与提交的成果是否一致。

(2)地籍图、宗地图的内容是否一致。

3. 资料的正确性

(1)采用的各种软件是否符合要求。

(2)地籍图中的符号运用是否正确,地物属性、图层放置是否正确,图中是否有飞点、废点、重复导入等。

(3)地籍图绘制时是否严格捕捉,界址点是否有漏、重现象,宗地属性是否正确、完整。

(十)成果资料整理部分

(1)地籍测量的图件成果、图面整饰是否美观,各项内容是否齐全、符合规定要求。控制网展点图、地籍索引图尺寸、比例尺是否适中、合理。

(2)图件以外的文字、表格等资料是否分别装订成册,内容是否完整,封面是否注明本项目成果名称和资料成果的范围。

(3)提供的磁盘文件是否齐全完整,是否注明所属内容、范围和测绘时间。

五、成果的检查方法与要求

地籍调查与测量成果必须按照一定比例进行内、外业检查,检查方法有核查分析、比对分析、实地检查及综合检查等方法。不同类型的成果采用不同的检查方法。例如:调查资料采用综合检查方法,数学基础、地籍要素等多采用核查分析和比对分析的检查方法,平面位置精度采用实地检查的检查方法。

本任务着重讲述外业勘测和地籍图成果精度的检查要求及方法。其他成果资料的检查可参阅《地籍图质量检验技术规程》(CH/T 5004—2014)、《测绘成果质量检查与验收》(GB/T 24356—2023)等相关规程。

(一)数学基础

1. 坐标系统、成图比例尺

采用核查分析的方法,核查起算点、控制网平差报告、技术设计、技术总结等资料,分析成图坐标系统是否正确、地籍图成图比例尺是否符合要求。

2. 图廓、坐标格网

采用比对分析的方法对图廓角点坐标、图廓边长、格网点坐标间距的正确性和对角线长度的符合性进行检查。

按照技术设计对坐标系统、分幅的要求分别计算各项理论值,与在数字地籍图及模拟地籍图上采集的数据进行比对、提交差值,分析图廓、坐标格网各项要素的正确性。

数字地籍图的各项数据使用软件在地籍图上直接获取,模拟地籍图使用一级线纹米尺等测量器具量取各项数据。

3. 图根控制点测量精度检查

采用核查分析、比对分析和实地检查的方法,对图根控制点的精度进行检查。

(1) 内业检查图根控制点观测数据、观测记录、平差计算报告等资料。分析图根控制测量观测条件、图根控制测量计算和重要限差的正确性、符合性。控制测量平差计算必要时可重新计算。

(2) 实地检测图根控制点精度,实测精度等级应高于原测精度等级,采集的数据与原测图根控制点数据进行比对,统计平面较差、点位中误差。

实地检测埋石图根点重合检测比例一般不低于总图根点个数的 5%,重合检测的平面较差、点位中误差应符合规范、设计的要求。

(二) 平面位置精度检查

采用实地核查的方法对外业勘测数据及地籍图测绘成果的质量进行检查。

1. 检测控制要求

平面精度检测控制要求应遵循以下原则:

(1) 利用原测图根控制点检测时,应对所需的图根点进行检查,检查按照生产技术标准相关规定执行。

(2) 当原测图根点不能满足检查需要时,应在等级控制点上布设检测控制点,检测控制点布设应符合规范和技术设计的相关规定和技术指标。

2. 数据采集要求

检测点数据采集要求如下:

(1) 采用全站仪极坐标法采集数据时,应进行后视坐标与第三个图根点坐标检核,其点位误差应符合测站点相对于邻近图根点的精度要求。

(2) 采用 RTK 测量方法采集数据时,测前、测后应与已知点坐标进行比对检核,其点位平面误差应符合图根点相对于邻近图根起算点的精度要求。

(3) 平面检测数据地理位置分布应均匀,要素覆盖全面。

(4) 检测点(边)的数量视地物复杂程度、比例尺等具体情况确定,一般每幅图应在 20~50 个(条)。

(5) 采集的检测点包括界址点、明显地物点、地类界拐点等。

(6) 采集的检测边包括界址点之间、界址点与邻近地物点之间、邻近地物点之间的距离。采集的边应相互独立。

(7) 与同一地物点相关的检测边不宜超过两条。

(8) 距离量测宜独立进行两次,取中数进行统计。

3. 精度统计要求

平面精度检测精度统计要求如下:

(1) 精度统计按单位成果进行,困难时可以适当扩大统计范围。

(2) 当检测点(边)数量小于 20 时,以误差的算术平均值代替中误差;当数量大于等于

20时，按中误差统计。

(3)高精度检测时，在允许中误差2倍以内(含2倍)的误差值均应参与数学精度统计；超过允许中误差2倍的误差视为粗差。

(4)同精度检测时，在允许中误差$2\sqrt{2}$倍以内(含$2\sqrt{2}$)的误差值均应参与数学精度统计；超过允许中误差$2\sqrt{2}$倍的误差视为粗差。

(5)当粗差率大于等于5%时，判定精度不合格；当粗差率小于5%时，将每个粗差按其要素的重要性按地理精度统计。

4. 误差检查与精度评定

1)解析界址点、地物点点位误差检查与精度评定

解析界址点、地物点点位误差检查必须在野外进行，尽量以原测站不同的已知点为依据，利用高精度或同精度方法重新施测解析界址点、地物点的坐标进行比较，填写表11-1，并计算中误差。

表11-1　解析界址点点位精度检查记录表

第　页　共　页

项目名称：										
比例尺：					图幅号：					
检测方式：					单位：m					
仪器名称、型号：					仪器编号：					
地籍子区	宗地号	界址点号	原测坐标		检测坐标		坐标较差		ΔS^2
			X	Y	X'	Y'	ΔX	ΔY	
备注：									
检测点数量 n：　个			粗差数量：　个				中误差(cm)：±		
检查者：					检查日期：				

注：界址点按地籍子区编号时，宗地号可不填；当地物点精度检查时，填写宗地号；界址点号栏填写地物点类型。

在表11-1中坐标较差为

$$\Delta X = X - X'$$

$$\Delta Y = Y - Y'$$

$$\Delta S = \sqrt{\Delta X^2 + \Delta Y^2} \tag{11-1}$$

用高精度方法检测时，界址点点位中误差为

$$m = \sqrt{[\Delta S^2]/n} \tag{11-2}$$

同精度方法检测时，界址点中误差为

$$m = \sqrt{[\Delta S^2]/2n} \tag{11-3}$$

2)宗地草图勘丈精度检查

宗地草图上的界址点间距误差、界址点与邻近地物点关系距离误差检查通常采用原测

距离或解析坐标反算边长与实地检测距离或检测坐标反算边长相比较,填写表 11-2,并计算中误差。

表 11-2 界址点间距误差记录表

第　页　共　页

项目名称:						
地籍区:			比例尺:			
地籍子区	宗地号	界址点号	原测距离/m	检测距离/m	较差 Δ/cm	Δ^2
备注:						
检测边数量 n:　　条		粗差数量:　　条		中误差(cm):±		
检查者:			检查日期:			

一般情况下,视原测距离与检测距离是同精度的。检查 n 条边时,间距中误差为

$$m = \sqrt{[\Delta^2]/2n} \tag{11-4}$$

界址点与邻近地物点关系距离的检查方法及精度评定与界址点间距误差的检查相同。

3)地籍图精度检查

(1)图上界址点间距误差检查。

将图解距离或相应的解析反算边长与检测距离或宗地勘丈数据进行比较。用表 11-3 进行记录,用相应公式计算中误差,并与规定允许误差进行比较。

表 11-3 地籍图精度检查记录表(室内检查)

第　页　共　页

项目名称:						
地籍区(图幅号):				比例尺:		
地籍子区	宗地号	界址点号	图解距离/m	比较距离/m	较差 Δ/cm	Δ^2
备注:						
检测边数量 n:　　条		粗差数量:　　条		中误差(cm):±		
检查者:			检查日期:			

间距中误差计算公式可采用式(11-2)计算。表 11-3 也可用于界址点与邻近地物点关系距离、邻近地物点间距误差检查。

(2)图上地物点点位精度检查。

利用野外检测坐标与图上坐标进行比较，填写表 11-4。点位中误差可采用式(11-2)计算。

表 11-4　图上地物点点位精度检查记录表(室内检查)

第　　页　　共　　页

项目名称：									
地籍区(图幅号)：									
比例尺：									
检测方式：					单位：m				
仪器名称、型号：					仪器编号：				
地籍子区	宗地号	界址点号	图解坐标		检测坐标		坐标较差		ΔS^2
			X	Y	X'	Y'	ΔX	ΔY	
备注：									
检测点数量 n：　　个				粗差数量：　　个			中误差(cm)：±		
检查者：					检查日期：				

注：界址点按地籍子区编号时，宗地号可不填。

(三)成果评定标准

地籍调查与测量成果的评定内容分别由文字材料、权属调查、地籍测量、面积量算和汇总等多个单项构成。按各单项权重和检查得分合计评定成果等级。

成果等级分为优、良、合格、不合格四个等级，总分分别对应：得分≥95 分、95 分>得分≥85 分、85>得分≥80 分、得分<80 分(可参阅相关评定标准)。

(四)检查验收报告的编制

检查验收报告可参阅《测绘成果质量检查与验收》(GB/T 24356—2023)进行编制。报告编制要做到：实事求是，客观公正；数据准确，内容翔实；观点明确，重点突出；条理清晰，文字通顺。

内容包括：检查验收工作概况、受检成果概况、检验依据、抽样情况、检验内容及方法、主要质量问题及处理、质量统计和质量综述等。

(五)检查验收资料的整理

(1)检查验收工作结束后，须整理未返回的资料，会同检查资料进行归档。

(2)整理归档的资料主要包括技术设计书、技术总结、检查报告、检查使用的图件、权属调查卷宗、数据光盘等资料。

(3)整理归档的检查验收资料包括检查验收报告、成果抽验单、原始检查记录、检测数据等。

任务五　地籍调查与测量报告编写

地籍调查与测量相关报告为用户(或下工序)对成果(或产品)的合理使用提供方便,为测量单位持续质量改进提供依据,同时也为技术设计及有关技术标准、规定的制定提供资料。地籍调查与测量技术报告是与成果(或产品)有直接关系的技术性文件,是长期保存的重要技术档案。

地籍调查与测量相关报告主要包括技术报告、工作报告、成果分析报告、数据库建设报告及检查验收报告等,须分别撰写、单独装订。

一、技术报告

调查区的地籍调查与测量工作完成后,进行该区地籍调查与测量技术报告的编写。针对技术路线的选择、技术方法的实施及成果资料的质量、工作中的问题等加以总结分析,以便为更好地开展今后的地籍调查与测量工作提供借鉴,并作为技术档案保存。

(一)编写要求

(1)对调查与测量成果的质量作出评价。

(2)反映调查过程中出现的问题及采取的处理方法。

(3)语言应规范、文字应简练。

(二)技术报告的内容

1. 概述

(1)调查区概况:调查区的地理位置、用地特点,工作目的、意义、目标,完成的工作量、宗地密度等。

(2)技术路线及技术路线制订的依据(政府文件、技术规程及规范等)。

(3)采用的资料来源、类别、参数、采集时间、质量状况等。

(4)队伍情况:权属调查人员、培训、地籍测量队伍情况,技术力量、设备等情况。

(5)工作周期:建议列表按各项工序工期统计,如培训时间、权属调查时间、控制测量时间等。

(6)完成的主要成果:控制网覆盖的面积、各等级控制点数、完成的测区面积、调查的宗地数、测定坐标界址点数和地物点数、地籍图份数、宗地图份数及面积统计成果等。

2. 地籍调查与测量的技术措施

(1)权属调查:①权属调查的实施及技术流程;②界标设置,界标种类设置方法、费用,有无不合理的现象及其产生的原因,界标管理措施等;③界址边长等长度的丈量方法与工具;④宗地草图的绘制:草图制作方法;⑤地籍调查表的填写,各部分填写的情况,特别要总结新的适合当地情况的具体经验。

(2)地籍控制测量:①坐标系的选择(包括投影带、投影面的选择)、起始点、起始方向;②点位情况(包括埋石、标志、标石质地等)、埋设深度与方法、点之记或点位说明情况,经验与建议;③施测情况、平差方法及精度评定。

(3)地籍细部测量:①界址点测定方法;②制作地籍图方法,内容的取舍标准,图的分幅与编号等;③面积量算方法,面积统计结果;④宗地图制作方法。

(4)地籍调查结果公示及确认。

(5)地籍数据库建设

(6)土地登记发证。①土地登记申请;②权属审核;③土地地籍公告;④注册登记;⑤核发证书。

(7)面积量算及汇总统计。

3. 质量控制

(1)质量控制措施及监控流程。

(2)成果资料"三级"检查工作的执行情况。

4. 其他方面

如采用先进的技术方法,质量检查结果综述,经验教训的总结、分析,建议等。

二、工作报告

地籍调查与测量工作报告主要反映工作组织、计划安排及执行情况、经费落实情况等内容,一般由项目主持单位编写。

(一)编写要求

(1)报告应准确地反映整个工作过程的组织、计划、程序等。

(2)报告本身语言应简练,经验教训分析应具体、确切。

(二)工作报告的内容

(1)基本情况:指地理位置、自然条件和社会经济条件,如交通便利程度、工商业发展状况、宗地密集程度等。

(2)工作目的和任务。

(3)工作组织实施情况:指领导班子的形成、职责,准备工作,人员的组成,与其他部门关系的协调及组织实施等。

(4)工作计划:指时间安排、经费安排、工作进度。建议填写一份表格(见表11-5)。

表11-5　工作计划安排

项目	时间	经费	进度

(5)工作程序:指调查与测量工作的流程。

(6)工作成果及质量评述。取得的成果包括调查宗地情况、界址点数量、证书发放情况、土地权属争议状况等及成果质量的评述。

(7)经验和存在的问题等。

三、成果分析报告

成果分析报告主要包括以下内容:

(一)概况

区位条件和地理位置,自然条件,经济及社会状况,调查范围及确定的依据和方法。

(二)宗地划分的情况等

(1)地籍区、地籍子区的划分。

(2)宗地的设立情况。列表说明各地籍区宗地数量及面积。

(三)使用权现状及分析

(1)土地使用权现状及管理简述。

(2)土地利用现状调查完成后,建设用地逐年的变化情况、分类统计的建设用地情况及使用情况分析,住宅用地面积与规定面积的对比分析、人均住宅用地等。

(3)土地登记发证情况分析。

(四)土地使用权争议情况分析

土地权属争议的产生和现状,土地权属争议宗地的类型、分布、数量和面积等,已解决权属争议的方式、方法,未解决权属争议的现状、原因及解决的建议等。

(五)建设用地流转的现状及建议

集体土地建设用地流转的方式、方法及征地补偿的建议探讨,在流转过程中保护农民权益,稳定农民集体、农民与土地长期稳定的产权关系等。

(六)经验和存在的问题

总结地籍调查与测量工作的经验及问题,提出合理利用土地资源、挖掘农村土地资源市场潜力,确保土地流转和征收过程中维护农民权益的政策、措施及建议。

四、数据库建设报告

数据库建设报告包括以下内容。

(一)概述

概述包括建库背景、数据库建设的主要任务等。

(二)技术路线和作业依据

包括数据库建设的技术路线、流程及作业依据的技术规范等。

(三)数据库建设方法

(1)准备工作:①资源配置;②编制数据库建设方案;③数据源准备。

(2)资料预处理:①图面检查;②界址点数据检查;③土地登记资料检查;④电子数据检查;⑤登记档案整理检查。

(3)数据采集与处理:①数据采集与处理的原则、方法;②各要素数据采集;③数据检查。

(4)数据入库等:①数据入库前检查;②矢量、格栅、元数据入库;③扫描件入库;④面积计算。

(四)数据库成果

数据库成果包括数据成果、图件成果、文字成果、数据库成果、土地登记成果、输出成果的展示等。

(五)数据库建设质量控制

质量控制制度、质量控制方法、成果评述等。

(六)存在问题及解决办法

已解决的问题及处理方法、未解决的问题及处理建议等。

(七)数据库应用及设想

数据库建设成果的应用及对其他行业管理的数据、技术支撑。

五、检查验收报告

按照检查验收的内容，在各级检查完成后进行报告的编写，作业单位提交“检查报告”，包括自检、互检和专检情况。检查报告的编写要求与内容如下。

（一）编写要求

（1）报告中检查的内容要详尽，检查的方法应明确。

（2）报告语言应简练，检查出的问题及处理意见应明确。

（二）检查报告的内容

（1）项目概述：项目区的地理位置、自然条件和社会经济条件及项目的主要任务等。

（2）检查工作概况：主要包括检查人员、检查的技术依据、检查的方法、检查的内容和检查工作的重点。

（3）各项检查的情况：根据检查方法描述各项检查的情况，包括室内检查情况和室外设站检查情况；应详尽地描述检查的内容是否满足规范的要求及不合格内容的情况。

（4）存在的质量问题：主要包括各项检查内容中发现的需要整改的质量问题。

（5）遗留问题。

（6）质量评定及结论：通过对项目的检查情况，对项目的实施进行质量评定。

任务六　相关案例

——以××县农村集体土地使用权确权登记发证工作为例

一、项目背景

为贯彻落实《中共中央、国务院关于加大统筹城乡发展力度进一步夯实农业农村发展基础的若干意见》（中发〔2010〕1号）和《国土资源部、中央农村工作领导小组办公室、财政部、农业部关于农村集体土地确权登记发证的若干意见》（国土资发〔2011〕60号），要求“加快农村集体土地所有权、宅基地使用权、集体建设用地使用权等确权登记颁证工作”，××县国土资源局于2014年组织开展“××县农村集体土地使用权确权登记发证项目”。

（一）调查区概况

××县隶属于河南省××市，位于东经115°40′～116°12′。县境东西宽47.5 km，南北长67.6 km，面积1 558 km^2，周边与3县2区相邻。西靠××区和××区，北邻××县，东接××县，南连××县。

地处黄河冲积平原的中部，属黄河冲积平原，地势由西北向东南微倾。海拔高度在39～58 m，平均海拔为50 m。

××县区位优越，十县通衢，投资环境优良。境内多条高铁、高速公路、国道、省道构成了便利快捷的交通网络。

（二）工作内容及目标

根据《河南省农村集体土地使用权确权登记发证实施细则》（简称《细则》的要求，××县农村集体土地使用权确权登记发证工作的目标是：查清县行政区域内所有集体土地使用权的权属情况、土地利用状况、空间位置及面积等。完成每宗宅基地和集体建设用地的权属调查和地籍测量工作;测绘1:500地籍图;建立集体土地使用权数据库和管理系统;根据县级人民政府的确认文件,开展集体土地使用权登记,核发土地证书,确认集体土地使用者的集体土地使用权。完善已有集体土地使用权登记成果,提升农村集体土地产权的管理水平。

(三)作业依据

根据项目的实际情况引用合适有效的法律法规和技术依据(此处不一一列出)。

1.法律法规、政策依据

法律法规、政策依据略。

2.技术依据

技术依据包含但不限于本项目所列规范和标准。以上规范和标准如有变化,以最新发布的为准。

(四)完成的工作任务及工作周期

完成每宗宅基地和集体建设用地的权属调查和地籍测量工作;建立集体土地使用权数据库和管理系统。

本次共调查乡镇办(地籍区)28个,调查行政村(地籍子区)473个,调查宗地246 964宗。符合登记发证宗地245 087宗,完成确权登记宗地245 087宗。

××县农村集体土地使用权确权登记发证项目于2014年7月22日发布招标公告,2014年8月20日中标结果公示,2014年10月中标作业单位进场,2017年7月完成全部工作并提交成果,2017年10月通过省级验收。

二、准备工作

(一)组织准备

××县人民政府成立了以分管副县长为组长,政府办、国土局、财政局、农业局、民政局及各乡镇分管领导为成员的加快推进农村集体土地确权登记发证工作领导小组,负责本区的农村集体土地确权登记发证工作方案的制订及地方关系协调工作。

调查队伍由通过招投标选拔的11家测绘单位(10个作业标段、1个监理标段)组成,这11家单位均在省国土厅评审公示的土地调查单位名录中。

(二)技术准备

由第一标段作业单位牵头,其他标段配合,进行技术方案的制订,并编制技术设计书。

由项目领导小组组织各作业标段的主要技术人员进行技术培训,统一调查方法,规范登记程序。

(三)宣传发动

制订集体土地确权登记发证工作宣传方案,利用新闻媒体、网络、手机短信群发、通告张贴等,开展形式多样的宣传活动。

(四)设备表格准备

调查队伍准备充足的GNSS接收机、全站仪、手持测距仪、钢尺等仪器工具,配备相应的计算机、绘图仪、打印机、扫描仪等外部设备及软件系统、界址点标志模板;调查表、指界通知书、法人身份证明书等调查表格。

(五)资源配置

调查队伍投入项目人员共计317人。其中:高级工程师36人,工程师89人,其他人员

192 人。投入 GNSS 接收机 33 台、全站仪 59 台、水准仪 12 台、绘图仪 22 台、计算机 168 部、CASS 软件 130 套、苍穹建库软件 12 套、信息管理系统软件 1 套、配备汽车 16 辆。

（六）资料的收集利用情况

对收集到的资料进行分析，可以使用的资料有：

（1）××县第二次土地调查资料，该成果已通过省国土资源厅组织的省级验收。根据本次调查的目标任务，利用该成果中村庄（203）用地范围线确定本次调查工作的对象范围。该范围外的集体建设用地只调查、测量，不登记发证。

（2）××县农村集体土地所有权确权登记发证成果资料以及地籍区、地籍子区划分成果资料，该成果已通过省级验收。其地籍区、地籍子区划分成果、地理名称可直接使用。

（3）省国土资源厅农村集体土地登记发证省级专项工作"控制测量"项目 D 级、E 级 GNSS 控制点成果，该成果已通过省国土资源厅组织的验收，成果为：①1980 西安坐标系，统一高斯投影 3°带平面直角坐标系统，1985 国家高程基准；②CGCS2000 大地坐标成果。其点位密度和精度满足首级控制网点的要求。

因调查区中东部地区长度变形大于 2.5 cm/km，通过分析计算采用 1980 西安坐标系，高斯-克吕格投影，3°分带，中央子午线为 116°00′，投影基准面为 1980 西安坐标系参考椭球面，简称"××县地籍调查地方坐标系"。对 D 级、E 级 GNSS 控制点成果通过坐标换带计算，所获得的成果直接作为首级控制成果使用。

（4）调查区没有基础图件可供实地调查使用，需要实测 1∶500 数字地形图作为调查底图。

（七）试点工作

各标段的试点均选择在项目部所在的行政村，选择 1~2 个自然村进行试点工作。按照技术要求进行地籍调查和测量工作的实施，并总结经验，完善技术方案、优化作业程序。

三、地籍调查与测量工作的实施

在准备工作完成后，各作业标段成立项目部，进行地籍调查组、地籍测量组、数据库建设组、质量检查组的配置及分工，依据技术方案全面铺开地籍调查与测量工作。在项目实施过程中，作业单位自检、互检、专检工作贯穿整个作业过程，并接受监理单位的实时监管及××县国土资源局的指导、抽查。

在地籍调查与测量工作全面铺开前，由乡（镇）人民政府主持召开由乡（镇）土地管理所、各行政村干部、作业单位技术人员参加的动员会。进村入户开展工作时，由乡（镇）土地管理所所长带领与村委会干部见面接洽，并了解在现场工作时应注意的村规民约。

（一）地籍平面控制测量

地籍平面控制测量工作按照首级、加密、图根逐级测设。本项目已有的 D 级、E 级 GNSS 控制点能够满足首级控制网点的要求，根据《河南省地籍调查县级平面直角坐标系建设的若干意见（试行）》（豫国土资办发〔2014〕13 号）的要求，在首级控制网点的基础上，利用首级控制点成果，求算出本区的坐标转换参数，采用全球定位系统实时动态测量方法（RTK）直接布设图根控制点。RTK 图根点测量的观测和计算等按照《全球定位系统实时动态测量（RTK）技术规范》（CH/T 2009—2010）和《细则》执行。

全调查区共测设图根点 23 857 个。图根点密度满足界址点、地物点等测量精度要求，在村庄内主要道路设置埋石图根点,硬化路面采用钢钉标志。

控制测量由专人负责,形成的图根控制点测量成果提交测绘作业组,测绘作业组以此成果为基础进行地形图的测绘工作。

(二)调查底图的测绘

1. 外业数据采集

地形图测绘作业组接收图根控制点测量成果后,及时对成果进行检查,检查合格后进行地形图外业数据采集。图根点测量精度检查可与地形图测绘工作同步进行,做好检查记录。

为减少界址点测量的外业工作,在施测过程中,对明显地物拐点按照界址点精度进行测量,后期地籍图及界址点坐标在地籍调查底图上直接编辑、提取。

2. 内业绘图

地籍调查底图内业编辑利用南方 CASS9.1 成图软件进行编辑,以外业测绘数据为依据,以《城镇地籍数据库标准》(TD/T 1015—2007)和《国家基本比例尺地图图式 第1部分:1∶500 1∶1 000 1∶2 000 地形图图式》(GB/T 20257.1—2017)为标准,进行1∶500数字线划图的编辑,绘制满足地籍调查及地籍图编辑需要的调查底图。绘制完成的地形图经过自检、整改后,以地籍子区为单位提交给地籍调查作业组。全调查区共测制2 080幅1∶500以村庄为单位地籍调查底图。

(三)地籍调查工作

地籍调查作业组对接收的地形图进行检查,并做好检查记录。会同测绘作业组进行整改后,套合地籍区、地籍子区界线成果,制作地籍子区调查底图。按照工作计划进行地籍要素的外业调查工作。

(四)地籍图件的编辑

地籍图件的编辑由地籍调查人员负责,测绘人员协助。根据外业调查结果,使用南方 CASS9.1 成图软件在调查底图上直接编辑地籍图、录入宗地属性,并根据调查结果对调查底图的图形精度、注记、地物属性等内容进行检核,做好检查记录,发现的问题会同测绘人员进行核查整改。经检查无误的地籍子区地籍图提交数据库建设作业组进行集体土地产权信息系统建设工作。

(五)数据库建设

数据库建设作业组接收到地籍调查与测量成果后,对数据进行转换、入库维护,维护中发现的问题做好记录,会同地籍调查与测量人员进行核实、整改。其他数据信息(如土地证书编号、扫描件等)在登记发证工作完成后进行。

四、地籍调查结果公示与确认

使用数据库软件输出权属无争议的宅基地和集体土地建设用地的地籍调查结果,在村委会公示栏内进行张贴公示。调查结果公示包含权利人姓名、宗地代码、宗地面积、土地用途等,公示期为7天。公示期间有异议的,核实情况再处理;处理结果在行政村内再公示7天。

公示期间无异议且符合土地登记条件的宅基地、集体建设用地权属调查和地籍测量成果,以乡(镇)为单位报××县人民政府确认。

五、土地登记发证

土地登记发证工作由××县国土资源行政主管部门负责完成。土地证书由作业单位根据审核结果在地籍信息管理系统下进行打印，证书编号以地籍子区为单位入库维护，经检查无误后进行数据库合库工作。

六、成果整理归档

（一）数据库成果

各标段对检查、整改后的地籍子区数据库进行合库，合并后的地籍数据库提交牵头标段（第一作业标段）作业单位进行调查区地籍数据库的合并工作。

（二）数据汇总资料

在地籍数据库支持下，输出并打印各类权属土地面积数据、宗地数据、土地权属信息数据、发证宗地数量和未发证宗地数量等汇总统计表。以地籍区为单位分别装订，封面注明资料名称及汇总时间等信息。

（三）地籍图件的制作

使用数据库建库软件进行标准分幅地籍图、分幅接合表、地籍索引图、乡级集体土地使用权权属争议分布图的制作及输出。

地籍图作为地籍管理的基本图件，采用 50 cm×50 cm 标准分幅，全调查区共制作标准分幅集体土地使用权地籍图 3 415 幅。

（四）土地登记成果

（1）对需要组卷的资料以宗地为单位进行扫描，应以宗地代码为名建立文件夹存放，以宗地→地籍子区→地籍区→调查区的顺序逐级汇总并用磁盘存储，与地籍数据库进行挂接。

（2）宗地调查资料按宗进行立卷。

扫描工作完成后，以宗地为单位进行卷宗整理装订，内容包括封面、目录、地籍调查表、权源文件、土地登记发证等工作过程中形成的调查资料。不符合发证条件的宗地卷宗组卷到宗地草图，其后资料待完善后进行补充。

宗地卷宗封面、内容见图 11-2、表 11-6。各项调查资料按调查法定顺序进行组卷。

（3）共用资料。

共用资料以地籍子区为单位整理组成共用卷宗。内容主要有：

①所有权人法定代表人证明书及指界委托书，县级人民政府确认文件。

②各类通告公示张贴照片。包括县政府发布的调查通告、土地使用情况调查结果公示、地籍调查与测量结果公示、县国土资源管理部门土地登记审核结果公告等。

（4）违法用地及不符合发证条件的宗地根据调查资料按照上面要求同步组卷。

（5）调查底图等过程资料以地籍子区为单位进行归档，并填写档案内容及目录。

（6）宗地卷宗按扫描资料名称和目录顺序进行命名排序，以宗地为单位建立文件夹，文件夹名称以宗地代码命名。按照宗地→地籍子区→地籍区的顺序命名排序。

（五）控制资料成果

1. 首级控制点成果

提交首级控制点坐标换带计算成果，并注明各项参数：中央子午线、投影面、高程基准等。

××县国土资源局

集体土地使用权总登记

宗地代码

土地权利人

土地坐落

自　年　月至　年　月	保管期限	永久
本卷共　件　页	归档号	

全宗号	目录号	案卷号

图 11-2　宗地调查资料卷宗封面

表 11-6　卷内资料目录

序号	资料名称	单位	数量	备注
1	权利人指界通知书	页		
2	权利人身份证及户口本复印件	页		
3	邻宗指界通知书	页		
4	邻宗身份证及户口本复印件	页		
5	地籍调查表	份		
6	宗地图	页		
7	界址点成果表	页		
8	权属来源证明	页		
9	土地登记申请书	份		
10	土地登记审批表	份		
11	土地证复印件	页		
12	其他资料	页		

2. 图根控制测量成果

原始观测记录、平差计算资料、坐标成果表均以地籍区为单位进行打印装订，封面注明资料名称、范围、测量日期等信息（可分册装订，同一地籍子区不分册）。

（六）地籍测量资料的整理

按照技术设计的内容和格式输出地籍分幅图、宗地图、界址点成果表、地籍图图幅接合表、地籍索引图等。以地籍子区为单位进行叠放、装袋（档案袋）。同时整理提交电子资料。

（七）文字成果的整理

自检报告、专检报告、技术报告、数据库建设报告及成果分析报告分别撰写、装订。各项编写信息及签章手续完善。

七、成果验收

检查无误后的成果资料提交监理单位进行内业检查和实地核对，成果质量符合规程规范要求，由领导小组提交验收申请报告。

根据《细则》《地籍调查规程》（GB/T 42547—2023）等检查验收标准的要求，河南省国土资源厅组织专家对成果进行检查验收。

2017 年 10 月由河南省国土资源厅组织专家对该项目进行验收。室内检查（4 人）和外业核查（5 个组）同时进行，检查工作由验收组成员领队，作业单位技术人员配合。根据《地籍调查规程》（GB/T 42547—2023）要求，对各标段的成果按比例随机抽取样品，经过 3 天的检查及数据汇总，最终评定成果合格，通过省级验收。

【项目小结】

本项目首先讲述地籍调查与测量项目实施的基本原则及保质保量完成地籍调查与测量任务的各项保障措施；其次结合相关案例讲述了地籍调查与测量项目的技术方案设计、作业流程、工序间的衔接、成果整理及检查验收、报告的编写内容。

通过本项目的学习，应当明确以下几点：

（1）地籍调查与测量是一项测绘技术与法律综合应用的工程，作业必须依法合规。

（2）掌握地籍调查与测量的工作流程、权属调查各项工作的时间逻辑关系。

（3）掌握地籍调查与测量工作的质量管控措施及检查验收办法、技术要求。

思考与练习

11-1　地籍测量项目实施的基本原则是什么？

11-2　简述地籍调查与测量项目实施的流程。

11-3　地籍技术设计书包括哪些内容？

11-4　简述地籍调查与测量成果检查验收的内容。

项目十二 土地勘测定界

【项目概述】

土地勘测定界工作为土地利用总体规划、征地补偿方案、土地评估和土地监察等提供科学、及时、准确、翔实的信息。土地勘测定界的主要目的是保证用地审查,使用地审批工作更加科学化、制度化、规范化,健全了用地的准入制度;使项目用地依法、科学、集约和规范,严格控制非农业建设占用耕地,保障耕地保护制度的实施。本项目主要介绍勘测定界的作业流程、方法及成果检查验收。

【学习目标】

了解勘测定界的外业、内业及勘测定界成果的检查与验收。

【思政导入】

土地为人类的生存和发展提供了客观的、基础的物质条件,人类赖以生存的衣食住行的基本条件都源于土地。虽然我国幅员辽阔,但我国人口数量众多,可利用的土地资源面积有限。因此,实现土地的可持续发展具有深远意义,有利于促进经济由粗放型向集约型方式的转变,使经济发展与人口、土地、环境协调发展。《中华人民共和国土地管理法》规定:十分珍惜、合理利用土地和切实保护耕地是我国的基本国策。各级人民政府应当采取措施,全面规划,严格管理,保护、开发土地资源,制止非法占用土地的行为。而土地勘测定界则是土地审批过程中的重要环节,对依法、合理利用土地有着重要意义。

【正文】

任务一 概 述

一、土地勘测定界的概念

土地勘测定界(简称勘测定界)是根据土地征收、征用、划拨、出让、农用地转用、土地利用规划及土地开发、整理、复垦等工作的需要,实地界定土地使用范围、测定界址位置、调绘土地利用现状、计算用地面积,为国土资源行政主管部门用地审批和地籍管理等提供科学、准确的基础资料而进行的技术服务性工作。勘测定界工作,在各级国土资源行政主管部门组织下,由有资格的勘测单位承担。

二、土地勘测定界的意义

土地勘测定界工作的意义在于:保障用地审查,使用地审批工作更加科学化、制度化、规范化,健全用地的准入制度;使项目用地依法、科学、集约和规范,严格控制非农业建设占用耕地,保障耕地保护制度的实施。土地勘测定界工作是项目用地从立项到审批程序中的重要环节,是用地审批的重要依据。

项目用地环节:项目立项→预审→项目可行性研究论证→初步设计论证→勘测定界→审查报批→取得建设用地批准书。

三、土地勘测定界的特点

(1)综合性。土地勘测定界工作兼有地籍调查、土地利用现状调查及放样测量三者的内容。

(2)专门性。土地勘测定界是一项专门为用地审批服务而衍生出来的特殊性技术工作。

(3)精确性。土地勘测定界成果直接服务于用地审批工作,同时也服务于土地管理的其他工作,其精确性应与土地管理,特别是地籍管理的工作要求相衔接。

(4)及时性。土地勘测定界在一定程度上制约着工程进展速度,这就要求勘测定界人员准确、及时提交勘测定界成果,提高审批效率。

(5)法律性。土地勘测定界的成果是用地审批、土地登记等工作的重要依据,具有一定的法律性。

四、土地勘测定界工作的内容

土地勘测定界工作包括以下内容:

(1)收集资料、实地踏勘、制订技术方案。

(2)实地调查用地范围、权属、地类等基本情况。

(3)实地测设界址点并埋设界址桩。

(4)界址点坐标测量。

(5)编制土地勘测定界图及项目用地范围图。

(6)土地勘测定界面积量算和汇总。

(7)编写土地勘测定界技术报告书。

五、土地勘测定界工作程序

土地勘测定界工作按先后顺序分为 4 个阶段:准备工作阶段、外业工作阶段、内业工作阶段、成果检查验收及归档阶段。各个工作阶段之间的关系见图 12-1。

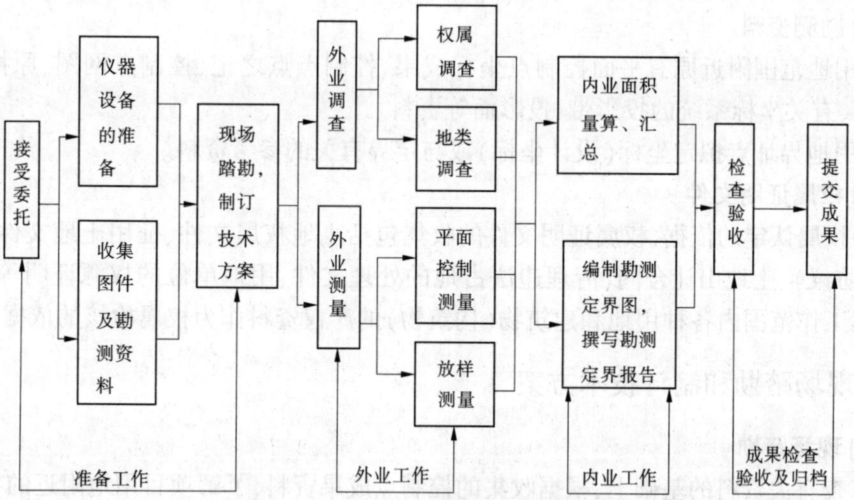

图 12-1　土地勘测定界工作流程

任务二　土地勘测定界的准备工作

勘测定界的准备工作主要包括接受委托、组建队伍、收集查阅有关文件及图件资料、现场踏勘和制订技术方案等内容。

一、接受委托

经审核后,具备勘测定界资格的单位,须持有用地单位或有权批准该建设项目用地的人民政府土地管理部门的勘测定界委托书,方可开展工作。

二、组建队伍

根据建设项目的大小和土地勘测定界的工作程序,可成立领导小组或确定项目总负责人,组建外业调查组、外业测量组、内业整理汇总组等具体工作小组,并配备相应的人员,各小组要分工明确。

三、收集查阅有关文件及图件资料

(一)文件资料

查阅由用地单位提供的城市规划区内建设用地规划许可证或选址意见书及规划用地范围图、批准的施工设计和有关资料,以及国土资源行政主管部门在前期对项目用地的审查意见。

(二)图件资料

勘测定界工作应尽量收集用地范围内的地籍图、地形图、土地利用现状图(比例尺不小于 1:10 000)、土地利用总体规划图、基本农田界线图、测区范围内的航片图、土地利用权属界线图,用地单位提供的由专业设计单位承担设计的用地范围图及比例尺不小于 1:2 000 的建设项目工程总平面布置图,大型工程、线形工程总平面布置图的比例尺不小于 1:100 000。

(三)勘测资料

(1)用地范围附近原有平面控制点坐标成果、控制点点之记、控制点网图、原控制网技术设计书、有关坐标系统的投影带、投影面等资料。

(2)用地界址点拟定坐标(设计坐标)或与定界有关的参考资料。

(四)权属证明文件

作为权属认定的依据,权属证明文件的收集包括土地权属文件、征用土地文件、土地承包合同(协议)、土地出让合同、清理违法占地的处理文件、用地单位的权源证明等。此外,还应收集工作范围内各种用地和建筑物(构筑物)的产权资料作为权属检核的依据。

四、现场踏勘和制订技术方案

(一)现场踏勘

在审查有关资料的基础上,根据收集的控制点成果资料,了解项目用地附近的各级控制点的标石完好情况和现场通视条件,以便制订合理的勘测技术方案。对于线形和大型建设项目用地,还应调查了解交通和地理条件。

现场调查用地范围内的行政界线、地类界线及地下埋藏物,要标绘在地形图上。

(二)制订技术方案

根据收集、查阅资料情况和现场踏勘情况制订土地勘测定界工作技术方案。其主要内容包括:

(1)用地范围、地理位置、交通条件、权属状况、地形地貌等。

(2)工作程序、时间要求、经费安排、人员配备情况。

(3)工作底图的选择、测量方法、成果要求。

(4)控制网的布设方法、测量所需仪器状况、技术依据。

任务三　土地勘测定界的外业工作

一、外业调绘

实地调查核实用地范围内的行政界线、权属界线、土地利用类型界线、基本农田界线、已批准的农用地转为建设用地的范围线。将其测绘或转绘于工作底图上,同时对土地利用现状类型进行调查核实。

(一)准备工作底图

工作底图是指土地勘测定界调查工作用图,是外业调查、转绘、面积量算、编制土地勘测定界图的基础图件。勘测定界所用工作底图应是用地范围内现势性较好的地籍图、地形图、标准分幅的土地利用现状图。工作底图的比例尺应与勘测定界图的比例尺相同,一般不小于1:2 000,大型工程工作底图比例尺不小于1:10 000。工作底图的现状不能满足勘测定界工作要求时,应对界址线附近和界址范围内的地形地物进行修测或补测。

(二)权属界线调绘

在查阅用地范围内的土地利用现状调查及土地登记有关资料的基础上,经实地核实,将用地范围内的权属界线、行政界线转绘到工作底图上。

对用地范围内的各权属单位的土地,在土地利用现状调查、城镇地籍调查时已形成的土地权属界线协议书核定的权属界线,经复核无误的,勘测定界调查时可不再重新调查,否则应重新调查。因此,权属调查的工作程序根据准备工作阶段的收集资料情况分两种进行:一种是具备土地权属定界资料的调查,另一种是不具备土地权属定界资料的调查。工作程序如图12-2所示。

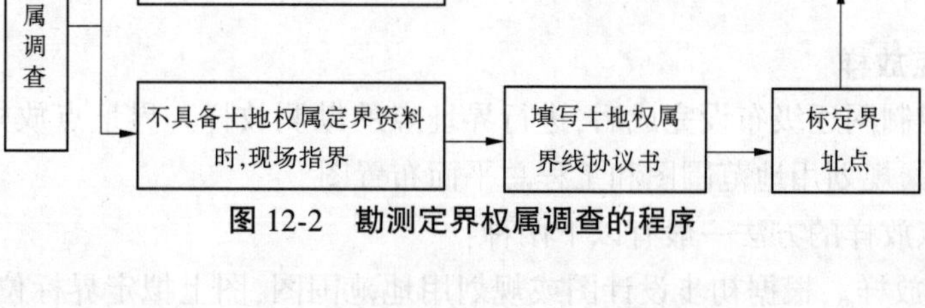

图12-2　勘测定界权属调查的程序

(三)地类调绘

依据全国统一的土地分类,利用地籍图、土地利用现状图或地形图上的有关土地利用类型界线,通过现场调查及实地判读,将用地范围内及其附近的各土地利用类型界线测绘或转绘在工作底图上,并标注末级土地利用类型编号。同时,对土地利用现状调查的土地利用类型进行核实,与实地不一致的,按变更地籍调查的有关规定处理。

(四)基本农田界线调绘

在当地国土资源行政主管部门查阅用地范围区域的土地利用总体规划资料、基本农田保护区规划资料。将用地范围及其附近的基本农田界线测绘或转绘在工作底图上,图上确定项目用地占用基本农田的范围,并实地核定。

(五)农用地转用范围线的调绘

如果项目用地占用土地利用总体规划经批准确定的农用地转用范围的农用地,应将用地范围内及其附近的已批准的农用地转用界线绘制在工作底图上。

二、外业测量

土地勘测定界外业测量是指根据项目用地的初步设计图或规划用地范围图实地放样界址点并埋设界址桩,然后对用地界址点(包括权属界址点、行政界址点)进行解析测量界址点坐标的工作。土地勘测定界外业测量工作主要包括平面控制测量、界址点放样、埋设界址桩、界址点坐标测量。

(一)平面控制测量

勘测定界平面控制测量作业及精度的基本技术要求,遵照《地籍调查规程》(GB/T 42547—2023)、《第三次全国国土调查技术规程》(TD/T 1055—2019)、《卫星定位城市测量技术标准》(CJJ/T 73—2019)等。在充分调查分析原有控制点成果质量的基础上,如果原有控制点能够满足勘测定界需要,则可直接利用原有控制点进行界址点放样及坐标测量。若首级控制网点密度不能满足土地勘测定界,应在首级控制点的基础上布设一级或两级加密控制点。加密控制测量可采用 GNSS RTK 测量、导线网加密控制网,也可采用单一附合导线,插点仅限于个别地点使用。若项目用地范围附近没有控制点,则应根据实地情况,重新布设控制网。

勘测定界首级平面控制网应符合表 12-1 要求。

表 12-1　首级平面控制网等级要求

控制区面积/km^2	>10	5~10	0.1~5	<0.1
首级控制等级	四等以上控制网	一级小三角(边)网或一级导线网	二级小三角(边)网或一级导线网	图根导线

(二)界址点放样

当测区的控制网逐级布设完成后,进行界址点的勘测放样。界址点放样的依据有建设项目初步设计图、规划用地范围图和工程总平面布置图。

实地界址点放样的方法一般有以下两种:

(1)坐标法放样。根据初步设计图或规划用地范围图,图上拟定界标位置,并图解获得拟用地界址点坐标,或利用工程总平面布置图给定的拟用地界址点坐标。然后根据控制点和拟用地界址点利用 RTK 进行实地放样，也可利用全站仪进行放样。

(2)关系距离法放样。根据初步设计图或规划用地范围图或工程总平面布置图，图上拟定界址点位置，并在图上量取界址点与邻近现有地物的边长(3 条及以上)，或利用给定的拟用地边界与现有地物的距离、夹角等。在实地采用边交会、边角交会等方法放样界址点位置。

(三)界标的埋设

界址点是用地相邻界址线的交点，界标是埋设在界址点上的标志。

1. 界标的埋设要求

(1)如果项目用地范围行政隶属不同，应在用地界线与省(自治区、直辖市)、市、县、乡(镇)的行政界线交点上加设界标。基本农田界线与用地界线的交点、国有土地与集体土地的分界线同用地界线的交点应加设界标。

(2)界标之间的距离，直线最长为 150 m，明显转折点应设置界标。

(3)若界址点在河流池塘水域中，界标可埋设在岸边，待有条件时再补设界标。

2. 界标的类型

界标的类型主要有混凝土界标(见图 2-2)、带帽钢钉界标(见图 2-3)及喷漆界标(见图 2-5)。在较为空旷地区的界址点和占地面积较大的机关、团体、企业、事业单位的界址点应埋设或现场浇筑混凝土界址界标。在坚硬的路面或地面上的界址点应钻孔浇筑或钉设带铝帽的钢钉界址界标。在坚固的房墙(角)或围墙(角)等永久性建筑物处的界址点一般设置喷漆界址标志。

3. 界址点的编号

原则上界址点编号应以用地范围为单位，从左到右、自上而下统一编号。项目用地界线的界址点一般在编号前冠以字母 J 表示，如 J1、J2 等。铁路、公路等线形工程的界址点编号可以采用里程+里程尾数编号。新用地的界址点与原用地界址点重合的，采用原界址桩编号。

土地权属界线、行政界线与用地范围线的交叉界址点编号应冠以字母表示。S 表示与省界的交点；E 表示与地区(市)界的交点；A 表示与县界的交点；X 表示与乡(镇)界的交点；C 表示与村界的交点；Z 表示与村民小组界的交点。

铁路、公路等线形工程的界址点编号可以采用里程+里程尾数编号。按公里里程增加为前进方向，在里程数前冠以字母 L 为左边界桩，R 为右边界桩，如 RK45+400 表示 45.4 km 处的前进方向右边界桩。

4. 点之记

界址桩位置在实地确定以后，对埋石点或主要转折点均应在现场测记“界址点点之记”。“界址点点之记”略图应反映界址桩邻近四周地形、地物情况和必要的文字注记(如村名、路名、水系名等)，并量取与附近地物点的三条撑线(不少于两条，如附近地物稀少，可借助于附近的明显地物，如田埂交叉点、道路交叉点、池塘边角打辅助桩量取撑线)，并用红漆在地物点上标出点号和尺寸，以便他人根据点之记在现场寻找界址桩位置。“点之记”用 0.2 mm 线条绘制，撑线用虚线表示，测量数据注记到厘米，文字注记力求端正整齐，避免倒置，界址桩点用相应图例符号绘制。界址点撑线应尽量选取用地范围外不拆除的建筑物。“界址点点之记”格式如图 12-3 所示。

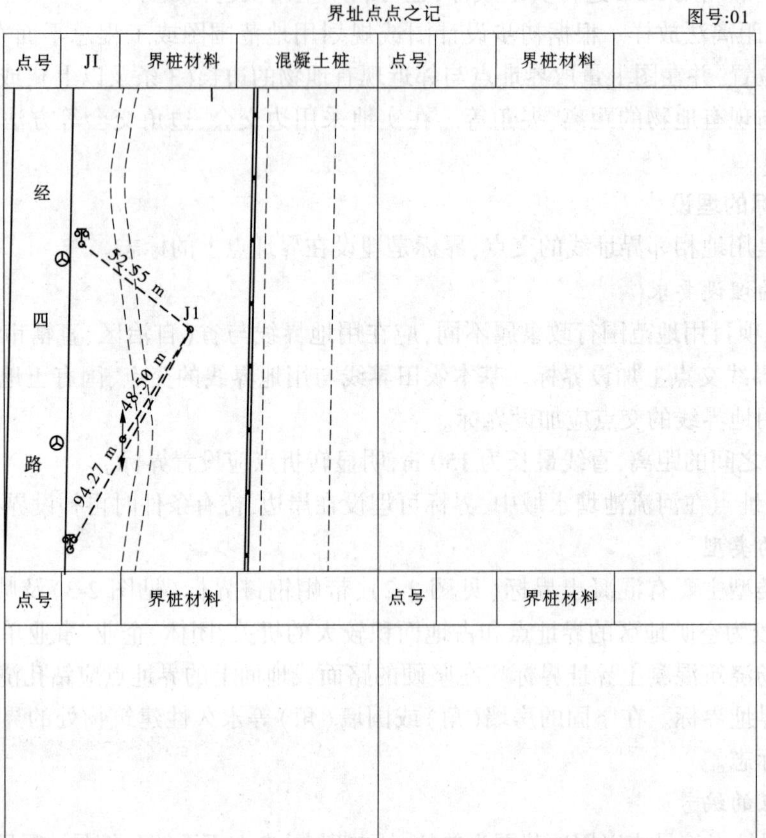

图 12-3　界址点点之记

5. 界址点测量

为检核界址放样的可靠性及界址坐标的精度,在界标放样埋设后,需用解析法进行界址点测量。界址点测量应按照《地籍调查规程》(GB/T 42547—2023)的要求进行。政府用于审批的项目用地的界址点必须进行界址测量,经测量的界址点坐标才能作为审批坐标。项目用地初步设计的界址点坐标、项目工程总平面布置图上的界址点坐标只能作为勘测定界放样数据准备的依据,不能作为审批坐标。

1) 测量方法

界址测量可采用全站仪或 GNSS RTK 测量,也可用经纬仪采用极坐标法测量,测量时需在已知控制点上设站。角度采用半测回测定,对中误差不得超过±3 mm,一测站结束后必须检查后视方向,其偏差不得大于±30″。距离测量可用电磁波测距仪或钢尺,用钢尺测量时一般不得超过 2 尺段;使用电磁波测距仪测量时一般不超过 200 m,个别放宽至 300 m。

2)精度要求

(1)解析测定界址点坐标相对邻近图根点的点位中误差,不得大于 5 cm。

(2)两相邻界址点间,界址边丈量中误差控制在±5 cm 范围内,坐标反算距离与实地丈量距离的较差应控制在±10 cm 范围内。

(3)解析法测定的界址点坐标与原拟用地界址点坐标的中误差应控制在±5 cm 范围内,允许误差应控制在±10 cm 范围内。

任务四　土地勘测定界的内业工作

土地勘测定界内业工作是指在完成土地勘测定界的外业调查和外业测量工作后,对外业成果进行整理、量算、汇总及制图的过程。土地勘测定界内业工作包括土地勘测定界图的编制、土地勘测定界面积量算和汇总、撰写土地勘测定界技术报告书。

一、土地勘测定界图的编制

土地勘测定界图是用于建设用地审批的主要图件材料,是量算项目用地占用各权属单位土地面积、基本农田面积、不同地类面积的基本图件。土地勘测定界图不但要保证一定的精度,同时还要准确地反映出用地周边的土地利用状况。勘测定界图是集各项地籍要素,土地利用现状要素和地形、地物要素于一体的区域性专业图件。勘测定界图是利用实测界址点坐标和实地调查测量的权属、土地利用类型等要素在地籍图或地形图上编绘或直接测绘的。为了便于土地勘测定界图件资料的储存、管理、编辑和更新,土地勘测定界资料和图件应尽可能采用计算机进行数字图形管理。

(一)土地勘测定界图的内容

土地勘测定界图的主要内容包括用地界址点和界址线、用地总面积,用地范围内各权属单位名称及土地利用类型代号,用地范围内各地块编号及土地利用类型面积,用地范围内的行政界线、各权属单位的界址线,基本农田界线、土地利用总体规划确定的城市和村庄集镇建设用地规模范围内农用地转为建设用地的范围线、土地利用类型界线,地上物,文字注记、数学要素等。

1.界址点、用地界线

用地界线是建设项目占用土地的范围线,建设项目完工后,它就是该宗地的界址线。为了与地籍工作衔接及利用勘测定界成果进行土地登记发证,在编制勘测定界图时,用地界线及界址点的绘制,应与地籍图一致。

2.用地范围内的行政界线、权属界线

用地范围内的行政界线及各权属单位的界址线是量算建设项目占用各权属单位土地面积的主要依据。用地范围内的行政界线主要有省、自治区、直辖市界;自治州、地区、盟、地级市界;县、自治县、旗、县级市及城市内的区界;各权属单位的界址线;乡、镇、村界,国有农、林、牧、渔场界及国有土地使用界线。两级行政界线重合时取高级界线,境界线在拐角处不得间断,应在拐角处绘出点或线。用地范围内的行政界线及各权属单位的界址线用红色表示,图例要求按照《地籍调查规程》(GB/T 42547—2023)的规定。

3. 地上物、地貌、地类界线及文字注记

地上物及地貌包括用地范围内及外延区域的各类垣栅管线、房屋、水面界线、道路界线、斜坡、陡坎、路堤、台阶等。地上物及地貌图例要求按照《国家基本比例尺地图图式 第1部分:1∶500 1∶1 000 1∶2 000 地形图图式》(GB/T 20257.1—2017)的要求,地类符号图例按照《第三次全国国土调查技术规程》(TD/T 1055—2019)规定。地上物、地貌、地类界线原则上采用原有的地形图或地籍图上所反映的一切信息。在现场进行调绘时,当发现地上物的增减与变化,或者用地界线的改变时,要及时进行修测或补测。地类界线是用地范围内各种不同图斑的界线,它是量算建设项目占地各权属单位的不同地类面积及征地补偿的主要依据。文字注记包括地名、权属单位名称、道路名称、水系名称及有特色的地物名称等。

4. 用地范围内占用各权属单位土地面积及地类面积

用地范围内占用各权属单位土地面积及地类面积在编辑好的勘测定界图上量算,用红色分式在相应的权属单位或地块上表示,分子为用地范围内占用各权属单位土地面积及地类面积,单位为 m^2 或 hm^2,分母为地类编号或权属单位名称。

5. 基本农田界线和农用地转用范围线

基本农田界线是项目用地占用基本农田的范围界线,是量算项目用地面积占用基本农田面积的主要依据。农用地转用范围线是项目用地占用已批准的土地利用总体规划确定的城市和村庄、集镇建设用地规模范围内农用地转为建设用地的范围线。

6. 数学要素

数学要素包括图廓线、坐标格网线、坐标注记及具体整饰注记、控制点及其注记;图框外的比例尺说明及图幅整饰。

(二)土地勘测定界图的绘制

土地勘测定界图是利用放样后复测的界址点坐标及调查成果,在地籍图或地形图上编绘或直接测绘的区域性专用图。利用现有的地籍图或地形图时,应检查其现势性,发现有变化的,应及时进行修测或补测。没有现势性较好的地籍图或地形图时,应在勘测定界前直接测绘地形图,作为调查工作底图及编绘底图。勘测定界图的编绘应在工作底图的蓝晒图上或复印图上进行,编绘完成后应投绘在聚酯薄膜上。有条件的地区,应将工作底图扫描或数字化形成电子底图,编绘工作直接在电子底图上进行。土地勘测定界图的比例尺一般不得小于1∶2 000,大型工程经有权批准项目用地的政府土地管理部门批准,勘测定界图比例尺不小于1∶10 000。因此,在编绘土地勘测定界图时,注意选择适当的比例尺,以保证用图的精度。按《土地勘测定界规程》(TD/T 1008—2007)要求,土地勘测定界图的平面位置精度,相对于邻近图根点的点位中误差及相邻平面点的间距中误差在图上不得大于表12-2的规定。

表12-2　勘测定界图的精度指标

单位:mm

图纸类型	比例尺		
	1∶500	1∶1 000	1∶2 000
聚酯薄膜图	±0.8	±0.6	
计算机绘图、蓝晒图	±1.2	±0.8	

1. 土地勘测定界图的图纸分幅

土地勘测定界图的图纸分幅方式,原则上采用地形图或地籍图的分幅方式,即幅面采用 50 cm×50 cm 或 50 cm×40 cm。线形用地或大型项目用地的勘测定界图,可以采用自由分幅。项目用地范围涉及多幅图纸的,应编绘图幅接合表。

2. 界址点及界址线的编绘

利用放样后复测的界址点坐标,直接展绘在工作底图上,图上连接界址点形成界址线。如果没有实测界址点坐标,可在实地丈量界址点与附近明显地物的关系距离,在图上用距离交会的方法绘出界址点位置。界址点分埋石(包括建筑物拐角界址点)和不埋石两种。将界址点按一定的顺序连接成界址线。界址桩在图上必须从左到右、自上而下统一按顺时针编号。界址桩之间的距离,直线最长为 150 m,转折点必须设置界址桩。对于大型线形工程,直线段距离可适当延长。界址点位置用直径为 1 mm 的红色圆圈表示。界址点编号形式:如用地面积较小,可按阿拉伯数字 1,2,3…n 顺序编制;如用地面积较大,可采用地名或工程名的汉语拼音第一个字母作为代号顺编。所有界址点的编号或代号一律写在用地范围的外侧。

3. 行政界线、权属界线、基本农田界线、农用地转用范围线及地类界线的绘制

为了清楚地表示各种界线,土地勘测定界图上项目用地边界线可根据用地范围的大小用 0.3 mm 红色实线表示;基本农田界线使用绿色实线绘制,并注明基本农田;农用地转为建设用地范围线使用黄色实线绘制;土地利用类型界线用直径 0.3 mm、点间距 1.5 mm 的点线表示。

用地范围内的行政界线、各权属单位的界址线的编绘,应充分利用土地利用现状调查资料或农村集体土地产权调查资料进行编绘。按照土地利用现状调查时签署的土地权属界线协议书及界址走向描述或农村集体土地产权调查时填写的集体土地权属调查表,直接在工作底图上绘制用地范围内的行政界线、各权属单位的界址线。

当土地权属界线协议书或集体土地权属调查表上界线走向模糊且文字说明较简单,无法直接编绘时,应由相邻权属单位代表实地指定用地范围线与行政界线及各权属单位界址线的交点,并实地丈量它与附近明显地物的关系距离,在图上用前方交会的方法绘出用地范围线与行政界线及各权属单位界址线的交点位置。当进行较高精度的勘测定界时,应实地测量用地范围线与行政界线及各权属单位界址线的交点坐标,并将它展绘在工作底图上。

在外业期间,一定要搞清楚行政界线、权属界线;在内业绘图时,应按《地籍调查规程》(GB/T 42547—2023)及《第三次全国国土调查技术规程》(TD/T 1055—2019)的规定执行。基本农田界线应根据土地利用现状图或土地利用总体规划上的基本农田界线转绘到工作底图上;农用地转用范围线应按照土地利用总体规划或土地利用年度计划等进行转绘;地类界线应利用地籍图、地形图及土地利用现状图上的地类或图斑界线转绘,当有变化时,应根据地类调查资料修改。

4. 用地面积、各种符号绘制及文字数字的注记

勘测定界图上用地范围内每个权属单位均应在适当位置注记权属单位名称和面积,每个地块均应在适当的位置注记地块编号、土地利用类型号和面积。其注记方式为

$$\frac{04}{241}3\ 368.067$$

其中,分母表示土地利用类型编号,分子表示该地块的编号,右侧数字表示该地块的面积。

$$\frac{\text{RK10±350}}{31.30}$$

其中,分子代表点号,分母代表该点到中线的距离。

若同一块用地由多幅图纸拼接,面积数字应注记在较大一块的图幅内,其他图幅内只注记权属单位名称等文字。定界范围窄长或范围太小无法注记时,可用引线(黑色)标注在空余处。加盖勘测定界专用章,应加盖在“××土地勘测定界单位”处。每张图纸加盖一个勘测定界专用章。

对注记字体的要求:图名,字体为黑体,字高为 5 mm;用地总面积,字体为楷体,字高为 4 mm,颜色为红色;权属名称,字体为楷体,字高为 2. 4 mm,权属“国有”为楷体,字高为 4 mm;界址点号、地块号、地类号、地块面积等,字体为楷体,字高为 2. 4 mm。

勘测定界图图式按照《地籍调查规程》(GB/T 42547—2023)及《第三次全国国土调查技术规程》(TD/T 1055—2019)的规定执行。对两个规程未作规定的图式,应按照国家颁布的现行比例尺图式执行。如图 12-4 和图 12-5 所示为土地勘测定界的样图。

(三)土地勘测定界用地范围图的编绘

为满足建设用地审批的需要,勘测定界图编制完成后,应依据勘测定界图,将用地范围展绘到比例尺不小于 1:10 000 的土地利用现状图上,制作土地勘测定界用地范围图。该用地范围图即建设用地审批中要求的拟占用土地范围。用地范围图的绘制应力求点位精确,并与勘测定界图、土地分类面积表的内容相一致。条件具备的地区,尽量采用计算机图形处理技术,进行土地勘测定界用地范围图的制作。大型项目土地勘测定界用地范围图的比例尺不小于 1:50 000。

二、土地勘测定界面积量算和汇总

土地勘测定界面积量算和汇总的数据是用地审批中一项关键的数值,因此要求作业人员必须具有严谨的工作作风和认真负责的工作态度,在量算面积及汇总统计时,必须按规定的表格认真填写,字迹工整清晰,不得涂改。面积量算应在土地勘测定界图上进行,面积量算单位为 m^2,取至 0. 01 m^2。

(一)面积量算的内容

勘测定界面积量算的内容包括项目用地面积、项目用地占用基本农田面积、用地范围内原不同权属单位及不同土地利用类型面积。

(二)面积量算的方法

项目用地面积、用地内部原不同权属面积应用解析坐标计算;用地内部不同土地利用类型面积可用解析坐标或图解坐标计算,也可以采用几何图形法、求积仪法量算。如果是数字图,可由计算机直接统计面积。

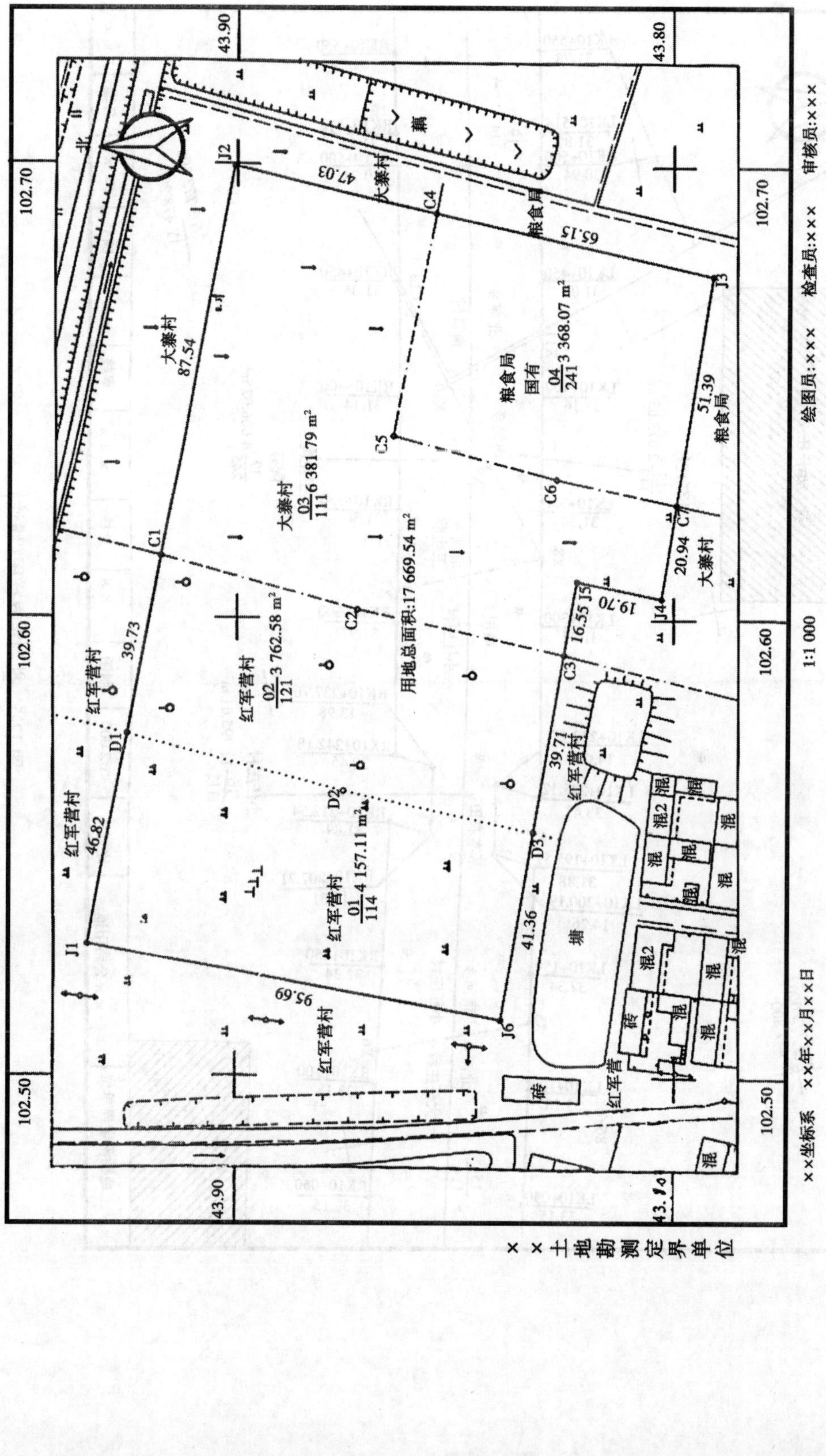
××土地勘测定界单位
大寨村
红军营村
粮食局
国有
$\frac{01}{114}$4 157.11 m²
$\frac{02}{121}$3 762.58 m²
$\frac{03}{111}$6 381.79 m²
$\frac{04}{241}$3 368.07 m²
用地总面积:17 669.54 m²
××坐标系　××年××月××日
1:1 000
绘图员:×××　检查员:×××　审核员:×××

图 12-4　勘测定界样图

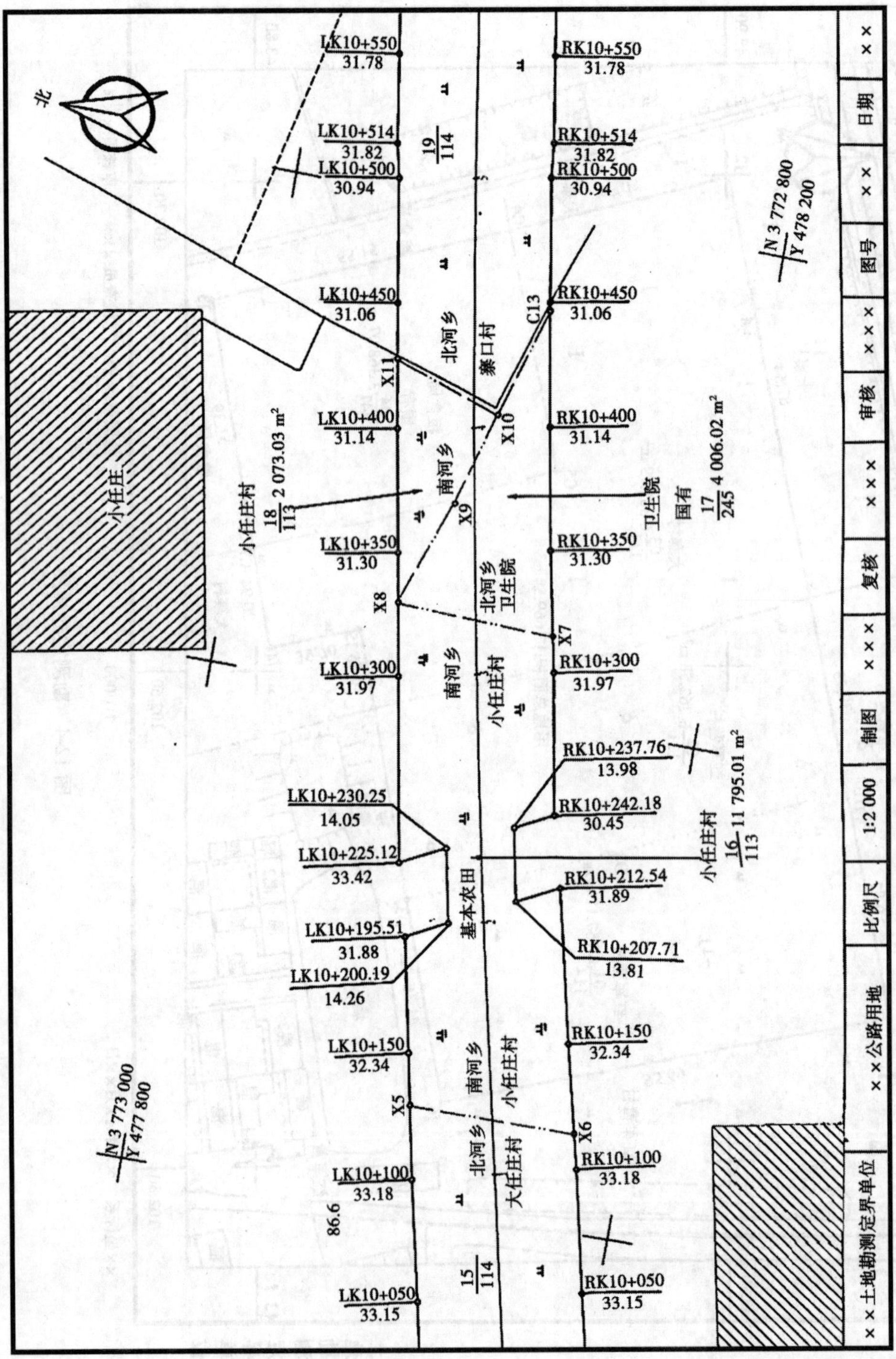

图 12-5　勘测定界样图(线性)

（三）面积量算的原则与精度要求

1. 面积量算的原则

图上面积量算应遵循分级量算，按比例平差的原则。利用勘测定界用地总面积控制用地范围内原不同权属单位或不同土地利用类型面积之和，当其相对误差小于 1/200 时，将误差按面积比例分配。

2. 精度要求

（1）坐标法计算面积需独立计算两次进行检核。

$$P = \frac{1}{2}\sum_{i=1}^{n} X_i(Y_{i+1} - Y_{i-1}) \tag{12-1}$$

$$P = \frac{1}{2}\sum_{i=1}^{n} Y_i(X_{i-1} - X_{i+1}) \tag{12-2}$$

式中　P——量算面积，m^2；

(X_i, Y_i)——界址点坐标，m；

n——界址点个数。

（2）图解法量算面积需进行两次，较差在限差之内时，取两次量算的均值。两次面积量算的误差应满足

$$\Delta \leqslant 0.000\,3M\sqrt{P} \tag{12-3}$$

式中　P——量算面积，m^2；

M——勘测定界图纸比例尺分母。

满足要求后，取其平均值作为地块面积。

（3）几何图形法计算面积的误差应满足

$$\Delta < 2.04M_L\sqrt{P} \tag{12-4}$$

式中　P——量算面积，m^2；

M_L——界址边量算的中误差，m。

满足要求后，取其平均值作为地块面积。

（四）面积量算数据汇总

在量算不同权属、不同土地利用类型面积的基础上，分别以市（县）、乡（镇）、村（组）为单位按不同的土地利用类型进行面积汇总，项目用地若占用基本农田，则基本农田保护区内的土地和基本农田保护区外的土地分别统计汇总。

三、撰写土地勘测定界技术报告书

土地勘测定界最后成果体现于土地勘测定界技术报告书。土地勘测定界技术报告书的内容有土地勘测定界技术说明、土地勘测定界表、土地分类面积表、界址点坐标成果、界址点点之记、项目用地地理位置图等。将上述内容按封面、目录、说明、表格、略图等装订成册，具体见表 12-3。

表 12-3　土地勘测定界成果(示例)

编号(2021—34)

土地勘测定界技术报告书(示例)

用 地 单 位:××铁路局××工程指挥部

项目用地名称:××铁路局××工程指挥部建设用地

勘测定界单位:××省国土资调查规划院

2021 年 3 月 13 日(指内外业完成时间)

续表 12-3

目　录

续表 12-3

土地勘测定界技术说明

(一)勘测定界的目的和依据。

注:勘测定界的目的和依据包括项目立项批复、技术依据等。

为测定××铁路局××工程指挥部建设项目用地的面积、土地利用现状和使用土地的界址,受××铁路局××工程指挥部的委托,由××省国土资源调查规划院对该项目进行土地勘测定界。主要依据有:

1.《土地勘测定界规程》(TD/T 1008—2007)。

2.《土地利用现状分类》(GB/T 21010—2007)。

3.《第三次全国国土调查技术规程》(TD/T 1055—2019)。

4.《地籍调查规程》(GB/T 42547—2023)。

(二)施测单位及日期。

注:施测单位及日期包括勘测单位、施测起止时间、内业完成时间。

该项目勘测定界由××省国土资源调查规划院郑州航空港区分院承担,2021 年 3 月 9—13 日完成外业作业及内业整理。

(三)勘测定界外业调查情况。

注:勘测定界外业调查情况包括权属、土地利用类型调查的依据、方法,基本农田界线的转绘等。

1. 权属调查情况。

从当地国土资源管理部门搜集用地范围内土地利用现状调查及土地登记中的权属资料,并对分幅权属界线图、权属来源证明文件等进行了审核,将审核合格的行政界线、权属界线转绘到工作底图上;对无上述权属证明材料或权属界线模糊不清的,在各级国土资源管理部门的配合下,组织原权属单位有关人员按《第三次全国国土调查技术规程》(TD/T 1055—2019)和《地籍调查规程》(GB/T 42547—2023)要求现场指界,并将用地范围内的权属界线测绘到工作底图上。

2. 地类调查情况。

依据《土地利用现状分类》(GB/T 21010—2017),以土地利用现状图上的地类界线,通过现场调查及实地判读,将用地范围内及其附近的各地类界线测绘或转绘在工作底图上,并标注二级地类编号。同时对土地利用现状调查的地类进行了核实,与实地不一致的,在勘测定界报告及面积量算表中已注明。

利用收集到的用地范围内的土地利用总体规划资料、基本农田保护区规划图及基本农田保护区界线图,将用地范围内及其附近的基本农田界线测绘和转绘在工作底图上,图上确定项目用地占用基本农田的范围,并进行了实地核定。

(四)勘测定界外业测量情况。

注:勘测定界外业测量情况包括测量仪器的选择、坐标系统的选择、首级控制选择、控制网布设情况以及埋设界标个数等情况。

本次勘测定界测量仪器采用 GNSS 接收机,坐标系采用 CGCS2000 坐标系,高程系统采用 1985 年国家高程基准,6°带,中央子午线 38°。控制网布设采用 GNSS 静态测量,首级控制为 D 级 GNSS 控制网,加密控制为 E 级 GNSS 控制网。本次勘测定界共埋设界标 62 处,其中混凝土界标 41 处,戴帽钢钉 18 处,油漆标志 3 处。

续表 12-3

（五）勘测定界面积量算与汇总情况。

注：勘测定界面积量算与汇总情况包括面积量算的方法、实测用地总面积、占用基本农田面积等。

各类面积的量算均采用解析方法，实测项目用地总面积为 3.336 5 公顷（1 公顷＝10 000 m^2），其中农用地面积为 3.335 6 公顷，占用基本农田面积为 0 公顷。

（六）相关情况说明。

注：相关情况说明包括工作底图的选择、勘测定界图编绘（测量）方法、对成果资料的说明以及自检情况等。

（1）本次勘测定界工作采用由用地单位提供的土地利用现状图作为工作底图。

（2）地类代号对照。

耕地：0102—水浇地；0103—旱地；林地：0301—乔木林地；交通运输：1003—公路用地；其他土地：1202—设施农用地。

（3）权属界址点名代码说明。

J 表示外围界址点号；D 表示地类点号；E 表示市界点号；A 表示县界点号；X 表示乡界点号；C 表示村界点号；Z 表示组界点号。

RK28+320，表示公路用地界址点号，K28 表示里程数；320 表示里程的尾数，即该界址点在公路里程 28.320 km 处。

（4）工作简述及自检情况说明。

项目土地勘测定界工作进展顺利，圆满完成委托方的勘测定界任务，内外业成果均进行了有效检核。勘测定界成果符合《土地勘测定界规程》（TD/T 1008—2007）、《地籍调查规程》（GB/T 42547—2023）的要求。

续表 12-3

土地勘测定界表

单位名称①	××铁路局××工程指挥部	经办人	张某
单位地址②	××市××路××号	电话	
主管部门③	××铁路局	土地用途④	
土地坐落⑤	××市××区		
相关文件⑥	规划许可证		
图幅号⑦	3 800.00—4 750.00		

勘测面积/hm²	地类	农用地						建设用地				未利用地			合计
	所有权	耕地	园地	林地	牧草地	其他农用地	小计	工矿及居民点	交通运输用地	水利设施用地	小计	未利用地	其他土地	小计	
	国有														
	集体	1.028 5		2.091 8	0.215 3	3.335 6		0.000 9			0.000 9				3.336 5
	合计	3.335 6						0.000 9							3.336 5

占用基本农田面积	

勘测定界单位签注⑧

勘测定界面积准确,土地权属调查由当地国土资源部门及所在乡村配合下现场指界、勘测。地类调查根据实地现状实测经勘测定界的用地项目界址点、线、面积及地类界线、权属界线调查清楚测量准确,满足《土地勘测定界规程》(TD/T 1008—2007)及《城镇地籍调查规程》(GB/T 42547—2023)的要求。

单位主管:

审核人:

项目负责人:

盖章:(土地勘测定界专用章)

年　　月　　日

注:①用地单位全称(该单位公章全称),个人用地则填户主姓名。

②用地单位办公地址及联系电话。

③与单位有资产、行政等关系的上级领导部门,个人用地时此栏不填。

④项目用地土地用途,按全国统一的土地分类中土地分类含义填写。

⑤用地的坐落。

⑥项目可行性研究报告或项目建议书批准文件,工程初步设计或工程总平面规划批准文件、规划许可证等。

⑦勘测定界图分幅图号。

⑧勘测定界单位签注:有单位主管、审核人、项目负责人的签章,并加盖勘测定界单位土地勘测定界专用章。

续表 12-3

勘测面积表

单位：hm^2

<table>
<tr><td colspan="2">总面积</td><td colspan="4">3.336 5</td></tr>
<tr><td rowspan="2">按现状权属分类</td><td>国有</td><td colspan="4"></td></tr>
<tr><td>集体</td><td colspan="4">3.336 5</td></tr>
<tr><td rowspan="5">按现状地类分类</td><td rowspan="3">农用地</td><td colspan="4">3.336 5</td></tr>
<tr><td rowspan="2">其中</td><td>耕地</td><td colspan="2">1.028 5</td></tr>
<tr><td>基本农田</td><td colspan="2"></td></tr>
<tr><td>建设用地</td><td colspan="4">0.000 9</td></tr>
<tr><td>未利用地</td><td colspan="4"></td></tr>
<tr><td rowspan="11">按用地占用方式分类</td><td rowspan="2">征收</td><td rowspan="2">3.336 5</td><td rowspan="2">其中</td><td>耕地</td><td>1.028 5</td></tr>
<tr><td>基本农田</td><td></td></tr>
<tr><td>划拨</td><td colspan="4"></td></tr>
<tr><td>出让</td><td colspan="4"></td></tr>
<tr><td rowspan="2">代征</td><td rowspan="2"></td><td rowspan="2">其中</td><td>耕地</td><td></td></tr>
<tr><td>基本农田</td><td></td></tr>
<tr><td>规划道路</td><td colspan="4"></td></tr>
<tr><td>临时用地</td><td colspan="4"></td></tr>
<tr><td rowspan="2">征用</td><td rowspan="2"></td><td rowspan="2">其中</td><td>耕地</td><td></td></tr>
<tr><td>基本农田</td><td></td></tr>
<tr><td>农用地转用</td><td colspan="4"></td></tr>
</table>

续表 12-3

建设项目用地土地分类面积汇总表

项目名称:××铁路局××工程指挥部建设用地　　　　单位: hm^2

县	乡/镇	村	权属	总计	农用地·耕地·水浇地	农用地·耕地·旱地	农用地·耕地·小计·基本农田	农用地·耕地·小计·合计	农用地·林地·有林地	农用地·林地·小计	农用地·其他土地·设施农用地	农用地·其他土地·小计	农用地·合计	建设用地·交通运输用地·公路用地	建设用地·交通运输用地·小计	建设用地·合计	未利用地·其他土地·盐碱地	未利用地·其他土地·小计	未利用地·合计
中牟县	三官庙乡	水牛张村	国有																
			集体	1. 258 2	0. 038 8			0. 038 8	1. 004 1	1. 004 1	0. 215 3	0. 215 3	1. 258 2						
			小计	1. 258 2	0. 038 8			0. 038 8	1. 004 1	1. 004 1	0. 215 3	0. 215 3	1. 258 2						
		国有交通用地	国有																
			集体	0. 000 9										0. 000 9	0. 000 9	0. 000 9			
			小计	0. 000 9										0. 000 9	0. 000 9	0. 000 9			
		楼王村	国有																
			集体	0. 398 2		0. 085 5		0. 085 5	0. 312 7	0. 312 7			0. 398 2						
			小计	0. 398 2		0. 085 5		0. 085 5	0. 312 7	0. 312 7			0. 398 2						
		清明李村	国有																
			集体	1. 679 2	0. 904 2			0. 904 2	0. 775 0	0. 775 0			1. 679 2						
			小计	1. 679 2	0. 904 2			0. 904 2	0. 775 0	0. 775 0			1. 679 2						
	合计			3. 336 5	0. 943 0	0. 085 5		1. 028 5	2. 091 8	2. 091 8	0. 215 3	0. 215 3	3. 335 6	0. 000 9	0. 000 9	0. 000 9			
备注																			

计算者:陈某　　　　检查者:刘某　　　　2021 年 3 月 13 日

续表 12-3

××市××县××乡①

土地分类面积表②

权属单位	农用地							建设用地		未利用地		合计	备注
	耕地	其中		林地	其中	其他土地	其中	交通运输用地	其中	其他土地	其中		
		水浇地	旱地		有林地		设施农用地		公路用地		盐碱地		
国有交通用地								0.000 9	0.000 9			0.000 9	
楼王村	0.085 5		0.085 5	0.312 7	0.312 7							0.398 2	
清明李村	0.904 2	0.904 2		0.775 0	0.775 0							1.679 2	
水牛张村	0.038 8	0.038 8		1.004 1	1.004 1	0.215 3	0.215 3					1.258 2	
合计	1.028 5	0.943 0	0.085 5	2.091 8	2.091 8	0.215 3	0.215 3	0.000 9	0.000 9			3.336 5	

注:①当面积统计从行政村(组)汇总到乡(镇)时,表头填写市(县)、乡(镇),权属单位栏填写行政村;当面积统计从乡(镇)汇总到市(县)时,表头填写市(县),权属单位栏填写乡(镇)。

②国有土地填写(国有);集体土地填写(集体)。

续表 12-3

土地分类面积表(集体)

××市××县××乡　　单位:hm²

权属单位	农用地							建设用地		未利用地		合计	备注
	耕地	其中		林地	其中	其他土地	其中	交通运输用地	其中	其他土地	其中		
		水浇地	旱地		有林地		设施农用地		公路用地		盐碱地		
国有交通用地								0.000 9	0.000 9			0.000 9	
楼王村	0.085 5		0.085 5	0.312 7	0.312 7							0.398 2	
清明李村	0.904 2	0.904 2		0.775 0	0.775 0							1.679 2	
水牛张村	0.038 8	0.038 8		1.004 1	1.004 1	0.215 3	0.215 3					1.258 2	
合计	1.028 5	0.943 0	0.085 5	2.091 8	2.091 8	0.215 3	0.215 3	0.000 9	0.000 9			3.336 5	

计算者:陈某　　检查者:刘某　　2021年3月13日

续表 12-3

地块面积及界址点坐标成果表

地块号:01　　　　地类号:012　　　　地块名:××市××县××乡××村

界址点名	坐标/m		边长 S/m	备注
	X/m	Y/m		
J1	3 813 401.806	497 976.852	—	
J2	3 813 385.769	498 002.347	30.119	
D1	3 813 377.667	498 019.178	18.679	
C1	3 813 360.390	498 015.623	17.639	
C2	3 813 368.829	498 007.183	11.935	
J1	3 813 401.806	497 976.852	44.804	

面积 = 388.019 m^2 = 0.582 0 亩

计算者:陈某　　　　检查者:刘某　　　　2021 年 3 月 13 日

地块面积及界址点坐标成果表

地块号:02　　　　地类号:102　　　　地块名:××市××县××乡××村

界址点名	坐标/m		边长 S/m	备注
	X/m	Y/m		
C2	3 813 368.830	498 007.183	—	
C1	3 813 360.390	498 015.623	11.936	
C3	3 813 353.103	498 022.910	10.305	
C1	3 813 354.154	498 020.681	2.464	
C2	3 813 368.830	498 007.183	19.939	

面积 = 9.258 m^2 = 0.013 9 亩

计算者:陈某　　　　检查者:刘某　　　　2021 年 3 月 13 日

注:由于篇幅限制,地块号 03-12 省略。

续表 12-3

界址点成果表

界址点名	坐标/m		边长 S/m	备注
	X/m	Y/m		
J1	3 813 401. 806	497 976. 852		
			30. 119	
J2	3 813 385. 769	498 002. 347		
			43. 106	
J3	3 813 367. 073	498 041. 188		
			48. 322	
J4	3 813 354. 546	498 087. 858		
			48. 297	
J5	3 813 344. 695	498 135. 139		
			48. 661	
J6	3 813 337. 487	498 183. 263		
			59. 418	
J7	3 813 339. 782	498 242. 637		
			39. 791	
J8	3 813 342. 510	498 282. 334		
			50. 120	
J9	3 813 346. 125	498 332. 324		
			48. 241	
J10	3 813 350. 678	498 380. 350		
			7. 809	
J11	3 813 351. 697	498 388. 091		
			44. 753	
J12	3 813 354. 577	498 432. 751		
			53. 496	
J13	3 813 358. 734	498 486. 086		
			53. 299	
J14	3 813 342. 388	498 536. 816		
			52. 712	
J15	3 813 318. 706	498 583. 909		
			52. 113	
J16	3 813 286. 760	498 625. 081		
			51. 852	
J17	3 813 251. 686	498 663. 271		
			51. 676	
J18	3 813 210. 180	498 694. 055		
			51. 678	
J19	3 813 165. 252	498 719. 592		
			51. 632	
J20	3 813 116. 302	498 736. 018		
			51. 121	
J21	3 813 066. 278	498 746. 550		
			50. 104	
J22	3 813 016. 701	498 753. 798		
			49. 990	
J23	3 812 967. 313	498 761. 535		
			49. 932	
J24	3 812 917. 881	498 768. 582		
			50. 051	
J25	3 812 868. 333	498 775. 660		
			58. 708	
J26	3 812 810. 200	498 783. 857		
			41. 279	
J27	3 812 769. 314	498 789. 533		
			49. 987	
J28	3 812 719. 773	498 796. 199		
			49. 913	
J29	3 812 670. 347	498 803. 151		
			49. 159	
J30	3 812 622. 038	498 812. 250		
			98. 716	
J31	3 812 528. 761	498 844. 566		

续表 12-3

界址点成果表

界址点名	坐标/m		边长	备注
	X/m	Y/m	S/m	
J32	3 812 502.229	498 860.836	31.123	
J33	3 812 544.195	498 815.877	61.502	
J34	3 812 616.823	498 788.784	77.517	
J35	3 812 666.986	498 780.438	50.852	
J36	3 812 716.456	498 773.127	50.007	
J37	3 812 765.867	498 765.565	49.987	
J38	3 812 806.697	498 759.490	41.279	
J39	3 812 864.783	498 750.975	58.708	
J40	3 812 914.318	498 743.805	50.051	
J41	3 812 963.733	498 736.638	49.932	
J42	3 813 013.300	498 730.145	49.990	
J43	3 813 062.770	498 723.101	49.969	
J44	3 813 111.057	498 715.040	48.956	
J45	3 813 156.454	498 699.395	48.018	
J46	3 813 199.442	498 677.574	48.209	
J47	3 813 236.777	498 647.075	48.209	
J48	3 813 269.400	498 611.613	48.185	
J49	3 813 291.718	498 569.381	47.766	
J50	3 813 307.829	498 525.076	47.144	
J51	3 813 315.595	498 479.074	46.653	
J52	3 813 327.593	498 432.718	47.884	
J53	3 813 327.075	498 389.655	43.066	
J54	3 813 327.090	498 381.892	7.763	
J55	3 813 325.348	498 333.683	48.240	
J56	3 813 322.420	498 283.649	50.120	
J57	3 813 319.956	498 243.917	39.808	
J58	3 813 317.980	498 182.969	60.980	
J59	3 813 318.510	498 131.450	51.521	
J60	3 813 328.751	498 080.859	51.617	
J61	3 813 348.144	498 033.424	51.246	
J62	3 813 354.154	498 020.681	14.089	
J1	3 813 401.806	497 976.852	64.743	
面积 = 35 162.862 m^2 = 52.744 亩				

计算者:李某　　检查者:刘某　　2021 年 3 月 13 日

续表 12-3

勘测定界图

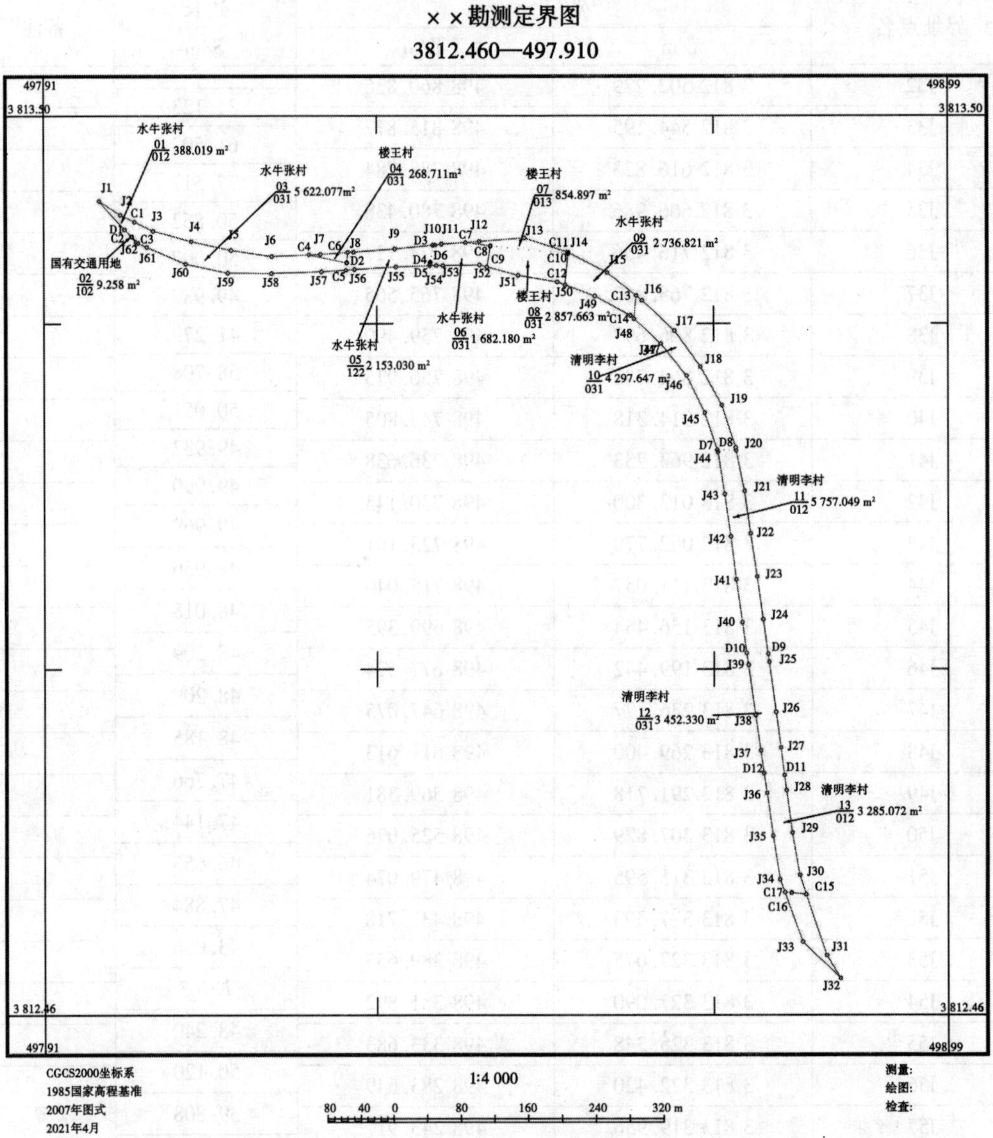

任务五 土地勘测定界成果的检查与验收

勘测定界成果实行二级检查一级验收制。一级检查为过程检查,在全面自检、互查的基础上,由作业组的专职或兼职检查人员承担。二级检查由施测单位的质量检查机构和专职检查人员在一级检查的基础上进行。检查验收工作应在二级检查合格后由勘测定界单位的主管机关实施,二级检查和验收工作完成后应分别写出检查、验收报告。

一、提交的成果

(1)勘测定界图(见图 12-5)。

(2)勘测定界技术报告书(见表 12-3)。

(3)勘测定界用地范围图。

(4)检查验收报告(见表 12-4)。

二、检查、验收项目及内容

(一)控制测量

控制测量网的布设和标志埋设是否符合要求;各种观测记录和计算是否正确;各类控制点的测定方法、扩展次数及各种限差、成果精度是否符合要求;起算数据和计算方法是否正确,平差的成果精度是否满足要求。

(二)外业调查

权属调查的内容与填写是否齐全、正确,土地面积汇总表中的土地利用类型与土地利用现状图上是否一致。

(三)地籍要素测量

地籍要素测量的测量方法、记录和计算是否正确;各项限差和成果精度是否符合要求;测量的要素是否齐全、准确,对有关地物的取舍是否合理。

(四)勘测定界图绘制

勘测定界图的规格尺寸、技术要求、表述内容、图廓整饰等是否符合要求;勘界要素的表述是否齐全、正确,是否符合要求;对有关地形要素的取舍是否合理;图面精度和图边处理是否符合要求。

(五)面积测算

勘测定界面积的计算方法是否正确,精度是否符合要求;用地面积的测算是否正确,精度是否符合要求。

(六)变更与修测成果的检查

变更与修测的方法,测量基准、测绘精度等是否符合要求;变更与修测后房地产要素编号的调整与处理是否正确。

三、检查验收案例

(一)检验工作概况

检验时间:2020 年 6 月 18 日。

检验地点:××市××县××镇。

检验方式:由检验单位先内业后外业的顺序进行检查。

检验使用的软硬件设备:GNSS RTK3 套、全站仪 1 套、台式电脑 2 台、GNSS 解算软件、Microsoft Word 2010、南方 CASS11. 0、ArcMap 10. 2. 2。

检验人员:李四、王五、马六。

表 12-4　测绘成果质量检查报告

测绘成果质量

检 查 报 告

成果名称：____________________

生产单位：____________________

检验类别：____________________

×××公司

年　月　日

续表 12-4

注意事项
1. 本报告无“检验单位公章”及“骑缝章”无效。 2. 本报告复印件无加盖“检验单位公章”无效。 3. 报告无编制人、审核人、批准人签字无效。 4. 报告涂改无效。 5. 若对检验报告有异议，应于收到报告之日起十五日内向检验单位提出，逾期不予处理。 6. 送样委托检验，检验报告仅对来样负责。

续表 12-4

检验报告

成果名称	××××项目土地勘测定界	生产日期	2020 年 5 月 12 日
生产单位	××××公司	地址	××市××区
委托单位	××建设集团有限公司	地址	××省××市
批量		样本量	
样本状态	完整	抽样者	至少两人
抽样日期	2020 年 5 月 25 日	抽样地址	××市××区
检验依据	1.《土地勘测定界规程》(TD/T 1008—2007); 2.《土地利用现状分类》(GB/T 21010—2017); 3.《地籍调查规程》(GB/T 42547—2023); 4.《测绘技术设计规定》(CH/T 1004—2005); 5.《测绘成果质量检查与验收》(GB/T 24356—2023); 6.《数字测绘成果质量检查与验收》(GB/T 18316—2008); 7.《全球定位系统实时动态测量(RTK)技术规范》(CH/T 2009—2010); 8. 本项目技术设计书		
检验参数	1. 坐标系统:2000 国家大地坐标系。 2. 高程系统:1985 国家高程基准,等高距为 1 m。 3. 比例尺:调查基本比例尺为 1:2 000。 4. 投影方式:采用高斯-克吕格投影方式,其中央经线为 105°,经差为 3°。 5. 数据精度:相邻控制点的点位中误差控制在±5 cm 范围内;界址边丈量中误差控制在±5 cm 范围内;坐标反算距离与实地丈量的较差控制在±10 cm 范围内;测定的界址点坐标与原拟用地界址点坐标之差的中误差控制在±5 cm 范围内,允许误差控制在±10 cm 范围内。 6. 分幅与编号:成果图件如果图幅较大则采用正方形分幅(图幅尺寸 50 cm×50 cm),图幅编号按图廓西南角平面直角坐标公里数编制,*X* 坐标在前,*Y* 坐标在后,中间以短横线连接。如果图幅较小尽量采用标准 A4 和 A3 图纸。 7. 计量单位:长度单位采用米(m),小数点后保留两位有效数字。面积单位采用平方米(m^2)和公顷(hm^2),平方米小数点后保留两位有效数字,公顷小数点后保留四位有效数字		
检验结论	经内外业检查,成果质量良好,由此判定该项目成果符合规范图示要求,可以利用		
备注			
编制:	审核:××××公司		
批准:		批准人职务:	

（二）受检成果概况

成果来源：我单位于2020年5月3日接受××××建设集团有限公司委托，对××××项目进行实地勘测定界。

测区位置：××省××市××县××镇潘昶村，庆丰路北侧，纺织园东侧。

生产单位：××××公司。

单位资质：甲级。

生产日期：2020年5月12日。

生产方式：界址点和地籍要素采用野外实测方法获得，室内利用成图软件进行数据编绘，生成宗地图、勘测定界图、界址点成果表，然后经过ArcMap 10.2.2编制土地利用现状图，最后利用Microsoft Word 2010软件编写报告。

成果形式：纸质报告及图件，数据光盘。

（三）检验依据

（1）《土地勘测定界规程》（TD/T 1008—2007）。

（2）《土地利用现状分类》（GB/T 21010—2017）。

（3）《地籍调查规程》（GB/T 42547—2023）。

（4）《测绘成果质量检查与验收》（GB/T 24356—2023）。

（5）《数字测绘成果质量检查与验收》（GB/T 18316—2008）。

（6）《全球定位系统实时动态测量（RTK）技术规范》（CH/T 2009—2010）。

（7）本项目技术设计书。

（四）抽样情况

按照××××项目土地勘测定界技术设计书规定，内业检查为全数检查，外业检查根据项目规模的大小分别抽取图根点5个、界址点15个进行检验。

（五）检验内容及方法

内外业结合的方法进行，内业对成果资料文字、数字错漏和数据完整性进行检查，以及符号运用，要素关系处理，地籍要素绘制，名称，数字注记，数据格式等进行详细检查，外业对控制点、地籍细部、界址点的实测精度进行抽检。

（六）主要技术问题及处理

（1）图根点点之记有部分缺失——已经补充。

（2）控制点埋石未达到国家规定的数量——重新布设一处控制。

（3）界址点测量缺失现场绘制的草图——已经补充。

（4）图廓坐标注记漏掉三处——已经重新注记。

（七）质量统计及质量综述

经内外业检查，样本成果符号运用正确，要素关系处理得当，各项数据成果符合规范图示要求，界址点放样精度、面积量算精度符合规范要求。

质量统计如下：

（1）控制测量：控制测量网的布设方位合理，标志埋设符合要求；测量记录正确完整，数据合理没有超限；控制点测定方法使用CORS进行RTK图根点测量，测定方法选取合适，精度达到要求。

对利用此方法测量的控制点进行检查，首先检查CORS站设置情况和转换参考的正确性，然后采用RTK图根点测量方法进行平面控制点检测，得到图上平面坐标较差为0.06 mm，小于规范所要求的0.15 mm，符合规范要求。采用全站仪测量边长和角度，得到控制点平面坐标测距中误差为 12. 3 mm,小于规范所要求的 20 mm,边长较差的相对误差为 1/5 100,小于规范所要求的 1/3 000。测角中误差为 11. 4″,小于规范所要求的 20″。角度较差最大值为 33″,小于规范所要求的 60″。

(2)外业调查:权属调查的内容齐全、正确,土地面积汇总表中的土地利用类型与土地利用现状图上一致。

(3)地籍要素测量:地籍要素测量采用方法应得当,现场绘制草图,测量的要素齐全、准确,对有关地物的取舍合理,各项成果精度符合要求。

(4)勘测定界图绘制:勘测定界图图纸尺寸符合要求,图纸内容齐全,没有遗漏,图廓整饰符合要求。计算机绘图的图面精度为 0. 6 mm,符合精度要求。

(5)面积量算:面积计算方法为图解法,面积量算进行两次,两次面积量算的较差小于限差。

结论:图面整洁,地形要素处理细腻,各项数据成果均符合规范图示要求。

【项目小结】

本项目系统介绍了勘测定界的工作程序、外业工作、内业工作及检查验收,并以示例的形式介绍了土地勘测定界报告的编写及检查验收报告的编写。

思考与练习

12-1　简述勘测定界的工作流程。

12-2　土地勘测定界外业调查主要包括哪些内容?

12-3　土地勘测定界图包括哪些内容?

12-4　简述土地勘测定界外业测量工作的主要内容和方法。

12-5　土地勘测定界上交的成果资料有哪些?

【延伸阅读】

土地勘测定界

土地勘测定界(简称勘测定界)是根据土地征收、征用、划拨、出让、农用地转用、土地利用规划及土地开发、整理、复垦等工作的需要,实地界定土地使用范围、测定界址位置、调绘土地利用现状、计算用地面积,为国土资源行政主管部门用地审批和地籍管理等提供科学、准确的基础资料而进行的技术服务性工作。勘测定界工作,在各级国土资源行政主管部门组织下,由有资格的勘测单位承担,且必须按照相关规范来进行,由中华人民共和国国土资源部(现改为自然资源部)发布的行业标准最新版为《土地勘测定界规程》(TD/T 1008—2007),里面详细介绍了勘测定界的工作流程,建议同学们自行阅读。

项目十三　现代测绘技术在地籍测量中的应用

【项目概述】

随着遥感、三维扫描等测量新技术突飞猛进的发展，极大地提高了测量的效率，同时也把原来辛苦的野外工作搬到了室内，极大地减轻了测量中繁重的野外作业，其在地籍测量中的应用也水到渠成。本项目主要简单介绍遥感技术、航测技术及三维激光扫描技术在地籍测量中的应用。

【学习目标】

通过本项目的学习，能对遥感技术、航测技术及三维激光扫描技术有个较全面的了解，为后期进一步学习相关课程做好铺垫。

【思政导入】

习近平总书记在党的二十大报告中强调，"必须坚持科技是第一生产力，人才是第一资源、创新是第一动力"，还提到：我们的"基础研究和原始创新不断加强，一些关键核心技术实现突破，战略性新兴产业发展壮大，载人航天、探月探火、深海深地探测、超级计算机、卫星导航、量子信息、核电技术、新能源技术、大飞机制造、生物医药等取得重大成果，进入创新型国家行列"。现在大家手机上用到的北斗卫星导航系统，旅行拍照用到的大疆无人机都是我国自主创新的产品，那么这些新技术、新产品在地籍测量中是否也能发挥其重要作用呢？

【正文】

任务一　遥感技术在地籍测量中的应用

遥感技术是20世纪60年代兴起并迅速发展起来的一门综合性探测技术。随着航空航天技术、摄影技术、信息传输技术、信息处理技术等的飞速发展，遥感图像分辨率越来越高，遥感技术在各个领域得到了广泛应用。

一、遥感与遥感技术系统

(一)遥感的概念

简单地说，遥感就是遥远的感知。通常指空对地的遥感，即不直接接触物体本身，从远处通过仪器(传感器)探测和接收来自目标物体的信息(如电场、磁场、电磁波、地震波等信息)，经过信息的传输及处理分析，识别物体的属性及其分布等特征。

(二)遥感技术系统

遥感技术是从不同高度的平台上，使用各种传感器，接收来自地球表层各类地物的各种电磁波信息，并对这些信息进行处理分析，识别物体的属性及其分布等特征。

根据遥感的含义，遥感技术系统应包括被测目标的信息源、信息获取、信息记录与传输、信息处理、信息应用五个部分。

被测目标物信息源是指不同目标(如地基处理中的河流、道路、房屋、围墙等)具有不同的发射、反射和吸收电磁波的性质,它是遥感探测、识别目标物的依据。

目标物信息获取是将传感器装载在遥感平台上,根据生产和科研的需要,获得某地区地物、地形电磁辐射信息。传感器有扫描仪、摄影机、雷达等,遥感平台有遥感车、飞机、气球、卫星、宇宙飞船、航天飞机等。

信息的记录与传输是将传感器获得目标物的电磁波信息记录在磁性介质上或胶片上,然后传输到需要的处理平台上。

信息的处理是指将记录在磁性介质或胶片上的信息进行一系列处理。如对记录在胶片上的信息经过显影、定影、水洗获得底片再经曝光印晒成图像,或对记录在磁性介质上的信息经信息恢复、辐射校正、几何校正和投影变换等,变换成用户可使用的通用数据格式,或转换成模拟图像(记录在胶片上)供用户使用。

信息的应用是遥感的最终目的。在地籍测量中,就是通过遥感技术获得的图像进行控制测量和绘制地籍图。

二、遥感的技术特点

遥感作为一门对地观测综合性科学,它的出现和发展既是人们认识和探索自然界的客观需要,更有其他技术手段与之无法比拟的特点。

(一)大面积同步观测

遥感探测能在较短的时间内,从空中乃至宇宙空间对大范围地区进行对地观测,并从中获取有价值的遥感数据。这些数据拓展了人们的视觉空间,如一张陆地卫星图像,其覆盖面积可达3万多km^2。这种展示宏观景象的图像,对地球资源和环境分析极为重要。

(二)时效性强

获取信息的速度快,周期短。由于卫星围绕地球运转,从而能及时获取所经地区的各种自然现象的最新资料,以便更新原有资料,或根据新旧资料变化进行动态监测,这是人工实地测量和航空摄影测量无法比拟的。例如:美国国家宇航局研制的中分辨率成像光谱仪(MODIS),它在36个相互配准的光谱波段、以中等分辨率水平(0.25~1 km)、每1~2天观测地球表面一次。获取陆地和海洋温度、初级生产率、陆地表面覆盖、云、气溶胶、水汽和火情等目标的图像。

(三)数据综合性和可比性强

遥感探测所获取的是同一时段、覆盖大范围地区的遥感数据,这些数据综合地展现了地球上许多自然与人文现象,宏观地反映了地球上各种事物的形态与分布,真实地体现了地质、地貌、土壤、植被、水文、人工构筑物等地物的特征,全面地揭示了地理事物之间的关联性,并且这些数据在时间上具有相同的现势性。

能动态反映地面事物的变化,遥感探测能周期性、重复地对同一地区进行对地观测,这有助于人们通过所获取的遥感数据,发现并动态地跟踪地球上许多事物的变化。同时,研究自然界的变化规律,尤其是在监视天气状况、自然灾害、环境污染甚至军事目标等方面,遥感的运用就显得格外重要。

(四)经济社会效益高

因卫星遥感获取信息受条件限制少。在地球上有很多地方,自然条件极为恶劣,人类难以到达,如沙漠、沼泽、高山峻岭等。采用不受地面条件限制的遥感技术,特别是航天遥感可方便及时地获取各种宝贵资料。

(五)局限性

遥感技术所利用的电磁波还很有限,仅是其中的几个波段范围。在电磁波谱中,尚有许多谱段的资源有待进一步开发。此外,已经被利用的电磁波谱段对许多地物的某些特征还不能准确反映,还需要发展高光谱分辨率遥感以及遥感以外的其他手段相配合,特别是地面调查和验证尚不可少。

三、遥感技术在地籍测量中的应用

当前遥感形成了一个从地面到空中,乃至空间,从信息数据收集、处理到判读分析和应用,对全球进行探测和监测的多层次、多视角、多领域的观测体系,成为获取地球资源与环境信息的重要手段。

近年来,随着遥感图像的空间分辨率、光谱分辨率和时间分辨率的极大的提高,其应用领域越来越广泛。目前,已在农业、林业、地质、海洋、气象、水文、军事、环保、测绘等领域大展身手。遥感在地理学中的应用,进一步推动和促进了地理学的研究和发展,使地理学进入到一个新的发展阶段。

(一)遥感技术在地籍测量外业作业中的应用

作业单位在外业作业前必须要了解测区概况,收集已有资料,需要熟悉测量区域与服务对象的基本特征。具体而言,在正式作业前需要了解测量区域的气候条件、水文条件、山地分布与走向、地形地貌等,使作业单位可以根据这些信息合理安排作业人员、仪器等,并可以提前与有关部门进行沟通并收集土地利用现状等资料。在这一过程中利用遥感技术,并结合数字测图技术可以更为精确地测量测区的地形地貌等信息,可以为作业单位人员、仪器设备的配置等提供有效的参考,使后续的工作可以顺利进行。

(二)遥感技术在土地覆盖动态测量中的应用

遥感技术具有快速、精度高等特点,而且操作简单,目前已经在土地覆盖监测中得到了广泛的应用。以遥感技术为基础的地籍测量技术可以为土地覆盖监测工作人员提供实时、宏观地反映相关目标区域的影像信息,可以提供精确的数据,为土地覆盖情况的调查提供了重要资料。在将遥感技术用于土地覆盖动态测量中,容易出现土地覆盖情况的变化引发光谱反射,加之大气、照度等因素的影响,测量区域地表的辐射值可能出现的变化,所以需要进行图像预处理、图像增强,前者主要通过 ATCOR2 快速大气校正模型等对原始图像进行辐射校正,后者主要利用直方图线性扩展、多波段线性组合等技术进行图像增强。在此基础上,利用加权融合法、小波变换融合法等进行多源影像融合。

在处理遥感图像后,还需要提取土地覆盖变化信息。以省、地、市区等区域土地覆盖变化监测为例,需要使用 SPOT 等高精度、高分辨率的遥感资料,综合应用主成分分析法、单变量决策树法、差值法等获取测量区域土地覆盖变化信息,并对已获取的信息进行修正,实现对区域土地覆盖变化情况的动态监测。

遥感技术具有全球观测的能力,可以从多波段、多时相角度获取区域观测数据,经过图像预处理、图像增强后,遥感图像的分辨率得以显著提高,同时提取土地覆盖变化信息过程中综合、灵活利用物理参量计算方法也大大提高了遥感技术监测土地覆盖变化的深度与精度。

(三)遥感技术在地籍测绘内业编绘中的应用

将遥感技术应用于地籍测绘中旨在满足计算机技术与编绘工作有效结合,从而使后续工作得以顺利进行。测量人员可以使用遥感测量技术使测量结果更为精确,如此一来能够大幅度地提高成果准确率,这也与地籍测量工作的规范化要求相符。在实际工作中,测量人员一般会在绘图之中标记相应的内容,并将其与计算机系统内的标记进行比较,以判断二者之间的误差,从而可以减少实际测量中的误差。测绘人员在编绘过程中需要认真核对各个数据,绘制后也需要认真核对图中的细节,保证地籍测量工作的可行性,也可以更好地发挥出地籍测量之中遥感测量技术的价值。

(四)遥感技术在面积分类统计工作中的应用

面积分类统计是城镇地籍测量中较为复杂的一个环节,城镇土地分类面积统计表是地籍测量必备资料。在这一环节中应用遥感技术要将逐个汇总及分幅控制作为面积分类统计的基本原则,利用先进的计算机技术以及遥感技术,提高城镇土地分类统计结果的精准度。值得注意的是,在将遥感技术应用于面积分类统计工作中时,不能改变原有的技术控制顺序,否则可能导致测量结果误差较大。

四、遥感影像处理的一般流程

遥感影像处理主要是运用遥感软件如 ENVI、ERDAS,同时结合 ArcMap 和 PhotoShop,对原始遥感影像图进行融合、纠正、镶嵌、匀色等工作,并结合项目需求,做出符合项目要求的遥感数据。具体流程如图 13-1 所示。

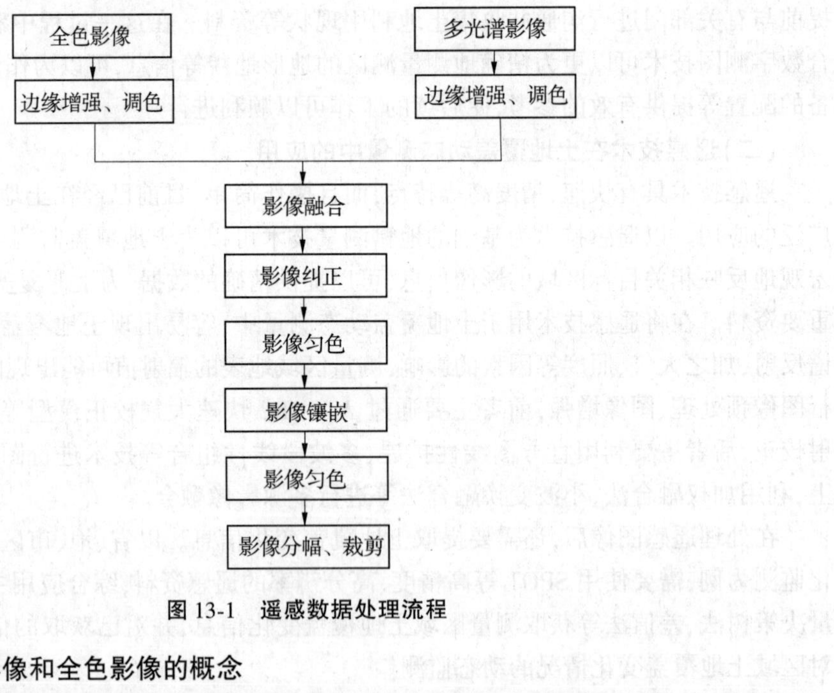

图 13-1 遥感数据处理流程

(一)多光谱影像和全色影像的概念

多光谱图像是指包含很多带的图像,有时只有 3 个带,但有时要多得多,甚至上百个。每个带是一幅灰度图像,它表示根据用来产生该带的传感器的敏感度得到的场景亮度。多光谱图像是对地物辐射中多个单波段的获取,得到的影像数据中会有多个波段的光谱信息。

对各个不同的波段分别赋予 RGB 颜色将得到彩色影像。多光谱图像通常指 3~10 个波段。每个波段都是使用遥感辐射计获得的。

全色图像,是遥感器获取整个可见光波区(一般定义在 0.4~0.7 μm)的黑白影像。因为只获取单波段,在图上显示是灰度图片。全色遥感影像一般空间分辨率高,但无法显示地物色彩。

(二)边缘增强、调色

图像色彩边缘增强及调色技术作为遥感图像处理的一种重要手段,可以有效改善遥感图像的视觉效果,增强信息的识别率,实现遥感应用的显著提高。通常可以利用 Photoshop、Arcgis、ENVI 及 MATLAB 等软件进行。

(三)影像融合

多源遥感数据的融合是将多源遥感数据放在统一的地理坐标系中,采用一定的算法生成一组新的信息或合成图像的过程。不同的遥感数据具有不同的空间分辨率、波谱分辨率和时间分辨率,如果将它们各自的优势综合起来,可以弥补单一图像上信息的不足。这样不仅扩大了各自信息的应用范围,而且大大提高了遥感影像分析的精度。诸如,将一张低分辨率的多光谱影像和一张高分辨率的全色影像结合在一起,生成一张高分辨率的多光谱影像,融合后的影像既保留了原始多光谱影像的颜色信息,又保留了原始全色影像的分辨率信息。

(四)影像纠正

遥感图像在成像时,由于成像投影方式、传感器外方位元素变化、传感介质的不均匀、地球曲率、地形起伏、地球旋转等因素的影响,使获得的遥感图像相对于地表目标存在一定的几何变形,图像上的几何图形与该物体在所选定的地图投影中的几何图形产生差异,产生了几何形状或位置的失真。主要表现为位移、旋转、缩放、仿射、弯曲和更高阶的歪曲,消除这种差异的过程称为几何校正。

影像纠正的目的是改正原始数据的几何变形,产生一幅符合某种地图投影或图形表达要求的新图像。我们拿到的遥感影像一般都由于平移、缩放、旋转、弯曲或其他原因而产生总体变形,所以在两幅影像拼接前需要进行几何校正处理。影像纠止可以在 ArcMap 或 ERDAS 中进行,纠正工作的实质是在两幅影像中寻找同名点。

(五)影像镶嵌

影像镶嵌是将两幅或多幅影像拼在一起,构成一幅整体影像的技术过程。由于影像纠正过程中,控制点的误差、DEM 的误差、计算过程中重采样的误差等,造成了同一地面特征在不同影像上有不同的地面测量坐标;同时由于成像时太阳高度角及大气环境的不同以及成像时间的差别,使相邻影像呈现出不同的辐射特征,因此影像镶嵌时除了要满足在拼接线上相邻影像的细节在几何上一一对接外,用于背景图制作时,还要求相邻影像的色调保持一致。

(六)影像匀色

由于卫星相机及拍摄环境等因素的影响,导致同一区域来自不同相机的图像在亮度、色彩等方面会存在差异,影响整体的美观和应用。因此,非常有必要对多相机图像进行匀光匀色。影像匀色可在 PhotoShop、Arcmap、Landsat 等软件中进行。影像的匀色意识要贯穿于整个影像制作的全过程中。在融合部分,如有可能,则应尽量将两幅需要镶嵌的影像的颜色调得相近。在镶嵌过程之前,也可将两幅影像先匀色后再镶嵌。若效果不好,也可镶嵌后再进行匀色。

(七)影像裁剪

影像裁剪是根据实际工作或者研究区域的范围,把影像裁剪出一个或多个新的影像文件。影像裁剪是输入一幅能涵盖研究区的影像,通过掩膜(研究区范围的区文件等),裁剪出新的结果文件,范围和掩膜范围一致。根据裁剪的方式可分为:分块裁剪、标准图幅裁剪、影像批量裁剪三种方式。

任务二 航测技术在地籍测量中的应用

采用航测法测绘地籍图,与常规法测绘地籍图相比,具有质量好、速度快、经济效益高且精度均匀的优点,并可用数字航空摄影测量方法,提供精确的数字地籍数据,实现自动化成图。同时,为建立地籍数据库和地理信息系统提供了广阔的前景。

一、航测法地籍测量的主要工作过程

(一)资料准备

要收集与地籍测量有关的图件和文字资料,如航片、地形图、房产图和各种征地文件。同时,根据仪器和人员状况,制订作业计划。

(二)人工布标

地标需要在航摄前布设,使航摄时地标能清晰成像,以增强判点和刺点准确性,达到提高电算加密精度的目的。

(三)航空摄影

航测地籍测量的航摄像片优于常规航测像片,分辨率高,且比例尺大、航线正规。根据试验情况,航测地籍测量的像片比例尺一般为 1∶3 000~1∶8 000。

(四)像片选点

依其选定作业方法,按 1∶500~1∶200 航测外业规范和航测地籍测量设计书进行。

(五)像控点测量

持选好控制点的航片到实地判点,然后观测计算像控制点坐标,作为内业加密定向点、界址点的依据。

(六)电算加密

电算加密即解析空中三角形,加密内业定向点、图根点和地籍界址点,并进行平差。

(七)地籍测绘

持航片到实地判释,确定行政界线、宗地界线、调绘宗地建筑物、土地使用类别、宗地权属状况等。

(八)内业测图

采集人员可以利用航测三维模型进行全要素采集,生成数字化原图。立体测图主要有两种办法:一种是全野外像片调绘后测图的方法;另一种是根据模型全要素采集后,利用采集原图在外业对照、补测、补调的方法。采集数据时一定要认真判读,测标要切准,地物不能测变形,否则不但给外业工作带来很多麻烦,也会直接影响最终数据的精度。检查员要重点检查采集有无遗漏、综合取舍情况及切准精度,并填写检查记录。

（九）面积量算

根据界址点结合宗地调查情况进行，数字化测图也可以直接由计算机输出宗地面积。

（十）提交成果

一般在地籍测量完成后需要提交的成果有控制点、界址点、面积、地籍图等和相应的技术设计书、技术总结、验收书、协议书等。包括纸质资料和电子文档。

二、航测法地籍像控点测量与航片调绘

（一）像控点的测定方法

（1）测定像控点的平面位置通常有图根三角锁（网）、电磁波测距导线、测角交会和引点等方法。

（2）高程控制点测定的方法通常有图根水准测量、三角高程测量。

（3）使用全站仪、GNSS RTK 直接测定像控点的坐标和高程。

以上方法的技术要求应符合相关规范规定。

（二）航片调绘

采用航测法制作地籍图，外业航片调绘尤为重要。航片地籍调绘不仅是准确判定图根控制点、界址点在航片上位置的需要，而且是查清权属界线、确定地物性质与权属、查明土地所有者或使用者名称的重要环节。

航片地籍调绘一般采用放大了的航片进行。有时为了记录、标注外业调查的数据，在调绘航片上覆盖一张等大的聚酯薄膜，称为“调绘志”，可随时用铅笔将补调地物的形状、尺寸以及有关地籍内容标记在“调绘志”上。

航片地籍调绘一般包括三个方面的工作：调绘准备、外业调绘和调绘整饰。调绘准备工作内容包括航片编号、分幅装袋和打毛，制作航片结合图表，进行航片室内预判等。通过调绘准备工作的实施，确保外业调绘按计划、有目的地进行，尤其要注意以下 5 点：

（1）要准确地在航片上标出界址点、界址线。界址点应在航片上刺孔（直径为 0.1 mm）。

（2）对航片上各种明显按比例表示的地物，着重调查权属、性质、质量和相互关系。

（3）对航片上影像模糊或被阴影遮盖的地物和新增的地物，要采用截距法、距离交会法、延长线法、直角坐标法等补调补测方法进行调绘，并将补调内容与数据记录在“调绘志”上。

（4）对航摄后被拆除地物，在其影像上用红色“×”画去，范围较大的用文字加以说明，以免内业错绘在图上。

（5）各种地名、街道名、土地使用单位（或个人）名称，要实地询问证实，并在“调绘志”的相应位置标注清楚。

航片调绘整饰，是在外业调绘后，在室内用不褪色的绘图墨水在航片上按照规定的符号、注记、颜色将调绘内容描绘清楚，并签注调绘者的姓名与调绘日期。

一般情况下，用红色描绘界址点和土地权属界线，注记土地使用单位（或个人）的名称，其他调绘内容为黑色。

描绘时应注意以下 7 点：

（1）界址线用 0.3 mm 的实线表示，以围墙为界的，界址线与围墙影像重合，并要表示围墙的归属。

(2)界址线与房屋轮廓线重合的,以界址线表示,界址线与单线地物重合的,单线地物符号不变,其线粗按界址线表示。

(3)平房以外墙勒脚以上的墙壁投影为准绘出。

(4)无地物影像的界址线以相邻两界址点的直线连线为界址线。

(5)高大的楼房在描绘时,要去掉在航片上的阴影和投影差影响的部分,以墙角位置为准绘出房屋占地范围,用0.15 mm黑实线绘出。

(6)大屋檐房屋要丈量屋檐宽度并标绘在"调绘志"上,由内业进行屋檐内缩,绘出实际以墙体为界的房屋图形和尺寸。

(7)河流、围墙、道路、街道边界线等用相应的符号绘出,各种注记标注在相应位置,并要求清晰易读。

三、解析空中三角地籍界址点测量

地籍测量与常规地形测量相比,主要特点是要测绘大量高质量、高精度的地籍界址点,以满足计算宗地面积和权属管理的需要。在普通地籍测量里,这些界址点是由野外施测的,即使数字化地籍测量中用全站仪采集数据,也需逐个界址点立镜观测,野外工作量大。

航测电算加密方法是快速测定大量地籍界址点坐标的有效方法。国内在西安城区进行了航测法测量地籍界址点的试验,武汉大学研制了用于界址点加密的计算机联合平差程序WuCAPS系统,通过试验、实践,获得了成功。

四、航空摄影图像制作地籍图概述

利用航空摄影图像可制作影像地籍图、城镇分幅地籍图和宗地草图。

(一)影像地籍图的制作

影像地籍图是利用航空摄影图像,经投影转换,将中心投影(或多中心投影)的航空摄影图像变成垂直投影的影像图,并在正射投影的影像上加绘宗地图、界址点、宗地号、宗地名称、土地利用状况等注记而成。现以航空影像图像为例,介绍正射影像地籍图制作的方法和步骤。

正射影像地籍图的制作过程除前面讲过的人工布标、航空摄影、像控点测量、外业像片调绘、解析空中三角测量加密控制点和界址点等工作外,还包括航摄影图像(航片)拷贝、像片平面图、正射影像地籍图制作。

1. 航片拷贝

航片拷贝是指对航空摄影取得的负片及时进行拷贝。一般拷贝两套,一套透明正片用于正射投影纠正,另一套用于加密控制点、界址点和数据采集。

2. 像片平面图的制作

在地面起伏不大、楼房不高的情况下,可以利用纠正仪进行像片纠正,得到消除倾斜误差、比例尺符合制作影像地籍图的像片平面图。具体做法有两种:

(1)像片镶嵌,是将经纠正的像片逐一拼贴、镶嵌制成平面图的方法。像片镶嵌前,首先在图板上层绘出各张像片上的纠正点,镶嵌时,按自上而下、自左而右的顺序进行,并使各张像片上的纠正点与展绘在图板上的相应的纠正点重合,片与片之间沿调绘面积(或重叠部分的中部)切开。然后在纠正点的控制下逐片、逐条航线将像片粘贴到图板上,即得到航片平面图。

(2)光学镶嵌,是在纠正仪上对点后,将晒像图板安放在承影面上曝光(只曝光应晒像的部分)。这样逐片、逐条航线进行(自上而下、自左而右)直至整幅图曝光完毕,再经显影、定影、水洗处理获得光学镶嵌的平面像片图。

3. 正射影像图的制作

对于地面起伏较大、楼房较高的地区,需用正射投影仪制作正射像片,再按像片拼贴镶嵌的方法制作正射影像图。具体思路与方法如下:

如果将相邻两张航摄底片放在左右两个投影器中,经过定向,就建立一个与地面完全相似,且方位一致的地面模型。为了获得各点的正射投影位置,再在承影面上放一张感光膜片,并在其上覆盖一层不透光材料。此材料上有一条狭长缝隙,在纠正的任何瞬间,只有缝隙下面的感光材料被曝光。缝隙沿某一方向跟踪模型表面扫描。扫完一带,缝隙沿垂直于断面方向移动一段距离,直至整张像片扫描完毕,经处理,即可获得一张正射像片。

当采用"在线"方式作业时,正射投影仪与全能测图仪联机,在立体测图仪上扫描断面的同时正射投影仪与它同步进行扫描,并晒印正射像片。

当采用"离线"方式(又称脱机作业)作业时,将立体测图仪扫描的高程断面数据记录在存储器内,而后将存储器内的高程断面数据装在读出器上,通过控制系统控制正射投影仪扫描,印晒正射像片。

4. 影像地籍图的制作

经纠正仪纠正镶嵌获得的像片平面图或采用正射投影仪制成的正射影像图,还需要加绘地籍要素和经图面整饰,才能得到满足用户要求的影像地籍图。具体做法是:

(1)外业调绘。在像片平面图和正射像片上进行外业地籍调绘,主要是宗地界址和权属调查、房屋和道路的核查及调绘注记,并填写有关调查表格。当补调新增建筑物和屋檐内缩尺寸时,要充分利用"调绘志"。

(2)将外业调查结果转到内业像片平面图或正射像片上,建立初始航测地籍图文件。

(3)编制地籍图。除地籍图地物要素外,还需要坐标网格和地理注记,图廓外需按要求整饰。

(4)一般在地籍图上无需表示高程点,如用户有特殊要求,地籍图上可标注高程点,加绘等高线。

(5)其他制作。对于正方形或矩形分幅的影像地籍图,可制作统一的图框版。图框版包括内、外图框和千米网。

(二)解析测图仪测绘地籍图

解析测图仪属于全能测量仪器,是一种多功能的立体测图仪。它由带反馈系统的精密立体坐标量测仪、电子计算机、数控绘图桌、接口设备、控制台、记录打印设备及相应软件,以联机方式组成。计算机是该系统的核心,用它解算立体模型上像点坐标与相应点的三维坐标间的相应关系,从而建立被测目标的数学模型,以实现各种点位、断面、等高线等目标的量测任务。

目前,在航测中使用较多的解析测图仪主要有 PlanicompC-100 解析测图仪、BC-2 和 US-2 等解析测图仪。

为了适应航测由模拟测图走向解析测图的技术进步和发挥原有设备的作用,有些精密立体测图仪经技术改造后亦可用于解析测图。例如:将 B8S 改造成解析测图仪的 B8S-AAB,它的量测精度在±5μm 以内;此外,由德国进口的 Topocart-B 立体测图仪改造成解析测图仪,坐标量测精度亦在±5μm 以内,可用于 1:500 测图,并具有房屋自动闭合、屋檐内缩改正功能。

解析测图仪测绘地籍图的简要过程:作业前应使解析测图仪主机、计算机和数控绘图仪等处于良好状态。资料准备包括透明正片、调绘片、控制片和电算数据等。解析测图仪经过装片,输入各种参数(基线、焦距、框标数据、定向点数据等),相对定向和绝对定向后,即可量测数据和测图。由立体坐标量测仪量测界址点坐标、计算机解算坐标和面积,由数控绘图仪绘制线划地籍图,或向存储装置存储数字地籍资料。

陕西省测绘局在西安城区采用 C-13 型解析测图仪进行了比例尺为 1:1 000 和 1:500 的地籍图测绘试验。作业要点是:在仪器上测绘地籍要素和地形要素。其具体做法是:1:1 000 图幅按一次成果要求进行全要素测绘;1:500 图幅分两版测绘,其中一版为红版,测绘地籍要素;另一版为黑版,测绘水系和其他地形要素。

仪器上测绘,按照"外业定型,内业定位"的原则,以模型实测确定地物位置。当外业调绘确有错误时,可根据模型进行改正。

房屋建筑面积范围和宗地界线是地籍图中最重要的要素,测绘时要准确无误。测定房屋,以房基角为准,仪器能观察到房屋基角的,用测标切准即可,看不到房基角时投影在图板上,用红线连接,由编图人员进行房檐改正。若无影像或影像不清,仪器无法测绘,则仪器操作人员在调绘图片上标明,将由编图人员处理。

采用解析测图仪测绘地籍图,经过实地检测,每幅图地物点平面位置超过 2 倍中误差的数均在 5%以内,计算出地物点位移均在规定的图上±0.5 mm 之内,完全符合地籍成图的精度要求。

(三)航测数字化地籍成图

地籍图的航测数字化成图是解析测图仪和计算机技术发展的产物。它从根本上改变了以图纸为载体的地图和地籍图产品,而以数据磁盘形式保存图件,便于建立地籍数据库和地图数据库。根据有关生产单位试验资料,有的航测数字化成图采用"三站一库"的工艺流程形式,即数字化测图工作站、数字化图形编辑工作站和图件数据库。如果进行地籍调查和界址点加密等工作,则形成航测数字化地籍成图过程。工作过程如下:解析测图仪联机进行解析空中三角测量加密;各种地物要素特征码用立体量测仪在航片上进行数据采集,用机助制图系统对数据进行批量处理;用性能优良的平差程序将特征点、像控点等坐标转换成大地坐标的坐标串数据文件;利用数字化测图软件,将数据形成图形文件;在系统软件的驱动下,将上述文件和外业调绘资料(如屋檐改正等)实行微机图形编辑,再加上图廓整饰,生成地形图或地籍图,也可将数据存盘,生成数据图形文件。

任务三 三维激光扫描技术在地籍测量中的应用

随着测量行业在理论、仪器、应用方面的迅猛发展,GNSS 可以全天候 24 h 精确定位全球任何位置的三维坐标;新型的全站仪可以完成工业目标的高精度测量,但它们仅能进行单点精确测量,对于采集大量的测绘点来描述目标结构的完整属性,就力所难及。随着传感器、电子、光学、计算机等技术的发展，基于计算机视觉理论获取物体表面三维信息的摄影测量与遥感技术成为主流，但它在由三维世界转换为二维影像的过程中，不可避免地会丧失部分几何信息，所以从二维影像出发理解三维客观世界，存在自身的局限性。

上述获取空间三维信息的手段远不能满足人们对空间三维信息的迫切需求，尤其随着信息技术研究的深入，地籍信息系统、地理信息系统、数字地球、数字城市、虚拟现实等概念的出现，以及以计算机技术为代表的信息时代的到来，如何快速、有效地将现实世界的三维信息数字化并输入计算机成为解决这一问题的瓶颈。

三维激光扫描技术应运而生，它实现了在现代高精度传感技术的辅助下利用全自动高精度立体扫描技术对整体三维结构和空间三维特征进行三维建模，将目标完整地“搬”到电脑中来。

一、三维激光扫描概念

三维激光扫描技术又被称为实景复制技术，它主要通过高速激光扫描测量的方法，大面积、高分辨率地快速获取物体外表各个点的(X,Y,Z)坐标、反射率、(R. G. B)颜色等信息，由这些大量、密集的点云信息可快速复建出1∶1的真彩色三维点云模型，为后续的内业处理、数据分析等工作提供准确依据。

二、三维激光扫描系统组成及原理

三维激光扫描系统主要由三维激光扫描仪、计算机、电源供应系统、支架及系统配套软件构成。三维激光扫描仪作为三维激光扫描系统的主要组成部分，是由激光发射器、接收器、时间计数器、马达控制可旋转的滤光镜、控制电路板、微电脑、CCD机及软件等组成。三维激光扫描仪利用激光测距的原理，通过高速测量记录被测物体外表大量的密集的点的三维坐标、反射率和纹理等信息，可快速复建出被测目标的三维模型及线、面、体等各种图件数据。由于三维激光扫描系统可以密集地大量获取日标对象的数据点，因此相对丁传统的单点测量，它突破了传统的单点测量方法，具有高效率、高精度的独特优势。三维激光扫描能够提供扫描物体表面的三维点云数据，因此可以用于获取高精度、高分辨率的数字地形模型。

三、三维激光扫描技术的优势

三维激光扫描技术的出现立即吸引了无数的科技人员，它以速度快、精度高、使用方便和对外界环境要求低的显著优势，引起了测绘界的极大关注。

(一)速度快

现在三维激光扫描仪的最大速度已经达到100万点每秒，几分钟内就可对所感兴趣的区城建立详尽准确的三维立体影像。

(二)数据获取全要素，高密度、高精度

三维激光扫描以水平和竖直方向同时全方位快速的获取高精度、高分辨率的海量的点位数据。现场所有肉眼能见的物体(玻璃、水、镜面反射物体除外)都可以扫描得到，解决了常规测量方法不易解决的表面近似误差等问题。

(三)数据是三维矢量,简单直观

三维激光扫描仪每次测量的数据不仅仅包含 X,Y,Z 点的信息,还包括 R、G、B 颜色信息,同时还有物体反射率的信息,通过软件建模后能给人一种物体在电脑里真实再现的感觉。

(四)非接触测量方式,保证作业安全

用非接触目标的方法,人员无需接触被测物体,即可直接采集物体表面的三维数据,降低了测量风险。能有效避免异形建筑,危险场景(高空、电厂、辐射)的作业危险,保证作业的安全。

(五)对外界环境要求低

传统的摄影测量在夜晚无法进行作业,而三维激光扫描在白天和黑夜都可以。

四、三维激光扫描技术在城镇地籍测量中的优势

作为新的高科技产品,三维激光扫描仪已经成功地在文物保护、城市建筑测量、地形测绘、采矿业、变形监测、工厂、大型结构、管道设计、飞机船舶制造、公路铁路建设、隧道工程、桥梁改建等领域里得到广泛应用。三维激光扫描仪,其扫描结果直接显示为点云(point-cloud,意思为无数的点以测量的规则在计算机里呈现物体的结果),利用三维激光扫描技术获取的空间点云数据,可快速建立结构复杂、不规则的场景的三维可视化模型。因其下列特点,在地籍测量中也得到了广泛应用。

(一)高精度的测算

城镇地籍测量要为土地管理提供精确、可靠的地理参考系统,是一项基础性的、具有政府行为的测绘工作,是政府行使土地行政管理职能具有法律意义的行政技术行为,它有别于一般的地形测量。高精度的测量为后期快速准确的面积计算奠定了良好的基础。

在以往的城镇地籍调查中,宗地面积的求算主要采用几何计算、格网法计算及求积仪计算,精度相对较低。对于三维激光扫描仪获取的数据进行准确的建模,可以方便地在电脑上进行量测,精度得到了极大的提高。

(二)生动形象的三维图像

在以往的城镇地籍调查中,调查成果多以图件和报表的形式为主,尚难以满足政府的管理、规划和决策的实际需要,尤其是很多数据只有专业的技术人员才明白其中的含义,限制了对数据的进一步分析,易读性、可用性较差。

从我国当前的 GIS 现状来看,大规模应用 GIS 的高峰即将到来,国家将进行高强度投入,建立统一的空间数据系统,因此要在各部门的系统中实现数据的共享,进一步实现信息的社会化。以往的测量方法极大地限制了 GIS 在该方面的发展。然而一幅真实的图像胜过千言万语,把丰富的三维扫描数据与视觉技术结合在一起,得到的数据能在某些特定的办公软件中生成高质量的可视成果(见图 13-2)。可视数据通过空间成像解析产生后,可以满足大家的共享需求,无论是调查的验收方还是使用者,都能够容易地看到数据所表现的具体图像,或者导出到 CAD 软件中进行深入分析。借助如此生动、逼真、具有说服力的交付成果,任务的审核验收及数据利用都变得更加顺畅。

(三)避免返工和重复测量

在实际工作中,难免会存在内业处理后发现数据遗漏而须重测、补测的情况,尤其是在

图 13-2　三维激光扫描模型

地籍测量中进行航空摄影测量，重测、补测的测量成本较高。三维激光扫描仪可以对现行任务的数字图像进行实时处理。若添加一个视频屏幕实时显示扫描成果，操作者只需在触摸视频流中适当地点击，便可选择测量目标点，并实时查看三维数据，实时查看哪些对象已测量过，极大地避免了数据的漏测现象。

（四）应用范围更广

三维激光扫描进行地籍测量可为国土管理、城市规划和城市建设等及时提供大量数字化图件，测量成果可用于建设城市空间数据库。该数据库的建设，一方面将采集的数据集中管理，统一维护更新，保证了数据的现势性和安全性，为土地管理日常业务提供大量三维地形、地籍电子数据，辅助领导决策，为最终实现土地管理信息化打下坚实基础；另一方面，城市空间数据库将为“数字城市”和“电子政务”等建设服务，在整个城市范围内提供统一的空间信息框架。这些数据将应用到公安、消防、电信、环保、水利、林业、交通等各个部门，对实现城市空间数据共享、减少重复投资、促进城市信息化建设的发展具有重要的意义。

地籍管理最显著的特点之一就是要时刻保持地籍成果资料的现势性，这一特点就要求初始地籍测量成图的周期要尽可能短，对于发展迅速的城镇变更测量要及时。因此，三维激光扫描仪的充分利用是缩短成图周期的极好途径。随着三维激光扫描技术的发展，必将带来测绘领域的又一次革命，城镇地籍测量与管理也将随着该技术的进步走向准确、实时、便捷、智能化和信息化的新时代。

五、三维激光扫描作业流程

三维激光扫描的主要工作包括外野点云数据的获取和内业处理，根据扫描设备和处理软件的不同，操作流程也不同，但主要有多视点云的拼接、形状匹配、光顺去噪、点云数据的压缩、编辑等，具体如图 13-3 所示。

（1）去除明显噪声点。由于测量过程中人为或随机因素引起的误差有可能出现坐标异常点，需要予以剔除，常用的方法是将点云显示在图形显示平台上，或者将其生成曲线曲面，采用交互的光顺方法对点云数据进行观察调整。

（2）数据插补。由于旋转体易被自身遮挡，造成某些区域扫描不到，其数据只能通过数

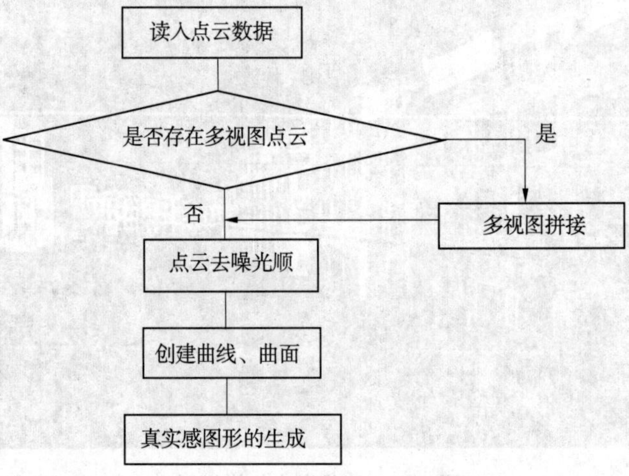

图 13-3　点云数据处理流程

据插补的方法来补齐。

(3)数据光顺。光顺泛指光滑、顺眼,其目的是消除噪声点,以得到良好的特征提取效果。

(4)点云的拼接。由于视角的限制,一个旋转体往往要经过多次扫描,才能获得其表面的完整信息,为了不漏扫数据,相邻两点云必有一部分重叠区域,但是边界处的数据常常存在一定偏差,这就为正确判断该区域点云的位置带来了困难。

(5)真实感生成。通过对处理好的点云模型进行纹理映射、纹理合成、表面着色等方法给模型表面赋予颜色、光泽度和透明度等属性值,生成具有真实感的三维物体。

思考与练习

13-1　什么是遥感技术?遥感技术在地籍中的应用主要表现在哪些方面?

13-2　采用航测法进行地籍测量的优点有哪些?

13-3　简述三维激光扫描技术在地籍测量中的应用。

【延伸阅读】

大疆:用科技重新定义"中国制造"

2018 年开始,深圳市大疆创新科技有限公司(简称大疆)已在消费级无人机领域保持超越 90%的市场占有量。2013—2017 年,大疆营收从 8.2 亿元一路飙到 175.7 亿元,2020 年实现营收 260 亿元,2021 年营收 530 亿元,2022 年营收 301.4 亿元,位列"2023 中国民营企业 500 强"榜单第 459 位。

杭州人汪滔(Frank Wang)从小就喜欢模型飞机。在看了一本关于红色直升机冒险故事的漫画书后,他开始想象天空,大部分时间都在阅读关于模型飞机的书——这个爱好比他平庸的学习成绩带给他更多安慰。

1999 年高中毕业后,汪滔考入华东师范大学,选择了电子系学习。2003 年,为了实现自己的梦想,汪滔大三的时候就从华东师范大学退学,进入香港科技大学电子与计算机工程系。2005 年,汪滔正在香港科技大学准备毕业设计。很少有本科生自己决定毕业设计的方向,但他决定研究遥控直升机的飞行控制系统,他还找了两个同学共同说服老师同意他们的研究方向。汪滔要解决的核心问题,正是他小时候最期盼的——“能悬空不动,想停就停”的自动悬停。半年努力后,他们的 demo 失败了。

不服气的汪滔继续没日没夜地研究,终于在 2006 年 1 月做出了第一个样品。之后,汪滔继续在香港科技大学攻读研究生课程。同时,他和朋友集资 200 万元港币在深圳成立了大疆创新公司。

2006 年大疆刚成立时,在深圳莲花村的一栋民房里工作。团队 4 名成员中,只有汪滔有无人机技术背景。公司研发进度很慢,甚至还在测试中险些撞到人,这让很多高层都对这家公司失去了信心。此外,各种原因导致员工纷纷离职,公司陷入极大的困境,几乎解体。最困难的时期,汪滔手里只剩 2 万块钱。

后来,随着汪滔导师李泽湘的加盟,不仅带来了资金,还把他的很多学生介绍到大疆。不久,大疆首款相对成熟的直升机飞控系统 XP3.1 上市,迎来了发展曙光。

2010 年,大疆从一位新西兰代理商那里得到一个信息:他一个月卖出 200 个云台,但 95%的客户都把云台安装在了多旋翼上。而他一个月只能卖出几十个直升机飞控系统。汪滔敏锐地意识到,大疆或许应该是第一家提供商用成品飞控的厂商。

此后,汪滔将在直升机飞行控制系统上积累的技术应用到多旋翼飞行器上。2011 年起,连续推出多旋翼控制系统和地面站系统。2012,大疆开发出全球第一款无人机——“大疆精灵 Phantom 1”,2012 年底,大疆拥有制造完整无人机所需的一切:软件、螺旋桨、支架、万向节和遥控器。2013 年 1 月,大疆发布“DJI Phantom”。由于其简单易用,迅速撬动了非专业无人机市场,占领 70%的市场份额。2013 年大疆进入美国,短短两年占领美国市场 50%份额,2018 年达 80%,以致屡次被美国列入“黑名单”。目前,全球消费级无人机市场已经被大疆垄断。[资料来源:500 个品牌案例 | 大疆:用科技重新定义“中国制造”(baidu.com)]。

参考文献

[1] 邓军. 地籍调查与测量[M]. 重庆:重庆大学出版社,2010.

[2] 詹长根,唐详云,刘丽. 地籍测量学[M]. 2 版. 武汉:武汉大学出版社,2005.

[3] 陈传胜. 地籍与房产测量[M]. 武汉:武汉理工大学出版社,2014.

[4] 李天文,等. 现代地籍测量[M]. 2 版. 北京:科学出版社,2019.

[5] 梁玉保. 地籍调查与测量[M]. 2 版. 郑州:黄河水利出版社,2010.

[6] 章书寿,孙在宏. 地籍测量学[M]. 南京:河海大学出版社,2004.

[7] 洪波. 地籍与房产测量[M]. 北京:测绘出版社,2010.

[8] 侯方国,时东玉,王建设. 房产测绘[M]. 郑州:黄河水利出版社出版,2007.

[9] 郭玉社. 房地产测绘[M]. 北京:机械工业出版社,2007.

[10] 姜栋. 地籍调查[M]. 北京:地质出版社,2022.

[11] 贠小苏. 第二次全国土地调查培训教材[M]. 北京:中国农业出版社,2007.

[12] 中华人民共和国自然资源部. 第三次全国国土调查技术规程:TD/T 1055—2019[S]. 北京:中国标准出版社,2019.

[13] 张绍良,顾和和. 土地管理与地籍测量[M]. 徐州:中国矿业大学出版社,2003.

[14] 汤国安,赵牡丹,等. 地理信息系统[M]. 北京:科学出版社,2015.

[15] 潘正风,杨正尧,程效军,等. 数字测图原理与方法[M]. 武汉:武汉大学出版社,2004.

[16] 国家市场监督管理总局,国家标准化管理委员会. 地籍调查规程:GB/T 42547—2023[S]. 北京:中国标准出版社,2023.

[17] 国家测绘局. 地籍测绘规范 附规范:CH 5002—1994[S]. 北京:测绘出版社,1995.

[18] 国家质量技术监督局. 房产测量规范 第 1 单元:房产测量规定:GB/T 17986. 1—2000[S]. 北京:中国标准出版社,2000.

[19] 刘权. 房地产测量[M]. 武汉:武汉大学出版社,2009.

[20] 周立. GPS 测量技术[M]. 郑州:黄河水利出版社,2006.

[21] 吴凤华. GPS 在地籍测绘中的应用研究[D]. 武汉:武汉大学,2003.

[22] 彭琳. 全球定位系统在地籍测绘中的应用[D]. 武汉:武汉大学,2004.

[23] 邓军. 房地一体化管理信息系统构建研究[D]. 徐州:中国矿业大学,2007.

[24] 中华人民共和国质量监督检验检疫总局,中国国家标准化管理委员会. 土地利用现状分类:GB/T 21010—2017[S]. 北京:中国标准出版社,2017.

[25] 中华人民共和国国土资源部. 土地勘测定界规程:TD/T 1008—2007[S]. 北京:中国标准出版社,2007.

[26] 中华人民共和国住房和城乡建设部. 工程测量标准:GB 50026—2020[S]. 北京:中国标准出版社,2021.

[27] 李德仁,王树根. 摄影测量与遥感概论[M]. 3 版. 北京:测绘出版社,2021.

[28] 李峰,王健,刘小阳,等. 三维激光扫描原理与应用[M]. 北京:地震出版社,2020.